ENSAIOS de CAMPO

2ª edição

e suas aplicações à Engenharia de Fundações

Fernando Schnaid
Edgar Odebrecht

ENSAIOS de CAMPO
2ª edição
e suas aplicações à Engenharia de Fundações

oficina de textos

© Copyright 2012 Oficina de Textos
1ª reimpressão 2014 | 2ª reimpressão 2017 | 3ª reimpressão 2020

Grafia atualizada conforme o Acordo Ortográfico da Língua Portuguesa de 1990, em vigor no Brasil desde 2009.

CONSELHO EDITORIAL Arthur Pinto Chaves; Cylon Gonçalves da Silva; Doris C. C. K. Kowaltowski; José Galizia Tundisi; Luis Enrique Sánchez; Paulo Helene; Rozely Ferreira dos Santos; Teresa Gallotti Florenzano

CAPA Malu Vallim
FOTOS DA CAPA (1ª capa) Obra Atlântico Sul – Brasfond; Cone – A.P. van den Berg
(4ª capa) Sonda – Damasco Penna
PREPARAÇÃO DE TEXTOS Gerson Silva
PROJETO GRÁFICO E DIAGRAMAÇÃO Malu Vallim
PREPARAÇÃO DE FIGURAS Bruno Tonelli
REVISÃO DE TEXTOS Marcel Iha
IMPRESSÃO E ACBAMENTO BMF gráfica e editora

Dados Internacionais de Catalogação na Publicação (CIP)
(Câmara Brasileira do Livro, SP, Brasil)

Schnaid, Fernando
Ensaios de campo e suas aplicações à engenharia
de fundações / Fernando Schnaid, Edgar Odebrecht. -- 2. ed.
São Paulo : Oficina de Textos, 2012.

Bibliografia.
ISBN 978-85-7975-059-5

1. Fundações - Trabalhos de campo 2. Mecânica
dos solos - Trabalhos de campo I. Odebrecht,
Edgar. II. Título.

12-10142   CDD-624.150723

Índices para catálogo sistemático:
1. Engenharia de fundações : Ensaios de campo : Tecnologia
624.150723
2. Geotecnia : Ensaios de campo : Tecnologia
624.150723

Todos os direitos reservados à **Oficina de Textos**
Rua Cubatão, 798
CEP 04013-003 – São Paulo – Brasil
Fone (11) 3085 7933
www.ofitexto.com.br   e-mail: atend@ofitexto.com.br

Apresentação

O Prof. Fernando Schnaid é uma autoridade internacional em ensaios de campo, relator de congressos nacionais e internacionais sobre o assunto, autor de diversos livros e respeitado consultor geotécnico.

O Prof. Edgar Odebrecht desenvolveu seus estudos de doutorado em ensaios de campo e é proprietário de uma das mais respeitadas empresas executoras de ensaios de campo do Brasil, com atuação nacional e internacional.

Esse é o calibre dos autores desta segunda edição de *Ensaios de campo e suas aplicações à Engenharia de Fundações*. Ambos aliam sólida formação acadêmica com ampla vivência prática.

Nestes doze anos desde a sua primeira publicação, o livro do Prof. Schnaid tornou-se a principal referência brasileira sobre procedimentos de execução e interpretação de ensaios de campo em solos. Praticamente todos os proprietários, projetistas, executores de prospecções, professores e estudantes de Geotecnia no Brasil utilizam o livro.

E agora surge esta segunda edição, escrita a quatro mãos pelos Profs. Schnaid e Odebrecht. O resultado é um livro primoroso, no qual são apresentados, de modo preciso e completo, os ensaios de campo comercialmente disponíveis no Brasil: SPT, cone e piezocone, palheta, dilatômetro e pressiômetro.

A nova edição manteve umas poucas feições da edição original. O índice é o mesmo, e o tom geral de aprimoramento na interpretação dos ensaios de campo foi mantido. Percebe-se em diversos trechos, como na primeira edição, a intenção de acrescentar às interpretações empíricas, aplicáveis apenas às regiões e materiais de origem, interpretações dos resultados dos ensaios por meio de soluções da teoria da Mecânica dos Solos.

A semelhança, contudo, para por aí. Todos os capítulos foram atualizados. Foram incluídos detalhes sobre os equipamentos de ensaio, com abundantes figuras e fotografias. As mais recentes formas de interpretação empírica e teórica dos ensaios estão detalhadamente explicadas. A utilização dos resultados dos ensaios em projetos é detalhada e exemplificada segundo o estado atual dos conhecimentos. São apresentados aspectos novos, não encontráveis na literatura, tais como: uso de conceitos de energia no SPT, detalhes sobre a interpretação das curvas rotação × tensão dos ensaios de palheta, procedimentos para saturação das pedras porosas do piezocone, entre muitos outros. Como se isso não bastasse, foram inseridos, nos gráficos e tabelas da nova edição, dados recentes coligidos na prática e em pesquisas.

Sinto-me feliz e honrado pela oportunidade que a Oficina de Textos me ofereceu de apresentar este livro, essencial para os praticantes e acadêmicos brasileiros e escrito por dois colegas por quem nutro profunda admiração.

Sandro Sandroni
Diretor da Geoprojetos Engenharia Ltda.
Professor pesquisador da PUC-RJ

Prefácio à segunda edição

O livro *Ensaios de campo* vem sendo usado no Brasil há mais de 10 anos, adotado por colegas professores em cursos de graduação e de pós-graduação e utilizado com frequência como referência à prática de engenharia nacional. Dez anos depois, o conteúdo original necessita de atualização. Nesta revisão, a estrutura do livro e os fundamentos teóricos permanecem inalterados: Conceitos de Mecânica dos Solos, Teoria de Estado Crítico, Modelos Constitutivos baseados em Elastoplasticidade, Teoria de Expansão de Cavidade, entre outros. As mudanças são produto de desenvolvimentos científicos e tecnológicos recentes, que modificaram as práticas de engenharia e os procedimentos adotados em programas de investigação geotécnica. São inúmeras as inovações tecnológicas que resultaram em novos equipamentos e maior precisão de leituras. Novas evidências experimentais promoveram a revisão de hipóteses adotadas em projeto, resultando em novas formulações para interpretação de ensaios de campo. Nesse período, foi editado o Código Europeu 7, que se constitui na primeira tentativa de normatização integrada de práticas de diferentes países, e cujo legado inclui um conjunto atualizado de recomendações de projeto.

Neste início de milênio, mudou também o Brasil, que, ao experimentar um ciclo econômico virtuoso, moderniza sua infraestrutura civil, incorpora práticas internacionais de projeto e amplia os investimentos em engenharia. Hoje, as técnicas discutidas nesta publicação são usadas rotineiramente em projetos e o Brasil acumulou considerável experiência, que merece ser compilada e relatada.

Inovações de técnicas, de métodos e de procedimentos são apresentadas em uma nova edição, revisada e ampliada. Coautor da nova edição, o Eng. Prof. Edgar Odebrecht agrega conhecimento e experiência, discute em mais detalhes os procedimentos de ensaios, revisa criticamente os métodos de interpretação e renova o corpo do texto.

Assim como na edição original, é necessário destacar que o trabalho é, em grande parte, produto do ambiente universitário, das pesquisas realizadas no Programa de Pós-Graduação em Engenharia Civil da UFRGS, da inestimável contribuição de professores e de alunos de mestrado e de doutorado, que, incansáveis, trabalham para ampliar as fronteiras do conhecimento. É também produto da interação dos autores com engenheiros brasileiros, cuja experiência baliza as necessidades reais de cada projeto e que promovem – na medida de nossa capacidade – uma ponte entre teoria e prática.

O meu objetivo maior, nessa nova versão, foi assegurar que os princípios contidos no original fossem mantidos, apresentando os conteúdos de forma simples e objetiva, que fossem de fácil assimilação e de leitura fluente e prazerosa. Contribui para isso a orientação segura da Editora Oficina de Textos, por meio dos conselhos e recomendações da amiga Shoshana Signer.

Prof. Fernando Schnaid

Lista de símbolos

A	leitura de pressão do ensaio dilatométrico	M	momento aplicado na palheta do *vane*
a_l	área lateral do amostrador	M_{DMT}	módulo oedométrico do dilatômetro
A_l	área lateral da estaca	m_v	coeficiente de variação volumétrica
a_p	área da ponta do amostrador	NA	solo normalmente adensado
A_p	área da ponta da estaca	N_c	fator de capacidade de carga da parcela coesiva
B	largura da fundação		
B	leitura de pressão do ensaio dilatométrico	N_g	fator de capacidade de carga
B_q	parâmetro de poropressão	N_K	fator de capacidade do cone (com base em q_c)
C	intercepto coesivo		
C	leitura de pressão do ensaio dilatométrico	N_{KT}	fator de capacidade do cone (com base em q_t)
C_N	fator de correção decorrente da tensão efetiva de sobrecarga		
		N_q	fator de capacidade de carga da parcela da sobrecarga
CPT	cone		
CPTU	piezocone	N_{SPT}	resistência à penetração do amostrador SPT
C_r	coeficiente de adensamento radial		
C_v	coeficiente de adensamento vertical	$N_{SPT,1}$	N_{SPT} corrigido para uma tensão de referência de 100 kPa (1 atm)
D	diâmetro da palheta do vane		
DMT	dilatômetro de Marchetti	$(N_{SPT,1})_{60}$	N_{SPT} corrigido para energia e nível de tensões
D_r	densidade relativa		
d_s	espessura da camada compressível	$N_{SPT,60}$	N_{SPT} corrigido para 60% da energia teórica de queda livre
E	módulo de Young		
E_{25}	E para 25% da tensão desviadora máxima	$N_{SPT,eq}$	resistência à penetração estimada do ensaio SPT-T
$E_{amostrador}$	energia efetivamente gasta para cravar o amostrador no solo		
		OCR	índice de pré-adensamento
E_D	módulo dilatométrico	P	perímetro da estaca
E_u	módulo de Young não drenado	p'	tensão efetiva média
F_1	fator de correção da resistência de ponta	P_0	correção da leitura A do dilatômetro
F_2	fator de correção da resistência lateral	P_1	correção da leitura B do dilatômetro
F_d	força dinâmica de reação do solo à cravação do amostrador	P_2	correção da leitura C do dilatômetro
		PA	solo pré-adensado
F_e	força estática de reação do solo à cravação do amostrador	Q_{adm}	carga admissível da estaca
		q_c	resistência de ponta do cone
FS	fator de segurança	Q_l	resistência lateral da estaca
f_s	atrito lateral do cone	Q_p	resistência da ponta da estaca
f_t	atrito lateral do cone corrigido	Q_{rup}	carga de ruptura da estaca
G	módulo cisalhante	q_t	resistência de ponta do cone corrigida
G_0	módulo cisalhante a pequenas deformações (máximo)	r	raio de cavidade
		R_f	razão de atrito (f_s/q_c)
H	recalque de um elemento de fundação	S	coeficiente de recalque
H	altura da palheta do *vane*	SCPT	cone sísmico
I_c	índice de compressão	SDMT	dilatômetro sísmico
I_D	índice de material	S_t	sensitividade
IP	índice de plasticidade	S_u	resistência ao cisalhamento não drenada
I_r	índice de rigidez (G/S_u)	S_{ur}	resistência ao cisalhamento não drenada amolgada
k	condutividade hidráulica		
K_D	índice de tensão horizontal	t	tempo de dissipação
K_o	coeficiente de empuxo no repouso	T^*	fator tempo
L	largura da fundação	u	poropressões
LL	limite de liquidez	u_1	poropressão medida na ponteira cônica
LP	limite de plasticidade	u_2	poropressão medida na base do cone

u_3	poropressão medida na luva do cone	σ'_{vm}	tensão de pré-adensamento
V	volume da cavidade	σ_{vo}	tensão vertical inicial
V_p	velocidade da onda de compressão	σ_z	tensão vertical (coordenadas cilíndricas)
V_s	velocidade da onda cisalhante	τ	tensão cisalhante
W_s	trabalho para cravar o amostrador no solo		
Z_m	desvio de zero do manômetro do ensaio dilatométrico		
α	razão de perímetro		
α	coeficiente de cálculo de capacidade de carga lateral		
β	coeficiente de cálculo de capacidade de carga da ponta		
ΔA	primeira leitura de calibração do dilatômetro		
ΔB	segunda leitura de calibração do dilatômetro		
ΔEPG_{m+h}	variação de energia gravitacional do martelo e da haste		
$\Delta EPG_{m+h}^{sistema}$	energia potencial gravitacional do sistema		
$\Delta \rho$	penetração permanente do amostrador no solo		
ϵ_χ	deformação de cavidade		
ϵ_θ	deformação circunferencial		
ϵ_ρ	deformação radial		
ϕ	torção elástica da haste de aplicação do torque		
ϕ'	ângulo efetivo de atrito interno do solo		
γ	peso específico aparente		
γ	nível de deformações cisalhantes		
η_1	perdas de energia decorrentes do golpe		
η_2	perdas de energia decorrentes das hastes		
η_3	perdas de energia do sistema		
φ	ângulo de dilatância		
Λ	parâmetro adimensional de estado crítico em função de C_s e C_c		
μ	fator de correção de Bjerrum		
ν	coeficiente de Poisson		
ρ	recalque		
ρ	massa específica do solo		
σ	tensão		
σ'	tensão efetiva		
σ_{adm}	tensão admissível		
σ_c	resistência à compressão simples		
σ_h	tensão horizontal		
σ'_h	tensão horizontal efetiva		
σ_θ	tensão circunferencial		
σ_ρ	tensão radial		
σv	tensão vertical		
σ'_v	tensão vertical efetiva		

Sumário

1 INVESTIGAÇÃO GEOTÉCNICA 13
   1.1 Custos e riscos 13
   1.2 Programa de investigação 14
   1.3 Projeto geotécnico 18

2 SPT (STANDARD PENETRATION TEST) 23
   2.1 Equipamentos e procedimentos 24
   2.2 Fatores determinantes na medida de SPT 30
   2.3 Conceitos de energia no SPT 32
   2.4 Correções de medidas de N_{SPT} 34
   2.5 Aplicações dos resultados 39
   2.6 Métodos indiretos: parâmetros geotécnicos 40
   2.7 Métodos diretos de projeto 51
   2.8 Considerações finais 62

3 ENSAIOS DE CONE (CPT) E PIEZOCONE (CPTU) 63
   3.1 Equipamentos e procedimentos 64
   3.2 Resultados de ensaios 83
   3.3 Estimativa de parâmetros geotécnicos 88
   3.4 Projeto de fundações 109
   3.5 Considerações finais 114

4 ENSAIO DE PALHETA 117
   4.1 Equipamento e procedimentos 118
   4.2 Resultados de ensaios 123
   4.3 Interpretação do ensaio 124
   4.4 Fatores de influência e correções 127
   4.5 História de tensões 131
   4.6 Exemplos brasileiros 133
   4.7 Considerações finais 133

5 ENSAIO PRESSIOMÉTRICO 137
   5.1 Qualidade do ensaio 140
   5.2 Teoria de expansão de cavidade 144
   5.3 Interpretação dos ensaios 148
   5.4 Considerações finais 154

6 ENSAIO DILATOMÉTRICO 157
   6.1 Procedimento e equipamento 158
   6.2 Correção dos parâmetros de leitura 165

6.3 Fatores de influência 165
6.4 Parâmetros intermediários 166
6.5 Interpretação dos resultados 167
6.6 Dilatômetro sísmico (SDMT) 175
6.7 Considerações finais 176

7 Estudo de casos 179
7.1 Obras em depósitos de argilas moles 180
7.2 Capacidade de carga de estacas 191
7.3 Considerações finais 196

Fatores de conversão 202

Referências bibliográficas 203

Índice remissivo 221

capítulo 1
Investigação geotécnica

A informação solicitada nem sempre é a informação necessária.
A informação necessária nem sempre pode ser obtida.
A informação obtida nem sempre é suficiente.
A informação suficiente nem sempre é economicamente viável.

Investigação geotécnica (Foto: cortesia Geoforma).

1.1 Custos e riscos

O ambiente físico, descrito a partir das condições do subsolo, constitui-se em pré-requisito para projetos geotécnicos seguros e econômicos. No Brasil, o custo envolvido na execução de sondagens de reconhecimento normalmente varia entre 0,2% e 0,5% do custo total de obras convencionais, podendo ser mais elevado em obras especiais ou em condições adversas de subsolo. As informações geotécnicas assim obtidas são indispensáveis à previsão dos custos fixos associados ao projeto e sua solução.

Quanto aos riscos, aspectos relacionados à investigação das características do subsolo são as causas mais frequentes de problemas de fundações (Milititsky; Consoli; Schnaid, 2006). A experiência internacional faz referência frequente ao fato de que o conhecimento geotécnico e o controle de execução são mais importantes para satisfazer aos requisitos fundamentais de um projeto do que a precisão dos modelos de cálculo e os coeficientes de segurança adotados.

A prática americana relatada pelo US Army Corps of Engineers (2001) sugere que:
> Investigação geotécnica insuficiente e interpretação inadequada de resultados contribuem para erros de projeto, atrasos no cronograma executivo, custos associados a alterações construtivas, necessidade de jazidas adicionais para materiais de empréstimo, impactos ambientais, gastos em remediação pós-construtiva, além de risco de colapso da estrutura e litígio subsequente.

De forma análoga, a prática inglesa estabelece que (Weltman; Head, 1983):
> Investimentos suficientes devem ser alocados para garantir um programa geotécnico extensivo, destinado a reduzir custos e minimizar riscos, restringindo a possibilidade de confrontar o engenheiro com condições geotécnicas imprevistas que, frequentemente, resultam em atrasos no contrato. Esses atrasos podem resultar em custos elevados, muito superiores aos valores que deveriam ser alocados no programa de investigação.

Reconhecida a importância de caracterizar o subsolo e determinar suas características geológicas, geotécnicas e geomorfológicas, faz-se necessário estabelecer a abrangência do programa de investigação, contextualizando-se a aplicabilidade de cada técnica e os parâmetros de projeto passíveis de obtenção.

1.2 Programa de investigação

A abrangência de uma campanha de investigação depende de fatores relacionados às características do meio físico, à complexidade da obra e aos riscos envolvidos, que, combinados, deverão determinar a estratégia adotada no projeto. Orientações apresentadas por Peck (1969), de categorizar os programas de investigação em três métodos, servem de orientação preliminar:

a) *Método I*: executar uma investigação geotécnica limitada e adotar uma abordagem conservativa no projeto, com altos fatores de segurança.
b) *Método II*: executar uma investigação geotécnica limitada e projetar com recomendações baseadas em prática regional.
c) *Método III*: executar uma investigação geotécnica detalhada.

Esses conceitos foram incorporados a várias normas internacionais, inclusive no Código Europeu (Eurocode 7, 1997), ao recomendar que a caracterização geotécnica deve ser precedida de uma classificação preliminar da estrutura, dividida em três categorias:

a) *Categoria I*: estruturas simples e de pequeno porte, nas quais o projeto é baseado em experiência e investigação geotécnica qualitativa.
b) *Categoria II*: estruturas convencionais que não envolvem riscos excepcionais, em condições geotécnicas normais e cargas dentro de padrões conhecidos.
c) *Categoria III*: estruturas que não pertencem às categorias I e II, incluindo estruturas de grande porte associadas a risco elevado, dificuldades geotécnicas excepcionais, cargas elevadas e eventos sísmicos, entre outros fatores.

O planejamento de uma campanha de investigação geotécnica deve ser, portanto, concebido por engenheiro geotécnico experiente, que possa ponderar os custos e as características da obra com base nas complexidades geológica e geotécnica do local de implantação. No que se refere à complexidade da obra, consideram-se aspectos como: tamanho, cargas, topografia, escavações, rebaixamento do nível freático, obras vizinhas, canalizações etc. Aspectos geológico-geotécnicos referem-se à gênese do solo; geomorfologia; hidrogeologia; sismicidade; presença de solo moles, colapsíveis ou expansivos; ocorrência de substâncias agressivas, cavidades subterrâneas, entre outros fatores. Familiaridade com equipamentos, técnicas e procedimentos de ensaios são também requisitos indispensáveis ao engenheiro responsável pela concepção da campanha de investigação.

Independentemente da abordagem, projetos de geotécnicos de qualquer natureza são, em geral, executados com base em ensaios de campo, cujas medidas permitem uma definição satisfatória da estratigrafia do subsolo e uma estimativa realista das propriedades de comportamento dos materiais envolvidos. Novos e modernos equipamentos de investigação foram introduzidos nas últimas décadas, visando ampliar o uso de diferentes tecnologias a diferentes condições de subsolo. Alguns equipamentos consistem na simples cravação de um elemento no terreno, medindo-se sua penetração, ao passo que outros são dotados de sensores elétricos para medir grandezas como força e poropressão, conforme ilustrado na Fig. 1.1.

Esta publicação tem por objetivo descrever apenas as técnicas já implantadas no Brasil e disponíveis para aplicações comerciais. Assim, abordam-se os ensaios SPT, cone, piezocone, pressiômetro, palheta e dilatômetro; discutem-se suas vantagens e limitações e apresentam-se as metodologias básicas de interpretação. Abordagens empíricas, analíticas e numéricas são utilizadas para interpretar os resultados de ensaios, visando à obtenção de informações relacionadas ao comportamento tensão--deformação-resistência do solo.

Um resumo das técnicas de ensaios de campo e suas aplicações, tais como adotadas na prática internacional, é apresentado no Quadro 1.1. Referências são feitas à determinação de vários parâmetros, entre os quais: ângulo de atrito interno do solo (ϕ'), resistência ao cisalhamento não drenada (S_u), módulo de variação volumétrica (m_v), módulo cisalhante (G), coeficiente de empuxo no repouso (K_0) e razão de pré-adensamento (OCR). A simples observação das informações contidas no quadro indica que a escolha do tipo de ensaio deve ser compatível com as características do subsolo e as propriedades a serem medidas. Por exemplo, o SPT é particularmente adequado à prospecção de solos granulares e à previsão de valores do ângulo de atrito interno, mas não é utilizado com sucesso na previsão da resistência não drenada de depósitos de argilas moles. Ensaios de palheta e piezocone devem ser adotados para essa finalidade. Ensaios pressiométricos, de placa e sísmicos são as técnicas mais adequadas na determinação do módulo de deformabilidade dos solos. Esses aspectos são de particular importância na concepção de programas geotécnicos de investigação necessários à solução de problemas de fundações, contenções e escavações, entre outros. Note-se, ainda, que campanhas de retirada de amostras indeformadas para a realização de ensaios de laboratório, visando à determinação de parâmetros

Ensaios de campo e suas aplicações à Engenharia de Fundações

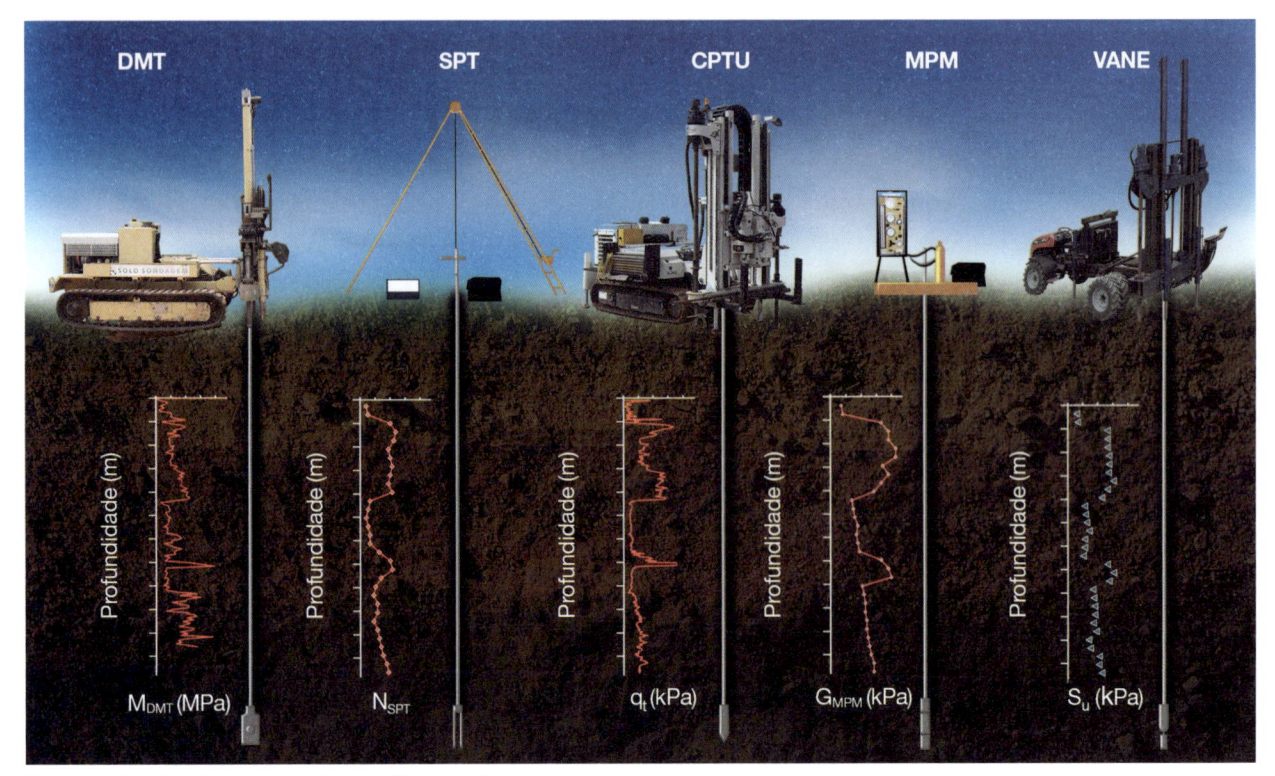

FIG. 1.1 Ensaios de uso corrente na prática brasileira

QUADRO 1.1 Aplicabilidade e uso de ensaios *in situ*

Grupo	Equipamento	Tipo de solo	Perfil	u	φ'	S_u	D_r	m_v	c_v	K_0	G_0	σ_h	OCR	σ-ϵ
Penetrômetro	Dinâmicos	C	B	–	C	C	C	–	–	–	C	–	C	–
	Mecânicos	B	A/B	–	C	C	B	C	–	–	C	C	C	–
	Elétricos (CPT)	B	A	–	C	B	A/B	C	–	–	B	B/C	B	–
	Piezocone (CPTU)	A	A	A	B	B	A/B	B	A/B	B	B	B/C	B	C
	Sísmicos (SCPT/SCPTU)	A	A	A	B	A/B	A/B	B	A/B	B	A	B	B	B
	Dilatômetro (DMT)	B	A	C	B	B	C	B	–	–	B	B	B	C
	Standard Penetration Test (SPT)	A	B	–	C	C	B	–	–	–	C	–	C	–
	Resistividade	B	B	–	B	C	A	C	–	–	–	–	–	–
Pressiômetro	Pré-furo (PBP)	B	B	–	C	B	C	B	C	–	B	C	C	C
	Autoperfurante (SBP)	B	B	A	B	B	B	B	A	B	A	A/B	B	A/B
	Cone-pressiômetro (FDP)	B	B	–	C	B	C	C	C	–	A	C	C	C
Outros	Palheta	B	C	–	–	A	–	–	–	–	–	–	B/C	B
	Ensaio de placa	C	–	–	C	B	B	B	C	C	A	C	B	B
	Placa helicoidal	C	C	–	C	B	B	B	C	C	A	C	B	–
	Permeabilidade	C	–	A	–	–	–	–	B	A	–	–	–	–
	Ruptura hidráulica	–	–	B	–	–	–	–	C	C	–	B	–	–
	Sísmicos	C	C	–	–	–	–	–	–	–	A	–	B	–

Aplicabilidade: A = alta; B = moderada; C = baixa; – = inexistente
Definição de parâmetros: u = poropressão *in situ*; φ' = ângulo de atrito efetivo; S_u = resistência ao cisalhamento não drenada; D_r = densidade relativa; m_v = módulo de variação volumétrica; c_v = coeficiente de consolidação; K_0 = coeficiente de empuxo no repouso; G_0 = módulo cisalhante a pequenas deformações; σ_h = tensão horizontal; OCR = razão de pré-adensamento; σ-ϵ = relação tensão-deformação.
Fonte: Lunne, Robertson e Powell (1997).

de resistência e deformabilidade, podem ser adotados como procedimentos complementares às investigações de campo.

O fluxograma apresentado na Fig. 1.2 foi elaborado com o objetivo de orientar o engenheiro quanto à seleção do tipo de ensaio e à identificação das abordagens disponíveis para a interpretação de ensaios de campo. Dada a natureza predominantemente investigativa da atividade geotécnica, alguns ensaios são realizados visando somente à identificação da estratigrafia do subsolo e dos materiais que compõem as diferentes camadas. Essas informações podem orientar os profissionais envolvidos nas áreas de planejamento urbano e ambiental, auxiliando na avaliação de impactos ambientais decorrentes do crescimento das cidades e na implantação de parques industriais, entre outras aplicações.

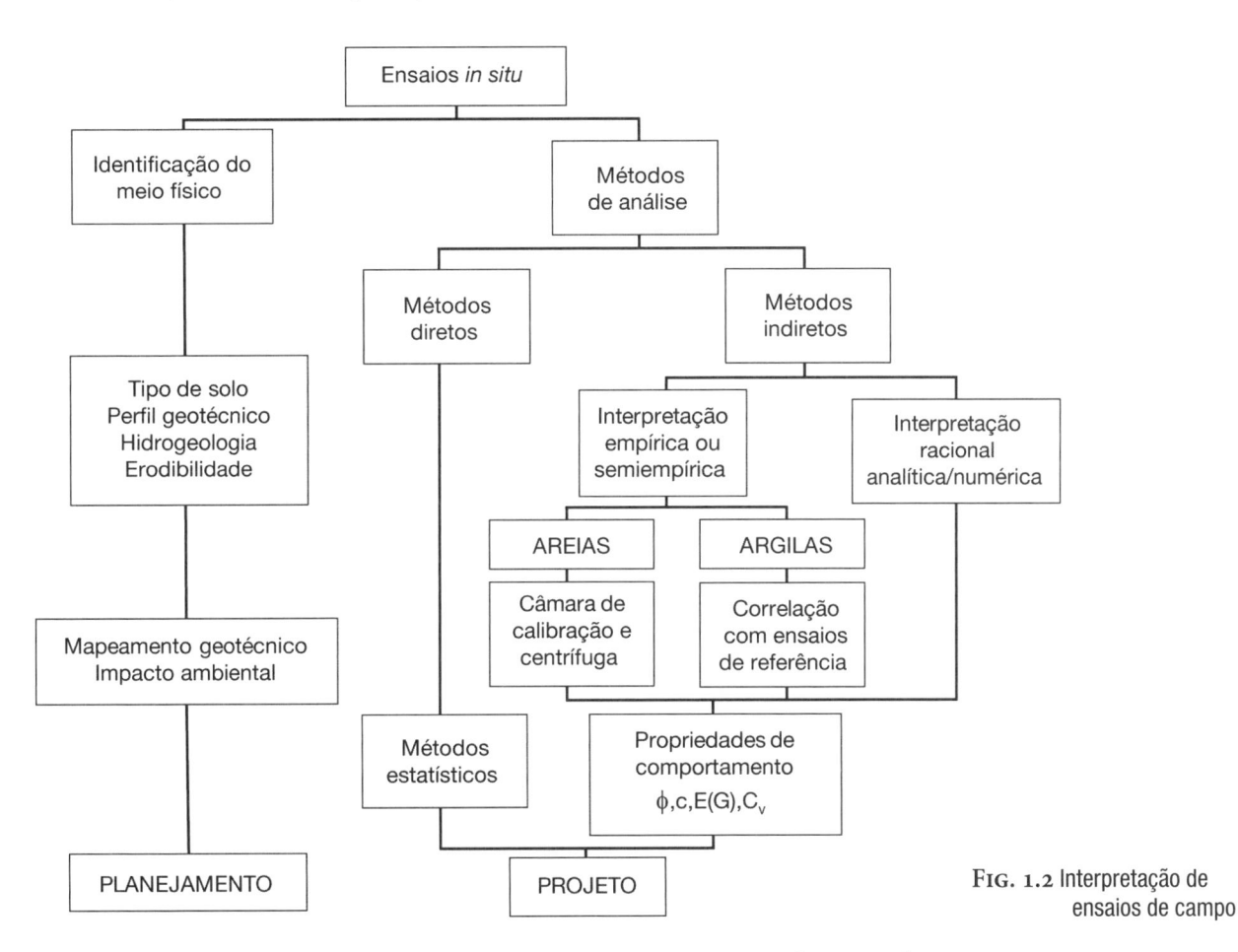

FIG. 1.2 Interpretação de ensaios de campo

Por outro lado, a análise dos resultados com vistas a um projeto geotécnico específico pode ser realizada segundo duas abordagens distintas:

a] *Métodos diretos:* de natureza empírica ou semiempírica, têm fundamentação estatística, a partir da qual as medidas de ensaio são correlacionadas diretamente ao desempenho de obras geotécnicas. O SPT constitui-se no mais conhecido exemplo brasileiro de uso de métodos diretos de previsão, aplicado tanto à estimativa de recalques quanto à capacidade de carga de fundações.

b] *Métodos indiretos*: os resultados de ensaios são aplicados à previsão de propriedades constitutivas de solos, possibilitando a adoção de conceitos e formulações clássicas de Mecânica dos Solos como abordagem de projeto. Por exemplo, nos ensaios de palheta e pressiométricos, são assumidas algumas simplificações passíveis de interpretação analítica; a cravação de um cone em depósitos argilosos pode ser interpretada por meio de abordagens numéricas (p. ex., Baligh, 1986; Houlsby; Teh, 1988).

A escolha da abordagem (direta ou indireta) depende da técnica de ensaio utilizada, do tipo de solo investigado, de normas e códigos específicos, bem como de práticas regionais. Em geral, o uso de uma abordagem semiempírica, em detrimento de um método racional de análise, reflete a dificuldade em modelar as complexas condições de contorno decorrentes do processo de penetração e carregamento do ensaio. Cabe ao engenheiro definir, para o atual estado do conhecimento, qual o procedimento de análise mais apropriado. Nesta obra, recomenda-se apenas o uso de métodos consagrados, ou seja, métodos de consenso de especialistas brasileiros e internacionais, cujo detalhamento será objeto de avaliação nos próximos capítulos.

1.3 Projeto geotécnico

Em decorrência da diversidade de equipamentos e procedimentos disponíveis no mercado brasileiro, o estabelecimento de um plano racional de investigação constitui-se na etapa crítica de projeto. Conhecimento, experiência, normas e práticas regionais devem ser considerados durante o processo de "julgamento geotécnico" de seleção dos critérios necessários à solução do problema. As recomendações quanto às etapas que compõem um plano de investigação racional são listadas a seguir.

1.3.1 Projeto conceitual

Alternativas e necessidades destinadas a produzir soluções de engenharia viáveis técnica e economicamente são atributos de um projeto conceitual. Constitui-se no primeiro passo do projeto, no qual se definem os princípios envolvidos com base em pressupostos técnicos e legais.

A escolha da solução adequada para a execução de um projeto deve ser apoiada em informações preliminares baseadas em:

- levantamento de escritório para reconhecimento hidrogeológico e geotécnico da área;
- sondagens geotécnicas esparsas para a caracterização do subsolo.

A tomada de decisões, entre as alternativas possíveis, é realizada segundo critérios de maior eficiência, menor risco ou menor custo. Naturalmente, essas informações são preliminares e deverão ser refinadas, nas etapas de Projeto Básico e Executivo, por meio de programas de investigação complementares.

1.3.2 Projeto básico

O projeto básico (ou anteprojeto) consiste em um conjunto de elementos necessários e suficientes, com nível de precisão adequado, para caracterizar a obra ou serviço, elaborado com base nas indicações dos estudos técnicos preliminares, destinados a assegurar a viabilidade técnica do empreendimento e seu adequado tratamento ambiental, bem como possibilitar a avaliação do custo da obra e a definição dos métodos e do prazo de execução. Implica o desenvolvimento de solução técnica concebida na fase de projeto conceitual, de forma a fornecer uma visão global da obra e a identificar todos os seus elementos construtivos.

Como requisito fundamental, o projeto básico deve caracterizar todas as unidades que compõem o meio físico e as propriedades do subsolo dessas unidades, compatibilizando a investigação com as particularidades da obra: presença de materiais compressíveis, fundações submetidas a grandes carregamentos, existência de obras de arte, taludes e escavações, entre outras.

O nível de abrangência do programa de investigação deve ser definido em função das características da superestrutura e das condições do subsolo. Em estruturas convencionais (Categorias I e II do Eurocode 7), quando da ocorrência de solos resistentes e estáveis, não há necessidade de estudos geotécnicos mais elaborados, mas apenas das informações rotineiras de ensaios SPT ou CPT. Na ocorrência de solos compressíveis, de baixa resistência, a solução deve ser produzida com base em informações de diferentes técnicas de ensaio, visando caracterizar de forma adequada e representativa as características do solo.

1.3.3 Projeto executivo

Segundo a NBR 12722/1992, o projeto executivo consiste na orientação para análise, cálculo e indicação de métodos de execução dos serviços relacionados à Mecânica dos Solos e obras de terra, incluindo desmonte e escavação, rebaixamento do nível freático, aterros, estabilidade de taludes naturais, estruturas de contenções e ancoragens, drenagem superficial e profunda, e injeções no terreno. Na engenharia de fundações, inclui a escolha do tipo de fundação, cota de assentamento (caso de fundação rasa ou especial), comprimento dos elementos (caso de fundação profunda ou especial), taxas e cargas admissíveis pelo terreno para a fundação.

Na etapa de projeto executivo, a programação de sondagens deve satisfazer a exigências mínimas que garantam o reconhecimento detalhado das condições do subsolo. Normas específicas devem ser observadas para projetos de diferentes naturezas. Por exemplo, a Norma Brasileira NBR 8036/1983 regulamenta as recomendações quanto ao número, localização e profundidade de sondagens de simples reconhecimento. Algumas considerações são reproduzidas neste livro, buscando assegurar a realização desses ensaios como procedimento mínimo a ser adotado em projetos correntes.

O número de sondagens e sua localização em planta dependem do tipo de estrutura e das características específicas do subsolo, devendo ser alocadas de forma a resolver técnica e economicamente o problema em estudo. As sondagens devem ser, no mínimo, uma para cada 200 m^2 de área da projeção do edifício em planta, até 1.200 m^2 de área. Entre 1.200 m^2 e 2.400 m^2, deve-se fazer uma sondagem para cada 400 m^2 que excederem aos 1.200 m^2. Acima de 2.400 m^2, o número de sondagens deve ser fixado de acordo com a construção, satisfazendo ao número mínimo de: (a) duas sondagens para área de projeção em planta do edifício até 200 m^2 e (b) três para área entre 200 m² e 400 m². Em casos de estudos de viabilidade ou de escolha do local, o número de sondagens deve ser fixado de forma que a distância máxima entre elas seja de 100 m, com um mínimo de três sondagens.

A profundidade atingida nas sondagens deve assegurar o reconhecimento das características do solo solicitado pelos elementos de fundações, fixando-se como critério a profundidade na qual o acréscimo de pressão no solo, em decorrência das cargas aplicadas, seja menor que 10% da pressão geostática efetiva (para noções básicas de distribuição de tensões no solo, ver, p. ex., Poulos e Davis, 1974a; Barata, 1984). No caso de ocorrência de rochas a pequena profundidade, é desejável que alguns furos cheguem a tal profundidade.

Portanto, nem sempre é recomendável e economicamente viável determinar todas essas informações ambientais em uma única etapa, mas subdividir a campanha de investigação em três fases distintas: (a) *investigação preliminar*, que visa buscar elementos para a elaboração do projeto básico (ou anteprojeto) e orientar investigações complementares; (b) *investigação complementar*, que tem como objetivo determinar os parâmetros constitutivos necessários ao dimensionamento da obra; e (c) *investigação de verificação*, para confirmar as premissas adotadas em projeto (fase normalmente executada durante a etapa construtiva e associada a uma campanha de instrumentação).

A abrangência das informações obtidas determina os fatores de segurança adotados em projeto, estabelecidos com o objetivo de compatibilizar os métodos de dimensionamento com as incertezas decorrentes (a) das hipóteses simplificadoras adotadas nos cálculos, (b) da estimativa das cargas permanentes e acidentais de projeto, e (c) da previsão de propriedades mecânicas de comportamento do solo.

Um programa de investigação bem concebido, que resulte na avaliação precisa dos parâmetros constitutivos do solo, pode resultar na otimização da relação custo/benefício da obra. O impacto econômico pode ser avaliado a partir da proposição de Wright (1969), que condiciona a magnitude do fator de segurança ao tipo de obra (magnitude do carregamento e possibilidade de ocorrência de cargas máximas) e ao grau de exploração do subsolo (Tab. 1.1). Como orientação, obras monumentais são aquelas em que a carga máxima ocorre com frequência (p. ex., silos, pontes ferroviárias, barragens), em que o colapso pode produzir dano ambiental severo (p. ex., reservatórios de combustíveis, barragens), ou, ainda, aquelas que constituem serviços urbanos indispensáveis à população (p. ex., hospitais, estações de transporte público, portos, aeroportos). Obras permanentes referem-se a estruturas convencionais, como edificações e obras de infraestrutura em geral. Abordagem semelhante proposta por Vésic (1975) classifica as obras por categorias em função do tipo de estrutura e recomenda a adoção de fatores de segurança de acordo com o nível de exploração do subsolo (Tab. 1.2). A racionalidade dessas propostas consiste em reconhecer que, quanto mais extensivo o programa de investigação, menores as incertezas de projeto e menor o fator de segurança adotado.

TAB. 1.1 Fatores de segurança conforme Wright (1969)

Tipo de estrutura	Investigação precária	Investigação normal	Investigação precisa
Monumental	3,5	2,3	1,7
Permanente	2,8	1,9	1,5
Temporária	2,3	1,7	1,4

TAB. 1.2 Fatores de segurança conforme Vésic (1975)

Categoria	Características da categoria	Estruturas típicas	Exploração do subsolo completa	Exploração do subsolo limitada
A	Carga máxima de projeto ocorre frequentemente; consequências desastrosas – colapso	Pontes ferroviárias; silos; armazéns; estruturas hidráulicas e de arrimo	3,0	4,0
B	Carga máxima ocorre ocasionalmente; consequências sérias	Pontes rodoviárias; edifícios públicos e industriais	2,5	3,5
C	Carga máxima de projeto ocorre raramente	Edifícios de escritório e residenciais	2,0	3,0

Essa mesma filosofia é observada nas normas brasileiras, cujas recomendações devem ser adotadas em qualquer projeto geotécnico (NBR 6497/1983; NBR 8036/1983; NBR 6484/2001; NBR 6122/2010). A Norma Brasileira de Fundações, ao discutir fatores de segurança parciais, estabelece que o cálculo da resistência característica de estacas, por meio de métodos semiempíricos baseados em ensaios de campo, poderá ser determinado pela expressão:

$$R_{c,k} = Mín\left[(R_{c,cal})_{méd}/\xi_1;(R_{c,cal})_{mín}/\xi_2\right] \qquad (1.1)$$

onde $R_{c,k}$ é a resistência característica; $(R_{c,cal})_{méd}$ é a resistência característica calculada com base em valores médios dos parâmetros; $(R_{c,cal})_{mín}$ é a resistência característica calculada com base em valores mínimos dos parâmetros; e ξ_1 e ξ_2 são fatores de minoração da resistência (Tab. 1.3), cujos valores poderão ser multiplicados por 0,9 no caso de execução de ensaios complementares à sondagem a percussão. Aplicados os fatores da Tab. 1.3, deverá ser empregado um fator de segurança global de, no mínimo, 1,4 para determinar a carga admissível.

TAB. 1.3 Valores dos fatores ξ_1 e ξ_2 para determinação de valores característicos das resistências calculadas por métodos semiempíricos baseados em ensaios de campo

n	1	2	3	4	5	7	≥ 10
ξ_1	1,42	1,35	1,33	1,31	1,29	1,27	1,25
ξ_2	1,42	1,27	1,23	1,20	1,15	1,13	1,11

n = número de perfis de ensaios por região representativa do terreno
Fonte: NBR 6122 (ABNT, 2010).

capítulo 2

SPT (Standard Penetration Test)

Equipamento de sondagem mecanizado (cortesia Boart Longyear).

Nem o equipamento nem os procedimentos de escavação foram completamente padronizados a nível internacional no ensaio SPT. As diferenças existentes podem ser parcialmente justificadas pelo nível de desenvolvimento e investimentos de cada país. Porém, mais importante são as adaptações das técnicas de escavação às diferentes condições de subsolo.

(Ireland; Moretto; Vargas, 1970)

O Standard Penetration Test (SPT) é, reconhecidamente, a mais popular, rotineira e econômica ferramenta de investigação geotécnica em praticamente todo o mundo. Ele serve como indicativo da densidade de solos granulares e é aplicado também na identificação da consistência de solos coesivos, e mesmo de rochas brandas. Métodos rotineiros de projeto de fundações diretas e profundas usam sistematicamente os resultados de SPT, especialmente no Brasil.

O ensaio SPT constitui-se em uma medida de resistência dinâmica conjugada a uma sondagem de simples reconhecimento. A perfuração é obtida por tradagem e circulação de água, utilizando-se um trépano de lavagem como ferramenta de escavação. Amostras representativas do solo são coletadas a cada metro de profundidade por meio de amostrador padrão com diâmetro externo de 50 mm. O procedimento de ensaio consiste na cravação do amostrador no fundo de uma escavação (revestida ou não), usando-se a queda de peso de 65 kg de uma altura de 750 mm (Figs. 2.1 a 2.3). O valor N_{SPT} é o número de golpes necessários para fazer o amostrador penetrar 300 mm, após uma cravação inicial de 150 mm.

As vantagens desse ensaio com relação aos demais são: simplicidade do equipamento, baixo custo e obtenção de um valor numérico de ensaio que pode ser relacionado por meio de propostas não sofisticadas, mas diretas, com regras empíricas de projeto. Apesar das críticas pertinentes que são continuamente feitas à diversidade de procedimentos utilizados para a execução do ensaio e à pouca racionalidade de alguns dos métodos de uso e interpretação, esse é o processo dominante ainda utilizado na prática de Engenharia de Fundações.

O objetivo deste capítulo é apresentar os aspectos relevantes à análise do ensaio SPT e suas limitações à luz dos conhecimentos recentes, com o objetivo de esclarecer os usuários com relação aos cuidados no uso e na interpretação dos resultados, além de aumentar o conhecimento sobre técnicas modernas, considerando a prática brasileira, incluindo conceitos de energia.

2.1 Equipamentos e procedimentos

A normalização do ensaio SPT foi introduzida em 1958 pela Americam Society for Testing and Materials (ASTM), existindo atualmente diversas normas nacionais e um padrão internacional adotado como referência: *International Reference Test Procedure* (IRTP/ISSMFE, 1988b). O Brasil tem normalização específica, a NBR 6484/2001, sendo habitual na América do Sul o uso da normalização norte-americana ASTM D1586/1967. Entretanto, não é incomum o uso regional de procedimentos não padronizados e de equipamentos diferentes do padrão internacional.

A seguir são apresentados os principais equipamentos e procedimentos recomendados na execução do ensaio SPT.

2.1.1 Equipamentos

Os equipamentos que compõem um sistema de sondagem SPT são compostos basicamente por seis partes distintas: (a) amostrador; (b) hastes; (c) martelo; (d) torre ou tripé de sondagem; (e) cabeça de bater; (f) conjunto de perfuração (Fig. 2.1).

a] Amostrador

O amostrador utilizado na execução da sondagem é constituído de três partes distintas: cabeça, corpo e sapata (Fig. 2.2). A cabeça do amostrador possui uma válvula de esfera e um orifício de drenagem que permite a saída da água de dentro das hastes e a consequente retenção da amostra de solo dentro do amostrador. Esse conjunto de válvula e dreno deve ser frequentemente inspecionado e limpo, para garantir seu perfeito funcionamento. O corpo do amostrador é formado por um tubo bipartido (Fig. 2.2), que permite a inspeção tátil e visual das amostras. O corpo e o bico devem ser periodicamente inspecionados e substituídos sempre que for detectado algum desgaste ou empenamento. Bicos amostradores defeituosos alteram substancialmente o resultado, pois dificultam a penetração do solo no amostrador.

A amostra coletada no corpo do amostrador deve ser acondicionada em recipiente hermético e enviada ao laboratório para a classificação da granulometria, cor, presença de matéria orgânica e origem. Essa etapa de classificação deve ser efetuada por geólogo ou engenheiro geotécnico.

De acordo com a NBR 6484/2001, o amostrador possui dimensões definidas, não havendo tolerâncias previstas na prática brasileira. Contudo, chamam a atenção as dificuldades de transposição de experiências no âmbito do Mercosul, pois, no Uruguai, não é usual a realização do SPT, e na Argentina, o padrão local é utilizar o amostrador de "Moreto" (Moreto, 1963). Os países que seguem a norma ASTM utilizam amostradores com um rebaixo interno, o que facilita a penetração do solo, influenciando os registros de cravação.

b] Hastes

As hastes nada mais são que tubos mecânicos providos de roscas em suas extremidades, permitindo a ligação entre elas por meio do uso de um elemento de conexão (luva ou nípel). De acordo com a NBR 6484/2001, as hastes devem possuir 3,23 kg por metro linear. A ASTM D1586/1999, por sua vez, permite o uso de hastes mais robustas, com massa por unidade de comprimento de 5,96 kg/m até 11,8 kg/m (padrão "A" até "N", respectivamente). As hastes devem ser lineares e, ao apresentar desgastes nas roscas ou empenamento, ser substituídas. Hastes empenadas podem transferir parte da energia fornecida pelo golpe do martelo para a parede da perfuração, o que vai exigir um maior número de golpes para a cravação do amostrador.

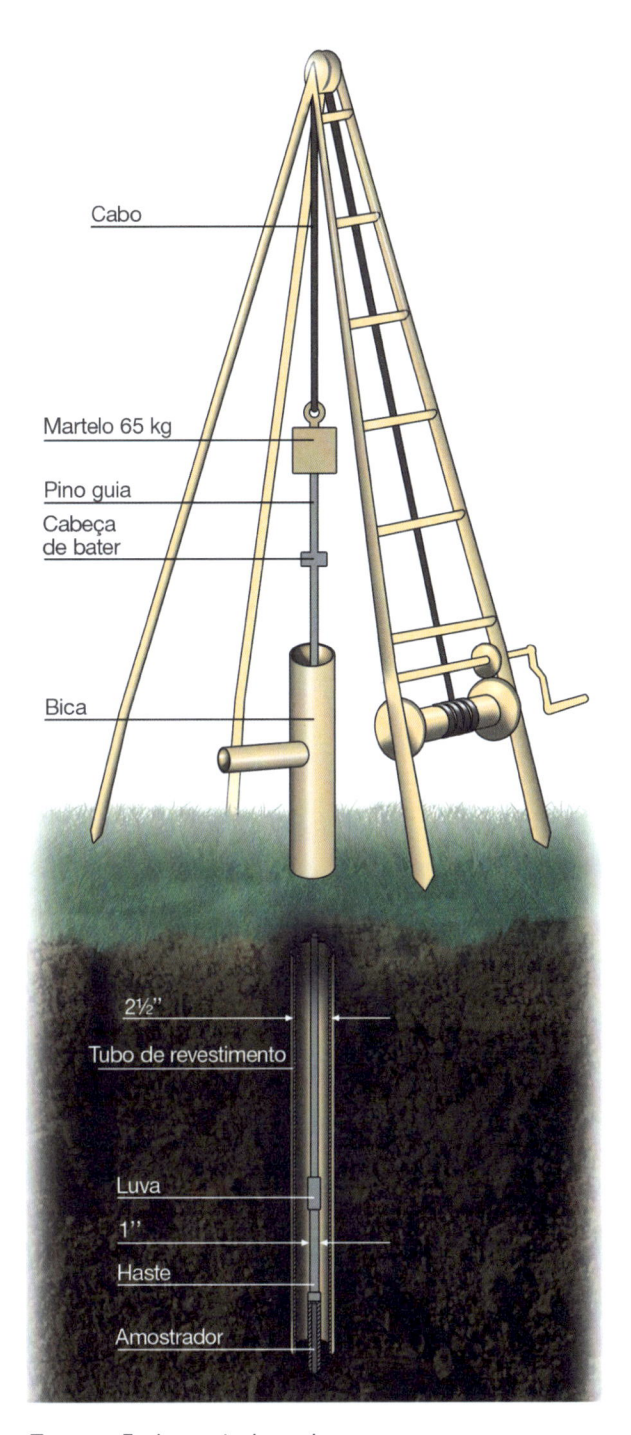

FIG. 2.1 Equipamento de sondagem

c] Martelo

O martelo, constituído de aço, com massa de 65 kg (NBR 6484/2001) ou de 63,5 ± 1 kg (ASTM D1586/1999), é o elemento que aplica o golpe sobre a composição (cabeça de bater, haste, amostrador). Trata-se do elemento que apresenta maior diversidade de configurações, tanto nacional como internacionalmente. A norma NBR 6484/2001 define as dimensões e a geometria do martelo, assim como o uso de um coxim de madeira na sua parte inferior, no seu ponto de impacto sobre a cabeça de bater.

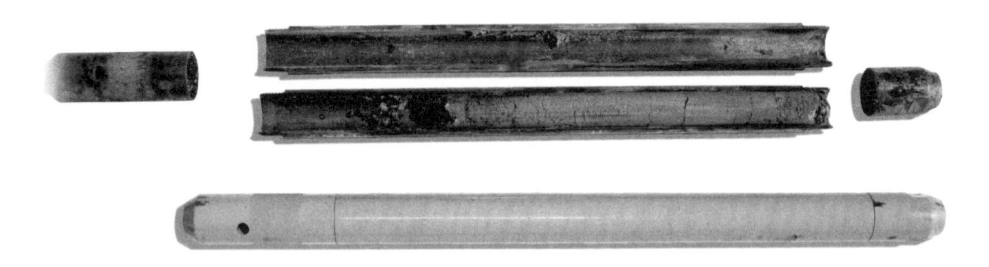

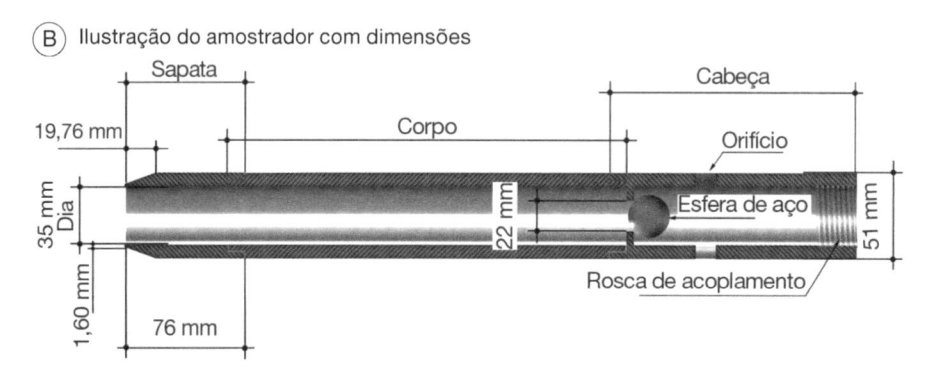

FIG. 2.2 Amostrador padrão "Raymond"
Fonte: NBR 6484 (ABNT, 2001).

As configurações adotadas na prática de engenharia são ilustradas na Fig. 2.3, havendo martelos sem controle de altura de queda (A, B, C, D, E) e com controle de altura de queda (F, G, H, I, J). Neste último grupo, há os sistemas de gatilho (F, G, H, I) e os martelos automáticos (J). Os martelos de gatilho podem ser elevados manualmente ou por meio de guincho autopropelido. Os martelos automáticos, além da altura de queda controlada, promovem a elevação da massa automaticamente, com o auxílio de motores hidráulicos, proporcionando melhor controle e reprodutibilidade de procedimento.

d] Cabeça de bater

A cabeça de bater é um elemento cilíndrico de aço maciço que tem por finalidade promover a transferência da energia do golpe do martelo para a haste. De acordo com a NBR 6484/2001, ela é constituída por tarugo de aço de 83 ± 5 mm de diâmetro, 90 ± 5 mm de altura e massa nominal de 3,5 kg a 4,5 kg. A ASTM não especifica a massa ou os dados geométricos da cabeça de bater, porém exige o seu uso.

e] Sistema de perfuração

Os equipamentos normalmente usados para a abertura do furo de sondagem são os trados manuais, com destaque para aqueles de tipo helicoidal e tipo concha, além do trépano ou faca de lavagem.

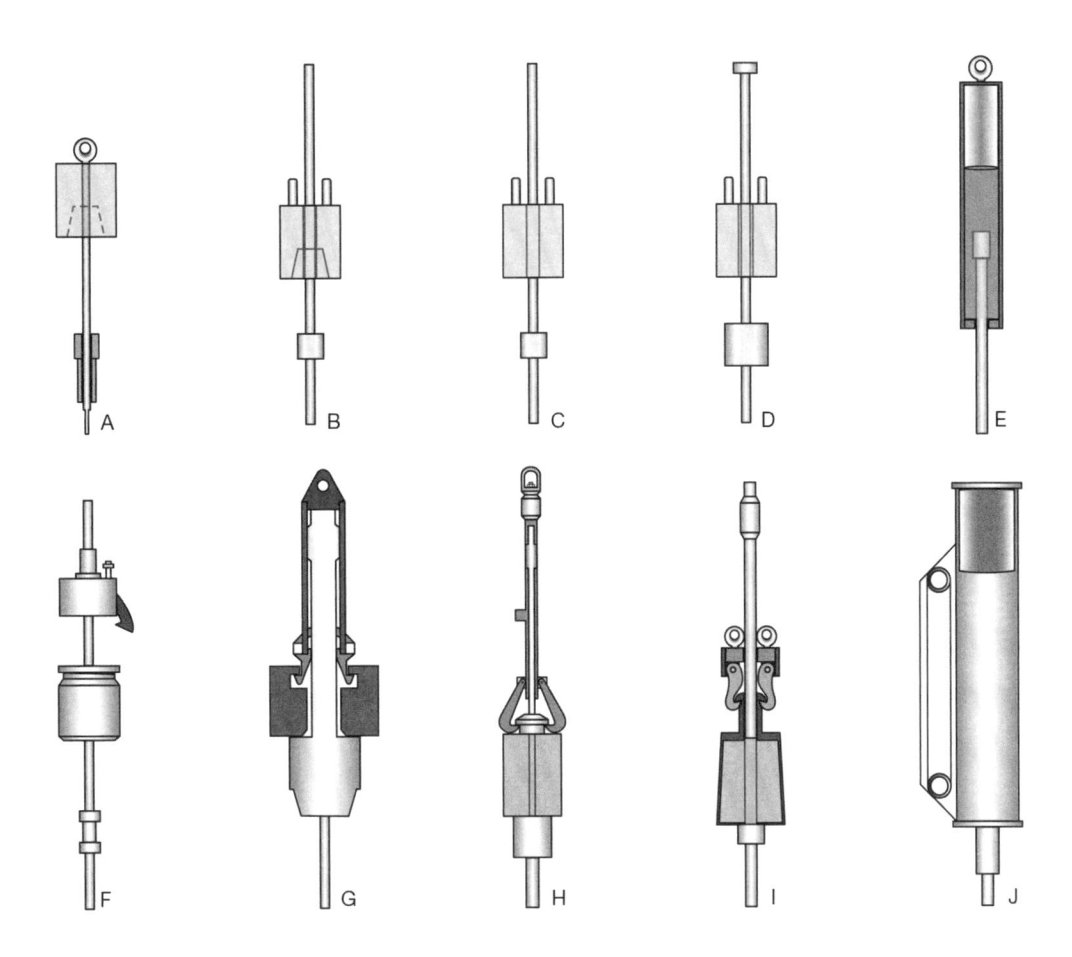

Legenda	Nome	Coxim de madeira	Controle de altura de queda
A	martelo tipo pino guia	sim	não
B	martelo vazado	sim	não
C	martelo vazado	não	sim
D	martelo vazado	não	sim
E	*safety hammer*	não	não
F	martelo com gatilho	não	sim
G	martelo com gatilho	não	sim
H	martelo com gatilho	não	sim
I	martelo com gatilho	não	sim
J	martelo automático	não	sim

FIG. 2.3 Tipos de martelo

No sistema mecanizado, a perfuração é executada com a introdução de um tubo com um helicoide na sua parte externa, denominado tubo *hollow auger*, o qual, além de facilitar a perfuração, promove o revestimento do furo de sondagem, facilitando a operação em solos não coesivos ou não cimentados.

2.1.2 Procedimentos

Quanto aos procedimentos de ensaio, destacam-se (a) a execução do ensaio, (b) o procedimento de perfuração e (c) a forma de elevação e liberação do martelo.

a) Execução do ensaio SPT

Com o amostrador devidamente posicionado no fundo da perfuração, na profundidade de ensaio, coloca-se cuidadosamente o martelo sobre a cabeça de bater (conectada à composição da haste) e mede-se a penetração da composição decorrente do peso próprio do martelo. Caso esse valor seja representativo, ele é registrado na folha de ensaio (p. ex., P/32 – peso para 32 cm de penetração permanente). Caso não haja penetração, marcam-se sobre a haste três segmentos de 15 cm cada um e inicia-se a cravação, contando-se o número de golpes necessários para a cravação de cada segmento (p. ex., 5/15, 7/15 e 9/15). Como nem sempre é possível obter um número exato de golpes para cada 15 cm de penetração, recomenda-se anotar o valor efetivamente aplicado (p. ex., 5/14, 7/16 e 9/15). O número de golpes N_{SPT} utilizado nos projetos de engenharia é a soma dos valores correspondentes aos últimos 30 cm de penetração do amostrador.

Adicionalmente, apresenta-se o número de golpes para a penetração dos 30 cm iniciais. Diferenças elevadas no número de golpes referentes aos primeiros e aos últimos 30 cm poderão indicar amolgamento do solo ou deficiência na limpeza do fundo do furo de sondagem.

Há, ainda, duas representações adicionais: quando o solo é mole ou muito resistente. No primeiro caso, pode-se, com um único golpe, penetrar além dos 15 cm iniciais, registrando-se o número de golpes com a penetração correspondente (p. ex., 1/45 - 45 cm de penetração para um golpe). Em solos muito resistentes, por sua vez, pode ser necessário um número superior a 30 golpes para a penetração dos 15 cm. Nesse caso, registra-se o número de golpes efetivamente executados com a respectiva penetração (p. ex., 30/10 - 30 golpes para 10 cm de penetração). Limita-se o número de golpes para evitar danos às roscas e à linearidade das hastes.

b) Perfuração

Não há um procedimento único de perfuração. A depender das condições do subsolo e do sistema de perfuração utilizado, procedimentos e equipamentos distintos podem ser empregados.

Perfuração manual acima no nível freático deve ser executada com trados helicoidais. Abaixo do nível freático, prossegue-se com sistema de circulação de água, bombeada pelo interior das hastes até a extremidade inferior do furo, na cota onde se posiciona o trépano para a desintegração do solo. No caso de equipamentos mecanizados, a perfuração é realizada com tubo *hollow auger*, munido de conexões que permitem a sua extensão à cota de ensaio (Fig. 2.4).

Independentemente do procedimento, devem-se tomar cuidados especiais para evitar o amolgamento do solo na cota de ensaio e garantir a remoção do solo escavado no fundo da perfuração. No caso de dificuldades para manter o furo aberto, deve-se proceder à perfuração com o uso de tubo de revestimento ou algum tipo de estabilizante (lama bentonítica ou polímero).

Quanto ao diâmetro da perfuração, a NBR 6484/2001 recomenda 73 cm (2½"); a ASTM, porém, permite a adoção de diâmetros superiores.

(A) Instalação do revestimento
(Foto: cortesia Damasco Penna)

(B) Conexão do tubo

FIG. 2.4 Revestimento *hollow auger*

c] Elevação e liberação do martelo

A elevação do martelo pode ser realizada de forma manual ou mecanizada. No primeiro caso, o martelo é içado pelos operadores, auxiliados ou não pelo uso do sarilho. Nos sistemas mecanizados, por sua vez, o martelo é elevado por um guincho autopropelido.

2.1.3 SPT-T

A associação do torque com a sondagem de simples reconhecimento é denominada SPT-T (Ranzini, 1988). O torque é aplicado na parte superior da composição da haste, de modo a rotacionar o amostrador previamente cravado no terreno. Essa medida, obtida com o auxílio de um torquímetro, tem como objetivo principal fornecer um dado adicional à resistência à penetração.

Um esquema do ensaio é ilustrado na Fig. 2.5 e sua interpretação, definida pela Eq. 2.1, permite a determinação do atrito ou adesão amostrador-solo.

$$F_t = \frac{T}{(40{,}53 \cdot h - 17{,}40)} \quad (2.1)$$

onde F_t = atrito lateral ou adesão (kg/cm²); T = torque kgf·cm; e h = penetração do amostrador no solo. Essa medida de atrito lateral (ou torque) pode ser útil na determinação das características físicas do perfil do subsolo.

2.1.4 Apresentação dos resultados

Os resultados são apresentados em planilha padrão, na qual são descritas as características do solo, o número de golpes necessários para a penetração do amostrador a cada profundidade, a profundidade do nível freático, a posição e a cota do furo. É recomen-

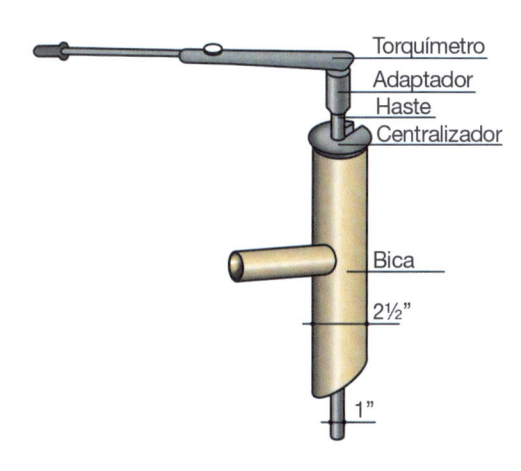

FIG. 2.5 Instalação do torquímetro

dação dos autores que os perfis venham acrescidos de fotos digitais das amostras coletadas no amostrador. Adicionalmente, recomenda-se retirar cerca de 10 g de solo para a determinação do teor de umidade, sendo o restante utilizado para a determinação da porcentagem de finos (passante na peneira #200: 0,075 mm de abertura). Em casos especiais, sugere-se também a determinação da porcentagem de matéria orgânica, cloretos e sulfetos. Um exemplo de perfil típico de sondagem é apresentado no Cap. 7.

2.2 Fatores determinantes na medida de SPT

Existem diferentes técnicas de perfuração, equipamento e procedimento de ensaio nos diversos países, em decorrência de fatores locais e do grau de desenvolvimento tecnológico do setor. Isso resulta em desuniformidade de significância dos resultados obtidos. As principais diferenças referem-se a fatores como método de perfuração, fluido estabilizante, diâmetro do furo, mecanismo de levantamento e liberação de queda do martelo, rigidez das hastes, geometria do amostrador e método de cravação. Além desses fatores, tem-se a influência marcante das características e condições do solo nas medidas de SPT. Uma revisão completa sobre o atual estado do conhecimento pode ser encontrada em Skempton (1986), Clayton (1993) e Schnaid (2009), e considerações sobre a realidade sul-americana, em Milititsky e Schnaid (1995).

Na prática de engenharia, existe voz corrente sobre as questões relativas a "ensaios bem ou malfeitos", empresas idôneas (fraudes), má prática e vícios executivos, entre outras. Os itens a seguir tratam somente dos aspectos que influenciam os resultados de ensaios realizados segundo recomendações de normas e da boa prática de engenharia. Serão indicados os fatores que explicam por que, no mesmo local, duas sondagens realizadas segundo a técnica recomendada podem resultar em valores desiguais, considerando-se, por exemplo, a técnica de escavação, o equipamento e o procedimento de ensaio empregados.

Desses fatores, certamente os relacionados à técnica de escavação são os mais importantes, com destaque para o método de estabilização: (a) perfuração revestida e não preenchida totalmente com água; (b) uso de bentonita; (c) revestimento cravado além do limite de cravação; (d) ensaio executado dentro da região revestida. Existem inúmeras publicações com o registro quantitativo da variação de desempenho do ensaio em decorrência dos procedimentos utilizados, incluindo a técnica de escavação (Sutherland, 1963; Begemann; De Leew, 1979; Skempton, 1986; Mallard, 1983), o que reforça a necessidade de utilização de procedimentos padronizados.

A questão da influência do equipamento relaciona-se com a energia transferida ao amostrador no processo de cravação. O trabalho básico nesse tópico foi apresentado por Schmertmann e Palacios (1979), seguindo-se por extensa bibliografia (Serota; Lowther, 1973; Kovacs; Salamone, 1982, 1984; Seed et al., 1985; Skempton, 1986). A realidade brasileira pode ser aferida a partir do trabalho pioneiro de Belincanta (1998). Podem-se descrever os seguintes aspectos de equipamento como influenciadores nos resultados: (a) martelo - energia transferida pelos diferentes mecanismos de levantamento e liberação para queda, massa do martelo e uso de cepo de madeira no martelo;

(b) hastes - peso e rigidez, comprimento, perda de energia nos acoplamentos; (c) amostrador - integridade da sapata cortante, uso de válvula, uso de revestimento plástico interno (prática americana). A tendência moderna recomenda a medida de energia para cada prática, sendo a norma NBR 6484/2001 indicada para tal finalidade.

Além da influência do equipamento, devem-se reconhecer os efeitos da influência das condições do solo na resistência à penetração. Quando o amostrador é impelido para dentro do solo, sua penetração é resistida pelo atrito nas superfícies externas e internas e na sua base. Como resultado, a massa de solo nas proximidades do amostrador é afetada por solicitação decorrente da energia de choque do martelo, transmitida através das hastes. Gera-se um excesso de pressões neutras, cuja dissipação é decorrente da permeabilidade do material testado.

Como o comportamento dos solos depende da trajetória de tensões e do nível de deformação a que são submetidos, teoricamente o ensaio de campo ideal deveria impor um caminho de tensões e nível de deformações uniforme em toda a massa envolvida no processo, complementado por condição perfeitamente não drenada ou de total dissipação da pressão neutra. Nem o SPT nem outros ensaios de campo satisfazem completamente essas condições. Na rotina, os engenheiros sempre preferem utilizar os ensaios que efetivamente funcionem em quase todas as condições de subsolo e determinem índices (ou indicadores) ou informações que não podem ser obtidos de forma mais econômica ou simples por outros processos.

O Quadro 2.1 apresenta uma compilação de todos os fatores conhecidos que afetam a penetração em solos granulares e seus efeitos.

Em solos coesivos, a resistência à penetração é, reconhecidamente, função da resistência não drenada (S_u). Os fatores que controlam a resistência são a plasticidade, a sensibilidade e a fissuração da argila, motivo pelo qual existem relações diferentes entre S_u e N_{SPT} na literatura. Além desses aspectos, deve-se levar em conta

QUADRO 2.1 Influência das propriedades de solos granulares na resistência à penetração

Fator	Influência	Referências
Índice de vazios	Redução do índice aumenta a resistência à penetração	Terzaghi e Peck (1967); Gibbs e Holtz (1957); Holubec e D'Appolonia (1973); Marcusson e Bieganousky (1977)
Tamanho médio da partícula	Aumento do tamanho médio aumenta a resistência à penetração	Schultze e Menzenback (1961); DIN 4094; Clayton e Dikran (1982); Skempton (1986)
Coeficiente de uniformidade	Solos uniformes apresentam menor resistência à penetração	DIN 4094 - Parte 2
Pressão neutra	Solos finos densos dilatam e aumentam a resistência; solos finos muito fofos podem liquefazer no ensaio	Terzaghi e Peck (1967); Bazaraa (1967); De Mello (1971); Rodin et al. (1974); Clayton e Dikran (1982)
Angulosidade das partículas	Aumento da angulosidade aumenta a resistência à penetração	Holubec e D'Appolonia (1973); DIN 4094
Cimentação	Aumenta a resistência	DIN 4094 - Parte 2
Nível de tensões	Aumento de tensão vertical ou horizontal aumenta a resistência	Zolkov e Wiseman (1965); De Mello (1971); Dikran (1983); Clayton, Hababa e Simons (1985); Schnaid e Houlsby (1994b)
Idade	Aumento da idade do depósito aumenta a resistência	Skempton (1986); Barton, Cooper e Palmer (1989); Jamiolkowski et al. (1988)

que a resistência não drenada não é uma propriedade do solo, pois depende da trajetória de tensões e, consequentemente, do ensaio utilizado para a sua determinação.

Em rochas brandas, o SPT pode ser utilizado para a identificação de propriedades de rochas brandas, influenciadas pela resistência da rocha intacta, porosidade da rocha, espaçamento, abertura e preenchimento das fissuras, além dos fatores derivados do método de ensaio, especialmente a presença de água no processo.

2.3 Conceitos de energia no SPT

Modernamente, uma parte importante da variabilidade observada nos resultados de ensaios SPT pode ser compreendida e interpretada com base na energia fornecida pelo golpe do martelo sobre a composição de haste. Como um corpo em repouso ou em movimento possui determinada quantidade de energia, e essa energia permanece inalterada ao longo do tempo (conforme postulado pelo Princípio da Conservação de Energia, também conhecido como Princípio de Hamilton; p. ex., Aoki e Cintra, 2000), quando um corpo sofre um deslocamento ou uma aceleração em um dado intervalo de tempo, a energia total no início e no final do processo deverá ser a mesma. Nesse balanço, é necessário considerar as forças não conservativas decorrentes de perdas por atritos, aquecimento, flexão de hastes etc.

No acaso do SPT, esses princípios podem ser aplicados a dois instantes bem definidos: quando o martelo está posicionado a uma altura de 75 cm acima da cabeça de bater ($t_1 = 0$) e ao final do processo de cravação do amostrador ($t_2 \sim \infty$). Nesse intervalo de tempo, a energia total deverá permanecer constante, conforme ilustrado na Fig. 2.6. No instante t_1, o centro de massa do martelo está posicionado a uma altura H_{1m}, e o centro de massa da haste, a uma altura H_{1h} em relação a um referencial fixo e externo ao sistema. No instante t_2, por sua vez, o centro de massa do martelo está posicionado a uma altura H_{2m}, e o centro de massa da haste, a uma altura H_{2h} em relação ao mesmo referencial. A energia potencial gravitacional (EPG) pode ser determinada nos instantes t_1 e t_2 multiplicando-se a massa de cada um dos componentes do sistema pelas respectivas alturas. A variação ou diferença de energia gravitacional do martelo e da haste (ΔEPG_{m+h}) entre esses dois instantes é dada pela equação:

$$\Delta EPG_{m+h} = (H + \Delta\rho)M_m g + \Delta\rho M_h g \qquad (2.2)$$

onde $\Delta\rho$ é a penetração permanente do amostrador no solo; g, a aceleração da gravidade; M_m, a massa do martelo; e M_h, a massa da haste. A diferença de energia (Eq. 2.2) é consumida na cravação do amostrador no solo, sem consideração específica das perdas decorrentes de forças não conservativas inerentes ao processo de cravação.

A partir da instrumentação por acelerômetros e células de carga, é possível avaliar essas perdas, identificando-se as contribuições da geometria do martelo, hastes, amostrador, sistema de elevação e liberação do martelo, atritos do cabo com a roldana, atritos da haste na parede do furo de sondagem etc. (p. ex., Skempton, 1986; Belincanta, 1998; Cavalcante, 2002; Odebrecht , 2003). Odebrecht (2003) e Odebrecht

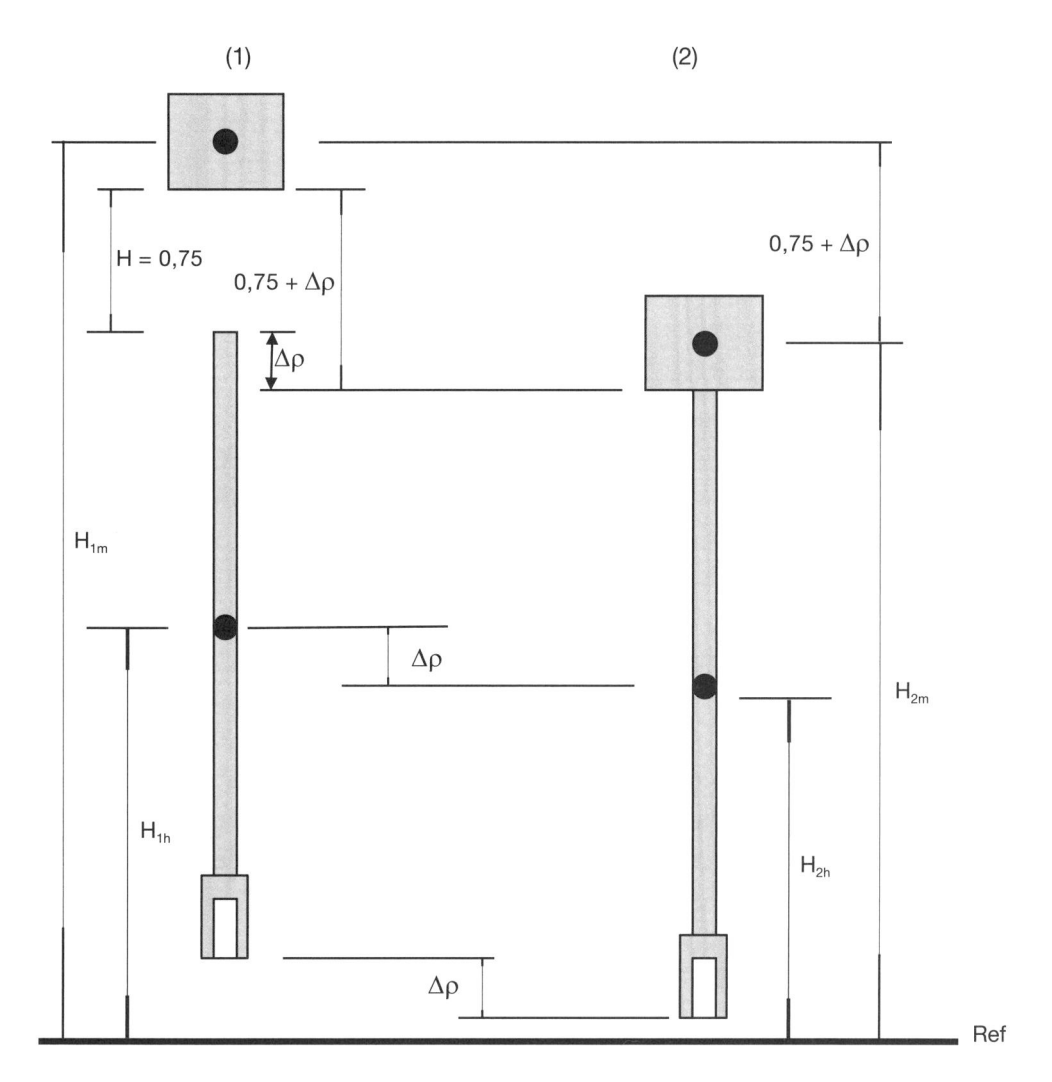

Fig. 2.6 Ensaio de penetração nos instantes inicial e final de cravação

et al. (2004) avaliaram essas perdas para o caso dos equipamentos padronizados pela norma brasileira de fundações NBR 6484/2001 e propuseram fatores de eficiência aplicados à Eq. 2.2. Resulta dessa análise a energia potencial gravitacional do sistema ($\Delta EPG_{m+h}^{sistema}$) mobilizada para efetivamente cravar o amostrador no solo ($E_{amostrador}$):

$$\Delta EPG_{m+h}^{sistema} = E_{amostrador} = \eta_3 \left[\eta_1 (H + \Delta\rho) M_h g + \eta_2 (M_r g \Delta\rho) \right] \quad (2.3)$$

onde os valores de η correspondem às perdas do sistema no que diz respeito ao golpe ($\eta_1 = 0{,}76$), às hastes ($\eta_2 = 1$), e às perdas ao longo do sistema ($\eta_1 = 1 - 0{,}0042\ \ell$).

Por meio da Eq. 2.3, é possível determinar o valor da força de reação do amostrador no solo (F_d), pois a energia do amostrador é convertida em trabalho (W_s), e trabalho é produto da força pelo deslocamento. O deslocamento corresponde ao valor médio da penetração permanente do amostrador no solo decorrente de um golpe, ou seja, $\Delta\rho = 30\ cm\ /\ N_{SPT}$. Assim:

$$E_{amostrador} = W_s = F_d \cdot \Delta\rho \quad (2.4)$$

$$F_d = \frac{E_{amostrador}}{\Delta\rho} \quad (2.5)$$

$$F_d = \frac{\eta_3\eta_1(0{,}75M_h g) + \eta_3\eta_1(\Delta\rho M_h g) + \eta_3\eta_1(\Delta\rho M_r g)}{\Delta\rho} \quad (2.6)$$

A força dinâmica calculada pela Eq. 2.6 pode ser empregada, em projeto, na previsão de parâmetros de resistência do solo ou na estimativa da capacidade de carga de estacas.

2.4 Correções de medidas de N_{SPT}

Conhecidas as limitações envolvidas no ensaio, é possível, por meio da interveniência de fatores que influenciam os resultados e não estão relacionados às características do solo, avaliar criticamente as metodologias empregadas na aplicação de valores de N_{SPT} em problemas geotécnicos. Para tanto, as abordagens modernas recomendam a correção do valor medido de N_{SPT} levando-se em conta o efeito da energia de cravação e do nível de tensões.

2.4.1 Correções de energia

Em primeiro lugar, deve-se considerar que, no processo de cravação, a energia nominal transferida à composição de hastes (cabeça de bater), conforme demonstrado anteriormente, não é a energia de queda livre teórica transmitida pelo martelo (p. ex., Schmertmann; Palacios, 1979; Seed et al., 1985; Skempton, 1986). A eficiência do golpe do martelo é função das perdas por atrito entre cabo e roldana, do sistema de elevação e liberação do martelo e da sua geometria. No Brasil, é comum o uso de sistemas manuais para a liberação de queda do martelo, cuja energia aplicada varia entre 70% e 80% da energia teórica (Belincanta, 1998; Décourt, 1989; Cavalcante; Danziger; Danziger, 2004). Em comparação, nos Estados Unidos e na Europa, o sistema é mecanizado e a energia liberada é de aproximadamente 60%. Atualmente, a prática internacional sugere normalizar o número de golpes com base no padrão internacional de N_{60}. Assim, previamente ao uso de uma correlação internacional, deve-se majorar o valor de N_{SPT} em 15% a 30% quando medido em uma sondagem realizada segundo a prática brasileira (Velloso; Lopes, 1996; Décourt, 1989; Schnaid, 2009).

Embora a prática brasileira seja pautada pelas recomendações da norma NBR 6484/2001, que estabelece critérios rígidos para os procedimentos de perfuração e ensaio, com a adoção de um único tipo de amostrador, no meio técnico existem variações regionais de procedimentos de sondagem, a saber: (a) uso (ou ausência) de coxim e cabeça de bater; (b) acionamento com corda de sisal ou cabo de aço, com e sem roldana; e (c) variação do tipo de martelo utilizado. A influência de alguns desses fatores relacionados à pratica brasileira foi quantificada por Belincanta et al. (1984, 1994) e Cavalcante (2002). Resultados típicos de medida de energia de cravação para diferentes equipamentos são apresentados nas Tabs. 2.1 e 2.2. As medidas de eficiência de energia dinâmica referem-se à primeira onda de compressão incidente, para uma composição de 14 m de comprimento. Valores médios de eficiência na faixa entre

TAB. 2.1 Influência do tipo de martelo, para composição de 14 m de comprimento, martelo com coxim de madeira e cabeça de bater de 3,6 kg

Equipamento	Estado da composição	Média de eficiência das energias					
		Acionamento manual			Acionamento com gatilho		
		média (%)	n° dados	desvio padrão (%)	média (%)	n° dados	desvio padrão (%)
Martelo cilíndrico com pino guia, acionamento com corda	Velha	69,4	178	3,59	75,5	195	2,95
	Nova	72,7	153	3,59	81,3	90	3,98
Martelo cilíndrico com pino guia, acionamento com cabo de aço	Velha	63,2	45	4,78	74,4	23	2,23
	Nova	73,9	54	3,43	83,2	26	2,52
Martelo cilíndrico vazado, acionamento com corda	Nova	66,5	50	3,74	74,2	39	5,30

Fonte: Belincanta (1998).

TAB. 2.2 Influência do uso de coxim, para composição de 14 m de comprimento, martelo com pino guia e cabeça de bater de 3,6 kg

Sondagem	Uso de coxim	Média de eficiência das energias					
		Acionamento manual			Acionamento com gatilho		
		média (%)	n° dados	desvio padrão (%)	média (%)	n° dados	desvio padrão (%)
Local 1	Não	72,8	111	3,62	–	–	–
	Sim	71,0	104	3,56	–	–	–
Local 2	Não	–	–	–	76,1	9	4.54
	Sim	66,7	51	2,73	75,5	195	2,95

Fonte: Belincanta (1998).

de de normalização das medidas de N_{SPT} previamente à aplicação dessa medida em correlações de natureza empírica. As informações servem como avaliação preliminar à estimativa de fatores intervenientes no índice de resistência à penetração.

Medidas locais de energia devem tornar-se rotina na próxima década, aumentando o grau de confiabilidade do ensaio, melhorando a acurácia no uso de correlações baseadas em SPT e quantificando a influência de fatores determinantes para a interpretação racional do ensaio, como, por exemplo, a influência do comprimento da composição.

Sempre que os resultados de ensaio forem interpretados para a estimativa de parâmetros de comportamento do solo, serão fornecidas recomendações específicas acerca da necessidade de correção dos valores medidos de N_{SPT}. A correção para um valor de penetração de referência, normalizado com base no padrão internacional de N_{60}, é realizada simplesmente por meio de uma relação linear entre a energia empregada e a energia de referência. Assim:

$$N_{SPT,60} = \frac{N_{SPT} \cdot Energia\,Aplicada}{0,60} \qquad (2.7)$$

Por exemplo, um ensaio realizado no Brasil segundo a norma brasileira, com acionamento manual do martelo, fornecendo uma medida de energia de 66% da energia teórica de queda livre, teria seu valor medido de penetração de 20 golpes convertido em um valor de $N_{SPT,60}$ = 22, ou seja, $N_{SPT,60}$ = (20*0,66) / 0,60 = 22.

2.4.2 Correções para o nível de tensões

A correção do valor medido de N_{SPT} para considerar o efeito do nível geostático de tensões *in situ* é prática recomendável para ensaios em solos granulares. Essa correção pode ser feita com base na densidade relativa das areias, por meio de correlações empíricas e por meio da aplicação de conceitos de energia.

a] Densidade relativa

Como a resistência à penetração aumenta linearmente com a profundidade (e, portanto, com a tensão vertical efetiva, para uma dada densidade) e em função do quadrado da densidade relativa, para σ'_v constante (Meyerhof, 1957), Skempton (1986) sugeriu a seguinte correlação:

$$N_{SPT} = D_r^2 \left(a + bC_\alpha \frac{\sigma'_v}{100} \right) \qquad (2.8)$$

onde D_r é a densidade relativa; a e b são fatores dependentes do tipo do material; C_α é o fator de correção da resistência em função da história de tensão; e σ'_v é a tensão vertical efetiva (em kPa).

Em geral, o valor de σ'_v pode ser estimado com razoável grau de precisão. O valor de C_α é unitário para solos normalmente adensados (NA), e aumenta com a OCR, refletindo o aumento da tensão efetiva horizontal (σ'_h) e, portanto, das tensões efetivas médias p' = 1/3 (σ'_v + 2σ'_h). Com base nessa abordagem, foram propostos os coeficientes de correção de N_{SPT}, representados graficamente na Fig. 2.7 e expressos segundo:

$$N_{SPT,1} = C_N N_{SPT} \qquad (2.9)$$

onde C_N representa a correção decorrente da tensão efetiva de sobrecarga (Liao; Whitman, 1985; Jamiolkowski et al., 1985; Clayton, 1993). A racionalidade no uso de C_N para converter o valor medido de N_{SPT} em um valor de referência N_1, adotado para uma tensão de sobrecarga de 100 kPa (1 atmosfera), considerando-se o solo NA, é demonstrada por meio do uso da Eq. 2.10:

$$C_N = \frac{N_{SPT,1}}{N_{SPT,\sigma'_v}} = \frac{D_r^2(a+b)}{D_r^2 \left(a + b\frac{\sigma'_v}{100} \right)} = \frac{\frac{a}{b}+1}{\left(\frac{a}{b} + \frac{\sigma'_v}{100} \right)} \qquad (2.10)$$

a] Correlações empíricas

Diversas correlações empíricas foram desenvolvidas com base nesse conceito, conforme reportado na Tab. 2.3 (Gibbs; Holtz, 1957; Marcusson; Bieganousky, 1977; Seed, 1979; Seed; Idriss; Arango, 1983; Skempton, 1986), sendo as propostas de Peck, Hanson e Thornburn (1974) e Skempton (1986) utilizadas como referência.

TAB. 2.3 Fatores de correção C_N

Referência	C_N	σ'_v	Observação
Skempton (1986)	$C_N = \dfrac{200}{100 + \sigma'_v}$	kPa	Seed, Idriss e Arango (1983) $D_r = 40\%\text{-}60\% \to$ Areias NA
Skempton (1986)	$C_N = \dfrac{300}{200 + \sigma'_v}$	kPa	Seed, Idriss e Arango (1983) $D_r = 60\%\text{-}80\% \to$ Areias NA
Peck, Hanson Thornburn (1974)	$C_N = 0{,}77 \log\left(\dfrac{2.000}{\sigma'_v}\right)$	kPa	Areias NA
Liao e Whitman (1985)	$C_N = \sqrt{\dfrac{100}{\sigma'_v}}$	kPa	Areias NA
Liao e Whitman (1985)	$C_N = \left[\dfrac{(\sigma'_v)_{ref}}{\sigma'_v}\right]^k$	-	$k = 0{,}4\text{-}0{,}6$
Skempton (1986)	$C_N = \dfrac{170}{70 + \sigma'_v}$	kPa	Areias PA $\to$ OCR = 3
Clayton (1993)	$C_N = \dfrac{143}{43 + \sigma'_v}$	kPa	Areias PA $\to$ OCR = 10

NA = normalmente adensada
PA = pré-adensada

b] Conceito de energia

Com base nas equações de energia anteriormente apresentadas, é possível determinar o valor de C_N. Para tanto, a penetração permanente $\Delta\rho$ para o nível de tensões de 100 kPa é dividida por $\Delta\rho$ para a profundidade de estudo.

$$C_N = \frac{N_{SPT,1}}{N_{SPT}} = \frac{\dfrac{30}{\Delta\rho}(100 kPa)}{\dfrac{30}{\Delta\rho}} = \frac{\Delta\rho_{(100kPa)}}{\Delta\rho} \qquad (2.11)$$

Ressalta-se que, na Eq. 2.11, o valor de C_N é função do nível médio de tensão efetiva, da história de tensões, do ângulo de atrito interno e das características do equipamento de ensaio (martelo, haste e amostrador).

Valores típicos de C_N para areias normalmente adensadas e areias pré-adensadas são apresentados na Fig. 2.7, para valores de ϕ' que variam entre 25° e 45°, densidade relativa de 18 kN/m³, massa da haste por unidade de comprimento de 3,23 kg e coeficientes de eficiência anteriormente apresentados (Eq. 2.3). Para areias normalmente adensadas e níveis de tensões superiores a 100 kPa, observa-se que os valores de C_N determinados pela Eq. 2.11 são ligeiramente inferiores aos valores obtidos segundo as correlações empíricas apresentadas na Tab. 2.3. Essa diferença em relação à prática internacional provavelmente decorre da diferença de equipamentos (transferência de energia) e de considerações quanto ao valor da penetração permanente do amostrador.

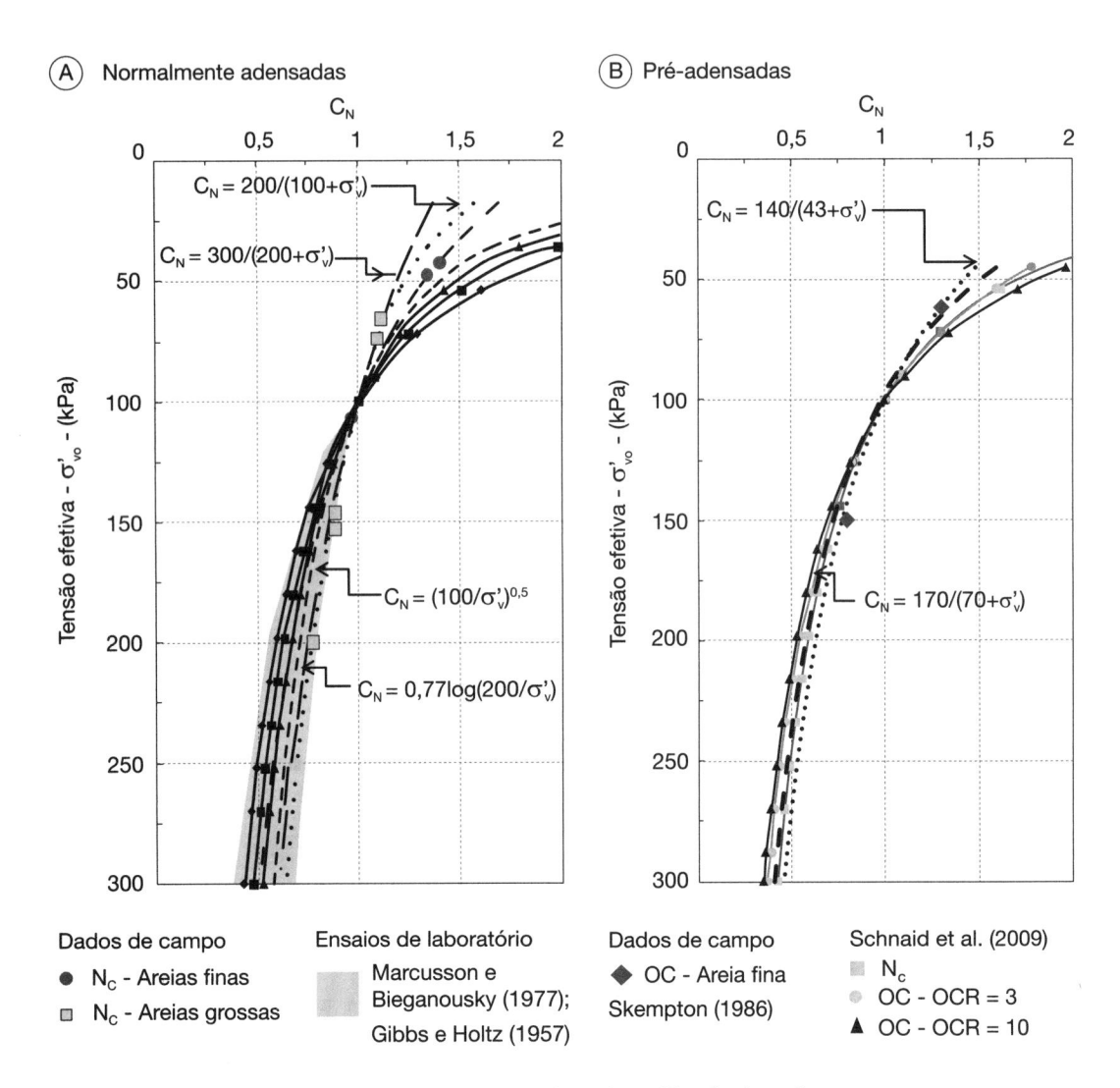

FIG. 2.7 Valores de C_N para areias (A) normalmente adensadas e (B) pré-adensadas
Fonte: Schnaid et al. (2009).

É importante observar que os valores de C_N apresentam um crescimento muito acentuado para níveis de tensões inferiores a 100 kPa e, por esse motivo, recomenda-se uma abordagem conservadora de adoção de um valor máximo de C_N ($\leq 1,5$).

A influência do pré-adensamento no valor de C_N é similar ao sugerido por Skempton (1986) e é insensível à magnitude de I_r e ϕ' (Fig. 2.7B). Para solos pré-adensados, o desconhecimento dos efeitos de correção do nível de tensões acarreta a obtenção de valores de D_r e ϕ' superiores aos valores reais, conforme discutido por Milititsky e Schnaid (1995) e apresentado na Fig. 2.8.

Para ilustrar o efeito do nível de tensões na medida de penetração, considere um depósito de areia normalmente adensada, com peso específico γ_{nat} de 18 kN/m³, nível d'água profundo e resistência à penetração de 5 e 16 golpes nas profundidades de 2 m e 20 m, respectivamente:

a] Profundidade $z = 2$ m e, portanto, $\sigma'_{vo} = 36$ kN/m².
Para $N_{SPT,60} = 5$, tem-se $(N_{SPT,1})_{60} = C_N \cdot 5 = (1,47 \times 5) \sim 7$.

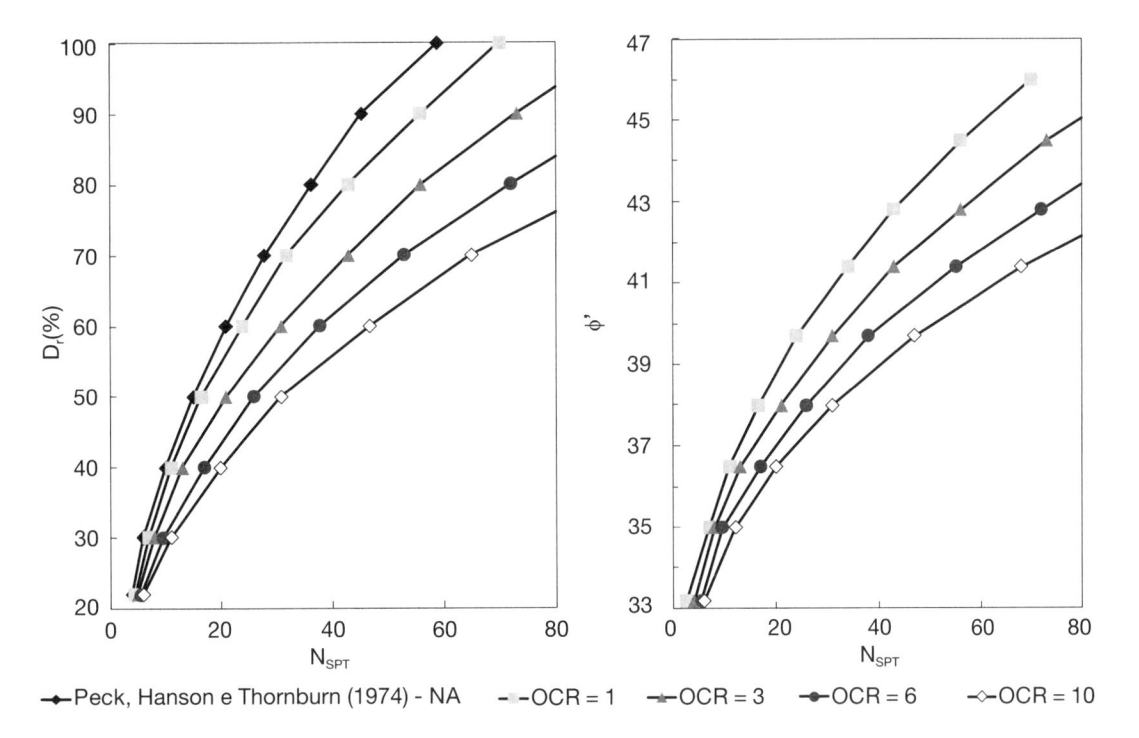

Fig. 2.8 Influência da história de tensões nos parâmetros de resistência de areias
Fonte: Milititsky e Schnaid (1995).

b] Profundidade z = 20 m e, portanto, $\sigma'_{vo} = 360$ kN/m².
Para $N_{SPT,60} = 16$, tem-se $(N_{SPT,1})_{60} = C_N \cdot 16 = (0,43 \times 16) \sim 7$.

Portanto, o depósito de areia tem, aproximadamente, a mesma densidade relativa, apesar dos registros de $N_{SPT} = 5$ m a 2 m e $N_{SPT,60} = 16$ m a 20 m de profundidade.

2.5 Aplicações dos resultados

O ensaio de SPT tem sido utilizado para inúmeras aplicações: de amostragem para a identificação de ocorrência dos diferentes horizontes, passando pela previsão da tensão admissível de fundações diretas em solos granulares, até correlações com outras propriedades geotécnicas. Em geral, as correlações de origem empírica são obtidas em condições particulares e específicas, com a expressa limitação por parte dos autores, mas acabam sendo extrapoladas na prática, muitas vezes de forma não apropriada. Além disso, resultados de ensaios SPT realizados em um mesmo local podem apresentar dispersão significativa. Um exemplo típico de ensaios SPT realizados na região de Porto Alegre (RS) é apresentado na Fig. 2.9, em que o número de golpes N_{SPT} é plotado contra a profundidade. A variação observada nos perfis é representativa da própria variabilidade das condições do subsolo, sendo necessário para cada projeto avaliar as implicações da adoção de perfis mínimos ou médios de resistência.

A primeira aplicação atribuída ao SPT consiste na simples determinação do perfil de subsolo e na identificação tátil-visual das diferentes camadas a partir do material recolhido no amostrador padrão. A classificação do material normalmente é obtida por meio da combinação da descrição do testemunho de sondagem com as medidas de resistência à penetração. O sistema de classificação apresentado na Tab. 2.4,

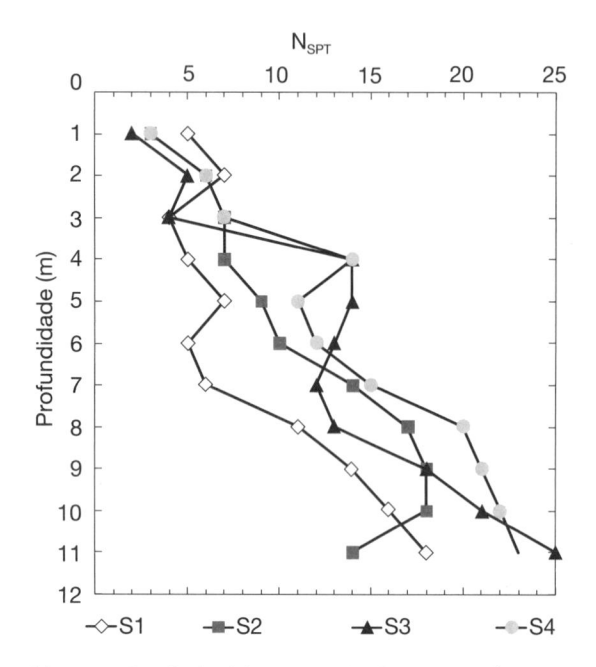

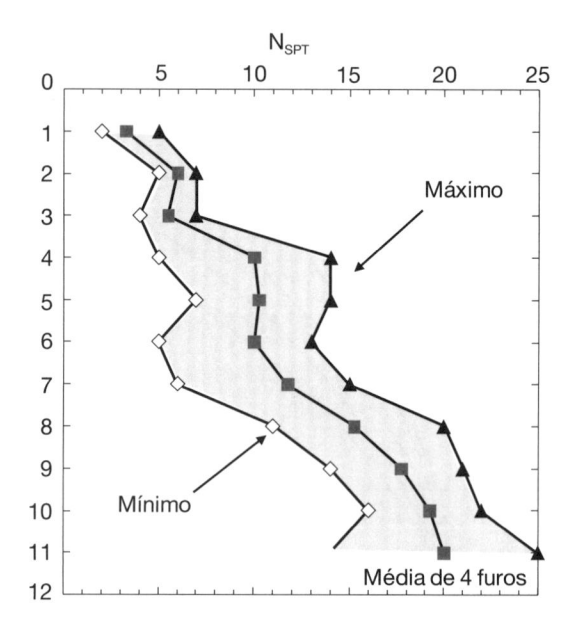

FIG. 2.9 Resultado típico de ensaios SPT em um único local de projeto

TAB. 2.4 Classificação de solos segundo a NBR 7250/1982

Solo	Índice de resistência à penetração	Designação
Areia e silte arenoso	< 4	fofa
	5-8	pouco compacta
	9-18	medianamente compacta
	19-40	compacta
	> 40	muito compacta
Argila e silte argiloso	< 2	muito mole
	3-5	mole
	6-10	média
	11-19	rija
	> 19	dura

amplamente utilizado no Brasil e recomendado pela NBR 7250/1982, é baseado em medidas de resistência à penetração sem qualquer correção quanto à energia de cravação e ao nível de tensões. Proposta alternativa é apresentada por Clayton (1993) na Tab. 2.5.

A interpretação de resultados para fins de projetos geotécnicos pode ser obtida por meio de duas abordagens distintas (conforme discutido no Cap. 1):

a] *métodos indiretos*: os resultados do ensaio SPT são utilizados na previsão de parâmetros constitutivos, representativos do comportamento do solo;

b] *métodos diretos*: os resultados do ensaio SPT são aplicados diretamente na previsão da capacidade de carga ou recalque de um elemento de fundação, sem a necessidade de determinar parâmetros intermediários.

2.6 Métodos indiretos: parâmetros geotécnicos

O SPT é utilizado com frequência na prática brasileira de engenharia para a obtenção de parâmetros constitutivos a serem adotados em projetos geotécnicos. Algumas indicações de uso do SPT são discutidas neste capítulo, e uma revisão mais extensiva pode ser encontrada em Stroud (1989) e Clayton (1993) para conhecimento do tema em profundidade. É sempre desejável comparar os valores de parâmetros estimados empiricamente por meio das medidas de N_{SPT} com aqueles obtidos por meio de outros ensaios (de campo ou laboratório), bem como verificar sua compatibilidade na faixa de ocorrência em condições de subsolo similares.

2.6.1 Solos granulares

Sabendo-se que o N_{SPT} fornece uma medida de resistência, é prática comum estabelecer correlações entre o N_{SPT} e a densidade relativa (D_r) ou ângulo de atrito interno do solo (ϕ'). Algumas correlações usuais adotadas na prática de engenharia são apresentadas a seguir. As proposições de Gibbs e Holtz (1957) e Skempton (1986) são usadas na estimativa de D_r, e no caso das proposições estabelecidas por De Mello (1971) e Bolton (1986), elas não são aplicadas diretamente ao valor de N_{SPT}, mas usadas para converter as estimativas de D_r em ϕ'.

Para a densidade relativa:

$$D_r = \left(\frac{N_{SPT,60}}{0{,}23 \cdot \sigma'_{v0} + 16} \right)^{1/2} \quad \text{Gibbs e Holtz (1957)} \quad (2.12)$$

$$D_r = \left(\frac{N_{SPT,60}}{0{,}28 \cdot \sigma'_{v0} + 27} \right)^{1/2} \quad \text{Skempton (1986)} \quad (2.13)$$

TAB. 2.5 Classificação de solos e rochas segundo Clayton (1993)

Material	Índice de resistência à penetração	Designação
Areias $(N_{SPT,1})_{60}$	0-3	muito fofa
	3-8	fofa
	8-25	média
	25-42	densa
	42-58	muito densa
Argila $N_{SPT,60}$	0-4	muito mole
	4-8	mole
	8-15	firme
	15-30	rija
	30-60	muito Rija
	> 60	dura
Rochas brandas $N_{SPT,60}$	0-80	muito brandas
	80-200	brandas
	> 200	moderadamente brandas

Notas:
$N_{SPT,1}$ – valor de N_{SPT} corrigido para uma tensão de referência de 100 kPa;
$N_{SPT,60}$ – valor de N_{SPT} corrigido para 60% da energia teórica de queda livre;
$(N_{SPT,1})_{60}$ – valor de N_{SPT} corrigido para energia e nível de tensões.

E para o ângulo de atrito:

$$(1{,}49 - D_r)tg\phi' = 0{,}712 \quad \text{De Mello (1971)} \quad (2.14)$$

$$\phi' = 33 + \left\{ 3\left[D_r(10 - \ln(p')) - 1 \right] \right\} \quad \text{Bolton (1986)} \quad (2.15)$$

Nessas equações, σ' e p' são expressos em kN/m^2; D_r, em decimais; e $N_{SPT} = (N_{SPT})_{60}$, ou seja, recomenda-se corrigir a medida de resistência à penetração em função da energia de cravação.

O valor de ϕ' pode, ainda, ser estimado graficamente por meio da proposição de Peck, Hanson e Thornburn (1974), que resulta, em geral, em estimativa conservadora para projetos rotineiros (Fig. 2.10A). Mitchell, Guzikowski e Vilet (1978) mostram o efeito da pressão vertical efetiva na relação $\phi' \times N_{SPT}$, conforme apresentado na Fig. 2.10B. Antes do seu uso na obtenção do ângulo de atrito interno, o valor da penetração deve ser corrigido, em ambos os casos, levando-se em conta os efeitos da energia de cravação e da tensão atuante.

Expressões usualmente adotadas na estimativa do ângulo de atrito interno foram propostas por Teixeira (1996) e Hatanaka e Uchida (1996):

$$\phi'_p \approx 15° + \sqrt{24 \cdot N_{SPT}} \quad \text{Teixeira (1996)} \quad (2.16)$$

(A) Peck, Hanson e Thornburn (1974)

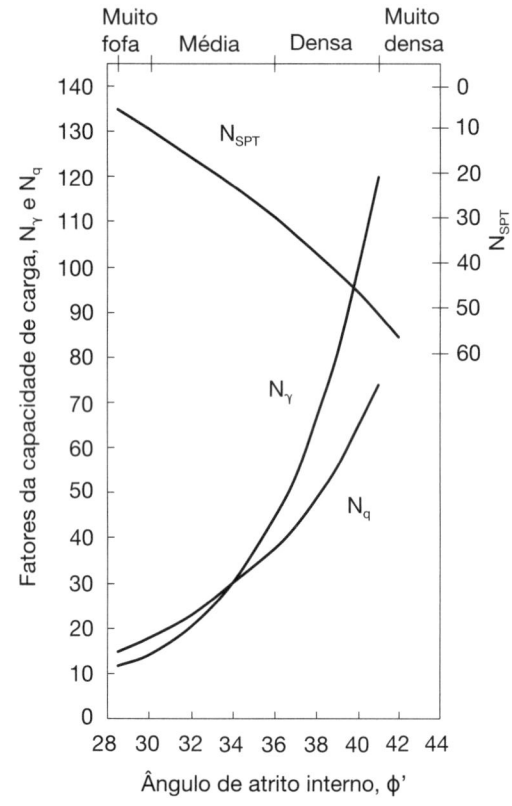

(B) Mitchell, Guzikowski e Villet (1978)

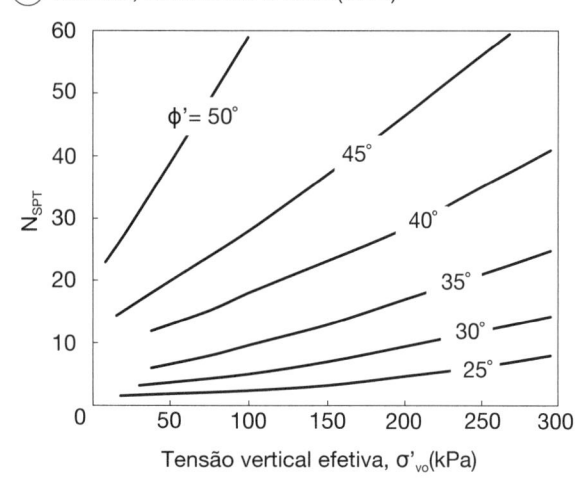

FIG. 2.10 Estimativa do ângulo de atrito interno com base em ensaios SPT

$$\phi'_p \sim 20° + \sqrt{15,4 \cdot N_{SPT,60}} \quad \text{Hatanaka e Uchida (1996)} \quad (2.17)$$

Alternativamente, o ângulo de atrito interno dos solos arenosos pode ser determinado com base no conceito de energia (Odebrecht, 2003; Schnaid, 2009; Schnaid et al., 2009). Nesse caso, a energia necessária para cravar o amostrador no solo, combinada à teoria de capacidade de carga e expansão de cavidade, permite a determinação do ângulo de atrito de um solo granular.

Com base na teoria de capacidade de carga de estacas, é possível determinar a força última (F_e) por meio da equação:

$$F_e = A_p(cN_c + p'N_q + 0,5\gamma dN_\gamma) + A_l(\gamma L K_s tg\delta) \quad (2.18)$$

onde N_c, N_q e N_γ são fatores de capacidade de carga; A_p é a área da ponta do amostrador; A_l, a área lateral do amostrador (= πdh_a); d, o diâmetro do amostrador; h_a, a penetração média do amostrador; L, a profundidade do ensaio; e γ, o peso específico do solo. Em solos granulares, o termo $c \cdot N_c$ é considerado nulo, e o termo $0,5 \cdot \gamma \cdot d \cdot N_\gamma$ pode ser desprezado por ser muito inferior ao termo que envolve o fator de capacidade de carga N_q. Efeitos de arqueamento e viscosidade são desprezados (isto é, a força dinâmica F_d é considerada igual à força estática F_e), o coeficiente de pressão lateral K_s é adotado como constante 0,8 (Broms, 1965) e o ângulo de atrito amostrador (aço-solo) é 20° (Aas, 1965).

O fator de capacidade de carga N_q é determinado a partir da expressão de cavidade (Vésic, 1972):

$$N_q = \frac{3}{3-sen\phi'}e^{\left(\frac{\pi}{2}-\phi'\right)tg\phi'} \cdot tg^2\left(\frac{\pi}{2}+\frac{\phi'}{2}\right)I_r^{\left(\frac{4sen\phi'}{3(1+sen\phi')}\right)} \quad (2.19)$$

onde o índice de rigidez I_r e a pressão média efetiva p' são, respectivamente:

$$I_r = \frac{G}{p'tg(\phi')} \quad (2.20)$$

$$p' = \frac{1+2K_0}{3}\sigma'_v \quad (2.21)$$

onde G é o módulo cisalhante; σ'_v, a tensão efetiva vertical na profundidade de ensaio; e K_0, o coeficiente de empuxo em repouso, expresso em função da razão de pré-adensamento (OCR):

$$K_0 = (1 - sen\phi')OCR^{sen\phi'} \qquad (2.22)$$

Para a determinação do ângulo de atrito, pode-se, alternativamente, adotar o fator de capacidade de carga proposto por Berezantzev, Khristoforov e Golubkov (1961), em cuja abordagem o valor de ϕ' não é dependente da rigidez da areia.

O procedimento para determinar o valor de ϕ' resulta nos seguintes passos:
1] Determinar o valor da penetração permanente do amostrador $\Delta\rho$: recomenda-se a utilização do valor médio de $\Delta\rho$, ou seja, $\Delta\rho = 30$ cm/N_{SPT}.
2] Com esse valor, calcular a força dinâmica F_d.
3] Estimar o valor da tensão efetiva na profundidade de ensaio e a razão de pré-adensamento com base em conhecimento geológico e geotécnico prévio do sítio geológico objeto do estudo.
4] Estimar o valor de ϕ' a partir da Eq. 2.18, adotando os valores determinados nos passos 2 e 3.

Essa metodologia resulta em um processo iterativo, já que ϕ' é necessário para estimar o valor de N_q (dado de entrada no cálculo). O uso de planilhas eletrônicas permite uma estimativa rápida e fácil desse valor; contudo, a Fig. 2.11 apresenta esses resultados em gráfico, permitindo a estimativa de ϕ' diretamente do valor de $(N_{SPT,1})_{en}$. É importante destacar que essa figura é valida somente para equipamentos de sondagem cuja configuração obedece às recomendações da NBR 6484/2001, representadas pelos fatores de eficiência considerados pelos autores. Nesse caso, o valor de $(N_{SPT,1})$ é igual a $(N_{SPT,1})_{en}$ e pode ser obtido diretamente pela expressão $N_{SPT} \cdot C_N$.

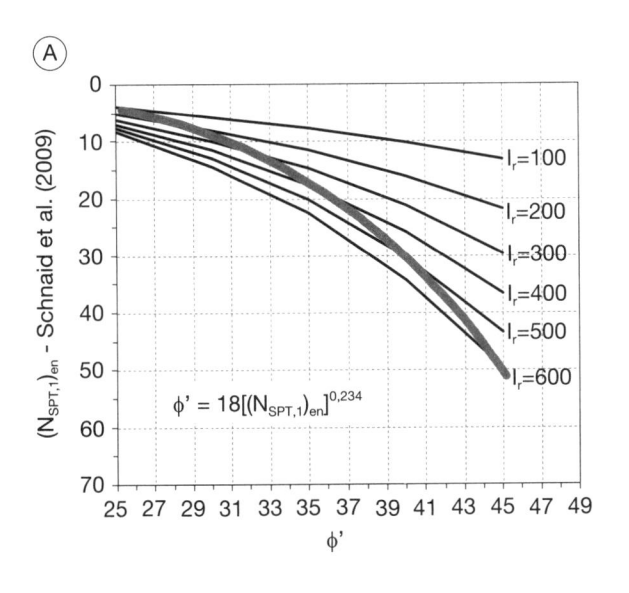

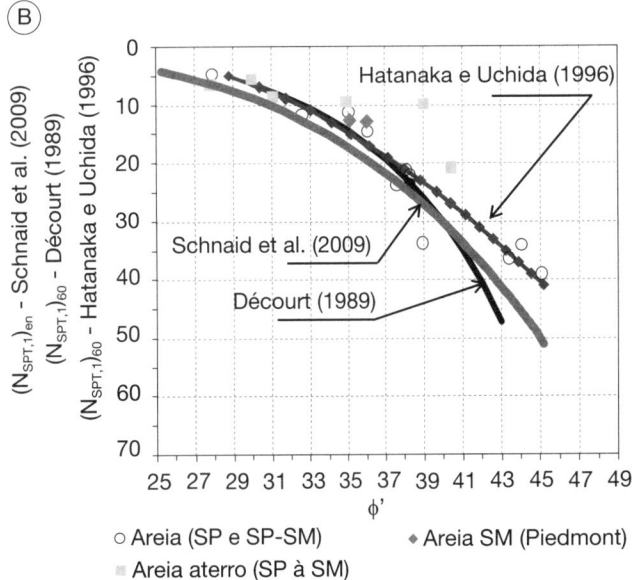

FIG. 2.11 Determinação do ângulo de atrito
Fonte: Schnaid et al. (2009).

Na mesma figura, além dos valores compilados para diferentes valores de I_r, apresentam-se também os dados calculados com base no fator de capacidade de carga proposto por Berezantzev, Khristoforov e Golubkov (1961) – linha em destaque na Fig. 2.11B (Schnaid et al., 2009). Outras relações obtidas empiricamente com base no $(N_{SPT,1})_{60}$ são apresentadas e conduzem a valores de ângulo de atrito na mesma faixa de ocorrência: Hatanaka e Uchida (1996) e Décourt (1989).

Um exemplo ilustra a utilização do procedimento descrito anteriormente, admitindo-se um solo com peso específico γ_{nat} = 18 kN/m³ e ausência do nível d'água. Resultados de ensaios a duas profundidades resultam em:

a] Profundidade z = 1,5 $\Rightarrow \sigma'_{vo}$ = 27 kN/m² e N_{SPT} = 5.
C_N = 1,5 (limite superior recomendado) (Fig. 2.7)
$N_{SPT,1}$ = 5 × 1,5 = 7,5
Da Fig. 2.11 ou da Eq. 2.18, obtém-se um valor de ϕ' = 29°.

b] Profundidade z = 15 m $\Rightarrow \sigma'_{vo}$ = 270 kN/m² e N_{SPT} = 20.
$C_N \approx$ 0,5 (Fig. 2.7)
$N_{SPT,1}$ = 20 × 0,5 = 10
Da Fig. 2.11 ou da Eq. 2.18, obtém-se um valor de ϕ' = 31°.

Com relação à estimativa do módulo de elasticidade do solo, Stroud (1989) utilizou dados existentes na literatura para estabelecer uma relação entre $E/N_{SPT,60}$ e o "grau de carregamento" q/q_{ult} (Fig. 2.12). Nessa figura, a resistência à penetração foi corrigida para 60% da energia, mas não para o nível de tensões, pois o autor argumenta que tanto N como E crescem com o aumento das tensões efetivas médias de campo.

Com base na Fig. 2.12, verifica-se que um fator de segurança à ruptura de 3 na capacidade de carga (q/q_{ult} = 1/3) estabelece um valor de $E/N_{SPT,60}$ = 1 (MPa). A análise dos casos utilizados por Stroud mostra que, na prática, a maioria das fundações apresenta fator de segurança superior a 3, resultando em valores de q/q_{ult} inferiores a 0,1 no gráfico. A sugestão para essa condição é que, no caso dos solos normalmente adensados, a relação a ser adotada entre $E/N_{SPT,60}$ cresça para 2 MPa, e para areias pré-adensadas cresça para valores superiores a 3, podendo chegar a 10.

Como o SPT é um ensaio representativo de grandes deformações, a prática de associar o número de golpes N_{SPT} ao módulo de cisalhamento G_0 (obtido a pequenas deformações) deve ser interpretada com cautela. Uma aproximação

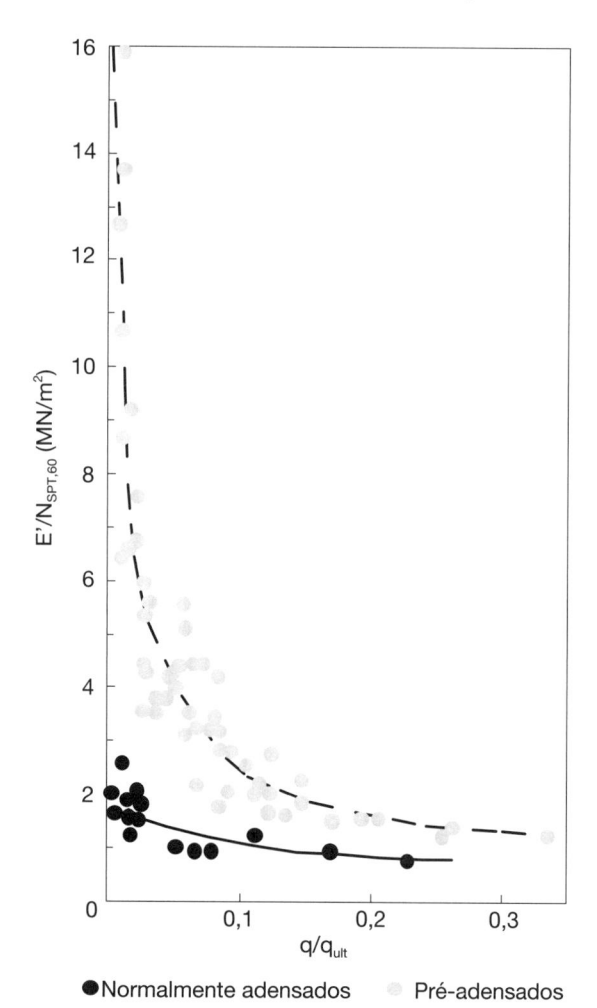

FIG. 2.12 Razão entre $E/N_{SPT,60}$ e nível de carregamento
Fonte: Stroud (1989).

conservadora dos valores de G_0 para areias limpas não cimentadas pode ser obtida com base na proposta de Schnaid (1999) e Schnaid, Lehane e Fahey (2004):

$$G_0 = 450\sqrt[3]{N_{SPT,60}\sigma'_v p_a^2} \quad \text{limite inferior}$$
$$G_0 = 200\sqrt[3]{N_{SPT,60}\sigma'_v p_a^2} \quad \text{limite inferior}$$
(2.23)

Com base nos dados do trabalho de Burland e Burbidge (1985), Clayton (1986) obteve as relações $E/N_{SPT,60}$ representadas na Tab. 2.6, considerando faixas de ocorrência na média similares às obtidas por Stroud (1989).

2.6.2 Solos coesivos

De Mello (1971) apresentou uma coletânea de resultados da literatura, estabelecendo valores S_u/N na faixa entre 0,4 e 20. Stroud (1989), utilizando apenas dados de argilas pré-adensadas, identificou a variação $S_u/N_{SPT,60}$ de 4 a 6, conforme ilustrado na Fig. 2.13. O universo abordado por Stroud compreende apenas argilas pré-adensadas não sensitivas e ensaios de referência para obtenção de S_u, realizados em amostras triaxiais com diâmetro de 100 mm, ao passo que os valores da avaliação estabelecidos por De Mello compreendem solos argilosos sensitivos e várias formas de obtenção da resistência não drenada, resultando, portanto, em variação significativa.

TAB. 2.6 Relações $E/N_{SPT,60}$ (em MPa)

N_{SPT}	$E/N_{SPT,60}$ (MPa)		
	Média	Limite inferior	Limite superior
4	1,6 - 2,4	0,4 - 0,6	3,5 - 5,3
10	2,2 - 3,4	0,7 - 1,1	4,6 - 7,0
30	3,7 - 5,6	1,5 - 2,2	6,6 - 10,0
60	4,6 - 7,0	2,3 - 3,5	8,9 - 13,5

Fonte: Clayton (1986).

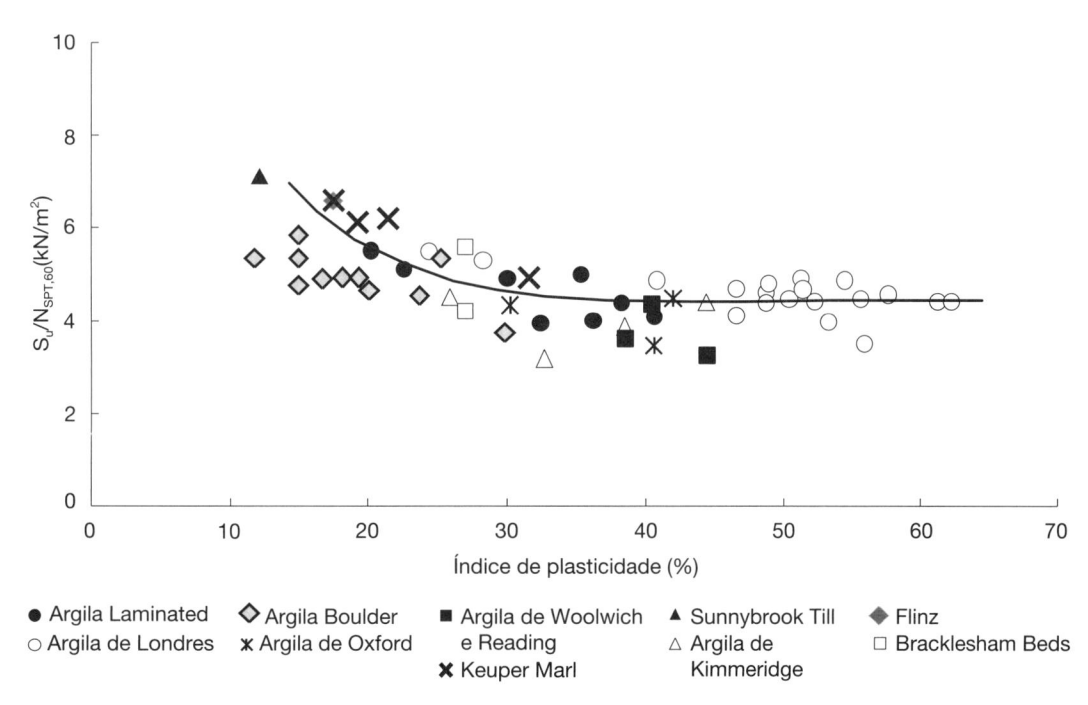

- ● Argila Laminated
- ○ Argila de Londres
- ◇ Argila Boulder
- ✕ Argila de Oxford
- ■ Argila de Woolwich e Reading
- ✖ Keuper Marl
- ▲ Sunnybrook Till
- △ Argila de Kimmeridge
- ◆ Flinz
- □ Bracklesham Beds

FIG. 2.13 Relação entre S_u e $N_{SPT,60}$
Fonte: Stroud (1974).

Na experiência dos autores da presente obra, e como recomendação geral de projeto, as relações entre S_u e $N_{SPT,60}$ (obtidas segundo a Fig. 2.13) não devem ser utilizadas para solos moles ($N_{SPT} < 5$) pela falta de representatividade dos valores de N_{SPT} medidos nos ensaios.

De forma similar ao procedimento descrito para areias, pode-se utilizar a relação entre a força de reação do solo e a cravação do amostrador para determinar o valor da resistência não drenada S_u:

$$F_e = (A_b S_u N_c + A_b \gamma L) + (A_l \alpha S_u) \qquad (2.24)$$

Ao isolar-se o valor de S_u, tem-se:

$$S_u = \frac{F_e - \gamma L A_b}{(N_c A_b + \alpha A_l)} \qquad (2.25)$$

onde F_e é a força de reação do amostrador; $A_p = (d_e^2 - d_i^2)\pi/4$; $A_l = (d_e\pi + d_i\pi)l$; γ é o peso específico natural; L, a profundidade do ensaio; α, a adesão do solo; e $N_c = 3{,}90 + 1{,}33\ln(I_r)$ (Vésic, 1972).

Para fundações diretas em solos argilosos, o valor do fator de capacidade de carga N_c varia de 7 a 9 (Caquot; Kérisel, 1953; De Beer, 1977a; Skempton, 1986). Contudo, no caso de ensaios de piezocone, o fator de capacidade de carga N_{kt} pode apresentar uma faixa mais ampla (ver seção 3.4.1 do Cap. 3), podendo atingir valores da ordem de 30 (Lunne; Robertson; Powell, 1997). Não há experiência sistemática para a interpretação de sondagens SPT; deve-se calibrar localmente o N_{kSPT} (Schnaid et al., 2009).

A velocidade de cisalhamento em solicitações não drenadas tem influência direta no valor da resistência não drenada (Tavenas; Leroueil, 1977; Vaid; Robertson; Campanella, 1979; Kulhawy; Mayne, 1990; Sheahan; Ladd; Germaine, 1996; Biscontin; Pestana, 2001; Einav; Randolph, 2005). A velocidade de cravação do amostrador é muito rápida quando comparada às velocidades de cisalhamento de ensaios de laboratório (valores típicos de laboratório da ordem de $0{,}3 \cdot 10^{-3}$%/s, ao passo que, em campo, são da ordem de 10^3 a 10^5%/s). Essa diferença resulta em valores de S_u medidos em campo de 1,5 a duas vezes maiores que em laboratório (Randolph, 2004). Com base nessas evidências, adota-se:

$$F_d = F_e \cdot \upsilon = F_e \cdot 1{,}5 \qquad (2.26)$$

Ao combinar-se as Eqs. 2.4 e 2.5 com a Eq. 2.26, tem-se:

$$F_e = \left(\frac{E_{amostrador}}{\Delta\rho}\right)\left(\frac{1}{\upsilon}\right) \qquad (2.27)$$

Na Eq. 2.27, a adesão amostrador-solo (α) pode ser estimada a partir de correlações propostas na literatura (Flaate, 1968; Tomlinson, 1969; McClelland, 1974). Com base nessa abordagem, é possível estimar valores de S_u, conforme ilustrado nos exemplos apresentados a seguir para o depósito argiloso do Aeroporto Internacional Salgado Filho, em Porto Alegre (RS) e para as argilas fortemente pré-adensadas da Formação Guabirotuba, em Curitiba (PR).

Argila normalmente adensada

Valores de S_u são estimados a partir das medidas de N_{SPT}, inclusive para a condição limite, na qual a composição (martelo + haste) penetra no solo pela ação do peso próprio. Nessa condição extrema (P/45, P/60), os valores de η1, η2, η3 e υ são iguais à unidade; H é igual a zero e, por consequência, a Eq. 2.3 resulta em:

$$E_{amostrador} = ((M_m + M_h)g\Delta\rho) \qquad (2.28)$$

Um ensaio realizado com massa do martelo de 65 kg e massa da haste de 16,15 kg, com comprimento de 5 m e penetração de 45 cm por golpe, resulta em uma energia de cravação de 358,09 J. A força correspondente será de 0,795 kN (F_e = 358,09 J/0,45 m), resultando em S_u = 13,36 kN/m² para os seguintes valores adotados: N_c = 8; L = 5 m; α = 0,4; A_p = 0,0022 m²; Al = 0,075 m² e g = 9,806 m/s². A Tab. 2.7 e a Fig. 2.14 apresentam os valores de S_u estimados para uma camada de 7 m de espessura. Nesse caso, as estimativas de S_u obtidas pelo ensaio SPT são compatíveis com valores medidos por meio de ensaios de palheta e cone, o que estimula o uso da correlação para condições de anteprojeto.

TAB. 2.7 Interpretação da resistência não drenada

Prof. (m)	σ_t (kN/m³)	σ_v (kN/m²)	N_{SPT}	Penetração total (cm)	Penetração por golpe (m)	Energia (J)	Força (kN)	S_u (kN/m²)
1	16	16,00	2	30	0,15	438,87	1,76	37,89
2	14,5	30,50	0/45	45	0,45	315,33	0,70	13,96
3	14,5	45,00	0/45	45	0,45	329,58	0,73	13,95
4	14,5	59,50	0/45	45	0,45	343,84	0,76	13,95
5	14,5	74,00	0/45	45	0,45	358,09	0,80	13,36
6	14,5	88,50	0/45	45	0,45	372,34	0,83	13,94
7	14,5	103,00	2	30	0,15	455,44	1,82	35,14

Argila pré-adensada

A determinação da resistência não drenada de argilas pré-adensadas não é uma tarefa simples, mas que normalmente requer a realização de ensaios de laboratório, o que implica a necessidade de coleta de amostras indeformadas. Alternativamente, pode-se recorrer a correlações empíricas estabelecidas a partir de ensaios SPT, dilatômetro, pressiômetro ou piezocone.

Com base na mesma metodologia apresentada anteriormente, para argilas normalmente adensadas, pode-se também estimar a resistência não drenada de argilas pré-adensadas, conforme preconizado por Schnaid et al. (2009). No caso da Formação Guabirotuba, a resistência não drenada estimada pelo NSPT é comparada a valores medidos por meio de ensaios de compressão simples e triaxiais (Tavares, 1988) e ensaios pressiométricos autoperfurantes (Kormann, 2002), conforme ilustrado na Fig. 2.15. Nesse exemplo, consideram-se os seguintes valores: 65 kg para a massa do martelo; 19,38 kg para a massa da haste de 6 m de comprimento; e N_{SPT}

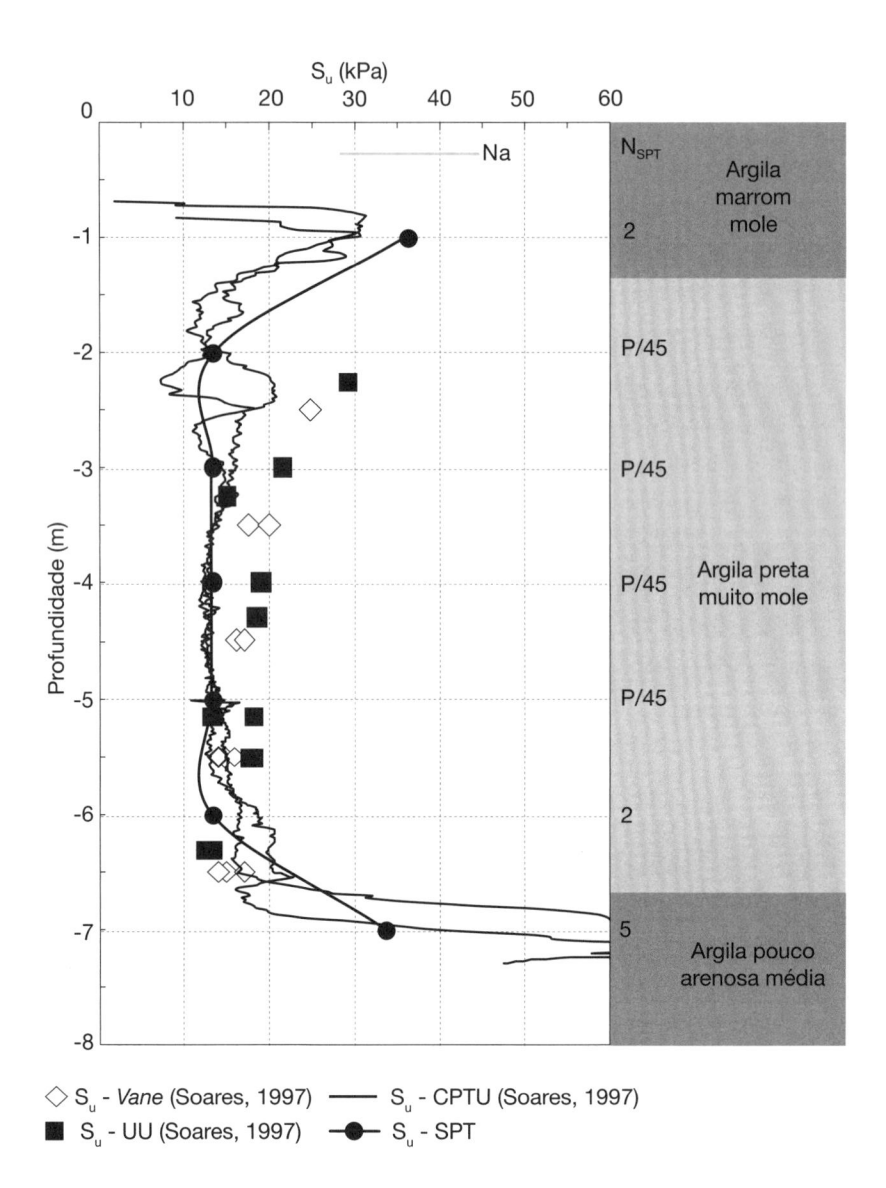

FIG. 2.14 Variação de S_u com a profundidade em Porto Alegre (RS)

◇ S_u - *Vane* (Soares, 1997)   —— S_u - CPTU (Soares, 1997)
■ S_u - UU (Soares, 1997)   —●— S_u - SPT

igual a 27, o que resulta em uma energia de 361,46 J. A força correspondente será de 21,69 kN (F_e = (361,46 J/(0,3 m/27 golpes)) · (1/1,5)). Para um peso específico natural de 18,7 kN/m^3; $A_p = \pi \cdot 0{,}053^2/4 = 0{,}0022$ m^2; $A_l = 0{,}053 \cdot \pi \cdot 0{,}3 = 0{,}050$ m^2; F_e = 21,69 kN; α = 0,8; Nk_{SPT} calibrado de 33 e g = 9,806 m/s^2, tem-se um valor de S_u = 201 kPa a 6 m de profundidade.

Tanto para a argila normalmente adensada como para a argila pré-adensada, os valores de Nk_{SPT} e α devem ser determinados localmente. Na ausência de experiência sistêmica, recomenda-se calibrar os ensaios em ilhas de investigação, para comparação de resultados com valores de ensaios de referência.

A compressibilidade e a rigidez dos solos coesivos dependem não apenas do nível de deformação, mas também da história de tensões do solo, da velocidade de carregamento e da dissipação do excesso de poropressão da água nos vazios.

No caso de argilas normalmente ou levemente pré-adensadas (solos moles), a previsão de deformações de massa de solo sob carga depende fortemente do valor da pressão de pré-adensamento. Como o SPT não permite obter informação confiável sobre esse dado fundamental, não é recomendado utilizar o SPT em previsões dessa natureza.

No caso de solos pré-adensados, o módulo de Young não drenado (E_u) e o coeficiente de compressibilidade volumétrica (m_v) podem ser estimados, no âmbito de anteprojeto, por meio das seguintes correlações (Stroud; Butler, 1975):

$$m_v = 450 \cdot N_{SPT,60} \; (m^2/MN) \tag{2.29}$$

$$\frac{E_u}{N_{SPT,60}} = 1 \; (MPa) \tag{2.30}$$

Os dados coletados por Stroud mostram que essa relação é adequada para uma ampla gama de graus de carregamento q/q_{ult}. Para q/q_{ult} abaixo de 0,1, a rigidez cresce, resultando em:

$$\frac{E_u}{N_{SPT,60}} = 6,3 \; a \; 10,4 \; (MPa) \tag{2.31}$$

2.6.3 Solos residuais

No que se refere a solos residuais, não há, até a presente data, metodologia específica para a determinação do ângulo de atrito, da coesão ou do módulo de elasticidade, principalmente em razão da grande variabilidade encontrada nessas formações. Contudo, algumas proposições servem de referência, conforme ilustrado na Fig. 2.16, que relaciona o módulo de Young à resistência à penetração para resultados apresentados por Sandroni (1991) e Ruver e Consoli (2006). Subjacentes a essas correlações, existem considerações quanto a critérios de ruptura e fatores de segurança. No trabalho de Ruver e Consoli (2006), o método foi desenvolvido com base na retroanálise de provas de carga em fundações diretas (B < 2 m), em solos residuais de granito, gnaisse, basalto e arenito, adotando-se como critério de ruptura um recalque relativo (ρ/B) de 33,33 mm/m e, sobre esse valor, um fator de segurança de 3 para a determinação da capacidade de carga admissível, conforme preconizado pela NBR 6122/2010. O módulo de elasticidade é calculado a partir da tensão admissível medida.

A Eq. 2.32 apresenta a relação entre $N_{SPT,60}$ e o módulo de elasticidade, e as duas equações subsequentes representam os limites superior e inferior de probabilidade de 99% de ocorrência dos valores de E.

$$E = 2,01 \cdot N_{SPT,60} \quad (MPa) \text{ valores médios} \tag{2.32}$$

$$E = 2,01 \cdot N_{SPT,60} + 0,611\sqrt{N_{SPT,60}^2 - 19,79 N_{SPT,60} + 184,63} \quad (MPa) \text{ limite superior} \tag{2.33}$$

$$E = 2,01 \cdot N_{SPT,60} - 0,611\sqrt{N_{SPT,60}^2 - 19,79 N_{SPT,60} + 184,63} \quad (MPa) \text{ limite inferior} \tag{2.34}$$

2.6.4 Rochas brandas

Na prática de engenharia, utilizam-se valores de SPT para estimar a resistência à compressão aplicada a projetos de fundações. Em pequenas profundidades, a tensão de projeto depende da escala do problema em relação ao sistema de

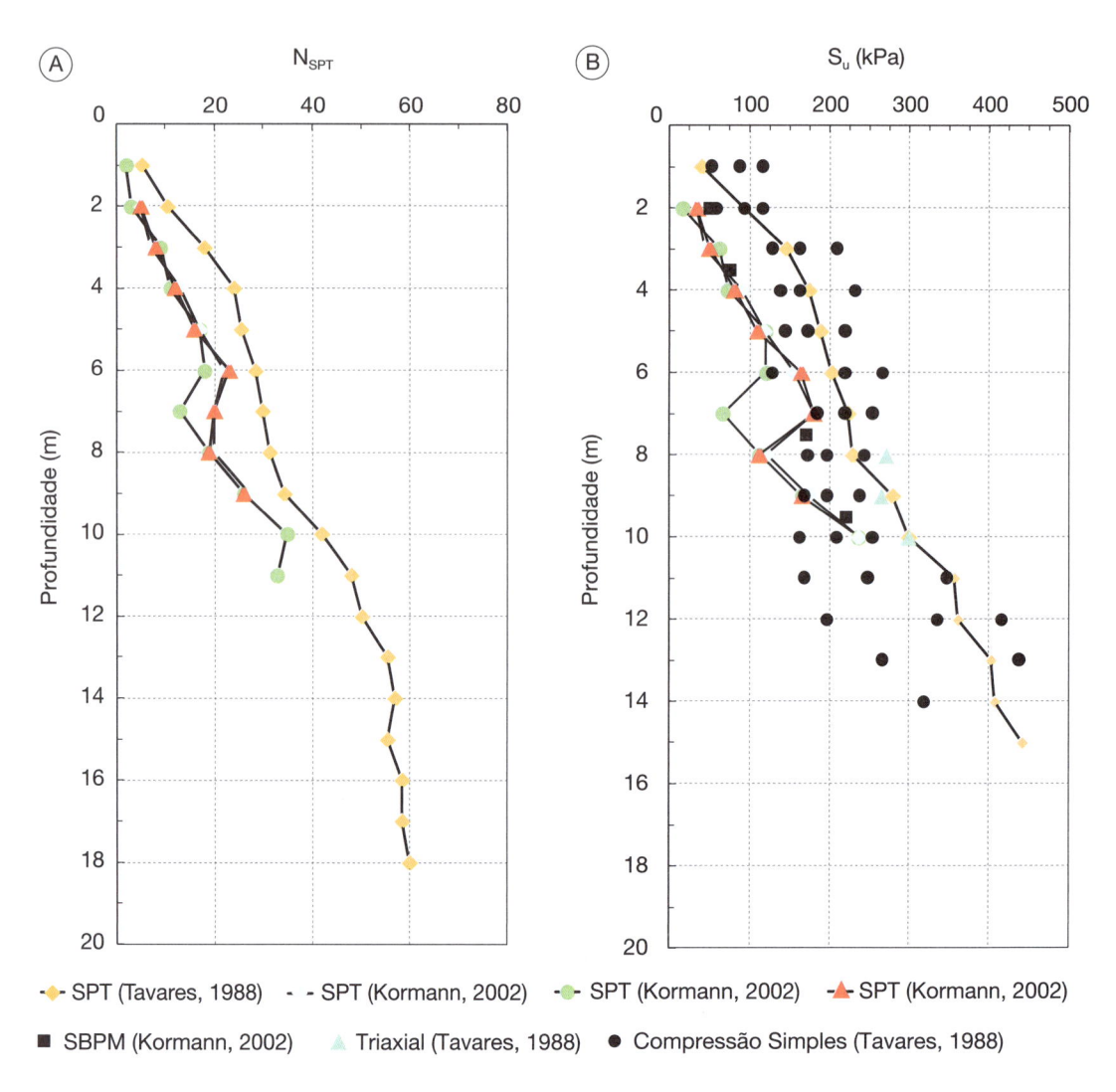

- SPT (Tavares, 1988)   - - SPT (Kormann, 2002)   - SPT (Kormann, 2002)   - SPT (Kormann, 2002)
- SBPM (Kormann, 2002)   Triaxial (Tavares, 1988)   • Compressão Simples (Tavares, 1988)

FIG. 2.15 Estimativa de S_u para argila pré-adensada da Formação Guabirotuba (Curitiba, PR)

descontinuidades da massa rochosa, e geralmente é muito menor que a resistência obtida da rocha intacta em compressão simples.

A Fig. 2.17 mostra a relação apresentada para argilas: $S_u = 5\,N_{SPT,60}$ (kPa), extrapolada para rochas brandas por Stroud (1989). A abordagem é conservadora para o caso de materiais com resistência à compressão simples superior a 4 MPa. Nesses casos, a resistência à compressão poderá ser obtida pela relação: $\sigma_c > 10 N_{SPT,60}$ (kPa).

É relevante assinalar que, além dos motivos já apresentados com relação aos fatores que influenciam o valor do ensaio e as características dos materiais, especialmente nas rochas brandas, existe sempre a necessidade de extrapolação dos valores de N, em geral interrompidos na faixa abaixo dos 100 golpes e extrapolados para atingir a penetração de 300 mm definidora do padrão. Logo, o uso de SPT resultará em pouca acurácia no valor estimado.

Sem a devida comprovação experimental local, a estimativa da compressibilidade é de validade discutível, por motivos já apresentados. Valores propostos por Leach e Thompson (1979), resultantes da avaliação do comportamento de estacas, ficam na faixa: $E/N_{SPT,60} = 0,9\text{-}1,2$ (MPa).

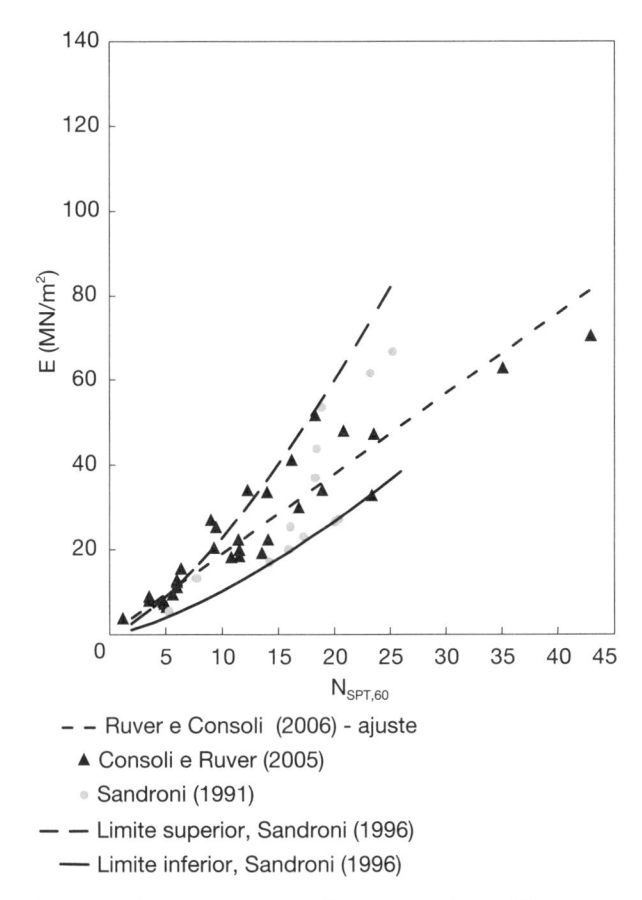

FIG. 2.16 Correlação entre E e $N_{SPT,60}$ para solos residuais brasileiros

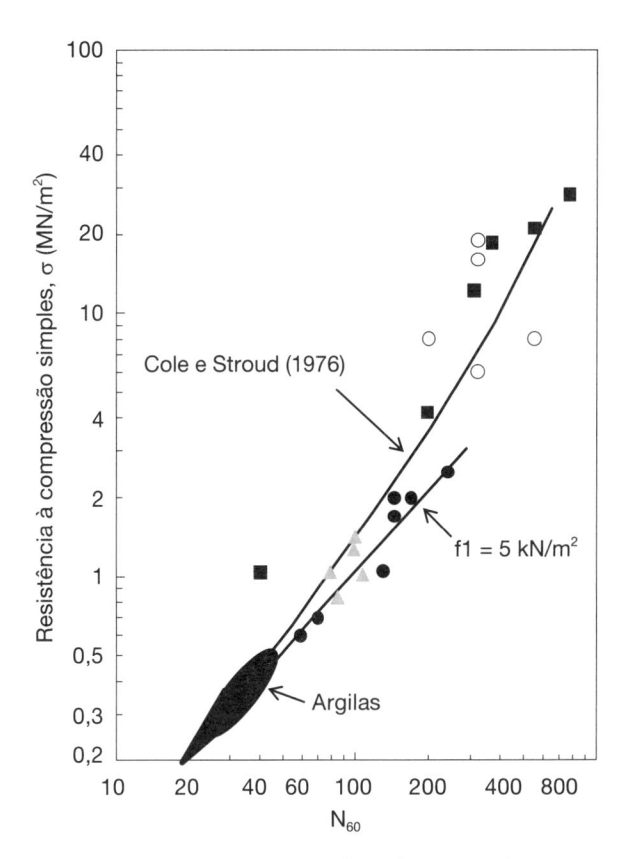

FIG. 2.17 Correlações entre resistência à compressão simples e $N_{SPT,60}$ (Stroud, 1989)

Stroud (1989), incluindo mais casos reais, constatou a relação $E/N_{SPT,60} = 0,5\text{-}2,0$ (MPa), sendo acima de 1 para fatores de segurança à ruptura maiores que 3. A realização de provas de carga em placas é sempre uma prática recomendável para diminuir o grau de incerteza ou imprecisão na determinação do módulo em rochas brandas.

2.7 Métodos diretos de projeto

Originalmente, as aplicações de resultados de SPT foram diretas, ou seja, com recalques ou tensão admissível obtidos diretamente, sem a necessidade de determinar parâmetros intermediários (p. ex., Terzaghi; Peck, 1967). Tal abordagem tem a desvantagem de não permitir a avaliação qualitativa dos resultados, sendo a confiabilidade função do número de casos históricos avaliados para o desenvolvimento do método. Sua grande vantagem é a simplicidade no uso.

O desenvolvimento dos métodos apresentados a seguir é anterior à prática de medir e corrigir os valores de N_{SPT} levando em conta os efeitos da energia de cravação. Nenhuma referência é feita, portanto, à eventual correção de N_{SPT} em $N_{SPT,60}$. Os métodos brasileiros de cálculo de tensões admissíveis e capacidade de carga referem-se a procedimentos de ensaio consagrados no Brasil e devem, em geral, estar associados a valores de energia na faixa entre $N_{SPT,70}$ e $N_{SPT,80}$.

2.7.1 Tensões admissíveis

Uma abordagem utilizada na rotina de projetos de fundações envolve a estimativa das tensões admissíveis do terreno, cuja equação é representada por:

$$\sigma_{adm} = k \, N_{SPT} \tag{2.35}$$

onde k depende do tipo de solo, da geometria do problema e da sensibilidade da estrutura a recalques, entre outros fatores. Essa prática deve ser vista com restrições, dado o caráter generalista e empírico adotado na estimativa de k. No

TAB. 2.8 Correlações entre N_{SPT} e a tensão admissível de solos granulares

Descrição (compacidade)	N_{SPT}	Provável tensão admissível (kN/m²)		
		L = 0,75 m*	L = 1,50 m*	L = 3,0 m*
Muito compacto	> 50	> 600	> 500	> 450
Compacto	30-50	300-600	250-500	200-450
Med. Compacto	10-30	100-300	50-250	50-200
Pouco compacto	5-10	50-100	< 50	< 50
Fofo	< 5	a estudar		

* menor dimensão da fundação
Fonte: Milititsky e Schnaid (1995).

TAB. 2.9 Correlações entre N_{SPT} e a tensão admissível de solos coesivos

Descrição (consistência)	N_{SPT}	Provável tensão admissível (kN/m²)		
		L = 0,75 m*	L = 1,5 m*	L = 3,0 m*
Dura	> 30	500	450	400
Muito rija	15-30	250-500	200-450	150-400
Rija	8-15	125-250	100-200	75-150
Média	4-8	75-125	50-100	25-75
Mole	2-4	25-75	<50	-
Muito mole	< 2	a estudar		

*menor dimensão da fundação
Método SPT-Estatístico de tensão admissível para solos residuais brasileiros.
Fonte: Milititsky e Schnaid (1995).

entanto, é preocupação dos autores fornecer um indicativo da magnitude das tensões admissíveis na forma de valores de referência para o nível de anteprojeto. Na Tab. 2.8, apresentam-se valores da magnitude das tensões admissíveis (σ_{adm}) do solo em função de N_{SPT} para substratos granulares. Os dados representam valores mínimos de tensão admissível e estão sujeitos a dispersões significativas. As tensões admissíveis para solos coesivos são apresentadas na Tab. 2.9.

Com base nas mesmas premissas descritas na seção 2.5.3, Ruver e Consoli (2006) estabeleceram um método de estimativa de tensão admissível específica para solos residuais, expressa em termos de valores médios e limites superior e inferior para intervalo correspondente ao nível de confiabilidade de 99%:

$$q_{adm} = 9{,}54 \cdot N_{SPT,60} \quad (kN/m^2) \quad \text{valores médios} \tag{2.36}$$

$$q_{adm} = 9{,}54 \cdot N_{SPT,60} + 6{,}41\sqrt{N_{SPT,60}^2 - 20{,}3 N_{SPT,60} + 167{,}3} \quad (kN/m^2)\,\text{limite superior} \tag{2.37}$$

$$q_{adm} = 9{,}54 \cdot N_{SPT,60} - 6{,}41\sqrt{N_{SPT,60}^2 - 20{,}3 N_{SPT,60} + 167{,}3} \quad (kN/m^2)\,\text{limite inferior} \tag{2.38}$$

2.7.2 Recalques em fundações diretas

Entendidas as limitações do ensaio de SPT e a impossibilidade de prever com precisão valores de compressibilidade dos solos, é necessário considerar e tratar os métodos de previsão de recalques utilizando o SPT como procedimento empírico.

Para tanto, métodos estatísticos como os propostos por Shultze e Sherif (1973); Burland, Broms e De Mello (1977) e Burland e Burbidge (1985) são recomendados para a previsão do limite superior e do recalque médio de fundações superficiais em depósitos arenosos.

Método SPT-Estatístico de Schultze e Sherif (1973)

Com base em correlações estatísticas entre recalques e SPT, os referidos autores desenvolveram um método de estimativa de recalques (Fig. 2.18) que se utiliza dos seguintes elementos: comprimento, largura e profundidade da fundação, e espessura da camada granular. A combinação dessas informações permite a obtenção do coeficiente s, utilizado posteriormente na Eq. 2.39 para a obtenção do recalque ρ da área carregada:

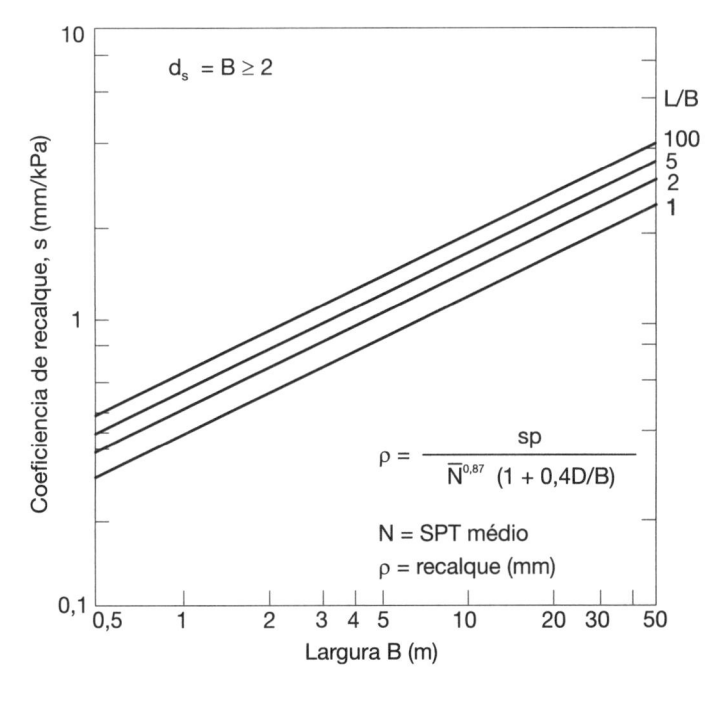

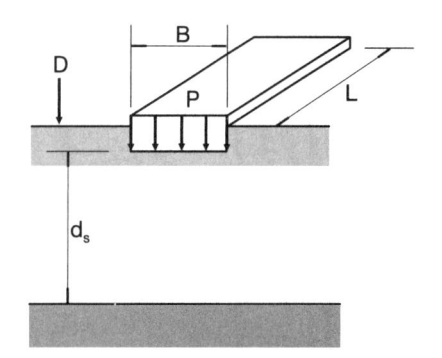

$$\rho = \frac{sP}{N_{SPT}^{0,87} \cdot \left[1 + (0{,}4 + D/B)\right]} \tag{2.39}$$

Fatores de redução para $d_s/B < 2$

d_s/B	L/B=1	2	5	100
1,5	0,91	0,89	0,87	0,85
1,0	0,76	0,72	0,69	0,65
0,5	0,52	0,48	0,43	0,39

FIG. 2.18 Método de Schultze e Sherif (1973)

onde ρ é o recalque (mm); s, o coeficiente de recalque (mm/kPa); P, a pressão de contato (kPa); N, o valor médio de SPT; D, a profundidade da fundação (m); B, a largura da fundação (m); L, o comprimento da fundação (m); e d_s, a espessura da camada (m).

Quando a espessura da camada considerada é menor que o dobro da largura da área carregada, os autores sugerem a utilização de fatores de redução (Fig. 2.18).

Método SPT-Estatístico de Burland, Broms e De Mello (1977)

Burland, Broms e De Mello (1977) apresentaram, em forma de gráfico, uma série considerável de casos relatados na literatura, propondo limites de recalques superiores ($H_{máx}$) para solos compactos e medianamente compactos, e uma sugestão de limite superior para a condição fofa (Fig. 2.19). Os referidos autores propuseram que, em projetos de rotina, essa figura poderia ser utilizada como indicação do recalque provável, pela adoção do valor relativo de metade do máximo.

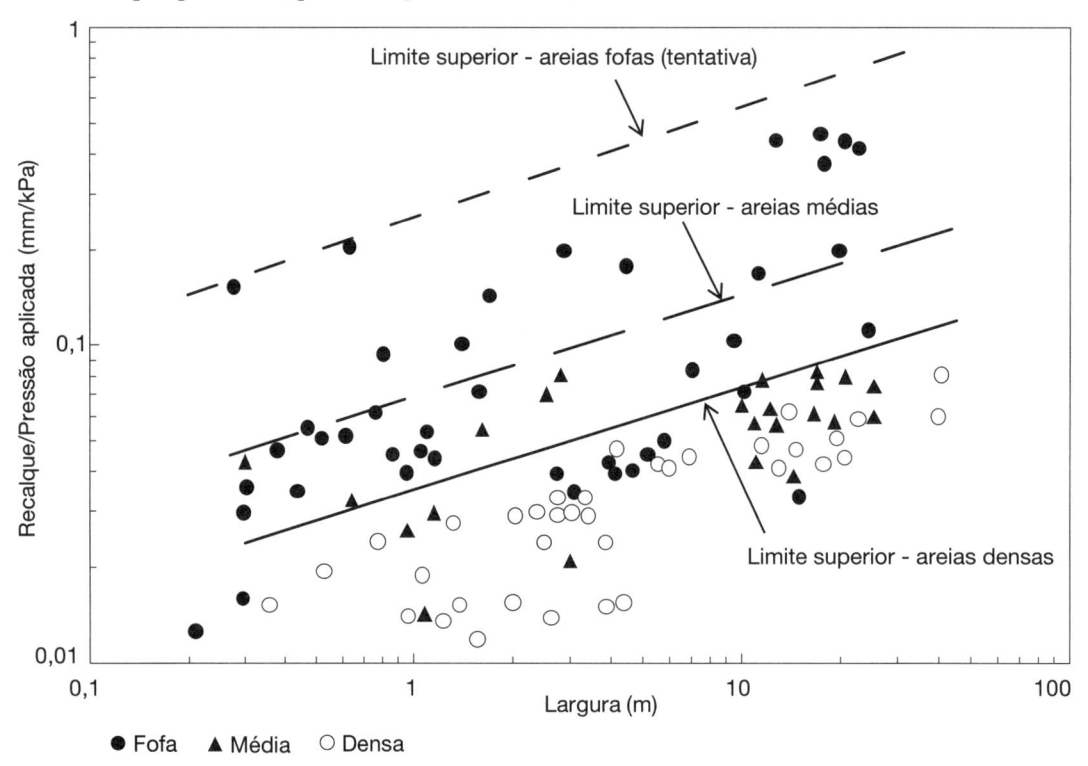

FIG. 2.19 Método de Burland, Broms e De Mello (1977)

Ao exprimir-se os limites superiores como função da largura da fundação B(m), obtêm-se as seguintes equações:

$$H_{máx} = q\,(0{,}32\,B^{0,3}) \quad \text{areias fofas} \quad (2.40)$$
$$H_{máx} = q\,(0{,}07\,B^{0,3}) \quad \text{areias medianamente compactas} \quad (2.41)$$
$$H_{máx} = q\,(0{,}035\,B^{0,3}) \quad \text{areias compactas} \quad (2.42)$$
$$H_{provável} = 1/2\ H_{máx} \quad (2.43)$$

onde q é expresso em kN/m^2 e H, em mm.

Método de SPT-Estatístico de Burland e Burbidge (1985)

Os autores compilaram registros de recalques em uma base de dados de mais de cem casos de obra. O tratamento estatístico dos resultados permitiu definir um recalque médio em areias normalmente adensadas:

$$H = q' \, B^{0,7} \, I_c \qquad (2.44)$$

onde H é o recalque (mm); q', a pressão média efetiva na fundação (kN/m²); B, a largura da fundação (m); e I_c, o índice de compressão ($= 1{,}71/N^{1,4}$).

Na obtenção do índice de compressão (Fig. 2.20), é necessário, em dois casos particulares, corrigir a medida de N_{SPT}:

i] silte arenoso, abaixo do nível d'água:

$$N_{SPT,corrigido} = 15 + 0{,}5 \, (N_{SPT,medido} - 15), \text{ para } N > 15 \qquad (2.45)$$

ii] cascalho ou cascalho e areia:

$$N_{SPT,corrigido} = 1{,}25 \, N_{SPT,medido} \qquad (2.46)$$

Pré-adensamento ou pré-carregamento da areia reduzem significativamente a magnitude dos recalques observados, e para casos nos quais a tensão vertical efetiva máxima (σ'_{vm}) não é excedida, tem-se:

$$H = \frac{1}{3} q' B^{0,7} I_c \qquad (2.47)$$

A Fig. 2.20 permite, ainda, determinar a profundidade de influência abaixo do elemento de fundação (Z_1) para casos nos quais N_{SPT} é constante ou aumenta com a profundidade. Para os casos em que N_{SPT} reduz com a profundidade, deve-se adotar Z_1 como o menor valor entre 2B ou a distância à camada rígida "incompressível" abaixo da fundação.

Milititsky et al. (1982) apresentaram comparações entre os resultados de previsões e recalques reais para 12 casos referidos na literatura (Fig. 2.21). A dispersão de resultados é evidente; a razão entre recalques médios e recalques previstos varia entre 0,3 e 2,0. A aplicação de métodos clássicos de previsão direta de recalques mostrou

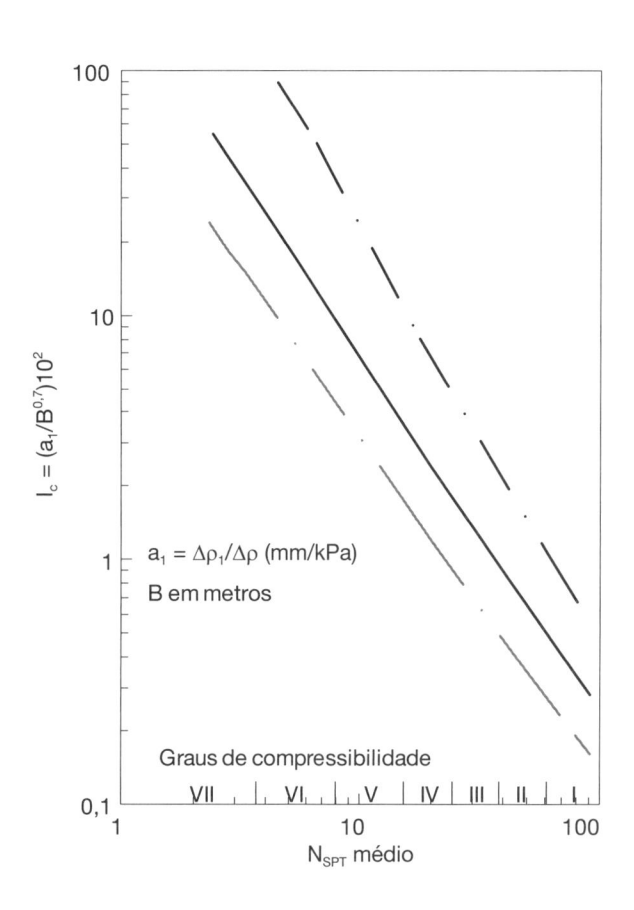

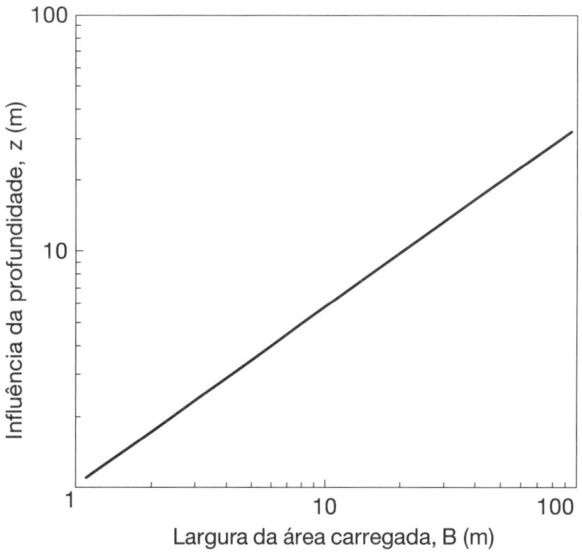

FIG. 2.20 Método de Burland e Burbidge (1985)

◇ Schultze e Sherif (1973)   ■ Burland et al. (1977)

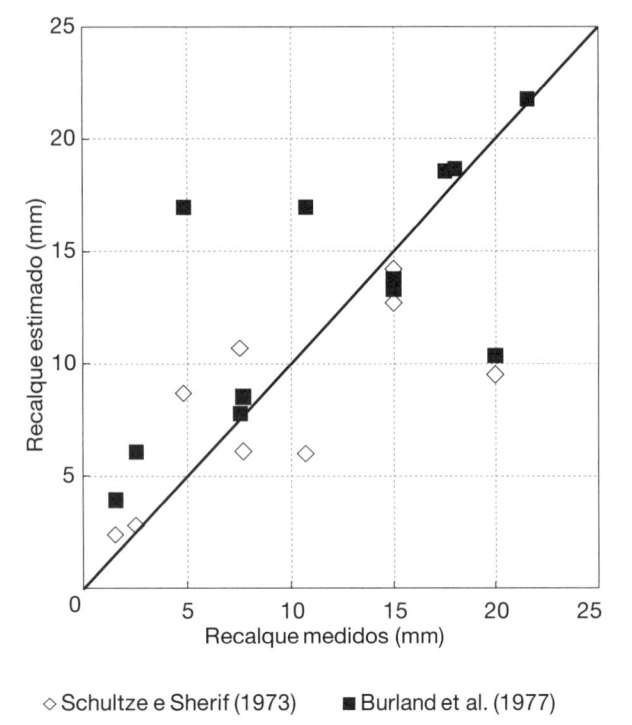

FIG. 2.21 Previsão de recalques por métodos estatísticos
Fonte: adaptado de Milititsky et al. (1982).

um desempenho pouco satisfatório para os casos analisados, sendo aconselhável, portanto, o uso de métodos de cálculo mais refinados, sempre que necessário.

Em depósitos argilosos, os recalques imediatos de fundações superficiais geralmente são determinados a partir da aplicação dos conceitos básicos estabelecidos pela Teoria da Elasticidade. O sucesso desse método depende da previsão adequada do módulo de elasticidade não drenado, sendo possível utilizar correlações entre E_u e S_u para uma avaliação preliminar, conforme descrito anteriormente.

Para solos de baixa resistência, o SPT não é uma técnica recomendável, devendo-se utilizar outros ensaios na previsão de S_u. Recalques a longo prazo são calculados a partir da aplicação da Teoria do Adensamento e, para tanto, é necessário o conhecimento de propriedades obtidas, preferencialmente, em ensaios de laboratório com amostras indeformadas ou em ensaios de piezocone (Cap. 3).

No caso de solos residuais, existe a necessidade de avaliar as condições de drenagem do carregamento; portanto, o engenheiro deve definir se os recalques resultantes da variação de tensões serão predominantemente drenados ou por adensamento. Não há formas expeditas para identificar a condição a ser adotada como representativa, que é função da sucção *in situ*, do grau de cimentação, da estrutura e história de tensões, entre outros fatores.

Em solos estruturados não saturados, a prática tem sido adotar métodos estatísticos desenvolvidos para depósitos sedimentares não coesivos. Essa prática ainda não foi avaliada, pelo reduzidíssimo número de casos históricos conhecidos. Para solos saturados com matriz argilosa, a prática é variada, inclusive com o uso de ensaios de compressão confinada (adensamento) para a determinação de módulos.

Método SPT-Estatístico de Ruver e Consoli (2006)

Os referidos autores apresentam método estatístico para previsão de recalques de sapatas em solos residuais, utilizando o mesmo banco de dados descrito no item 2.1-c, que resulta na expressão:

$$\rho = \frac{0{,}308 \cdot q \cdot B}{N_{SPT,60}^{0{,}93}} \quad (2.48)$$

onde ρ é o recalque (mm); B, a dimensão da sapata (m); q, a tensão aplicada (kN/m²); e $N_{SPT,60}$ corresponde à média aritmética do número de golpes do ensaio SPT a uma profundidade de 2B abaixo da cota de assentamento da fundação, bem como ao valor corrigido do número de golpes para uma energia de 60%.

As Eqs. 2.49 e 2.50 apresentam, respectivamente, os valores prováveis máximos e mínimos de recalque para um nível de confiabilidade de 99%.

$$\rho_{máx} = \frac{0{,}505 \cdot q \cdot B \cdot 10^H}{N_{SPT,60}^{0,93}} \quad \text{recalque provável máximo (mm)} \quad (2.49)$$

$$\rho_{mín} = \frac{0{,}188 \cdot q \cdot B}{N_{SPT,60}^{0,98} \cdot 10^H} \quad \text{recalque provável máximo (mm)} \quad (2.50)$$

onde:

$$H = \sqrt{\left[\log(N_{SPT,60})\right]^2 - 2\left[\log(N_{SPT,60})\right] + 1{,}11} \quad (2.51)$$

2.7.3 Previsão de capacidade de carga

A carga de ruptura de um elemento de fundação pode ser determinada por meio da teoria clássica de capacidade de suporte, ou seja, postulado um mecanismo de ruptura, calcula-se a pressão última com base nos parâmetros de resistência ao cisalhamento do solo. Essa abordagem é amplamente utilizada para fundações superficiais (p. ex., Terzaghi; Peck, 1967), em que o ângulo de atrito interno do solo é relacionado aos coeficientes de capacidade de carga N_c, N_q e N_γ (Fig. 2.10).

A teoria de capacidade de suporte aplicada a fundações profundas não é, porém, empregada com frequência na prática brasileira, contrariamente à prática inglesa. Como o valor de N_q é sensível a ϕ', um erro relativamente pequeno na estimativa de ϕ' representará um erro significativo na estimativa de N_q. Somam-se a isso as dificuldades na estimativa de ϕ', em razão dos efeitos de instalação da estaca. Como alternativa a esse método, difundiu-se no Brasil a prática de relacionar diretamente as medidas de N_{SPT} com a capacidade de carga de estacas (p. ex., Aoki; Velloso, 1975; Décourt; Quaresma, 1978). Tal prática, aliás, foi difundida internacionalmente (Poulos, 1989).

Na experiência dos autores da presente obra, esses métodos são ferramentas valiosas para a Engenharia de Fundações. É importante reconhecer que sua validade é limitada à prática construtiva regional e às condições específicas dos casos históricos utilizados no seu estabelecimento. Dada a importância desse procedimento na prática brasileira de fundações, acrescenta-se a este capítulo, a seguir, o detalhamento dos métodos de cálculo. No Cap. 7, discute-se a validação dos métodos por meio de um extenso número de relato de casos.

Método estatístico de Aoki e Velloso (1975)

Esse método foi originalmente concebido mediante correlações entre os resultados dos ensaios de penetração estática (cone) e dinâmica (SPT). A teoria para a estimativa da capacidade de carga de estacas é fundamentada no ensaio de penetração estática; porém, por meio da utilização do coeficiente K, torna-se possível o uso direto dos resultados de ensaios SPT em tal abordagem (coeficiente K é o coeficiente de conversão da resistência da ponta do cone para N_{SPT}). O coeficiente α expressa a relação entre as resistências de ponta e lateral do ensaio de penetração estática, segundo Vargas (1977).

A seguinte expressão avalia a capacidade de carga última (ou de ruptura) de estacas:

$$Q_{rup} = \alpha_p \frac{K \cdot N_{SPT,P}}{F_1} + P\sum \frac{\alpha K N_{SPT,M}}{F_2} \cdot \Delta L \qquad (2.52)$$

onde α_p é a área de ponta da estaca; P, o perímetro da estaca; ΔL, a espessura de cada camada de solo (m); $N_{SPT,P}$, o N_{SPT} próximo à ponta da estaca; e $N_{SPT,M}$, o N_{SPT} médio para cada ΔL. Os coeficientes K e α são variáveis dependentes do tipo de solo, assumindo diferentes valores segundo suas características granulométricas (originalmente obtidos a partir de correlações com resultados de ensaios de cone). Os valores são apresentados na Tab. 2.10. F_1 e F_2 são os coeficientes de correção das resistências de ponta e lateral, respectivamente, levando-se em conta os diferentes comportamentos entre a estaca (protótipo) e o cone estático (modelo), cujos valores são apresentados na Tab. 2.11.

Para a determinação da carga admissível, faz-se uso de um fator de segurança global sobre a carga de ruptura. A carga admissível é calculada como $Q_{adm} = \dfrac{Q_{rup}}{FS}$, conforme recomendações da norma brasileira NBR 6122/2010.

Método estatístico de Décourt e Quaresma (1978)

Segundo os próprios autores, o método apresenta um processo expedito para a estimativa da capacidade de carga de ruptura, baseado exclusivamente em resultados de ensaios SPT. Desenvolvido para estacas pré-moldadas de concreto, o método foi posteriormente estendido a outros tipos de estacas – escavadas em geral, hélice contínua e injetadas. A expressão proposta é:

$$Q_{rup} = \alpha K N_{SPT,P} \alpha_p + P\beta \sum 10\left(\frac{N_{SPT,M}}{3} + 1\right)\Delta L \qquad (2.53)$$

onde K é o coeficiente que correlaciona a resistência de ponta em função do tipo de solo com o valor $N_{SPT,P}$.

Os valores determinados experimentalmente com base nos resultados de 41 provas de carga em estacas pré-moldadas de concreto são mostrados na Tab. 2.12.

TAB. 2.10 Valores atribuídos às variáveis K e α

Tipo de solo	K (MPa)	α (%)
Areia	1,00	1,4
Areia siltosa	0,80	2,0
Areia siltoargilosa	0,70	2,4
Areia argilosa	0,60	3,0
Areia argilossiltosa	0,50	2,8
Silte	0,40	3,0
Silte arenoso	0,55	2,2
Silte arenoargiloso	0,45	2,8
Silte argiloso	0,23	3,4
Silte argiloarenoso	0,25	3,0
Argila	0,20	6,0
Argila arenosa	0,35	2,4
Argila arenossiltosa	0,30	2,8
Argila siltosa	0,22	4,0
Argila siltoarenosa	0,33	3,0

TAB. 2.11 Valores atribuídos às variáveis F1 e F2

Tipo de estaca	F1	F2
Franki	2,5	5,0
Metálica	1,75	3,5
Pré-moldada concreto	1,75	3,5
Escavadas*	3,5	7,0

* F1 e F2 segundo Velloso, Aoki e Salamoni (1978)

TAB. 2.12 Valores atribuídos à variável K

Tipo de solo	K (kN/m²)
Argilas	120
Siltes argilosos (solos residuais)	200
Siltes arenosos (solos residuais)	250
Areias	400

Valores atribuídos aos coeficientes α e β, sugeridos para os diversos tipos de estacas, são apresentados nas Tabs. 2.13 e 2.14.

TAB. 2.13 Valores atribuídos ao coeficiente α em função do tipo de estaca e de solo

Solo / Estaca	Cravada	Escavada (em geral)	Escavada (com bentonita)	Hélice contínua	Raiz	Injetadas (alta pressão)
Argilas	1,0+	0,85	0,85	0,30*	0,85*	1,0*
Solos intermediários	1,0+	0,60	0,60	0,30*	0,60*	1,0*
Areias	1,0+	0,50	0,50	0,30*	0,50*	1,0*

+ Universo para o qual a correlação original foi desenvolvida.
* Valores apenas orientativos, diante do reduzido número de dados disponíveis.
Fonte: Quaresma et al. (1996).

TAB. 2.14 Valores atribuídos ao coeficiente β em função do tipo de estaca e de solo

Solo / Estaca	Cravada	Escavada (em geral)	Escavada (com bentonita)	Hélice contínua	Raiz	Injetadas (alta pressão)
Argilas	1,0+	0,80	0,9*	1,0*	1,5*	3,0*
Solos intermediários	1,0+	0,65	0,75*	1,0*	1,5*	3,0*
Areias	1,0+	0,50	0,60*	1,0*	1,5*	3,0*

+ Universo para o qual a correlação original foi desenvolvida.
* Valores apenas orientativos, diante do reduzido número de dados disponíveis.
Fonte: Quaresma et al. (1996).

Deve-se notar que, na rotina denominada SPT-T, é possível definir um valor de N_{SPT} equivalente:

$$N_{SPT,eq} = \frac{T}{12} \qquad (2.54)$$

onde T é o torque medido em KNm. Segundo Décourt (1991), o valor de $N_{SPT,eq}$ pode ser utilizado de forma análoga ao valor de N correspondente ao SPT tradicional na estimativa da capacidade de carga de estacas.

Método UFRGS (Lobo et al., 2009)

Fundamentado no conceito de energia descrito anteriormente, o método UFRGS (Lobo, 2005; Lobo et al., 2009) permite a determinação da capacidade de carga de estacas com base na força dinâmica de reação do solo (F_d), mobilizada durante a cravação do amostrador SPT (Eq. 2.57). Seu desenvolvimento é baseado em banco de dados composto por 272 provas de carga à compressão, sendo: 96 de estacas cravadas pré-moldadas, 95 de estacas hélice contínua, 53 de estacas escavadas e 28 de estacas metálicas. As características específicas de cada prova de carga utilizada são apresentadas por Lobo (2005) e Langone (2012). Em cada prova de carga, a carga de ruptura é definida segundo critério recomendado pela norma brasileira de fundações NBR 6122/2010, que define a carga de ruptura como sendo a carga associada a deformações plásticas de D/30 (D é o diâmetro da estaca) acrescida do recalque elástico da estaca PL/EA (P é a carga mobilizada; L, o comprimento; E, o módulo de Young da estaca; e A, a área da seção transversal da estaca).

A capacidade de carga de uma estaca é obtida da integração das resistências unitárias q_p (resistência unitária de ponta) e q_l (resistência unitária de atrito lateral), definidas a partir das Eqs. 2.54 e 2.55:

$$q_{p,spt} = \frac{F_{d,p}}{a_p} = \frac{0,7 F_d}{a_p} \qquad (2.55)$$

$$f_{l,spt} = \frac{F_{d,l}}{a_l} = \frac{0,2 F_d}{a_l} \qquad (2.56)$$

onde a_p é a área da ponta do amostrador SPT = $(\pi \cdot d^2/4)$ = $(\pi \cdot 5,1^2/4)$ = 20,43 cm²; e a_l é a soma das áreas lateral externa e interna do amostrador = $\pi \cdot 30 \cdot (5,1+3,5)$ = 810,5 cm²; sendo 30 cm a penetração média.

A relação de $F_{d,q}/F_d$ pode ser expressa em função do índice de rigidez, do ângulo de atrito interno do solo e do nível de tensões, cuja faixa é definida entre 60% e 90%, com valor médio de 70% ($F_{d,q} = 0,7 \cdot F_d$). A parcela de atrito lateral é influenciada por efeitos de escala e resulta em atrito lateral unitário da estaca de $f_{l,spt} = 0,2 \cdot F_d$. Por consequência:

$$Q_{rup} = \alpha \cdot Q_l + \beta \cdot Q_p = \alpha \frac{0,2 \cdot U}{a_l} \sum F_d \cdot \Delta L + \beta \cdot 0,7 \cdot F_d \frac{A_p}{a_p} \qquad (2.57)$$

onde U é o perímetro da estaca; ΔL, o comprimento do trecho da estaca ao qual F_d se aplica; e A_p, a área da ponta ou base da estaca. O método é desenvolvido para estacas metálicas cravadas e sua aplicação para outros tipos de estacas exige a adoção de fatores empíricos α e β, obtidos por meio de correlações estatísticas, conforme a Tab. 2.15.

TAB. 2.15 Valores de α e β obtidos estatisticamente para cada tipo de estaca

Tipo de estaca	α	β
Cravada pré-moldada	1,5	1,1
Cravada metálica	1,0	1,0
Hélice contínua	1,0	0,6
Escavada	0,7	0,5

A variação dos valores de α e β reflete o mecanismo de interação e o estado de tensões mobilizado na interface estaca-solo. Estacas metálicas, adotadas como referência na análise por sua semelhança com o amostrador SPT, apresentam valores unitários de α e β. As estacas pré-moldadas apresentam coeficientes ligeiramente superiores às metálicas, refletindo o atrito unitário concreto--solo superior ao atrito unitário aço-solo. Estacas escavadas mobilizam os menores valores de carga de ponta e atrito lateral, em razão do alívio no estado de tensões do solo, decorrente do processo de escavação. Estacas hélice contínua produzem uma condição intermediária entre estacas cravadas e escavadas para a carga mobilizada na ponta da estaca. O atrito unitário na estaca hélice contínua é da mesma ordem de grandeza das estacas cravadas, porém deve-se observar que o sobreconsumo verificado durante a concretagem (aumento do diâmetro) não é considerado nessa análise.

Vale observar que, embora a formulação apresentada seja bastante simples, não alterando a prática já consagrada de correlacionar o número de golpes N_{SPT} com a carga última da estaca, essa abordagem apresenta vantagens em relação a métodos empíricos:

a] O uso de diferentes equipamentos e procedimentos, resultantes de fatores locais e do grau de desenvolvimento tecnológico regional, não interfere no método de previsão proposto, desde que a eficiência de cada sistema de SPT seja devidamente aferida, o que implica a correta determinação do valor de F_d.

b] A energia transmitida pelo sistema martelo-haste-amostrador é função do tipo de solo e, portanto, o método captura a influência do solo na previsão da capacidade de carga da estaca. Logo, não há necessidade de introduzir coeficientes empíricos que dependam do tipo de solo, ao contrário das outras metodologias baseadas no ensaio SPT.

Para qualquer dos métodos descritos, coeficientes determinados estatisticamente e aplicados no estabelecimento de um modelo são afetados pelos procedimentos de ensaio (tipo de prova de carga), pela definição de ruptura da prova de carga e pelos procedimentos construtivos e seus efeitos nas propriedades e condições do subsolo. O uso de métodos de estimativa de capacidade de carga estabelecidos em condições diferentes – como a transposição para a América do Sul de métodos europeus ou americanos baseados em SPT ou cone – deve ser validado localmente por provas de carga com resultados conclusivos.

O usuário de um método deve conhecer todas as hipóteses adotadas pelos autores, identificando critérios de ruptura, procedimentos, fatores de segurança e características do solo.

Os aspectos relevantes a serem considerados quando da aplicação dos métodos de correlação direta são:

a] *Tipo de estaca* - a mobilização do atrito lateral no fuste da estaca é função do tipo de estaca e do método de instalação. No Brasil e em outros países da América do Sul, são raros os casos relatados na literatura de provas de carga instrumentadas, principalmente em estacas escavadas, que permitam inferir a distribuição do atrito ao longo do fuste da estaca. A adoção de coeficientes empíricos para caracterizar a influência do tipo de estaca deve ser feita com precaução e, sempre que necessário, validada por meio de provas de carga.

b] *Tipo de solo* - critérios subjetivos são utilizados na descrição do tipo de solo e posteriormente correlacionados a coeficientes empíricos na previsão da capacidade de carga de estacas. Fatores importantes (determinantes do comportamento dos solos) como a história de tensões são desprezados nesse tipo de metodologia, e certamente influem no desempenho.

c] *Profundidade* - valores de N_{SPT} dependem da influência de duas variáveis: densidade e nível de tensões. Um valor de $N_{SPT} = 10$ obtido próximo à superfície corresponde a um solo cujo comportamento difere consideravelmente de outro com o mesmo N_{SPT}, mas obtido a grande profundidade. Os métodos estatísticos não consideram diretamente a influência da profundidade, isto é, do nível de tensões.

d] *Penetração da ponta da estaca na camada resistente* - valores elevados de N_{SPT} na camada onde a estaca se apoia, sem penetração adequada, conduzem à estimação de valores irreais de resistência de ponta.

2.8 Considerações finais

As principais implicações decorrentes do uso e da interpretação do SPT são listadas a seguir.

1] O ensaio de SPT é o mais utilizado na prática corrente da geotecnia, especialmente em fundações, e essa tendência deve ser mantida no futuro próximo, devido à sua simplicidade e economia e à experiência acumulada na sua realização.

2] O avanço do conhecimento já atingido deve ser necessariamente incorporado à prática de engenharia. Para tanto, é mandatório o uso de metodologia e equipamento padronizados, com a avaliação da energia transmitida ao amostrador.

3] O treinamento de pessoal e a supervisão da realização do ensaio constituem importantes desafios, mesmo que impliquem acréscimo de custo, para que os resultados sejam representativos e confiáveis.

4] Uma vez atendidas as recomendações anteriores, podem-se aplicar as metodologias apresentadas para a estimativa de parâmetros de comportamento dos solos e a previsão de desempenho de fundações, resguardando as limitações apresentadas.

5] Do ponto de vista da prática de Engenharia de Fundações, os valores médios de penetração podem servir de indicação qualitativa à previsão de problemas. Por exemplo, N_{SPT} superiores a 30 indicam, em geral, solos resistentes e estáveis, sem haver necessidade de estudos geotécnicos mais elaborados para a solução de casos correntes. Por sua vez, solos com N_{SPT} inferiores a 5 são compressíveis e pouco resistentes, e não devem ter a solução produzida com base unicamente nesses ensaios, mesmo porque, nessa faixa de variação (0-5), tais ensaios não são representativos.

capítulo 3
Ensaios de cone (CPT) e Piezocone (CPTU)

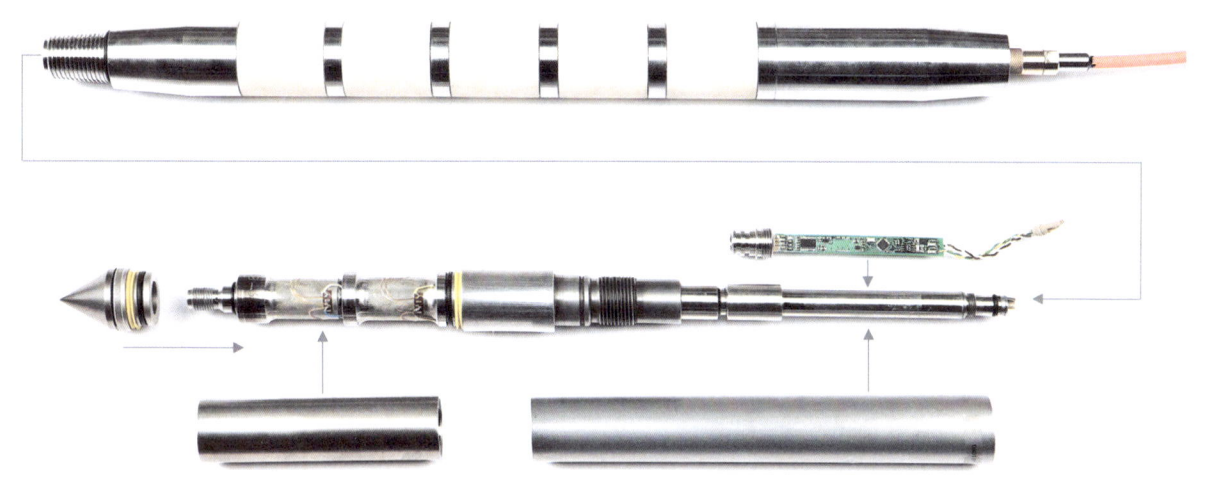

Piezocone resistivo (Foto: cortesia A. P. van den Berg)

> *No momento atual do contínuo desenvolvimento da Mecânica dos Solos e Engenharia de Fundações, observa-se uma melhora notável na diversidade e qualidade de ensaios de campo disponíveis para caracterização do subsolo e medição de propriedades de comportamento[...] [Entretanto] a interpretação dos resultados é complexa e imprecisa, devido tanto ao comportamento do solo como às condições de contorno do ensaio realizado.*
>
> Peter Wroth (1984)

Os ensaios de cone e piezocone, conhecidos pelas siglas CPT (*cone penetration test*) e CPTU (*piezocone penetration test*), respectivamente, caracterizam-se internacionalmente como uma das mais importantes ferramentas de prospecção geotécnica. Resultados de ensaios podem ser utilizados para a determinação estratigráfica de perfis de solos, a determinação de propriedades dos materiais prospectados, particularmente em depósitos de argilas moles, e a previsão da capacidade de carga de fundações.

As primeiras referências aos ensaios remontam à década de 1930 na Holanda (Barentsen, 1936; Boonstra, 1936), consolidando-se a partir da década de 1950 (p. ex., Begemann, 1965). Relatos detalhados do estado do conhecimento, enfocando aspectos diversos da prática de engenharia, podem ser encontrados em Jamiolkowski et al. (1985, 1988); Lunne e Powell (1992); Lunne, Robertson e Powell (1997); Meigh (1987); Robertson e Campanella (1988, 1989); Yu (2004); Schnaid (2009) e Mayne et al. (2009). Uma revisão extensiva da prática internacional é apresentada no livro de Lunne,

Robertson e Powell (1997) – *CPT in geotechnical practice*. Além dessas publicações, existe uma conferência dedicada exclusivamente ao ensaio CPT, o Simpósio Internacional de Ensaios de Cone (realizado em 1995 e 2010), e outras conferências associadas ao tema de investigação: ESOPT I e II – Conferências Europeias de Ensaios de Penetração; ISOPT I – Conferência Internacional de Ensaios de Penetração; ISC – Simpósio Internacional de Caracterização do Subsolo (realizado em 1998, 2004, 2008 e 2012).

No Brasil, o ensaio de cone vem sendo empregado desde o final da década de 1950. A experiência brasileira limitava-se, porém, a um número relativamente restrito de casos, com a possível exceção de projetos de plataformas marítimas para prospecção de petróleo. Essa tendência foi revertida na década de 1990, em que se observou um crescente interesse comercial pelo ensaio de cone, impulsionado por experiências de pesquisas desenvolvidas nas universidades brasileiras, conforme descrito por Rocha Filho e Schnaid (1995), Quaresma et al. (1996) e Viana da Fonseca e Coutinho (2008). São inúmeros os exemplos de pesquisas, desenvolvimentos e relatos de casos que refletem a prática brasileira (Rocha Filho; Alencar, 1985; Soares et al., 1986a; Danziger; Schnaid, 2000; Rocha Filho; Sales, 1995; Almeida, 1996; Brugger et al., 1994; Coutinho; Oliveira, 1997; Danziger; Lunne, 1997; Schnaid et al., 1997; Soares; Schnaid; Bica, 1997; Coutinho; Oliveira; Danziger, 1993; Coutinho et al., 1998; Elis et al., 2004; Massad, 2009, 2010; Albuquerque; Carvalho; Fontaine, 2010; Almeida; Marques; Baroni, 2010; De Mio et al., 2010; Coutinho; Schnaid, 2010; Bedin; Schnaid; Costa Filho, 2010; entre outros). Hoje o ensaio é executado comercialmente por diversas empresas estabelecidas no Brasil e na América do Sul.

As dificuldades inerentes à comparação de resultados obtidos com diferentes equipamentos levaram à padronização do ensaio pela IRTP/ISSMFE (1977, 1988a), acompanhado de normas e códigos regionais e nacionais: no Brasil, NBR 12069/1991 (MB-3406) (ABNT, 1991); na Holanda, NEN5140/1996; na Europa, Eurocode 7, Parte 3, 1997; na França, NFP 94-113/1989; no Reino Unido, BS1377/1990; nos Estados Unidos, D5778/1995. Recomendações com relação a fatores como terminologia, dimensões, procedimentos, precisão de medidas e apresentação de resultados são referenciadas nessas normas.

3.1 Equipamentos e procedimentos

O princípio do ensaio de cone é bastante simples, consistindo da cravação, no terreno, de uma ponteira cônica (60° de ápice) a uma velocidade constante de 20 mm/s ± 5 mm/s. A seção transversal do cone é, em geral, de 10 cm^2, podendo atingir 15 cm^2 ou mais para equipamentos mais robustos, de maior capacidade de carga, e 5 cm^2 ou menos para condições especiais. Os procedimentos de ensaio são padronizados; os equipamentos, porém, podem ser classificados em três categorias: (a) **cone mecânico**, caracterizado pela medida, na superfície, via transferência mecânica das hastes, dos esforços necessários para cravar a ponta cônica q_c e do atrito lateral f_s; (b) **cone elétrico**, cuja adaptação de células de carga instrumentadas eletricamente permite a medida de q_c e f_s diretamente na ponteira; e (c) **piezocone**, que, além das medidas elétricas de q_c e f_s, permite a contínua monitoração das pressões neutras u geradas durante o processo de cravação.

Um exemplo da geometria típica de um cone é mostrado na Fig. 3.1. O piezocone desmontado permite visualizar o elemento poroso, o transdutor de pressão e o conjunto de células de carga referente à ponta cônica e à luva de atrito.

É recomendável o uso de um gatilho automático que, posicionado entre a haste de cravação e o pistão hidráulico, fecha o circuito elétrico ao princípio da cravação e desencadeia o início das leituras. Assim, não há interferência do operador durante o processo de cravação.

Os principais atrativos do ensaio são o registro contínuo da resistência à penetração, fornecendo uma descrição detalhada da estratigrafia do subsolo, informação essencial à composição de custos de um projeto de fundações, e a eliminação da influência do operador nas medidas de ensaio (q_c, f_s, u).

Apresenta-se a seguir uma descrição dos equipamentos necessários à execução do ensaio, iniciando-se com as características dos equipamentos de cravação, o detalhamento das ponteiras e do sistema de aquisição e registro dos dados, e alguns procedimentos básicos do ensaio. Em razão do avanço tecnológico registrados nos últimos anos no que se refere à aquisição, transmissão e registro dos dados, discutem-se, na sequência, somente os cones elétricos.

FIG. 3.1 Principais componentes do equipamento

3.1.1 Equipamento de cravação

O equipamento de cravação consiste de uma estrutura de reação sobre a qual é montado um sistema de aplicação de cargas. Em geral, utilizam-se sistemas hidráulicos para essa finalidade, sendo o pistão acionado por uma bomba hidráulica acoplada a um motor a combustão ou elétrico. Uma válvula reguladora de vazão possibilita o controle preciso da velocidade de cravação durante o ensaio. A penetração é obtida por meio da cravação contínua de hastes de comprimento de 1 m, seguida da retração do pistão hidráulico para o posicionamento de nova haste. Esses conjuntos podem ser tanto utilizados em terra (*onshore*) como em água (*nearshore* e *offshore*).

Sistemas em terra

O conjunto pode ser montado sobre sistemas autopropelidos, tais como caminhões, tratores sobre rodas ou sobre esteiras, veículos especiais e sistemas com propulsão de outro veículo, como reboques ou estruturas portantes. A capacidade desses sistemas normalmente varia entre 5 e 20 t (50 e 200 kN). Existem atualmente sistemas especiais cuja carga de reação é de 40 t, montados sobre caminhão e utilizados para viabilizar a cravação da ponteira em areias densas de pedregulhos (Bratton, 2000 apud Mayne, 2007). A reação aos esforços de cravação é obtida pelo peso próprio do equipamento e/ou pela fixação ao solo de hélices de ancoragem, de forma automática ou manual. A Fig. 3.2 apresenta alguns exemplos de sistemas de cravação utilizados em terra. A escolha do sistema mais adequado a cada obra depende principalmente das condições de acessibilidade e das características do solo a ser prospectado.

(A) Sistema pesado (200 kN) sobre pneus
(cortesia: Geoforma)

(B) Sistema pesado (200 kN) sobre esteiras
(cortesia: Fugro In Situ)

(C) Sistema pesado (200 kN) sobre esteira
(cortesia: Solo Sondagem)

(D) Sistema leve e desmontável (50 kN)
(cortesia: Geoforma)

(E) Sistema pesado (200 kN) sobre esteira
(cortesia: Damasco Penna)

FIG. 3.2 Sistemas de cravação em operação no Brasil

Sistemas em água

Existem inúmeras configurações de sistemas de cravação para a execução de sondagens sob lâmina d'água. Esses sistemas diferem entre si especialmente em função da profundidade em que se encontra o leito marinho, podendo-se utilizar plataformas autoelevatórias, embarcações dedicadas ou sistemas submergíveis (Schnaid, 2009). A Fig. 3.3 apresenta alguns desses tipos de sistemas em operação no Brasil. Os sistemas submergíveis podem ser relativamente simples, operados com o auxílio de mergulhadores, eventualmente com o uso de sino pressurizado. Sistemas totalmente mecanizados, monitorados remotamente, são utilizados com frequência, sobretudo em condições *offshore* (Schnaid, 2009). No Brasil e na América do Sul, equipamentos mecanizados são utilizados de forma esporádica, prevalecendo as operações com o uso de mergulhadores para a execução de sondagens em condições de até 30 m de lâmina d'água. Plataformas autoelevatórias têm sido utilizadas em regiões com lâmina d'água de até 25 m.

(A) Sistema submergível sem campânula (cortesia: CBPO)

(B) Sistema submergível com campânula (cortesia: Geodrill)

(C) Plataforma autoelevatório (cortesia: Geodrill)

(D) Plataforma (cortesia: Igeotest do Brasil)

FIG. 3.3 Sistemas de cravação submergível e plataformas autoelevatórias

3.1.2 Tipos de ponteiras

Há, no mercado, uma vasta gama de ponteiras que, apesar de aparentemente idênticas, apresentam configurações variáveis quanto à sua dimensão (área de ponta), configuração interna (tipos de células de carga) e externa (posição do elemento poroso), sistema de alimentação e de transmissão dos dados à superfície (cabo, *wireless*, *memocone*). Cada sistema apresenta vantagens e desvantagens, discutidas sucintamente a seguir.

Geometria externa, medidas e tolerâncias

Quanto às dimensões externas (área da ponta cônica e da luva), é comum o uso de ponteiras com área transversal de 10 cm², embora haja ponteiras maiores (15 cm²) e menores (5 cm²). As ponteiras com área superior a 10 cm² normalmente são projetadas com células de cargas mais robustas, sendo, portanto, indicadas para solos mais resistentes, como areias densas, solos com pedregulhos e cascalhos ou solos residuais com cimentação. As ponteiras com dimensões inferiores a 10 cm² normalmente são utilizadas para solos de menor resistência. Essas ponteiras, por apresentarem seção reduzida, requerem sistemas de cravação de menor capacidade de reação, facilitando operações em condições adversas. Ponteiras de 5 cm² são mais sensíveis à identificação de camadas de pequena espessura.

A referência internacional (IRTP - *International Reference Testing Procedure*) adota como padrão a ponteira de 10 cm² de área nominal da ponta cônica. As dimensões, as medidas e a tolerância das ponteiras com área superior e inferior aos 10 cm² são estabelecidas proporcionalmente ao diâmetro. A Fig. 3.4 apresenta ponteiras com distintas seções transversais de área.

- Cone: a ponta cônica deverá ter seu diâmetro (d_c) entre 35,3 mm e 36 mm. O ângulo da ponta cônica deverá ser de 60° ± 5°. A rugosidade da superfície deve ser tipicamente inferior a 5 μm.
- Luva: o diâmetro da luva (d_2) deve ser igual ao maior diâmetro do cone, com tolerância de 0,35 mm, e inferior a 36,1 mm, sendo o seu comprimento (l) entre 132,5 mm e 135 mm. A rugosidade da superfície da luva deve ser inferior a 0,4 μm ± 0,25 μm, determinada na direção longitudinal.
- Filtro: conforme recomendado pela IRTP, o elemento filtrante deve ser posicionado imediatamente acima da parte cilíndrica, entre a ponta e a luva (posição u_2), sendo também permitidas as posições u_1 (na ponta cônica) e u_3 (na luva), conforme será discutido adiante (Fig. 3.4). O diâmetro do elemento filtrante deve ser 0,2 mm inferior ao diâmetro do cone e da luva, com tolerância máxima 0,2 mm.

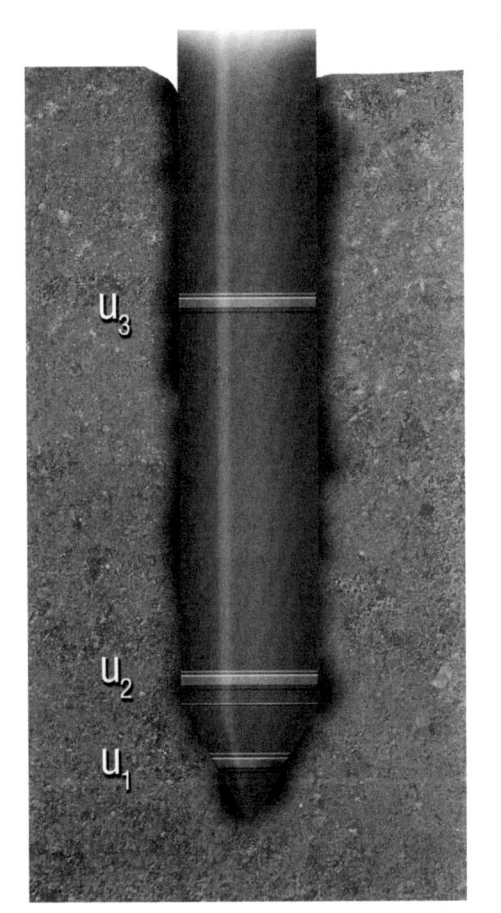

FIG. 3.4 Posição e tipos de elemento filtrante

A Tab. 3.1 apresenta um resumo das medidas das ponteiras, ilustradas na Fig. 3.5.

Variações na geometria interna

Quanto à geometria interna, têm-se basicamente três configurações definidas pela forma de funcionamento das células de cargas (Fig. 3.6): (a) ponteiras onde as respectivas células de carga da ponta e da luva trabalham a compressão, de forma independente; (b) ponteiras onde a célula de carga da ponta trabalha a compressão e a da luva, a tração, também de forma independente; e (c) ponteiras onde ambas as células de carga trabalham a compressão, mas interagindo. Esta última configuração é chamada no meio técnico de ponteiras de subtração: transmite a carga de ponta a uma primeira célula de carga, enquanto a outra recebe a carga da luva acrescida da leitura da ponta. Esse arranjo implica a necessidade de subtrair a carga da ponta da leitura da luva para determinar f_s, o que poderá ser feito eletronicamente, por meio da montagem de um circuito elétrico especial, ou digitalmente em uma planilha Essa configuração é mais aceita na indústria, em razão do seu desenho e robustez.

As células de carga constituem a parte sensível do equipamento, permitindo registros precisos de resistência de ponta e atrito através de um conjunto de quatro *strain gauges* dispostos em formato de uma ponte de *Witston* completa. Existem, ainda, ponteiras que possuem pontes com oito *strain gauges*, cujo objetivo principal é reduzir erros de leitura decorrentes de cargas excêntricas.

TAB. 3.1 Dimensões típicas de ponteiras

Ponta cônica	Área da ponta	Área da luva	Referência
< 10 cm²	2 cm²	3.004 mm²	(*)
	5 cm²	7.510 mm²	(*)
= 10 cm²	10 cm²	15.000 mm²	NBR ASTM D5778-07 ITRP
> 10 cm²	15 cm²	22.532 mm²	(ASTM D5778-07)
	40 cm²	60.085 mm²	(*)

(*) Calculado conforme ASTM D5778-07. O comprimento da luva é diretamente proporcional ao diâmetro da seção transversal do cone, tomando como base o cone de 10 cm².

Posição do elemento filtrante

Um aspecto importante do piezocone refere-se à falta de consenso quanto à localização do elemento filtrante para registro das poropressões durante a cravação (Robertson et al., 1992; Chen; Mayne, 1994; Danziger; Almeida; Sills, 1997; Schnaid et al., 1997; Lunne; Robertson; Powell, 1997). A escolha de uma posição em particular – ponta (u_1), base (u_2) ou luva (u_3) do cone – dependerá da aplicação dada às poropressões registradas no ensaio.

O elemento filtrante tem, em geral, a forma de um anel constituído de metal sinterizado, cerâmica ou plástico (Fig. 3.4). Os de plástico, por sua vez, são descartáveis, muito sensíveis a danos, e não devem ser reutilizados. Alternativamente, há no mercado ponteiras que substituem o elemento filtrante por uma ranhura circular de 0,3 mm que conecta o meio externo ao transdutor de pressão. Esse sistema é denominado *slot filter* (Elmgren, 1995; Larsson, 1995). Independentemente do material e da geometria, a questão da saturação dos elementos filtrantes é essencial à qualidade das leituras e, por esse motivo, é discutida em detalhes na seção 3.1.9.

Fig. 3.5 Ponteiras (da esquerda para a direita: 2 cm², 10 cm², 15 cm², 40 cm²) (cortesia: Gregg Drilling e Testing Inc.)
Fonte: Robertson (2006).

Sistemas de transmissão de dados

Em ensaios de cone, normalmente são empregados sistemas automáticos de aquisição de dados, os quais, por meio de programas computacionais simples, permitem o gerenciamento do processo de aquisição e armazenamento das medidas *in situ*, pela interação entre um conversor analógico/digital (*datalogger*) e um computador. Esses conversores podem ser especiais (comercializados pelas empresas que fornecem as ponteiras) ou industriais (sistemas convencionais de aquisição de dados comercializados por empresas de *hardware*). De uso industrial, o sistema analógico/digital normalmente se localiza na superfície, e a transmissão dos dados é efetuada através de cabos e de forma analógica. Modernamente, as ponteiras possuem um conversor analógico/digital instalado imediatamente acima da ponteira, que permite a transmissão dos dados no formato digital.

Em razão da diversidade de sistemas existentes, é conveniente agrupá-los pela forma de transmissão de dados, a saber: (a) sistemas que utilizam cabo elétrico como meio de transmissão dos dados; (b) sistemas que não utilizam cabo elétrico, denominados *wireless*; (c) sistemas nos quais os dados são armazenados na própria ponteira, em um cartão de memória, e posteriormente transferidos a um computador (*memocon*); e (e) sistemas híbridos, sem cabo, que permitem a transmissão de dados em tempo real por um sistema *wireless*, com armazenamento concomitante dos dados em um cartão de memória. Esse último sistema tem vantagens, pois, no caso de perda parcial do sinal ou de interferência de ruídos na transmissão, os dados completos são obtidos posteriormente à cravação.

Os sistemas que utilizam cabo na transmissão de dados podem ser tanto analógicos como digitais, e os demais necessitam obrigatoriamente da digitalização dos dados junto à ponteira. As ponteiras *wireless* utilizam comumente o sistema ótico e sonoro como elemento de transmissão. Existem críticas quanto à eficiência do sistema de transmissão sonoro em furos profundos (superiores a 30 m) e em solos

(A) Cone com células de cargas separadas para a ponta e luva (cortesia: A. P. Van Den Berg)

(B) Cone com células de subtração (cortesia: Geomil)

Fig. 3.6 Tipos de ponteira com distintas conformações de montagem das células de carga

nos quais o atrito das partículas junto à ponteira e às hastes gera níveis de ruído que interferem no ensaio. Por sua vez, o sistema que utiliza fibra ótica instalada no interior dos tubos e amplificadores possibilita a execução de furos profundos e não sofre interferência de ruído. A tendência atual é a conjugação do sistema *wireless* com armazenagem simultânea dos dados em cartão de memória, o que facilita e acelera a execução dos serviços de campo, sem perda de precisão nas medidas. A alimentação elétrica da ponteira pode ser efetuada por fonte localizada na superfície, através de cabo ou internamente à ponteira, com o uso de baterias e pilhas alojadas dentro da cavidade onde se localiza a parte eletrônica.

As leituras do conjunto de informações obtidas pelo cone (q_c, f_s e u) devem ser efetuadas, no mínimo, a cada 200 mm (IRTP/ISSMFE, 1988a). Contudo, na prática, é consagrado o intervalo de leituras entre 20 mm e 50 mm, para melhor resolução das medidas.

3.1.3 Cones sísmicos

O ensaio de cone sísmico consiste basicamente na geração de uma onda de cisalhamento na superfície do solo, e sua captura e registro por meio de um sensor sísmico posicionado a uma determinada profundidade (Fig. 3.7). Para se ter um perfil contínuo, o ensaio geralmente é realizado a cada metro, coincidindo com a parada da cravação da ponteira do cone, necessária para o acoplamento de um novo segmento de haste. A Fig. 3.7A mostra um esquema típico do funcionamento do cone sísmico e a Fig. 3.7B, a foto de um cone sísmico. Observa-se na foto o módulo sísmico, que deve ser acoplado imediatamente na parte traseira do cone, com um diâmetro sobre diâmetro. Esse sobrediâmetro tem por objetivo garantir o contato do solo com o módulo sísmico e, consequentemente, com o sensor sísmico, que pode ser um geofone ou um acelerômetro.

(A) Esquema de funcionamento cone sísmico

(B) Cone com módulo sísmico (cortesia: A. P. van den Berg)

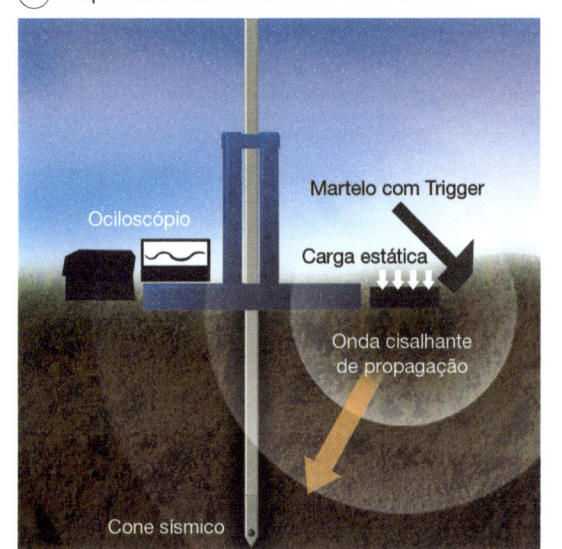

Fig. 3.7 Cone sísmico

A determinação do módulo cisalhante é feita por meio da teoria da elasticidade, medindo-se os tempos de chegada da onda de cisalhamento em cada sensor e calculando-se a velocidade do percurso da onda entre os dois sensores, conforme detalhado adiante.

O ensaio possibilita estimar a resistência ao cisalhamento de materiais geotécnicos por meio da resistência à penetração, e as médias sísmicas permitem calcular o módulo cisalhante em pequenas deformações. A combinação de valores de resistência e deformabilidade expressa pela razão G_0/q_c representa uma alternativa à caracterização de geomateriais (p. ex., Schnaid, 2005; Schnaid, 2009).

O primeiro protótipo do cone sísmico foi desenvolvido por Campanella, Robertson e Gillespie (1986), tendo sido introduzido no Brasil por Ortigão e Collet (1986) e Francisco (1997). Trabalhos de pesquisa e desenvolvimento são relatados por Giacheti et al. (2006a) e Scheffer (2005). O equipamento consta de sensores, ou seja, geofones ou acelerômetros incorporados ao fuste de cone para medição da velocidade de propagação das ondas de compressão (v_p) e das ondas de cisalhamento (v_s). Essa técnica é análoga à utilizada nos ensaios sísmicos tipo *downhole*; a diferença está na substituição da perfuração do solo para posicionar o receptor à profundidade pelo procedimento de cravação das hastes. O perfeito contato das hastes com o solo permite uma transmissão precisa do sinal da onda para o sensor, por meio de procedimento rápido e de baixo custo. A versatilidade do equipamento justifica sua gradativa incorporação à prática de engenharia.

Existem no mercado duas configurações típicas de ensaio: (a) a que utiliza somente um sensor e (b) a que utiliza dois sensores posicionados a uma distância fixa, geralmente de 1 m. Em termos de procedimento, a diferença básica é que a primeira configuração requer um sistema de *trigger* para o registro do intervalo de tempo entre a fonte sísmica e o sensor; na segunda, por sua vez, o intervalo de tempo é obtido pela diferença entre os registros do segundo sensor em relação ao primeiro. A configuração com dois sensores apresenta vantagens significativas de confiabilidade dos registros (Scheffer, 2005; Campanella, 2005).

Com relação às ondas de compressão (ondas P) e às ondas cisalhantes (ondas S) capturadas nos registros, existem algumas singularidades a serem destacadas. As ondas S propagam-se somente no esqueleto do solo, ao contrário das ondas P, que se propagam também na água, sendo sua excitação facilmente reversível, facilitando a identificação do sinal. A depender do projeto da fonte sísmica, é possível a geração de ondas S com amplitudes superiores às das ondas P. Com os registros das ondas S, a determinação do módulo cisalhante G_0 por meio da teoria da elasticidade é muito simples, requerendo apenas uma grandeza adicional:

$$G_0 = \rho \cdot V_s^2 = (\gamma/g)V_s^2 \qquad (3.1)$$

onde V_s é a velocidade de propagação da onda de cisalhante; ρ, a massa específica; γ, o peso específico; e g, a aceleração da gravidade. Valores típicos de γ estão na faixa de 14 a 18 kN/m³. A Fig. 3.8 apresenta um perfil típico de uma sondagem executada com um cone provido de um módulo sísmico.

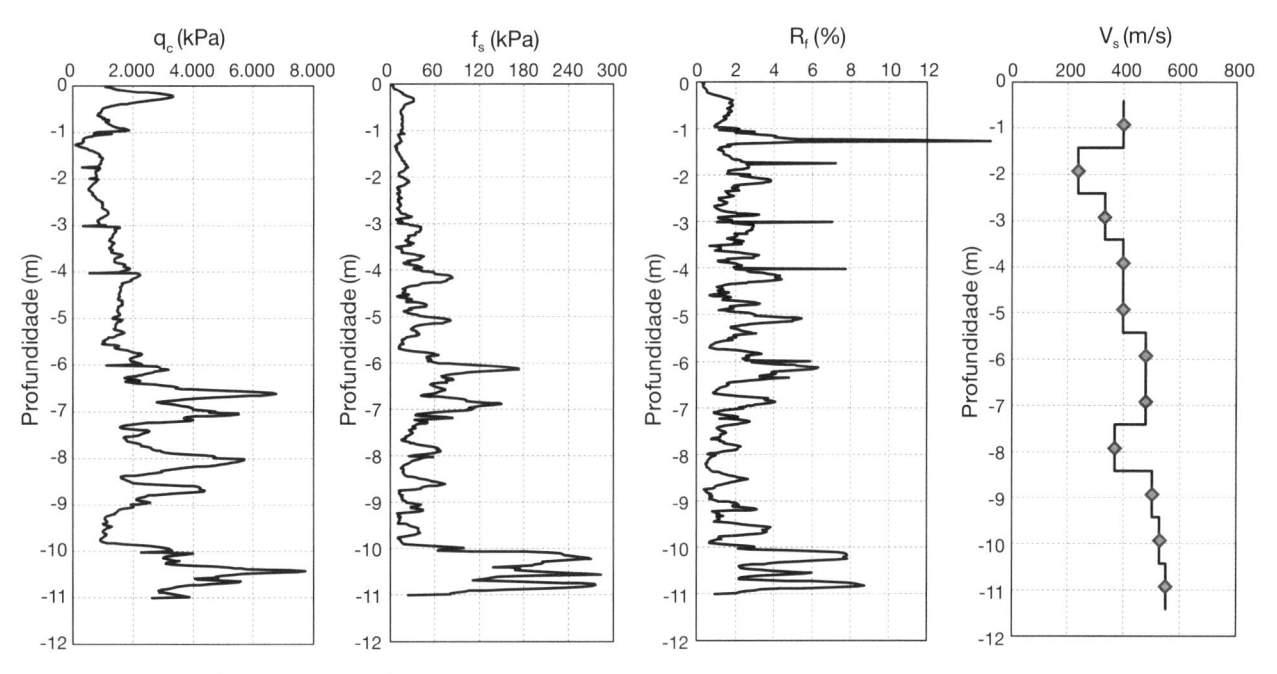

FIG. 3.8 Resultado típico de um cone sísmico

O conjunto para a execução do ensaio sísmico é composto de: (a) sensores; (b) fonte sísmica; (c) sistema de aquisição e armazenamento de dados; e (d) *trigger*.

Sensores

Os sensores devem ter dimensões apropriadas para permitir sua instalação dentro da cavidade das hastes, e devem ser fixados à parede da cavidade. Podem-se utilizar dois sensores: geofones (velocidade proporcional à voltagem de saída) ou acelerômetros (aceleração proporcional à voltagem de saída). Existem no marcado sensores uni, bi e triaxiais, geralmente instalados com o eixo Z alinhado à haste e os eixos X e Y perpendiculares a ela. Segundo Campanella (2005), sinais registrados na direção Z normalmente apresentam elevado grau de ruído decorrente das ondas que percorrem a própria composição. Sensores biaxiais são os mais recomendados, pois permitem uma melhor captura dos sinais, independentemente do seu alinhamento em relação à fonte sísmica. Já os sensores uniaxiais requerem cuidados especiais para garantir perpendicularidade com a placa geradora do sinal ao longo de todo o perfil. Recomenda-se, após a instalação da haste, verificar o alinhamento do sensor por meio de um sinal aplicado lateralmente à composição, de modo que o operador não perca o sentido do alinhamento.

Fonte sísmica

A fonte sísmica geralmente é composta por uma chapa de aço com comprimento superior à largura, fixada ao solo sob pressão, para prevenir seu deslizamento. É comum posicionar o equipamento de cravação sobre a placa, para que seu peso melhore a aderência ao solo. Essa configuração, associada a um golpe do martelo no sentido do maior comprimento, torna a geração das ondas S mais eficiente, de maior amplitude em relação às ondas P. Um ou dois martelos (5 a 15 kg) devem ser acoplados, de modo a permitir seu basculamento, sendo fixados de forma a permitir golpes diretos e reversos na placa.

Sistema de aquisição de dados

O referido sistema deve registrar o sinal com intervalo de leituras inferior a 50 µs (microssegundos). Quanto maior a resolução do sistema, melhor a definição da onda e maior a acurácia do valor do módulo cisalhante.

Trigger

Dispositivo que dispara o programa de aquisição de dados e que deve estar acoplado ao martelo ou à fonte sísmica, ou, ainda, ser acionado pelo fechamento do circuito elétrico quando o golpe do martelo atinge a fonte. Essa última configuração é recomendada, pois a resposta do *trigger* deve ser muito rápida (intervalo de tempo de, no máximo, 10 µs) e com alta repetibilidade.

3.1.4 Cone-pressiômetro

Na década de 1980, materializou-se a ideia de incorporar um módulo pressiométrico ao fuste do cone. O primeiro protótipo foi desenvolvido na Inglaterra (Withers; Schaap; Dalton, 1986), seguido de experiências no Canadá (Campanella; Robertson; Gillespie, 1986), Itália (Ghionna et al., 1995) e Holanda (Zuidberg; Post, 1995). No equipamento original, um pressiômetro de 43,7 mm de diâmetro é acoplado a uma ponteira de 15 cm² de seção transversal.

O procedimento de ensaio segue a sequência padronizada de operação: o cone é cravado no terreno a uma velocidade constante de 20 mm/s e, a profundidades predeterminadas, a penetração é interrompida para permitir a expansão da sonda pressiométrica. A interpretação do ensaio pressiométrico é, porém, mais complexa que a do ensaio autoperfurante (Cap. 5), uma vez que a expansão da cavidade cilíndrica do pressiômetro ocorre, inicialmente, em um solo já amolgado pela penetração do cone. Apesar dessa dificuldade, foi notável o desenvolvimento experimental e analítico observado na tentativa de interpretar o ensaio, considerando-se na análise os efeitos de instalação.

Em argilas, o ensaio pode ser modelado por meio de métodos de expansão/contração de uma cavidade cilíndrica, assumindo-se que a argila se comporta como um material incompressível linear-elástico, perfeitamente plástico, que obedece ao critério de ruptura de Tresca (Houlsby; Withers, 1988). São diversos os exemplos de aplicação dessa abordagem (Powell, 1990; Houlsby; Nutt, 1992; Houlsby, 1998; Powell; Shields, 1995; Campanella; Robertson; Gillespie, 1986; Zuidberg; Post, 1995).

Em areias, os efeitos de dilatância dificultam a análise, não tendo sido possível descrever de forma adequada o estado de tensões ao redor do equipamento após a cravação. Os métodos de análise, nesse caso, baseiam-se em abordagens semiempíricas (Schnaid; Houlsby, 1992, 1994a) ou em abordagem analítica combinada a parâmetros de estado (Yu; Schnaid; Collins, 1996) ou a outros ensaios de laboratório (Ghionna et al., 1995). Uma análise comparativa da aplicação dos diferentes métodos é apresentada por Powell e Shields (1997) e Ghionna et al. (1995).

3.1.5 Cone resistivo

O cone resistivo (RCPT – *Resistivity Cone Penetration Test*) fornece um perfil contínuo da variação da resistência elétrica com a profundidade, tendo sido desenvolvido com o objetivo de caracterizar áreas contaminadas (p. ex., Zuidberg; Post, 1995; Robertson et al., 1995). Em sua essência, a metodologia do ensaio não difere do CPT, fazendo-se a cravação da ponteira com um sistema hidráulico e a aquisição dos dados mediante conversor analógico-digital acoplado a um *notebook*. A diferença reside na medição da resistividade elétrica através de um ou mais pares de eletrodos, separados por corpos isolantes montados no fuste do cone. Os eletrodos apresentam, na sua grande maioria, a configuração de anéis dispostos na forma de arranjos do tipo *Werner* ou *Schlimberg*, definidos em função do espaçamento entre os eletrodos. A distância entre os eletrodos definirá a amplitude do campo elétrico gerado e, portanto, a extensão da área prospectada. Distâncias maiores entre eletrodos induzem um campo elétrico maior, abrangendo solos não perturbados pela penetração da sonda no terreno, porém com menor resolução da estratigrafia resistiva. Distâncias menores entre eletrodos, ao contrário, apresentam maior definição estratigráfica do solo próximo ao cone, mas sofrem interferências da zona perturbada pela penetração. Sabendo-se que as propriedades elétricas do solo podem variar na presença de fluidos contaminantes, é possível, por meio dessas medidas (resistividade = condutividade^{-1}), mapear espacialmente a extensão de áreas contaminadas, conforme proposto pioneiramente por Campanella et al. (1998).

A Fig. 3.9 apresenta o cone resistivo com seus componentes. Os anéis brancos correspondem ao corpo isolante, ao eletrodo de potencial e ao eletrodo receptor. A Fig. 3.9A corresponde a um cone resistivo destinado somente à leitura da resistividade elétrica, enquanto a Fig. 3.9B apresenta o módulo resistivo conectado ao cone, permitindo leituras simultâneas de q_c, f_s e u_2.

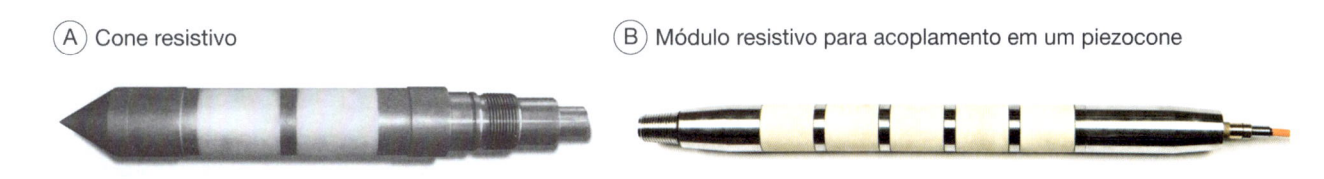

(A) Cone resistivo   (B) Módulo resistivo para acoplamento em um piezocone

Fig. 3.9 Cone resistivo (cortesia: A. P. van den Berg)

A interpretação do ensaio implica o entendimento dos fenômenos relacionados à condutividade elétrica em solos contaminados, bem como das particularidades relacionadas à medição da condutividade através da ponteira resistiva. No cone eletrorresistivo (RCPTU), a resistividade elétrica do solo não é medida diretamente, mas inferida a partir da variação de voltagem (V), medida entre um par de eletrodos alimentados por uma fonte de corrente (I) constante. De acordo com a lei de Ohm, a resistência (R) pode ser calculada segundo a expressão: R = V/I. A resistência elétrica medida não é uma propriedade fundamental dos materiais, mas depende da geometria dos eletrodos (p. ex., em um cabo condutor, a resistência depende do comprimento do cabo L e de sua seção transversal A). No caso do solo, assumindo-se as hipóteses de meio homogêneo e isotrópico, de eletrodos comportando-se como condutores perfeitos e de fonte geradora de corrente ideal, a passagem da corrente elétrica pode ser usada na determinação da resistividade elétrica do solo (ρ):

$$\rho = (A/L) \cdot R = K \cdot R = K \cdot (V/I) \tag{3.2}$$

onde K é o fator geométrico do equipamento. Para eletrodos anelares, a razão entre a seção transversal e o comprimento das linhas de corrente, representada pela constante K, não pode ser calculada de forma direta, sendo estimada mediante processo de calibração em laboratório da ponteira resistiva. A calibração é realizada por meio da imersão da sonda em um líquido com temperatura constante e resistividade conhecida (Bolinelli, 2004; Pacheco, 2004; Mondelli, 2004; Mondelli; Giacheti, 2006).

A massa de solo constitui-se em um material de múltiplas fases, composto pela matriz de solo, pelo líquido intersticial e por gases contidos nos vazios. Nesse meio, a condução elétrica é função de três fenômenos distintos (Telford et al., 1976):

a] **condução eletrônica**: corresponde ao fluxo de elétrons livres através da superfície de minerais condutores;

b] **condução dielétrica**: corresponde à corrente produzida pela polarização molecular causada pela aplicação de um campo elétrico;

c] **condução eletrolítica**: corresponde à migração de cátions e ânions no fluido intersticial presente na massa de solo, em resposta a um campo elétrico induzido.

A condutividade elétrica do sistema solo-ar-líquido intersticial é regida por esses fenômenos e afetada pelos seguintes fatores: composição química do fluido intersticial, grau de saturação do solo, porosidade do solo, temperatura, formato dos vazios do solo, fração argila, mineralogia da matriz, área específica dos grãos, estratigrafia e origem dos solos, entre outros. Entretanto, em aplicações correntes, os fatores dominantes são a condutividade elétrica do fluido intersticial (**condução eletrolítica**), a condutividade das partículas de solo (**condução eletrônica**) e a estrutura ou arranjo da matriz de solo.

Em se tratando de materiais granulares (areias de elevada resistividade elétrica) saturados, a influência da matriz de solo é desprezada, restando a química do líquido intersticial e a porosidade do material como fatores fundamentais (p. ex., Nacci; Schnaid; Gambim, 2003). Como as partículas de solo e o ar contidos nos vazios comportam-se como materiais não condutivos, sendo a corrente elétrica transportada predominantemente pelo líquido intersticial, o cone resistivo torna-se uma excelente ferramenta para a avaliação de áreas contaminadas. Nesses casos, a contaminação é determinada pelas variações na condutividade eletrolítica, que depende da temperatura, da concentração iônica, do tamanho dos íons e da valência iônica.

Em materiais argilosos saturados, a **condução eletrônica** é importante, pois, assim como a água, as partículas de argilas têm a capacidade de transportar corrente elétrica, tornando a modelagem do fenômeno de condutividade mais complexa.

Em qualquer meio não saturado, como as formações de solos residuais, a interpretação dos ensaios é mais complexa, pois a condução eletrônica e dielétrica passa a governar o processo de condutividade, cuja medida é influenciada pela composição química das partículas do solo e pelas variações no teor de umidade e na temperatura da massa. Nesses casos, as variações sazonais de temperatura e umidade produzem alterações consideráveis nos valores medidos de resistividade em um mesmo local.

Entendidas as limitações da técnica e as dificuldades de interpretação das medidas, o RCPTU é utilizado na avaliação e caracterização de áreas contaminadas, por meio da comparação dos valores de resistividade elétrica do subsolo entre áreas contaminadas e não contaminadas (*background*) de um mesmo sítio geológico (p. ex., Campanella et al., 1998). Mesmos nesses casos, recomenda-se que a interpretação seja associada a outras técnicas de investigação, como perfis de peizocone (q_t, f_s, u_2), geofísica de superfície, identificação direta de contaminantes por meio de poços de monitoramento e coleta de amostras. Experiências brasileiras são relatadas por Bernd (2005), Bolinelli (2004), Elis et al. (2004), Pacheco (2004), Mondelli e Giacheti (2006), Peixoto et al. (2010).

3.1.6 Cones híbridos

Nos níveis acadêmico e comercial, o ensaio de cone tem sido utilizado para uma série de outras aplicações. Nesses casos, a sonda tem recebido sensores adicionais, o que a transforma em um dispositivo versátil (ver Quadro 3.1). Em particular, o

QUADRO 3.1 Sensores especiais utilizados no cone

Sensor	Medidas	Aplicação	Referência
Inclinômetro	Verticalidade	• Previne danos	Campanella, Robertson e Gillespie (1986)
Resistividade	Fluxo de íons através do fluido existente nos poros do solo	• Porosidade das areias • Estrutura • Condutividade = 1/resistividade	Bellotti, Benoit e Morabito (1994); Campanella e Weemees (1990)
Módulo de vibração	Sistema de cravação com vibração	• Potencial de liquefação do solo	Sasaki e Koga (1982); Sasaki et al. (1985); Mitchell (1988)
Geofones/acelerômetros	Velocidade da onda cisalhante	• Caracterização dos solos • Determinação de $G_{máx}$	Robertson et al. (1986); Schnaid (2005, 2009)
Radiação nêutron/gama	Teor de umidade	• Densidade do solo • Teor de umidade • Correlação com potencial de liquefação	Marton, Taylor e Wilson (1988); Mitchell (1988); Mimura et al. (1995)
Tensão lateral	Tensão lateral no fuste do cone	• Avaliação do estado das tensões *in situ*	Mitchell (1988); Sully (1991)
Acústico	Som	• Tipo de solo • Compressibilidade do solo • Estrutura	Villet, Mitchell e Tringale (1981); Tringale e Mitchell (1982); Menge e Van Impe (1995)
Módulo pressiométrico	Deformação radial	• Resistência ao cisalhamento • Tensões horizontais • Deformabilidade	Houlsby e Withers (1988); Houlsby e Hitchman (1988); Ghionna et al. (1995); Schnaid e Houlsby (1994a); Houlsby e Schnaid (1994)

QUADRO 3.1 Sensores especiais utilizados no cone (continuação)

Sensor	Medidas	Aplicação	Referência
Reflectometria no domínio do tempo	Constante dielétrica através de pulsos de onda eletromagnética	• Correlação com teor de umidade	Lightner e Purdy (1995)
Vídeo	Imagem de vídeo durante a penetração da sonda	• Estimativa da granulométrica • Determinação da estratigrafia	Hryciw e Raschke (1996); Raschke e Hryciw (1997)
Resistividade	Fluxo de íons através do líquido contido nos poros do solo	• Concentração de sal na água • Contaminação ácida • Determinação do nível do NA em depósitos de resíduo	Horsnell (1988); Campanella e Weemees (1990); Strutynsky et al. (1991); Woeller et al. (1991); Malone et al. (1992)
Temperatura	Temperatura do corpo da ponteira	• Atividade térmica de resíduos	Horsnell (1988); Mitchell (1988); Woeller et al. (1991)
SCAPS		• Contaminação de combustíveis, óleos e lubrificantes	Lieberman et al. (1991); Apitz et al. (1992); Theriault et al. (1992); Lambson e Jacobs (1995)
Potencial redox	Potencial de redução de oxidação	• Monitoramento durante biorremediações	Olie, Van Ree e Bremmer (1992); Pluimgraaf, Hilhorst e Bratton (1995)
pH	Concentração de íons de hidrogênio	• Contaminações ácidas • Contaminações básicas	Brylawski (1994)
Constante dielétrica	Constante dielétrica do solo/fluido dos poros em função da frequência	• NAPL concentração	Arulmoli (1994); Stienstra e Van Deen (1994)
Espectroscopia Raman	Espectrografia para medir íons de argônio	• Contaminação com NAPL • Hicrocabonetos cloro	Carrabba (1995); Bratton, Bratton e Shinn (1995)
ROST™	Indução de fluorescência *laser* em contaminantes combustíveis	• Contaminação com combustíveis, óleos e lubrificantes que reagem à fluorescência	Naval Command (1995)
Sonda de radiação gama	Detecção de urânio em produtos usando detector de cristal NaI(Tl)	• Identificação de contaminação radioativa	Brodzinski (1995); Lightner e Purdy (1995)
Integração óptica-eletrônica	Medidas *in situ* de contaminação química por meio de interferências de onda	• Amônia • pH • BTEX	Hartman, Campbell e Gross (1988); Hartman (1990)

Fonte: adaptado de Burns e Mayne (1998).

ensaio de cone tem se caracterizado como uma excelente ferramenta para investigação ambiental, pois não produz resíduo, minimizando a geração de passivos e a necessidade de descontaminação superficial no local da sondagem.

3.1.7 Equipamentos acessórios

Hastes

As hastes do cone são geralmente constituídas de aço mecânico de alta resistência, com 35,7 mm de diâmetro externo, 16 mm de diâmetro interno e 1 m de comprimento. A massa por unidade de comprimento deve ser de 6,65 kg. O aço utilizado deve aceitar tratamento térmico para conferir maior resistência às peças, em especial às roscas. Para cones mais robustos, permite-se o uso de hastes mais rígidas, com maior seção de aço (p. ex., para cones que possuem 15 cm² de área de ponta, é facultado o uso de hastes com 44,5 mm de diâmetro externo).

A linearidade dos elementos deve atender às recomendações da IRTP/ISSMFE, que limita a 2 mm o desvio máximo do eixo. Para as primeiras cinco hastes, porém, esse desvio não pode ultrapassar 1 mm. A posição das hastes na composição deve ser mudada periodicamente para evitar curvaturas permanentes.

Redutores de atrito

Os redutores de atrito são dispositivos instalados imediatamente acima da ponteira, sempre com distância superior a 0,5 m, que têm por objetivo reduzir o atrito da composição de haste com o solo. Os redutores de atrito geralmente aumentam o diâmetro externo da haste em 25%, no caso dos cones de 10 cm², e são dispensados nos cones de 15 cm², quando do uso de hastes de 35,7 mm de diâmetro. Existem diferentes geometrias para os redutores de atrito (Lunne; Robertson; Powell, 1997); contudo, as duas mais utilizadas são as que possuem quatro aletas ou um anel, conforme indicado na Fig. 3.10. Ambas as configurações devem ser cuidadosamente confeccionadas para evitar eventuais excentricidades.

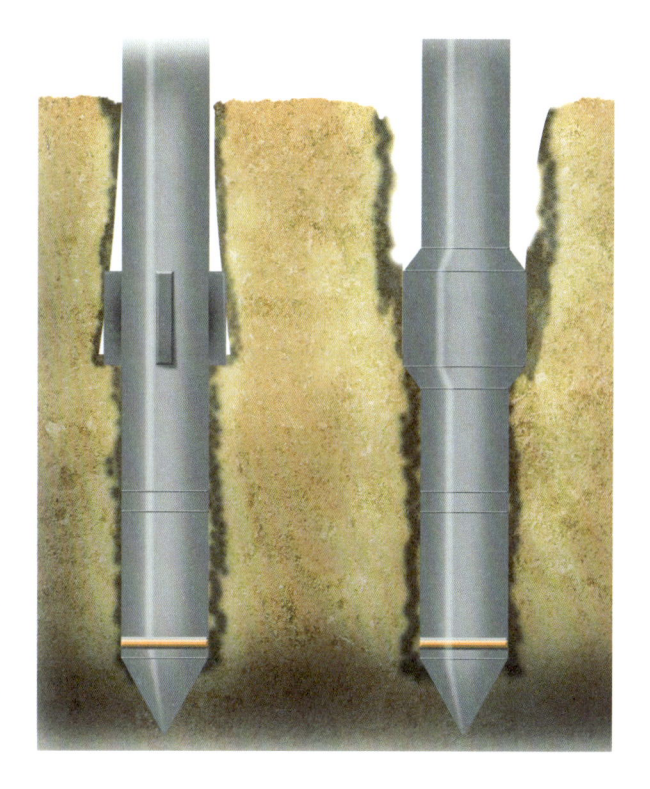

FIG. 3.10 Tipos de redutores de atrito mais comuns

3.1.8 Calibração e manutenção

Procedimentos de manutenção e calibração dos equipamentos devem fazer parte da prática corrente de execução dos ensaios, e não devem ser restritos às ponteiras, mas contemplar todos os componentes do equipamento.

O sistema de cravação deve ser inspecionado periodicamente para verificação de eventuais vazamentos de óleo, perda de pressão, constância na velocidade de cravação, linearidade e concentricidade do equipamento. As hastes devem ser inspecionadas regularmente para aferir a sua linearidade e integridade. As roscas também devem ser verificadas para evitar o uso de elementos com algum tipo de avaria. O simples procedimento de rolamento das hastes sobre uma superfície plana poderá servir de indicativo da falta de linearidade.

Nas ponteiras é importante inspecionar desgastes e avarias na ponta cônica e na luva, visando à manutenção das medidas e tolerâncias especificadas em normas e procedimentos de referência. Os pontos de vedação e conexão devem ser limpos e sua integridade, garantida. Antes de cada ensaio, recomenda-se remover e limpar todas as vedações.

A calibração da ponteira deve ser realizada periodicamente, de acordo com o uso, sendo necessárias verificações durante campanhas mais extensas. Nesses casos, a calibração poderá ser efetuada em campo com o uso de uma célula ou anel de carga, e um maçado hidráulico manual reagindo na própria estrutura do sistema de cravação.

O Quadro 3.2 apresenta um resumo das calibrações do equipamento de sondagem CPT.

QUADRO 3.2 Resumo de verificação, manutenção e calibração

Item	Frequência			
	No início de um programa de sondagens	No início de cada sondagem	Ao final de cada sondagem	Em intervalos trimestrais
Verticalidade do sistema de cravação		✓		
Inspeção no sistema de cravação:				
• velocidade de cravação	✓			✓
• vazamentos	✓			✓
• linearidade	✓			✓
Linearidade das hastes		✓		✓
Leitura zero		✓	✓	
Desgaste da ponteira:				
• dimensões	✓			✓
• rugosidade	✓			✓
Vedações:				
• presença de solo	✓	✓		
• integridade	✓	✓		
Calibração:				
• células de carga				✓
• parâmetro "a"				✓
• temperatura				✓

Fonte: adaptado de Campanella (2005).

3.1.9 Saturação dos elementos filtrantes do piezocone

Não há diferenças significativas no procedimento de ensaio utilizando CPT ou CPTU, exceto pelos procedimentos necessários à saturação dos elementos filtrantes do piezocone. Dois procedimentos são utilizados na prática: a saturação por meio da aplicação de vácuo em câmara de calibração/saturação no piezocone, e a saturação somente dos elementos porosos e do fluido em câmara de vácuo, com posterior montagem do piezocone em campo. O primeiro procedimento usualmente é realizado em laboratório antes da execução do ensaio, mantendo-se a pedra porosa em imersão até o momento da cravação. Esse procedimento permite a confirmação da saturação pelas respostas imediatas às aplicações de incrementos de tensões na câmara. Embora recomendado, implica a necessidade de uma câmara de saturação no campo e permite a realização de apenas um ensaio por dia. O procedimento de montagem do piezocone com elemento filtrante e fluido previamente saturados é mais versátil e permite a realização de mais de um ensaio por dia. Ambos os procedimentos dão excelentes resultados quando realizados por técnicos treinados. Destaca-se que o projeto da cavidade de alojamento do transdutor de pressão, a precisão do transdutor, o procedimento de saturação e a manutenção da saturação no campo são os fatores decisivos na qualidade do ensaio.

Elementos filtrantes

Conforme mencionado anteriormente, os elementos filtrantes utilizados no piezocone são constituídos de plástico, cerâmica, aço ou bronze sinterizado (Fig. 3.11). A abertura típica dos poros deve ser de 20 a 200 mícrons e a permeabilidade, entre 10^{-4} m/s e 10^{-5} m/s (EM-ISSO 22476-1). Metais distintos apresentam diferentes resistências à compressão e ao desgaste (abrasão), e a face do elemento filtrante exposta ao contato do solo pode amassar ou deformar, reduzindo a permeabilidade e, consequentemente, aumentando o tempo de resposta nas leituras de poropressões.

Elementos de cerâmica são altamente resistentes à compressão e à abrasão, apresentando deformações mínimas, porém são frágeis e podem romper com facilidade quando sujeitos a tensões elevadas. Elementos filtrantes de plástico, normalmente confeccionados com poliestireno (HDPE) ou polipropileno de alta densidade (HDPP), são menos resistentes e, por isso, não recomendados para uso na posição u_1.

Fluido de saturação

O fluido de saturação pode ser água deairada, óleo de silicone ou óleo de glicerina (Robertson; Campanella, 1989; Danziger, 1990; Larsson, 1995). Há também experiências bem-sucedidas com o uso de óleo mineral (Soares, 1997). De acordo com Larsson e Mulabdic (1991), resultados idênticos de registros de poropressão foram obtidos para os distintos fluidos de saturação nas argilas da Suécia.

A saturação é obtida por meio da aplicação de vácuo em câmara de calibração/saturação, simultaneamente na pedra porosa e no fluido, por um período de 5 a 24 horas (Campanella, 2005) ou, no mínimo, por 24 horas quando utilizados fluidos de saturação com maior viscosidade (Sandven, 2010). Quanto maior a viscosidade do fluido, maior a dificuldade de saturação do elemento poroso. Se forem utilizados fluidos mais viscosos, Campanella (2005) recomenda que os elementos porosos sejam saturados em câmaras, submetidos a alta pressão de vácuo, aquecidos a temperaturas de 40 a 60°C e sujeitos a uma pequena vibração ultrassônica. Esse processo facilita a remoção das bolhas de ar do interior dos elementos porosos. Sabe-se que quanto menor a abertura dos poros do elemento filtrante e quanto maior a viscosidade do fluido, menor a chance de perda de saturação em solos não saturados ou em solos dilatantes (areias densas e argilas rijas ou altamente pré-adensadas). Contudo, a saturação, nesses casos, é difícil e requer equipamentos e procedimentos específicos. Em condições de baixas temperaturas, a viscosidade da glicerina pode ser reduzida, misturando-se medidas iguais de água e glicerina para facilitar a saturação.

Após a saturação, o elemento filtrante deve ser acondicionado em recipiente totalmente preenchido com o fluido de saturação e, assim, transportado para o campo.

Na prática, a glicerina tem sido utilizada com mais frequência como fluido de saturação em decorrência de suas propriedades: (a) manter a saturação em camadas de solo acima do nível freático; (b) misturar-se com água; (c) ser menos compressível que a água; (d) ter baixo ponto de congelamento (–17°C); e (e) não induzir riscos ao meio ambiente.

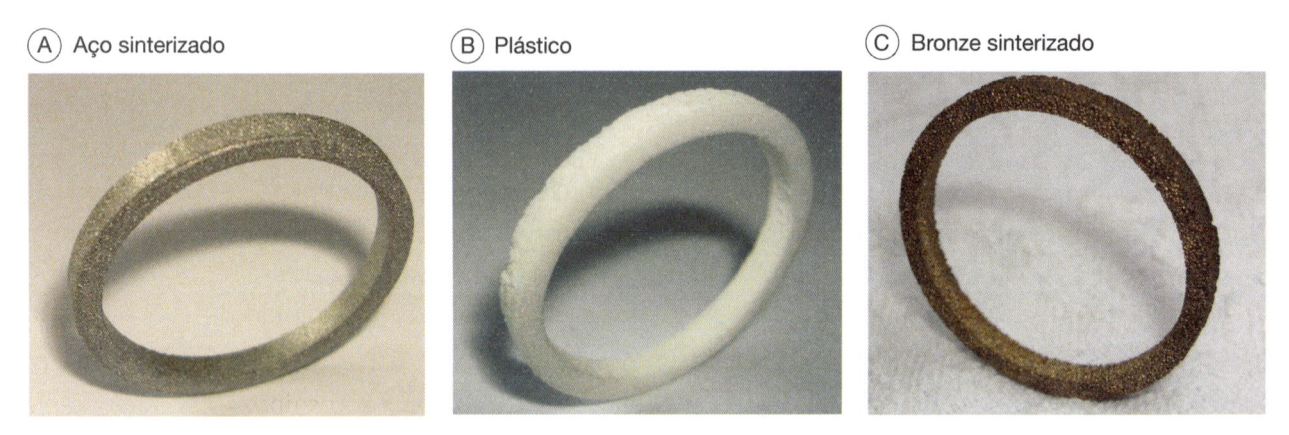

(A) Aço sinterizado (B) Plástico (C) Bronze sinterizado

FIG. 3.11 Tipos de elemento filtrante

3.1.10 Escolha do equipamento

A diversidade dos sistemas no que diz respeito à capacidade de cravação, ancoragem, propulsão etc.; as características de capacidade de suporte da superfície do terreno e a variação da resistência do solo com a profundidade são variáveis que devem ser confrontadas na escolha e definição do sistema mais apropriado a uma determinada campanha de sondagem. Equipamentos pesados não conseguem transitar sobre solos muito moles. Nesses mesmos depósitos, a ancoragem geralmente é ineficiente, pois o solo não oferece resistência suficiente e rompe com facilidade. Transições de solos muito moles para solos muito resistentes geram problemas de flambagens nas hastes. Furos profundos acabam gerando atrito nas hastes, reduzindo a capacidade de avanço, exigindo pré-furos nas camadas mais resistentes, instalação de tubos de revestimento etc.

A Fig. 3.12 apresenta um esquema da interação das distintas variáveis que devem ser consideradas na escolha do equipamento a ser utilizado em uma determinada campanha de sondagem.

- Capacidade do sistema hidráulico: a capacidade do sistema hidráulico é definida pelas características geométricas dos cilindros hidráulicos, pela vazão e pressão da bomba de óleo da unidade hidráulica e pela potência do motor utilizado para o acionamento da unidade.
- Acessibilidade ao local de ensaio: definida pelo tipo de sistema rodante, pela massa do equipamento de cravação e pelas características geotécnicas do solo superficial.
- Capacidade de reação: definida pelo sistema de ancoragem dos trados autoancorados ou do lastro do sistema de cravação.
- Capacidade de cravação: definida pelas características do solo, pela presença de extratos muito resistentes, matacões etc.

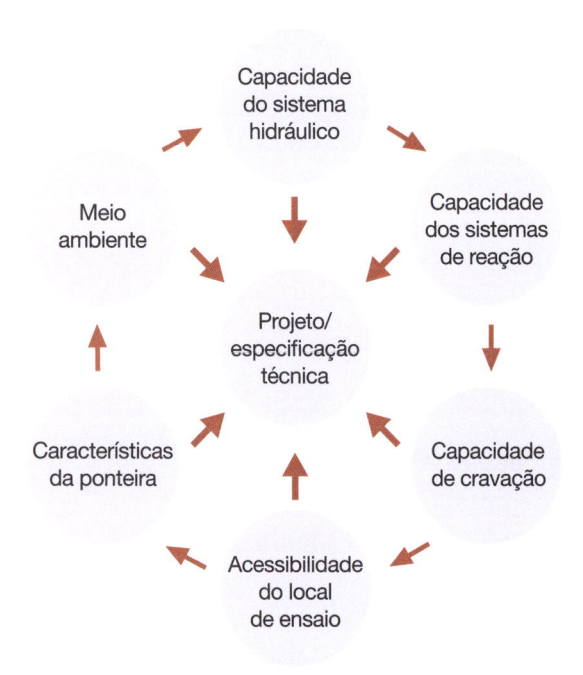

FIG. 3.12 Esquema de interação na escolha do equipamento

Observa-se que não há uma regra para definir e especificar um sistema ideal para cada campanha. Essa escolha deve ser feita por engenheiro geotécnico experiente, que tenha condições de promover a integração dos fatores mencionados, avaliar a viabilidade do programa de investigação e estabelecer as condições de operação e os custos associados.

3.2 Resultados de ensaios

Esta seção apresenta resultados típicos de ensaios de cone e piezocone, com o objetivo de demonstrar a forma convencional de apresentação de resultados e familiarizar o leitor quanto à interpretação das informações obtidas no ensaio.

No caso do CPT, as grandezas medidas são a resistência de ponta (q_c) e o atrito lateral (f_s), sendo a razão de atrito (R_f) (= f_s/q_c) o primeiro parâmetro derivado do ensaio, utilizado para a classificação dos solos.

Conforme destacado anteriormente, um aspecto importante do piezocone é a falta de consenso com relação à localização do elemento filtrante para registro das poropressões durante a cravação, e a escolha de uma posição em particular – ponta (u_1), base (u_2) ou luva (u_3) do cone – dependerá da aplicação dada às poropressões registradas no ensaio. Sabe-se, porém, que as medidas de resistência à penetração são influenciadas pelo efeito de poropressões atuando em áreas desiguais da geometria do cone (Fig. 3.13), necessitando-se conhecer as pressões neutras medidas na base do cone, u_2, para calcular a resistência real mobilizada no ensaio, q_t (Campanella; Gillespie; Robertson, 1982; Jamiolkowski et al., 1985):

$$q_t = q_c + (1 - a) \cdot u_2 \qquad (3.3)$$

onde $a = A_N/A_T$. O coeficiente a é facilmente determinado por meio de calibração, conforme ilustrado na Fig. 3.13.

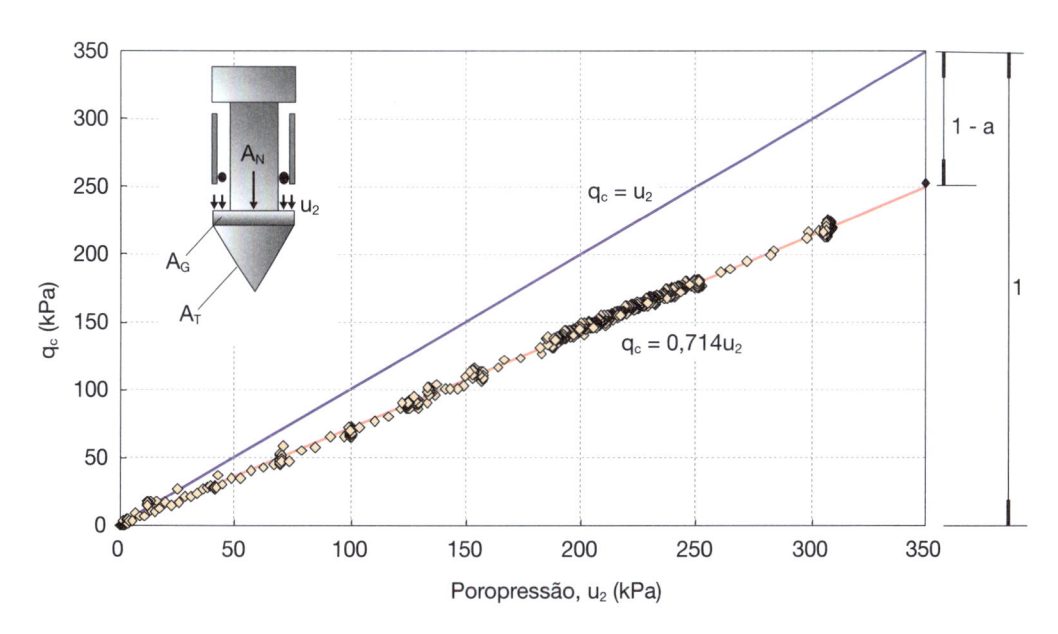

FIG. 3.13 Correções impostas às medidas de ensaios de piezocone

De modo análogo à correção de q_c, o atrito lateral pode ser corrigido segundo a expressão:

$$f_t = f_s - \frac{u_2 A_{st}}{A_l} + \frac{u_3 A_{st}}{A_l} \qquad (3.4)$$

onde f_t é o atrito lateral corrigido; A_{sb} e A_{st} são as áreas da base e topo da luva de atrito, respectivamente; e A_l é a área lateral da luva de atrito.

É fundamental corrigir a resistência de ponta em todos os ensaios em que há monitoramento das pressões durante a cravação, especialmente para a determinação de propriedades em argilas moles (ver seção 3.2). Segundo a experiência dos autores, a correção do atrito lateral não é utilizada na prática de engenharia, até porque u_3 raramente é medido.

Valores de medidas contínuas de q_c, f_s e R_f são plotados ao longo da profundidade na Fig. 3.14, na qual apresenta-se o resultado típico de um ensaio CPT. O ensaio foi realizado na costa de Florianópolis, SC (*nearshore*), para a construção do aterro hidráulico da Via Expressa Sul, para determinar a estratigrafia do depósito de forma a (a) orientar o projeto quanto à cubagem de areia disponível para dragagem e (b) localizar depósitos argilosos de intensa vida marítima, evitando sua prospecção. Identifica-se no perfil uma estratigrafia bastante variável, composta de estratos de areia, argila e silte argiloso. Note-se que as camadas de areia são identificadas por valores de q_c relativamente elevados (10 a 20 MPa), combinados a valores de R_f da ordem de 1%. As camadas de argilas caracterizam-se por um padrão oposto, com baixos valores de q_c e razões de atrito acima de 5%.

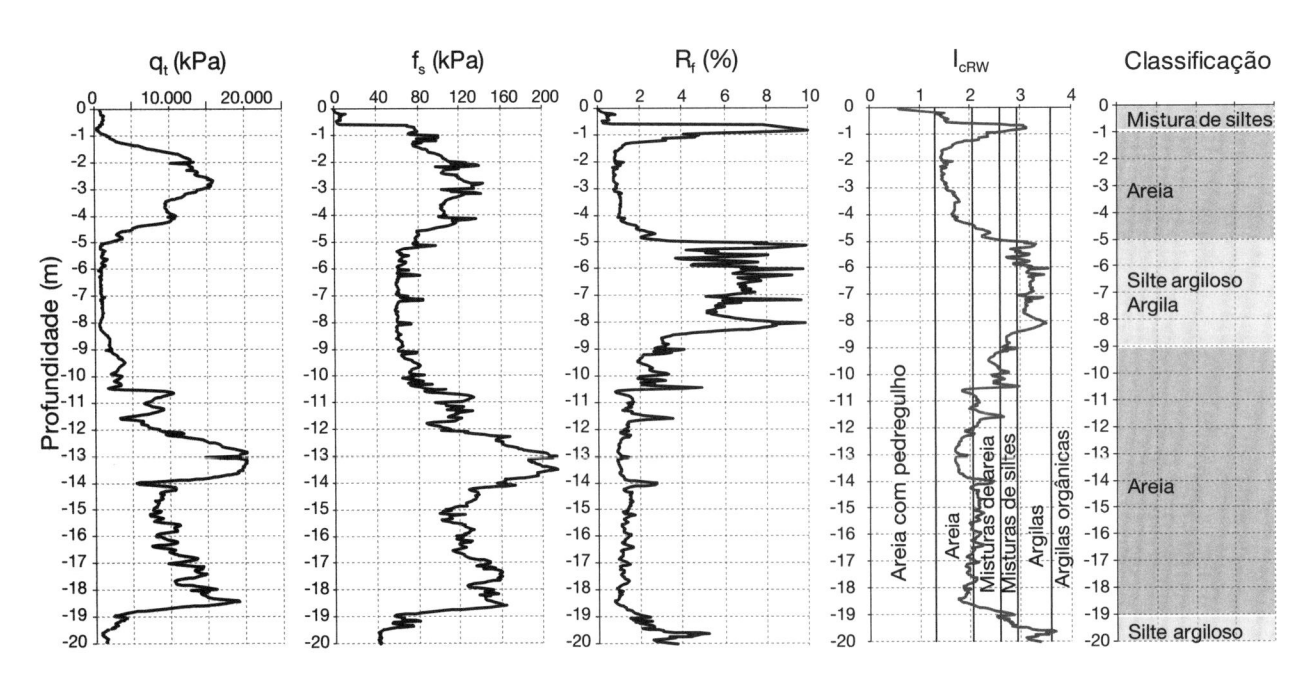

FIG. 3.14 Ensaio CPT típico em solo estratificado

A classificação do tipo de solo pode ser obtida por procedimentos gráficos que relacionam diretamente $q_c \times R_f$ (Begemann; 1965; Sanglerat, 1972; Schmertmann,

1978; Douglas; Olsen, 1981), por ábacos ou por planilhas eletrônicas (Jefferies; Davies, 1993; Robertson; Wride, 1998), conforme descrito abaixo.

No caso do piezocone, as informações qualitativas do CPT são complementadas por meio de medidas de poropressões geradas durante o processo de cravação. Nesse caso, utiliza-se um novo parâmetro de classificação de solos, B_q:

$$B_q = \frac{(u_2 - u_0)}{(q_t - \sigma_{vo})} \qquad (3.5)$$

onde u_0 são as pressões hidrostáticas; e σ_{vo} é a tensão vertical in situ.

As medidas contínuas de resistência ao longo da profundidade, associadas à extrema sensibilidade observada no monitoramento das poropressões, possibilitam a identificação precisa de camadas de solos. Pode-se, por exemplo, detectar camadas drenantes delgadas de poucos centímetros de espessura.

O exemplo típico de um perfil de piezocone é apresentado na Fig. 3.15, na qual as medidas contínuas de q_t, R_f, u_0, u e B_q são plotadas ao longo da profundidade. Identifica-se, com clareza, a existência de uma camada de argilas moles de aproximadamente 15 m de espessura, caracterizada por baixos valores de q_t e geração significativa de excesso de poropressões ($u \sim q_t$ e $B_q \sim 1$). A ocorrência de uma lente de areia de pequena espessura à profundidade de 5,5 m é detectada pelo aumento pontual de q_t e $\Delta U = 0$.

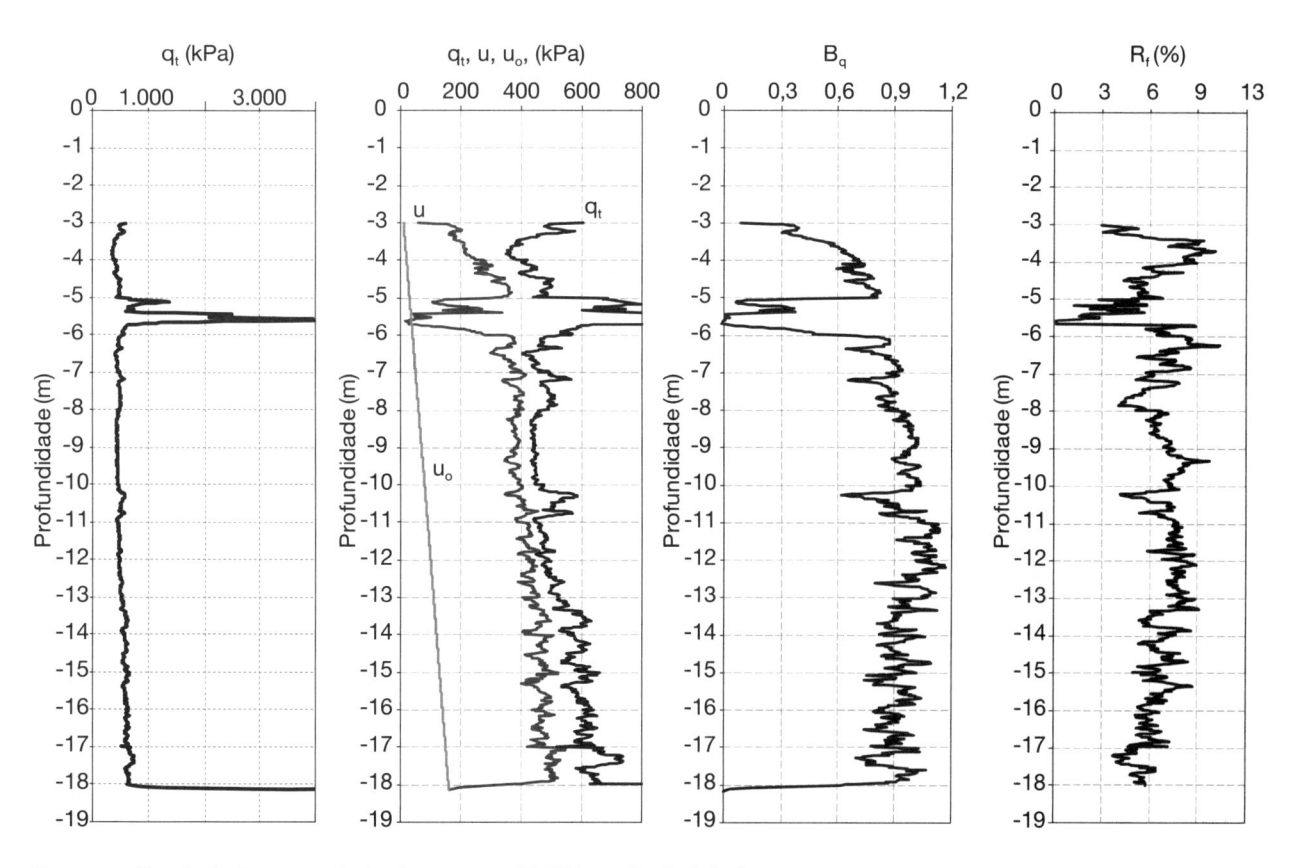

FIG. 3.15 Resultado de um ensaio de piezocone na BR-101, em Santa Catarina

Uma das maiores críticas ao ensaio de cone refere-se à ausência de coleta de amostras para a identificação e a classificação das distintas camadas que compõem o subsolo. Para contornar esse problema, diversos autores apresentaram propostas de classificação de solos na forma de ábacos, que podem ser facilmente implementadas em programas computacionais de processamento e pós-processamento (p. ex., Schmertmann, 1978; Robertson; Campanella, 1983b; Robertson et al., 1986; Olson; Mitchell, 1995; Schneider; Lehane; Schnaid, 2008). Esses métodos utilizam as grandezas fundamentais medidas nos ensaios de cone ou piezocone (q_c ou q_t, f_s e u_2) e permitem definir o tipo de solo pelas medidas obtidas durante a cravação da sonda, em vez da determinação direta de suas características granulométricas. Trata-se de procedimento indireto de classificação, estabelecido com base em padrões de comportamento e definido pela sigla SBT (*Soil Behaviour Type Classification Chart*).

Robertson e Campanella (1983b) apresentam um ábaco simplificado de classificação dos solos, no qual os valores de q_c e R_f são usados para delimitar cinco regiões, cada uma delas associada a um tipo diferente de comportamento. Posteriormente, o método foi expandido com a inclusão do parâmetro de poropressão normalizado, B_q (Robertson et al., 1986), com os resultados plotados em dois ábacos, $Q_t \times F_r(\%)$ e $Q_t \times B_q$, para a identificação de 12 zonas de comportamento. Como esses procedimentos de classificação não levam em conta o aumento dos valores de q_t e f_s com o aumento da profundidade de ensaio, Robertson (1990) apresenta uma evolução do método estruturado na normalização de três grandezas fundamentais do ensaio, considerando o nível de tensões, como segue:

$$Q_t = \frac{(q_t - \sigma_{vo})}{(\sigma_{vo} - u_0)} \tag{3.6}$$

$$B_q = \frac{(u_2 - u_0)}{(q_t - \sigma_{vo})} \tag{3.7}$$

$$F_r = \frac{f_s}{(q_t - \sigma_{vo})} \cdot 100\% \tag{3.8}$$

Nessa proposta de Robertson (1990), os resultados são plotados também em dois ábacos ($Q_t - F_r$ e $Q_t - B_q$), identificando-se nove zonas destinadas a agregar materiais de diferentes tipos de comportamento (Fig. 3.16; Quadro 3.3).

Jefferies e Davies (1993) modificaram a proposta de classificação de Robertson (1990) introduzindo uma nova variável, baseada nos valores de q_t e u_2 ($Q_t \cdot (1-B_q)$), cujos resultados são expressos em um único ábaco válido para $B_q < 1$ (Fig. 3.17). Esse ábaco caracteriza regiões definidas por arcos concêntricos de círculos, cujo centro é dado por $\log(Q_t) = 3$ e $\log(F_r) = -1,5$. Para permitir a implementação em planilhas de cálculo e facilitar o tratamento dos dados, Jefferies e Davies (1993) definiram o índice de classificação do material (I_c = *material classification index*):

$$I_c = \sqrt{\{3 - \log(Q_t) \cdot [1 - B_q]\}^2 + \{1,5 + 1,3 \cdot \log(F_r)\}^2} \tag{3.9}$$

A metodologia baseada no valor de I_c permite também a identificação rápida das condições de drenagem para solicitações correntes em obras de engenharia. Podem-

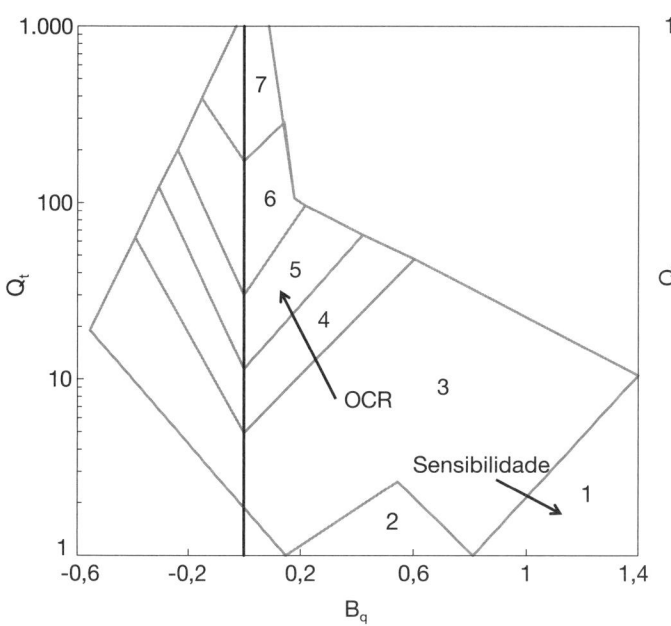

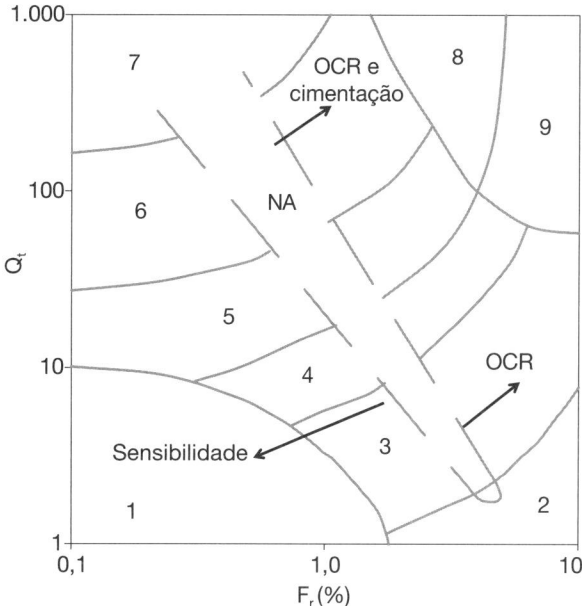

FIG. 3.16 Ábaco de identificação do comportamento típico de solos

-se considerar como drenados os solos com valores de $I_c < 1,8$ e não drenados os solos com valores de $I_c > 2,76$.

Uma versão simplificada do método de Jefferies e Davies (1993) foi proposta por Robertson e Wride (1998), na qual o índice de classificação do material (I_{cRW}) é determinado conforme a equação:

$$I_{cRW} = \sqrt{\{3,47 - \log(Q_{tn})\}^2 + \{1,22 + \log(F_r)\}^2} \quad (3.10)$$

As zonas referentes aos tipos de solos são definidas na Tab. 3.2, segundo suas faixas de comportamento. Nessa proposta, o valor da resistência normalizada da ponta do cone é redefinido pela Eq. 3.11 (Robertson, 2004):

$$Q_{tn} = \frac{(q_t - \sigma_{vo})}{\sigma_{atm}} \cdot \left(\frac{\sigma_{atm}}{\sigma'_{vo}}\right)^n \quad (3.11)$$

onde $\sigma_{atm} = 1$ atmosfera ($\approx$ 1 bar = 100 kPa) e o expoente n = 1 para argilas ($I_{cRW} > 2,95$); n = 0,75 para solos siltosos; e n = 0,5 para areias ($I_{cRW} < 2,05$). Pode-se utilizar um procedimento iterativo para a determinação de n para solos intermediários, definido pelo próprio valor de I_{cRW} e para o nível de tensão efetiva normalizada:

$$n = 0,381 \cdot I_{cRW} + 0,15\left(\frac{\sigma'_{vo}}{\sigma_{atm}}\right) - 0,15 \leq 1,0 \quad (3.12)$$

QUADRO 3.3 Classificação de solos por tipo de comportamento

Zona	Tipos de solos
1	solo fino sensível
2	solo orgânico e turfas
3	argilas – argilas siltosas
4	argila siltosa – silte argiloso
5	siltes arenosos – areias siltosas
6	areias limpas – areias siltosas
7	areias com pedregulhos – areias
8	areias – areias limpas
9	areias finas rígidas

Fonte: Robertson (1990).

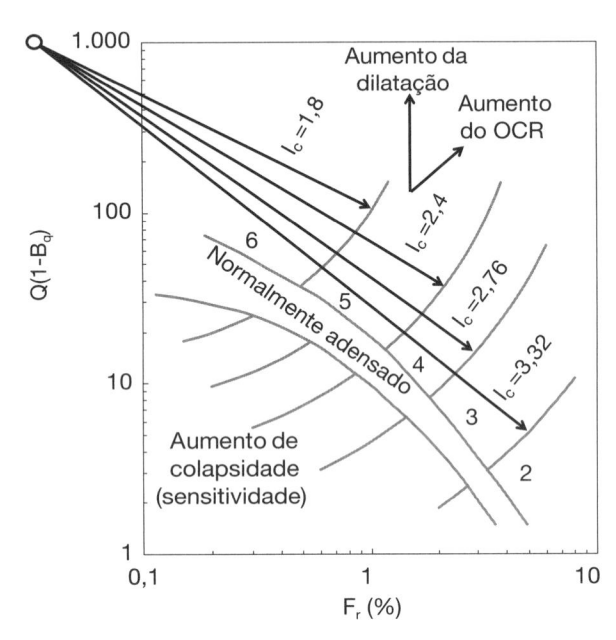

FIG. 3.17 Classificação de solos por tipos de comportamento
Fonte: Jefferies e Davies (1993).

TAB. 3.2 Classificação de solos em função do índice de classificação do material I_c

Classificação do solo	Nº da zona	Índice I_c	Índice I_{cRW}
Argilas orgânicas	2	$I_c > 3,22$	$I_{cRW} > 3,60$
Argilas	3	$2,82 < I_c < 3,22$	$2,95 < I_{cRW} < 3,60$
Misturas de siltes	4	$2,54 < I_c < 2,82$	$2,60 < I_{cRW} < 2,95$
Misturas de areias	5	$1,90 < I_c < 2,82$	$2,05 < I_{cRW} < 2,60$
Areias	6	$1,25 < I_c < 1,90$	$1,31 < I_{cRW} < 2,05$
Areias com pedregulhos	7	$I_c < 1,25$	$I_{cRW} < 1,31$
Solos sensitivos	1	NA	Ver nota

Notas: 1. Fator I_c – Jefferies e Been (2006).
2. Índice I_{cRW} – Robertson e Wride (1998).
3. Solos sensitivos para a zona 1 caracterizado quando $Q_{t1} < 12\,e^{(-1,4 \cdot F_r)}$.

Existem, ainda, abordagens baseadas em métodos probabilísticos, processo *fuzzy* e redes neurais que procuram classificar os solos em faixas de ocorrência, bem como inferir as porcentagens de areia, silte e argila contidas em determinada camada (p. ex., Zhang; Tumay, 1999; Tumay; Abu-Farsakh; Zhang, 2008).

3.3 Estimativa de parâmetros geotécnicos

O estado de tensões e deformações gerado ao redor de um cone durante a cravação é bastante complexo, e a análise dessas condições de contorno só é possível adotando-se hipóteses simplificadoras ou métodos semiempíricos de interpretação. A variedade de abordagens é considerável, podendo ser assim distribuída:

- Método de equilíbrio limite (Terzaghi, 1943; De Beer, 1977b)
- Método de expansão de cavidade (Baligh, 1975; Vésic, 1975, Salgado; Mitchell; Jamiolkowski, 1997)
- Método de penetração contínua (Battaglio et al., 1986)
- Método de trajetória de deformações (Baligh, 1985; Houlsby; Teh, 1988)
- Métodos numéricos (Houlsby; Teh, 1988; Sandven, 1990; Whittle; Aubeny, 1993)
- Métodos empíricos (De Ruiter, 1982; Lunne; Christophersen; Tjelta, 1985; Aas et al., 1986)

Os melhores resultados têm sido obtidos a partir da combinação dessas metodologias (p. ex., Yu, 2004). Na presente obra, não há a intenção de revisar quaisquer dessas abordagens, mas apenas utilizar os métodos rotineiros de cálculo adotados na previsão de parâmetros geotécnicos. Para isso, procura-se identificar as potencialidades de uso do CPT e CPTU (Quadro 3.4) e os parâmetros geotécnicos passíveis de obtenção (Quadro 3.5). As abordagens de uso frequente na prática de engenharia, para depósitos coesivos e não coesivos, são detalhadas nesta publicação. Ênfase é dada à interpretação de ensaios em depósitos de argilas moles, ocorrência na qual o uso de ensaios SPT não atende às necessidades básicas de projeto.

QUADRO 3.4 Potencialidades do CPT e do CPTU

	CPT	CPTU
Perfil do solo	Alta	Alta
Estrutura do solo	Baixa	Moderada a alta
História de tensões	Baixa	Moderada a alta
Variação espacial das propriedades mecânicas	Alta	Alta
Propriedades mecânicas	Moderada a alta	Moderada a alta
Características de adensamento	-	Alta
Condições do nível d'água	-	Alta
Potencial de liquefação	Moderada	Alta
Economia no custo das investigações	Alta	Alta

Fonte: Battaglio et al. (1986).

QUADRO 3.5 Relação dos parâmetros de solos derivados de ensaios de piezocone

Parâmetros do solo	Referência
Classificação do solo	Douglas e Olsen (1981); Senneset e Janbu (1985); Robertson et al. (1986); Robertson (1990)
Estado de tensões *in situ* (K_0)	Kulhawy, Jackson e Mayne (1989); Mayne, Kulhawy e Kay (1990); Brown e Mayne (1993)
Ângulo de atrito efetivo (ϕ')	Senneset e Janbu (1985); Sandven (1990); Kulhawy e Mayne (1990)
Módulo oedométrico (M)	Kulhawy e Mayne (1990); Duncan e Buchignani (1975)
Módulo cisalhante ($G_{máx}$)	Rix e Stroke (1992); Mayne e Rix (1993); Tanaka, Tanaka e Iguchi (1994); Simonini e Cola (2000); Powell e Butcher (2004); Watabe, Tanaka e Takemura (2004); Schnaid (2005)
História de tensões (σ'_p, OCR)	Schmertmann (1978); Senneset, Janbu e Svano (1982); Jamiolkowski et al. (1985); Konrad e Law (1987); Larsson e Mulabdic (1991); Mayne (1991, 1992); Chen e Mayne (1994)
Sensitividade (S_t)	Robertson e Campanella (1988)
Resistência não drenada (S_u)	Vésic (1975); Aas et al. (1986); Konrad e Law (1987); Teh e Houlsby (1991); Yu, Hermann e Boulanger (2000); Su e Liao (2002)
Coeficiente de adensamento (K)	Robertson et al. (1992)
Coeficiente de adensamento (C_h)	Torstensson (1977); Baligh (1985); Baligh e Levadoux (1986); Teh e Houlsby (1991); Robertson et al. (1992)
Peso específico aparente (γ)	Larsson e Mulabdic (1991)
Intercepto coesivo efetivo (c')	Senneset et al. (1988)

3.3.1 Argilas

Correlações usuais empregadas na interpretação de ensaios de cone são apresentadas a seguir. Dá-se ênfase a considerações com relação à estimativa da resistência ao cisalhamento não drenada, história de tensões, estado de tensões, módulo de deformabilidade e coeficiente de adensamento.

Resistência ao cisalhamento não drenada

O ensaio de cone mede a resistência à penetração no terreno, e os resultados podem ser usados na estimativa da resistência ao cisalhamento do solo. Em argilas, a resistência medida em condições não drenadas (S_u) é determinada de forma indireta por meio das equações:

$$S_u = \frac{(q_c - \sigma_{vo})}{K_k} \quad \text{ou} \quad S_u = \frac{(q_t - \sigma_{vo})}{N_{kt}} \tag{3.13}$$

Para depósitos argilosos, a estimativa do fator de capacidade de carga N_k (ou N_{kt}) pode ser obtida por meio da aplicação da teoria de equilíbrio limite ou do método de trajetória de deformações. No caso mais simples, relaciona-se a medida da resistência de ponta do cone q_c (ou q_t) com a resistência não drenada S_u, medida por meio de ensaios de palheta (ver Cap. 4), possibilitando a determinação direta dos fatores de cone:

$$N_k = \frac{(q_c - \sigma_{vo})}{S_u} \quad \text{ou} \quad N_{kt} = \frac{(q_t - \sigma_{vo})}{S_u} \qquad (3.14)$$

A Fig. 3.18 apresenta um exemplo de obtenção do fator N_{kt} por meio da relação entre ensaios de cone e palheta, obtido em um programa de investigação geotécnica no depósito de argilas moles da região da Grande Porto Alegre, RS. Observa-se na figura uma dispersão considerável nos valores medidos, que pode ser atribuída a fatores associados à execução do ensaio (velocidade de penetração e amolgamento) e à variabilidade do solo (anisotropia de resistência, índice de rigidez e índice de plasticidade), segundo Lunne et al. (1992), Aas et al. (1986), Houlsby e Teh (1988), Schnaid e Rocha Filho (1995) e Schnaid (2009). Nesse exemplo, os valores de N_{kt} variam entre 8 e 16, podendo-se adotar um valor médio de 12.

A previsão da resistência ao cisalhamento não drenada passou do empirismo à racionalidade a partir dos trabalhos pioneiros de Baligh (1986), aumentando o grau de confiabilidade atribuído à determinação de S_u. Essa abordagem permite a determinação de N_{kt} segundo a expressão (Houlsby; Teh, 1988):

$$N_{kt} = \left(1{,}67 + \frac{I_r}{1.500}\right) \cdot (1 + \ln I_r) + 2{,}4\lambda_f - 0{,}2\lambda_s - 1{,}8\Delta \qquad (3.15)$$

onde I_r é o índice de rigidez (= G/S_u); λ_f é o fator de adesão na face do cone; λ_s é o fator de adesão no fuste do cone; e $\Delta = (\sigma_{vo} - \sigma_{ho})/2S_u$.

O cálculo requer a estimativa do índice de rigidez (I_r), que, para depósitos naturais argilosos, pode variar entre 50 e 500, decrescendo com o aumento de OCR e, para um mesmo OCR, aumentando com a redução do índice de plasticidade. Como exemplos brasileiros, menciona-se o depósito de Sarapuí/RJ com $I_r \sim 80$ (Danziger; Lunne, 1997) e o depósito da Ceasa/RS, com $I_r \sim 120$ (Schnaid et al., 1997).

A aplicabilidade do método pode ser observada nos resultados apresentados na Fig. 3.19, desenvolvida para mostrar a distribuição de N_{kt} com a

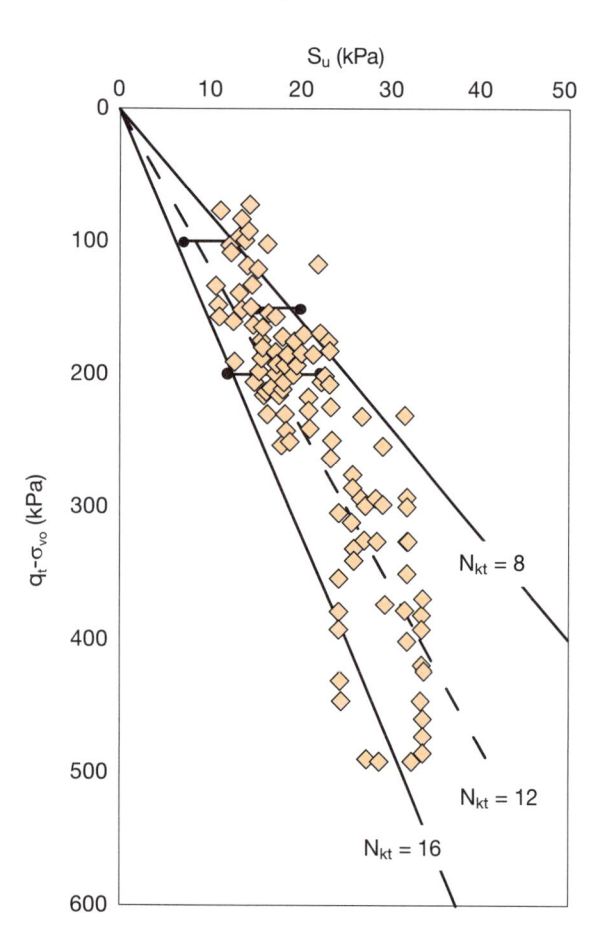

◇ Dados experimentais ●— Método Trajetória de Tensões

FIG. 3.18 Fator N_{kt} para a região metropolitana de Porto Alegre, RS

profundidade. As previsões baseadas nas abordagens empírica e numérica produzem valores da mesma ordem de grandeza, sugerindo a adoção de um valor médio de $N_{kt} = 12$ como representativo de depósitos da região de Porto Alegre, RS. A concordância entre valores previstos e valores medidos aumenta a confiabilidade de aplicação dessa metodologia na estimativa de S_u.

Resultados de uma revisão de valores de N_{kt} obtidos na prática nacional e internacional são apresentados na Tab. 3.3, sendo a prática nacional referenciada na Fig. 3.20. Para argilas normalmente adensadas a ligeiramente pré-adensadas, de alta plasticidade, os valores de N_{kt} geralmente variam na faixa entre 12 e 15, com ocorrências na faixa entre 10 e 20. Esses valores podem ser usados como referência na previsão de propriedades em obras de engenharia, sendo desejável, sempre que possível, determinar o fator N_{kt} localmente, visando a uma maior precisão na obtenção de S_u quando da utilização do piezocone.

É importante notar que os valores de N_{kt} aumentam com o aumento da pressão de pré-adensamento e com a redução do índice de plasticidade da argila.

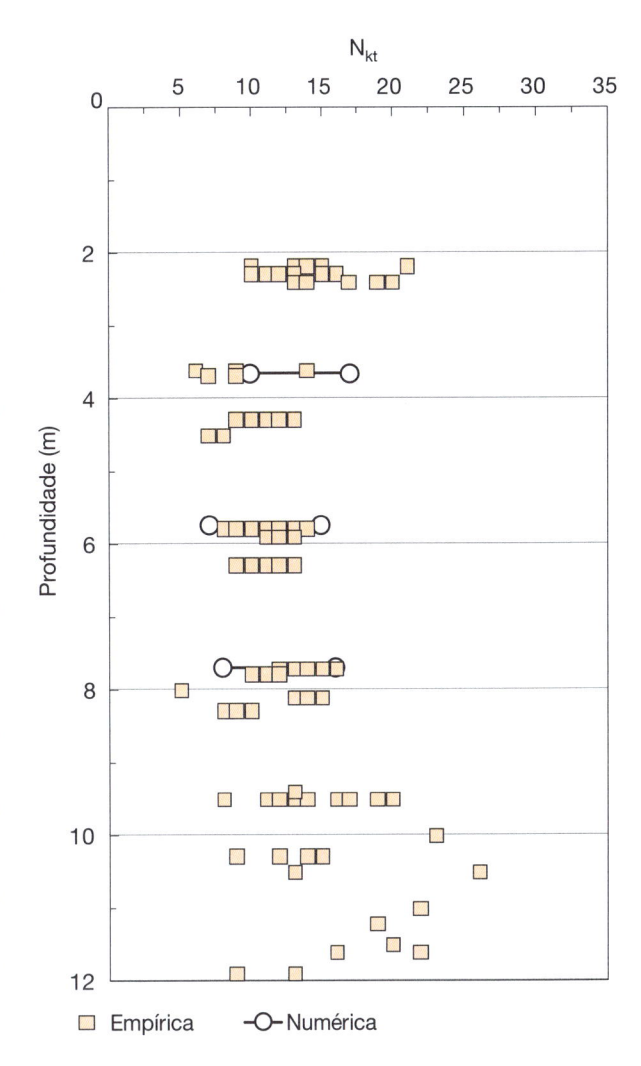

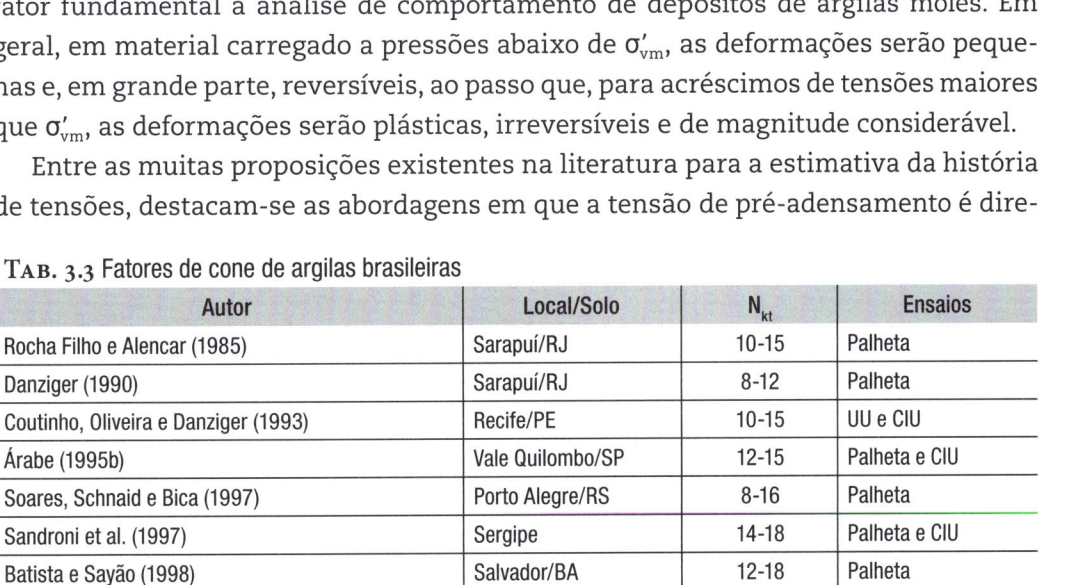

FIG. 3.19 Variação dos fatores de cone N_{kt} com a profundidade em Porto Alegre, RS

História de tensões

O conhecimento da magnitude da pressão de pré-adensamento (σ'_{vm}) do solo constitui-se em fator fundamental à análise de comportamento de depósitos de argilas moles. Em geral, em material carregado a pressões abaixo de σ'_{vm}, as deformações serão pequenas e, em grande parte, reversíveis, ao passo que, para acréscimos de tensões maiores que σ'_{vm}, as deformações serão plásticas, irreversíveis e de magnitude considerável.

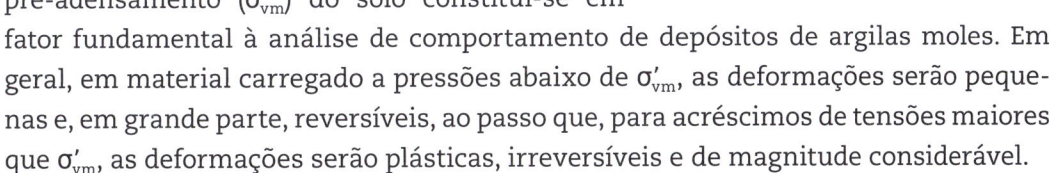

Entre as muitas proposições existentes na literatura para a estimativa da história de tensões, destacam-se as abordagens em que a tensão de pré-adensamento é dire-

TAB. 3.3 Fatores de cone de argilas brasileiras

Autor	Local/Solo	N_{kt}	Ensaios
Rocha Filho e Alencar (1985)	Sarapuí/RJ	10-15	Palheta
Danziger (1990)	Sarapuí/RJ	8-12	Palheta
Coutinho, Oliveira e Danziger (1993)	Recife/PE	10-15	UU e CIU
Árabe (1995b)	Vale Quilombo/SP	12-15	Palheta e CIU
Soares, Schnaid e Bica (1997)	Porto Alegre/RS	8-16	Palheta
Sandroni et al. (1997)	Sergipe	14-18	Palheta e CIU
Batista e Sayão (1998)	Salvador/BA	12-18	Palheta

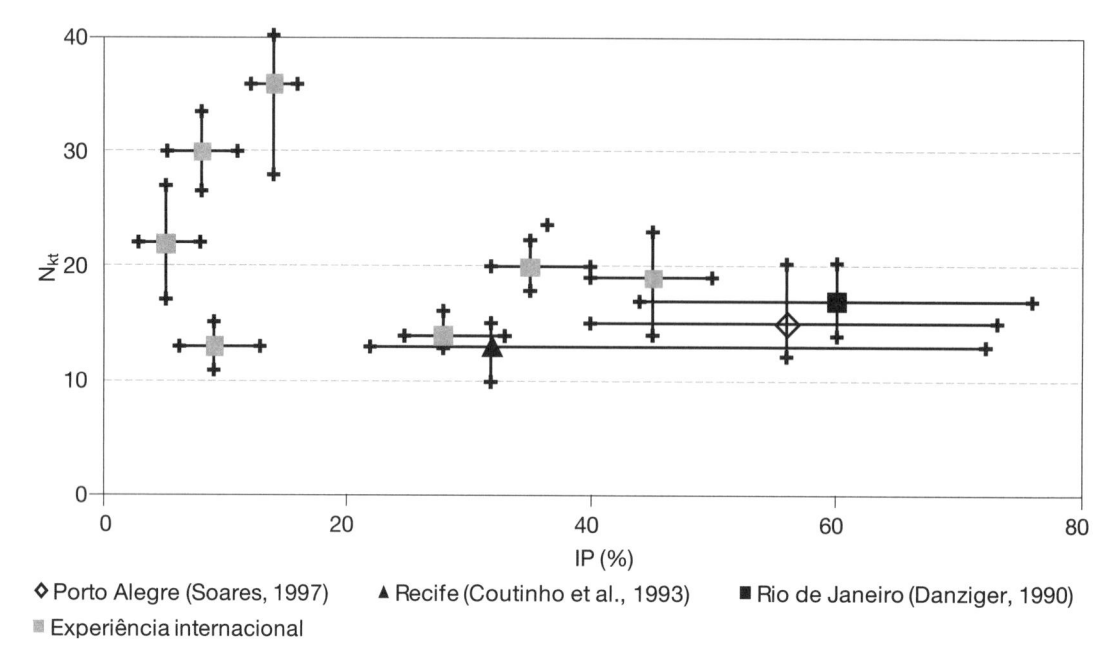

◇ Porto Alegre (Soares, 1997)   ▲ Recife (Coutinho et al., 1993)   ■ Rio de Janeiro (Danziger, 1990)
■ Experiência internacional

FIG. 3.20 Variação de N_{kt} com IP para argilas brasileiras e europeias
Fonte: modificada de Aas et al. (1986).

tamente correlacionada à resistência da ponta do piezocone ($q_t - \sigma_{vo}$) ou ao excesso de poropressão gerado durante a cravação ($q_t - u_2$), expressas pelas seguintes equações (Tavenas; Leroueil, 1979; Konrad; Law, 1987; Larsson; Mulabdic, 1991; Chen; Mayne, 1996; Demers e Leroueil, 2002; Lee; Salgado; Paik, 2003):

$$\sigma'_{vm} = K_1(q_t - \sigma_{vo}) \tag{3.16}$$

$$\sigma'_{vm} = K_2(q_t - u_2) \tag{3.17}$$

Valores de K_1 apresentados na literatura internacional apontam para um valor médio da ordem de 0,30 (Chen; Mayne, 1996); contudo, outros autores indicam variações na faixa entre 0,1 e 0,5, que podem estar associadas ao limite de liquidez e à presença de matéria orgânica. As Tabs. 3.4 e 3.5 apresentam valores de K_1 relatados nas literaturas internacional e brasileira, respectivamente.

TAB. 3.4 Valores de K_1 para argilas internacionais

Referência	Valor médio de K_1	Faixa de variação de K_1	Dados da análise estatística	Observações
Mayne e Holtz (1988)	0,400	± 50%	36 sítios	Argilas de todas as partes do mundo
Chen e Mayne (1996)	0,305	–	1.256 dados; $r^2 = 0,820$	Argilas de todas as partes do mundo
Larsson e Mulabdic (1991)	0,251	0,10 a 0,50	–	Argilas orgânicas da Escandinávia
Leroueil et al. (1995)	0,277	–	21 sítios; $r^2 = 0,90$	Argilas do leste canadense
Demers e Leroueil (2002)	0,294	0,294 ± 20%	62 dados; $r^2 = 0,99$	Argilas de Quebec
Powell e Quarterman (1988)	–	0,20 a 0,33	–	Argilas intactas da Inglaterra
Lee, Salgado e Paik (2003)	0,21	0,69 a 0,10	124 dados; $r^2 = 0,7369$	Argila marinha da Coreia do Sul

TAB. 3.5 Valores de K_1 das argilas brasileiras

Local	γ_n (kN/m³)	K_1	Referência
Santo Amaro (SP)	15,5	0,333	Massad (2009)
Unisanta (SP)	15,0	0,333	Massad (2009)
Barnabé (SP)	14,9	0,256	Massad (2009)
Sarapuí (RJ)	12,9	0,290	Almeida et al. (2005 apud Massad, 2009)
Duque de Caxias (RJ)	12,8	0,143	Futai, Almeida e Lacerda (2001 apud Massad, 2009)
Recife (PN) (RRS1) Camada 1	15,6	0,222	Coutinho, Oliveira e Oliveira (2000 apud Massad, 2009)
Recife (PN) (RRS1) Camada 2 (4 ≤ z ≤ 11 m)	16,6	0,244	Coutinho, Oliveira e Oliveira (2000 apud Massad, 2009)
Sergipe (SE) TPS (14 ≤ z ≤ 21 m)	16,0	0,313	Brugger et al. (1997 apud Massad, 2009)
Santa Catarina (SC) 16 (z ≤ 8 m)	13,6	0,263	Oliveira et al. (2001 apud Massad, 2009)
Santos (SP)	15,0	0,180	Odebrecht, Schnaid e Mantaras (2012)
Sarapuí (RJ)	12,5	0,150	Jannuzzi (2009)
Barra da Tijuca (RJ)	12,0	0,150	Baroni (2010)
Porto Alegre (RS)	14,0	0,301	Soares (1997)
Barra da Tijuca (RJ)	12,5	0,200	Teixeira, Sayão e Sandroni (2012)

Experiência descrita por Odebrecht et al. (2012) compila dados dos depósitos quaternários da costa brasileira (Fig. 3.21). A dispersão dos resultados decorre de dois fatores: falta de sensibilidade do cone para estimar da história de tensões (relação de 2ª ordem) e erros da determinação de σ'_{vm} nos ensaios de adensamento, devido à qualidade das amostras. A dispersão é significativa, exige avaliação caso a caso e apresenta curva de tendência expressa pela equação:

$$\sigma'_{vm} = K_1(q_t - \sigma_{vo}) \quad K_{1\text{médio}} = 0{,}20 \quad 0{,}14 < K_1 < 0{,}33 \quad r^2 = 0{,}47 \tag{3.18}$$

Valores característicos de K_2 são resumidos nas Tabs. 3.6 e 3.7 e refletem as práticas internacional e brasileira, respectivamente. Em geral, os valores situam-se na faixa entre 0,5 e 0,6, podendo reduzir-se na presença de matéria orgânica, de teores de umidade muito elevados (w > 100%) e/ou de argilas muito moles.

TAB. 3.6 Valores de K_2 para argilas internacionais

Referência	Valor médio de K_2	Faixa de variação de K_2	Dados da análise estatística	Observação
Mayne (1991)	0,600	–	–	–
Chen e Mayne (1996)	0,500	–	884 dados; $r^2 = 0{,}797$	Argilas de todas as partes do mundo
Konrad e Law (1987)	0,500	–	–	–
Sandven, Senneset e Janbu (1988)	0,230	–	–	(valor reconhecidamente baixo)
Demers e Leroueil (2002)	0,546	0,294 ± 20%	153 dados; $r^2 = 0{,}96$	Argilas de Quebec
Lee, Salgado e Paik (2003)	0,17	–	124 dados; $r^2 = 0{,}7369$	Argila marinha da Coreia do Sul

Alternativamente, pode-se estimar diretamente a razão de pré-adensamento OCR ($\sigma'_{vm}/\sigma'_{vo}$), conforme postulado por Senneset et al. (1988), Wroth (1984), Mayne (1991), Tavenas e Leroueil (1987) e Konrad e Law (1987). Mayne (1991) apresenta solução baseada na teoria de expansão de cavidade aplicada a ensaios com medidas de poropressão na posição u_2:

$$OCR = 2\left[\frac{1}{1{,}95M+1}\left(\frac{q_c - u_2}{\sigma'_{vo}}\right)\right]^{1/\Lambda} \qquad (3.19)$$

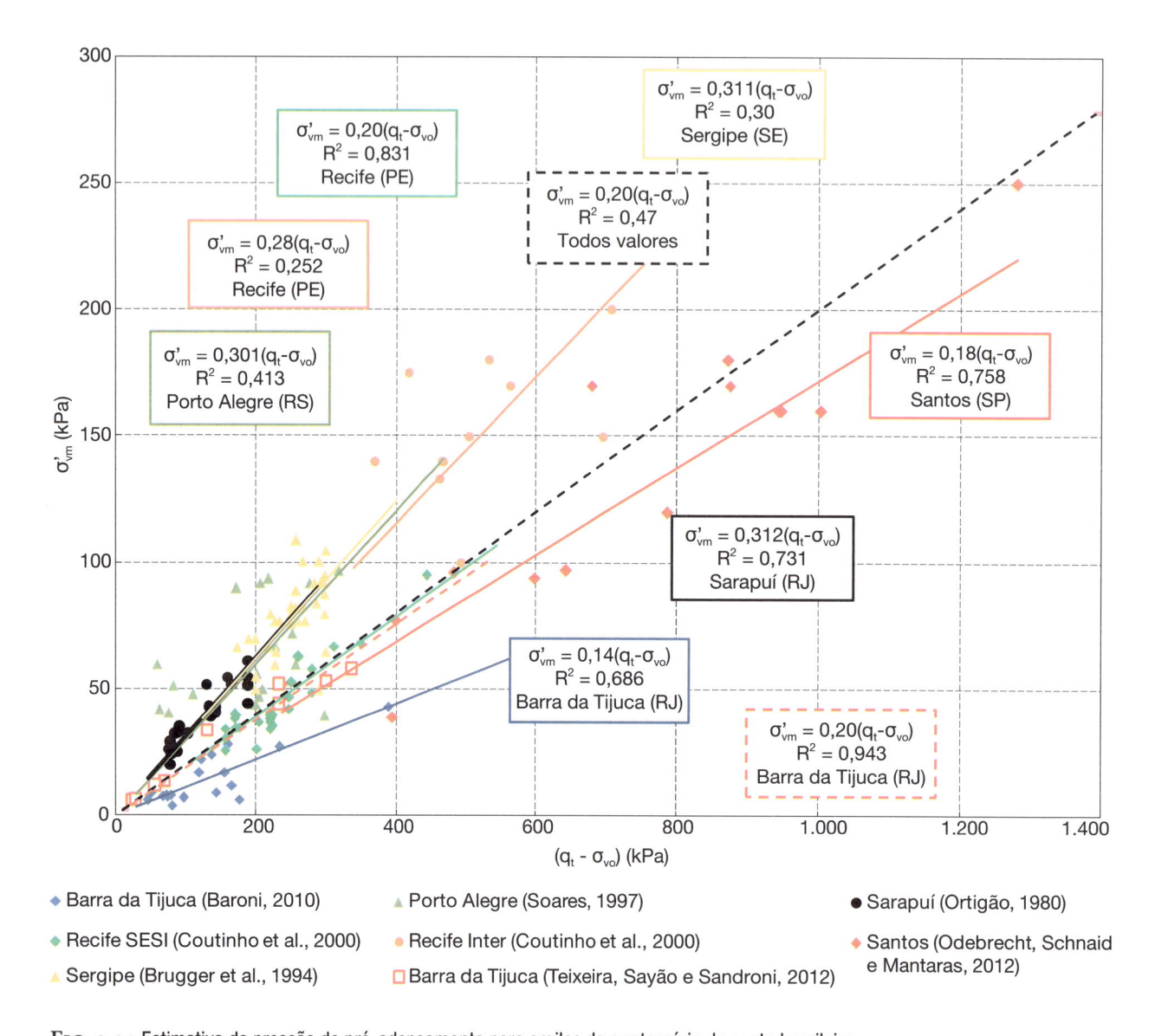

FIG. 3.21 Estimativa da pressão de pré-adensamento para argilas do quaternário da costa brasileira

TAB. 3.7 Valores de K_2 das argilas brasileiras

Referência	Valor médio de K_2	Faixa de variação de K_2	Dados da análise estatística	Observação
Baroni (2010)	0,265	–	–	Argilas orgânicas muito moles da Barra da Tijuca – Rio de Janeiro
Jannuzzi (2009)	0,265	–	–	Argilas orgânicas muito moles de Sarapuí – Rio de Janeiro
Soares (1997)	0,53	–	–	Argilas – Porto Alegre

Para valores baixos de OCR, o modelo proposto é pouco sensível aos parâmetros de estado M ou Λ e, portanto, valores representativos de M = 1,2 (correspondendo a ϕ' = 30°) e de Λ = 0,75 podem ser adotados na prática de engenharia (Mayne, 2007). Abordagem simplificada proposta por Chen e Mayne (1996) resulta na equação:

$$OCR = 0{,}53 \frac{q_t - u_2}{\sigma'_{vo}} \quad (3.20)$$

Nessa equação, um valor de K_2 de 0,53 é, portanto, compatível com a experiência relatada nacional e internacionalmente.

Embora reconhecendo as limitações da Eq. 3.16 e a necessidade de validação para as condições brasileiras, existem inúmeras experiências que demonstram a validade dessa abordagem. Exemplos de aplicação são apresentados nas Figs. 3.22 e 3.23, nas quais são comparados valores de OCR previstos por meio do CPTU, medidos em ensaios de adensamento e estimados por meio de ensaios de palheta (ver Cap. 4). Observa-se na Fig. 3.23 que as previsões de OCR são consistentes para as três abordagens utilizadas. A distribuição de OCR com a profundidade, para a argila de Porto Alegre, indica a presença de uma crosta pré-adensada, seguida de uma camada normalmente adensada (OCR ~ 1) até a profundidade de aproximadamente 8 m.

É interessante observar, ainda, que existe uma relação entre S_u e OCR que serve de referência para geomateriais. Para depósitos de argilas normalmente adensadas (NA), a razão S_u/σ'_{vo} é da ordem de 0,25 (Bjerrum, 1973). Esse valor é considerado conservador, e valores inferiores corresponderiam a solos em adensamento ou, mais provavelmente, a amolgamento do solo quando da determinação de S_u. Valores superiores a 0,25 indicam pré-adensamento do solo, conforme trabalhos clássicos de Teoria do Estado Crítico (Schofield; Wroth, 1968; Ladd et al., 1977):

$$\frac{\left[S_u / \sigma'_{vo}\right]_{PA}}{\left[S_u / \sigma'_{vo}\right]_{NA}} = OCR^\Lambda \quad (3.21)$$

sendo Λ obtido em ensaios de laboratório. A Eq. 3.21 pode ser simplificada e reescrita na forma (Jamiolkowski et al., 1985):

$$\frac{S_u}{\sigma'_{vo}} = 0{,}23 \cdot OCR^{0,8} \quad (3.22)$$

ou, ainda (Mesri, 1975):

$$S_u = 0{,}22 \cdot \sigma'_{vm} \quad (3.23)$$

Um exemplo de aplicação é apresentado na Fig. 3.24, na qual a razão S_u/σ'_{vo} é associada ao índice de plasticidade. Apesar da dispersão, observa-se na figura uma distribuição regular dos pontos ligeiramente acima da proposição de Bjerrum (1973), indicando um solo ligeiramente pré-adensado (PA) ao longo do perfil e a presença de uma crosta PA junto à superfície.

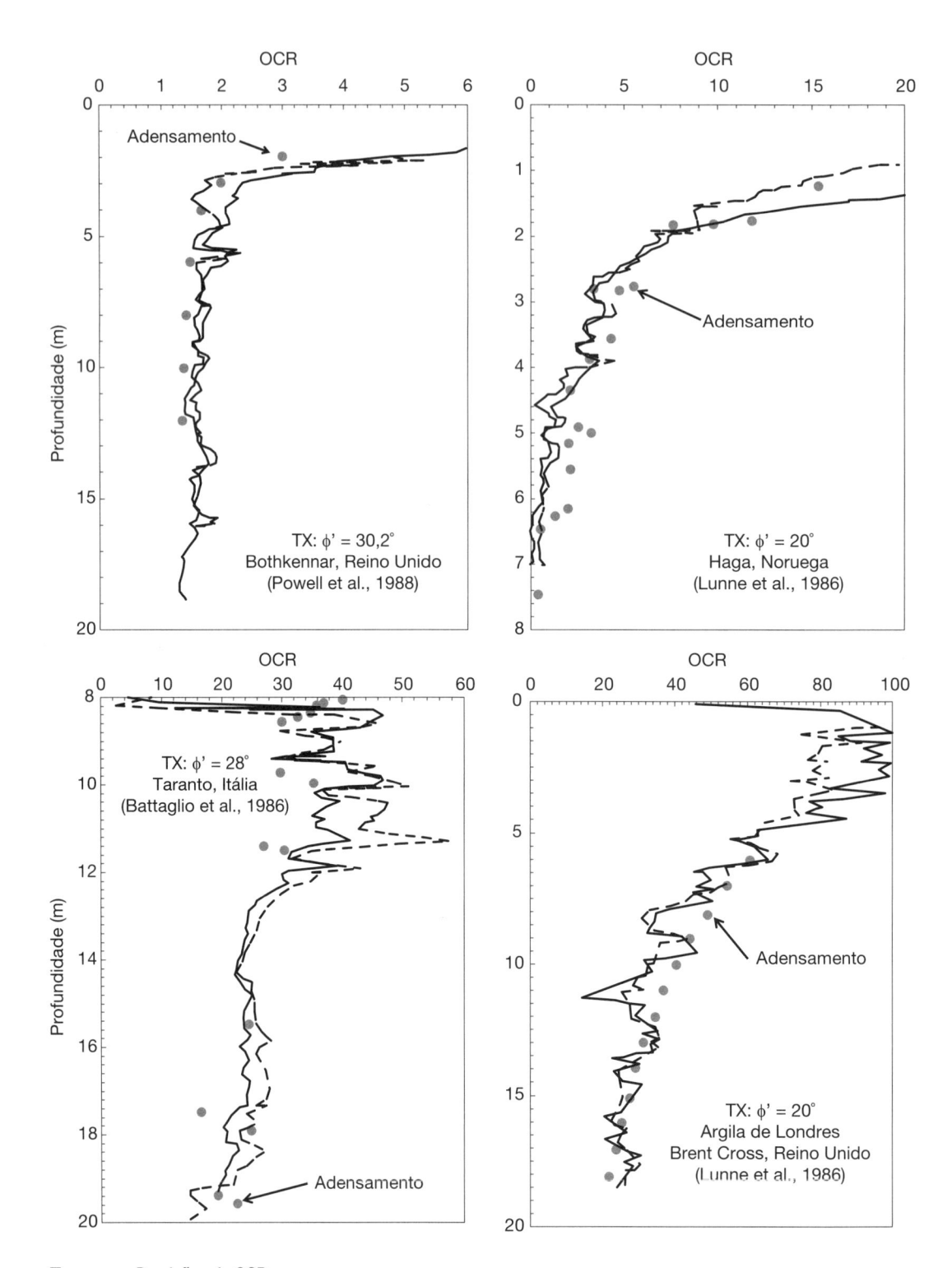

FIG. 3.22 Previsões de OCR
Fonte: modificado de Mayne (1991).

Estado de tensões

O conhecimento do estado de tensões a que o solo está submetido é normalmente expresso por meio do coeficiente de empuxo no repouso (K_0), definido pela razão entre as tensões efetivas principais:

$$K_0 = \frac{\sigma'_h}{\sigma'_v} \quad (3.24)$$

O valor de K_0 pode ser inicialmente estimado a partir de abordagens empíricas, consagradas na literatura. Para depósitos normalmente adensados, utiliza-se a expressão proposta por Jacky (1944):

$$K_0 = 1 - sen\,\phi' \quad (3.25)$$

onde ϕ' é o ângulo de atrito interno efetivo do solo. Para condições de pré-adensamento, K_0 assume a forma mais geral proposta por Mayne e Kulhawy (1982):

$$K_0 = (1 - sen\,\phi')OCR^{sen\phi'} \quad (3.26)$$

Essa formulação exige a estimativa de OCR e a determinação de ϕ'. Valores de ϕ' são medidos em ensaios de laboratório, previstos por meio de ensaios *in situ* ou estimados por meio de correlações com os Limites de Atterberg para argilas NA (Fig. 3.25).

A estimativa do coeficiente de empuxo no repouso em solos coesivos, com base em resulta-

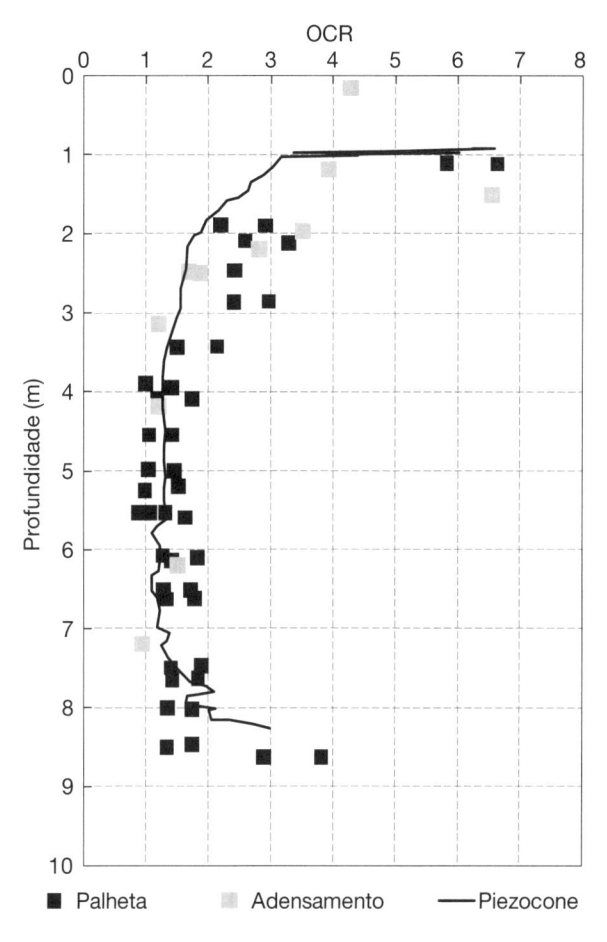

FIG. 3.23 Distribuição de OCR com a profundidade em Porto Alegre, RS

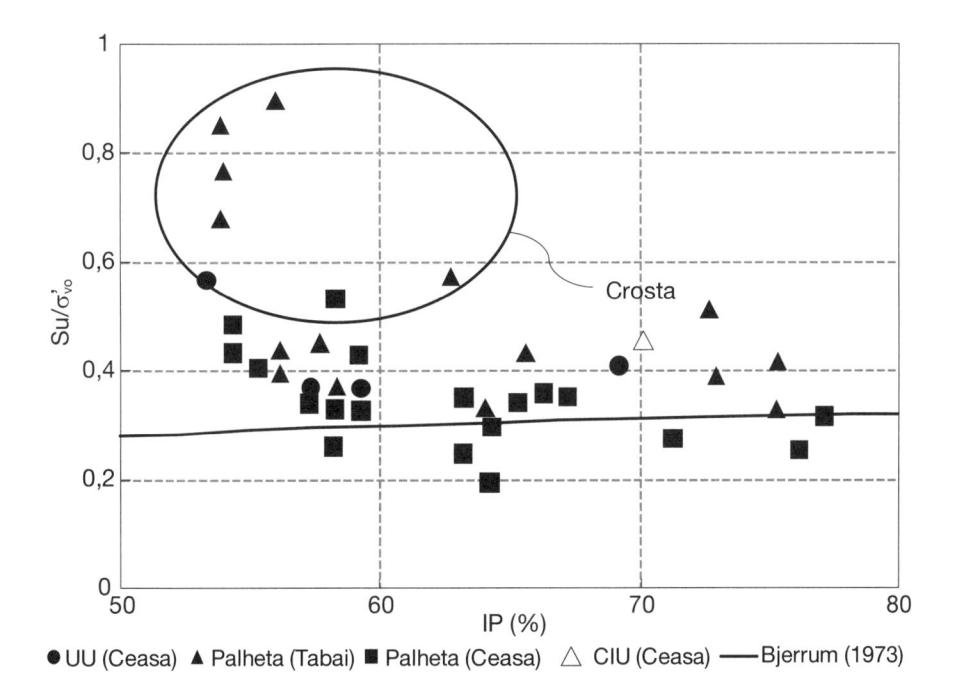

FIG. 3.24 Relação S_u/σ'_{vo} e IP para argilas de Porto Alegre, RS

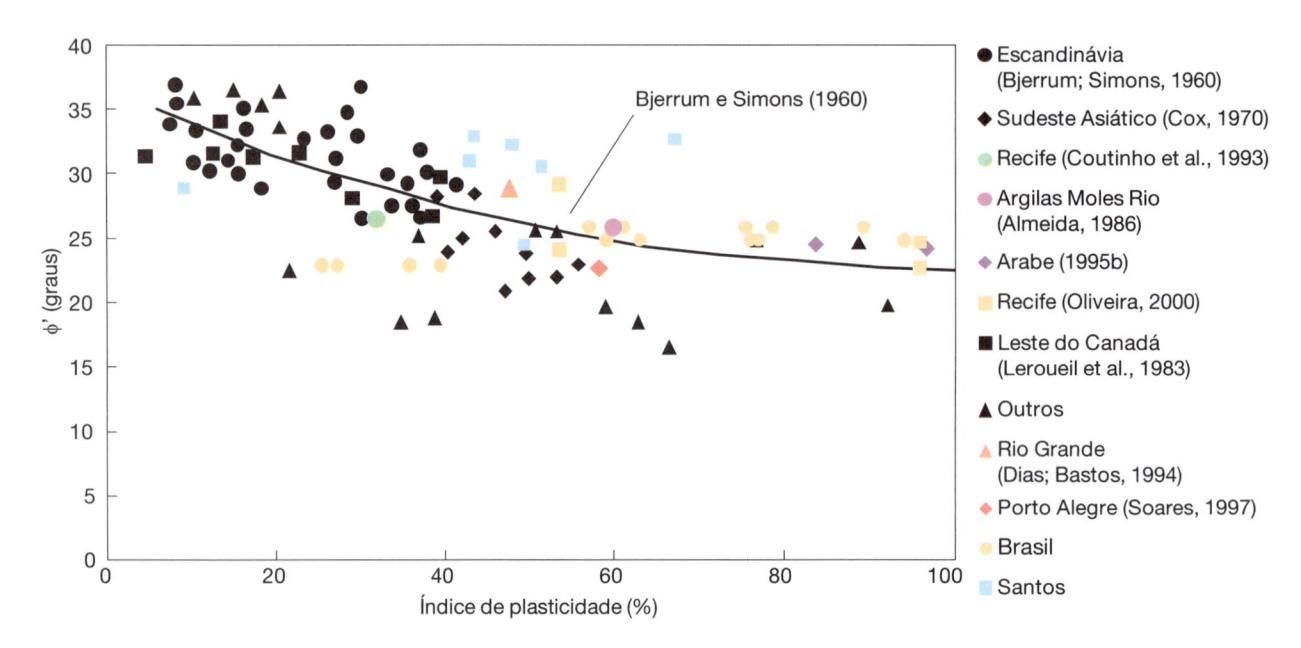

FIG. 3.25 Correlação entre φ' e IP para argilas normalmente adensadas

dos de CPTU, constitui-se em uma abordagem atrativa para complementar as informações obtidas com base nos métodos tradicionais. A abordagem básica proposta por Kulhawy, Jackson e Mayne (1989) e Kulhawy e Mayne (1990) é sugerida para essa finalidade:

$$K_0 = 0,1 \frac{q_t - \sigma_{vo}}{\sigma'_{vo}} \qquad (3.27)$$

Um exemplo de aplicação é apresentado na Fig. 3.26, combinando-se as previsões de CPTU (Eq. 3.27) com técnicas consagradas: ensaios pressiométricos (ver Cap. 5) e ensaios triaxiais com o uso da formulação de Mayne e Kulhawy (1982). Embora os valores medidos e previstos de K_0 sejam comparáveis entre si e compatíveis com as características do depósito, sugere-se cautela no uso dessas correlações na prática de engenharia, em razão do caráter empírico da abordagem.

Módulo de deformabilidade

O módulo de deformabilidade não drenado (módulo de Young, E_u) é sensível a fatores como história de tensões e nível de deformações cisalhantes, entre outros (p. ex., Ladd et al., 1977). Uma vez que a penetração do cone é insensível a tais fatores, relações entre resistência de ponta e

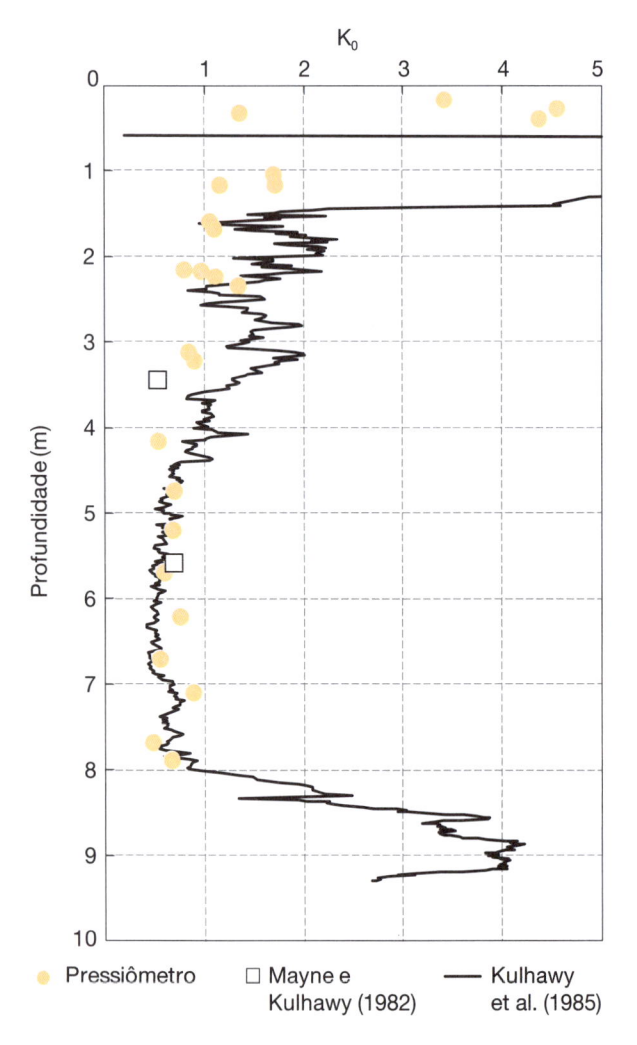

FIG. 3.26 Variação de K_0 com a profundidade em Porto Alegre, RS

módulo de deformabilidade devem ser tratadas com prudência, sendo passíveis das mesmas restrições já descritas para o ensaio SPT.

A abordagem recomendada para a estimativa de módulo de deformabilidade consiste em prever o valor de S_u por meio dos valores medidos de q_t e estimar E_u com base em correlações do tipo:

$$E_u = n \cdot S_u \tag{3.28}$$

A abordagem proposta por Duncan e Buchignani (1975), apresentada na Fig. 3.27, pode ser utilizada como referência. O conhecimento da história de tensões e do índice de plasticidade do solo são requisitos indispensáveis à obtenção de valores representativos de módulo.

Abordagens modernas utilizam o valor do módulo cisalhante medido a pequenas deformações como referência na avaliação da rigidez de materiais geotécnicos. Mayne e Rix (1993) sugerem a estimativa de G_0 como função de q_t e do índice de vazios e_0:

$$G_0 = 406 \cdot q_c^{0,695} e_0^{-1,130} \tag{3.29}$$

Watabe, Tanaka e Takemura (2004), por sua vez, apresentam uma expressão direta entre G_0 e q_t:

$$G_0 = 50(q_t - \sigma_{vo}) \tag{3.30}$$

Essas equações devem ser usadas com critério, pois uma medida representativa do comportamento do solo a pequenas deformações (G_0) não pode ser obtida a partir de uma medida de ruptura (q_t), representativa de grandes deformações.

De modo análogo, é possível estimar o módulo oedométrico a partir de abordagens empíricas (Kulhawy; Mayne, 1990):

$$M = 8,25(q_t - \sigma_{vo}) \tag{3.31}$$

porém seu uso é restrito a estimativas de anteprojeto.

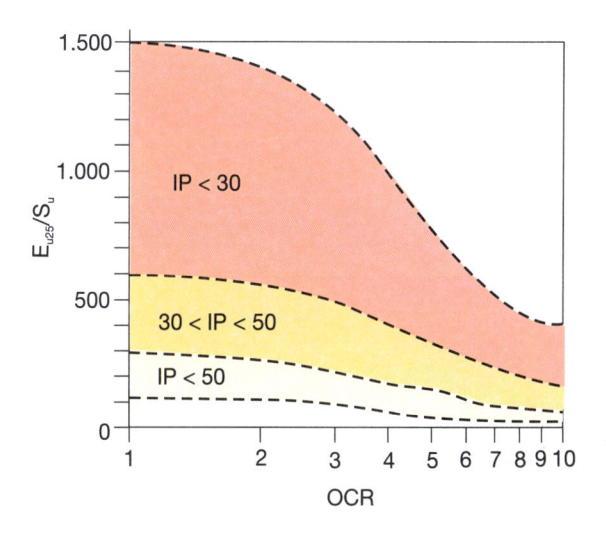

FIG. 3.27 Abordagem proposta por Duncan e Buchignani (1975)

Coeficiente de adensamento

Ensaios de dissipação do excesso de pressões neutras geradas durante a cravação do piezocone no solo podem ser interpretados para a estimativa do coeficiente de adensamento horizontal (C_h). O ensaio consiste, basicamente, em interromper a cravação do piezocone em profundidades preestabelecidas, por um período de aproximadamente uma hora, até atingir 50% de dissipação do excesso de poropressões, e monitorar a dissipação das pressões neutras durante esse período. Essa técnica é revestida de considerável interesse na prática de engenharia, pois oferece uma alternativa aos ensaios de laboratório e reduz os custos globais do programa de investigação geotécnica.

O campo de tensões e poropressões mobilizados ao redor do piezocone pode ser avaliado com base nos métodos de expansão de cavidade e trajetória de deformações (*strain path method*), segundo abordagens propostas por Baligh (1986), Baligh e Levadoux (1986), Houlsby e Teh (1988), e Teh e Houlsby (1991). A solução é concebida em duas etapas: primeiramente, calcula-se a distribuição de pressões neutras geradas pela penetração de um elemento cônico em um meio elastoplástico homogêneo e isotrópico; o segundo estágio assume essas poropressões como valores iniciais da teoria de adensamento de Terzaghi, calculando-se a dissipação ao redor de um cone estacionário. O processo de dissipação assim definido pode ser convenientemente expresso por meio de um fator de tempo adimensional:

$$T^* = \frac{C_h t}{R^2 \sqrt{I_r}} \quad ; \quad C_h = \frac{T^* R^2 \sqrt{I_r}}{t} \qquad (3.32)$$

onde R é o raio do piezocone; t, o tempo de dissipação (normalmente adotado como $t_{50\%}$); I_r, o índice de rigidez (= G/S_u); e G, o módulo de cisalhamento do solo.

Na Tab. 3.8 são listados os valores do fator tempo T^* em função da porcentagem de dissipação (1 – u), para a proposição de Houlsby e Teh (1988). Pode-se notar que a solução é função da posição do elemento poroso na face, na base ou no fuste do cone. Uma comparação entre o resultado experimental e a solução analítica obtida para um ensaio de dissipação típico é apresentada na Fig. 3.28, na qual é possível observar que a teoria reproduz de forma adequada o comportamento medido, demonstrando a aplicabilidade da formulação proposta.

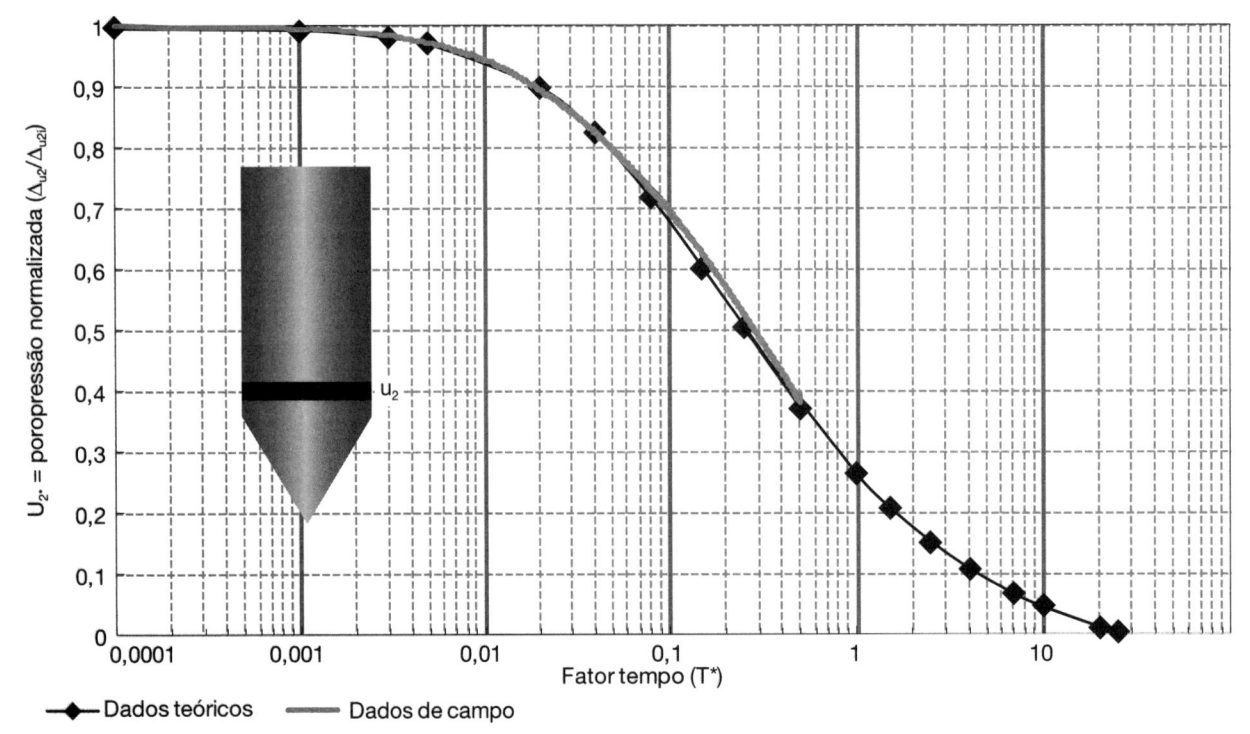

FIG. 3.28 Curva teórica e experimental de dissipação de poropressões medidas na posição u_2 (Porto Alegre, RS)

TAB. 3.8 Fator tempo T* segundo Houlsby e Teh (1988)

1 – u	Posição do filtro				
(%)	Vértice do cone	Face do cone	Base do cone	5 raios acima da base	10 raios acima da base
20	0,001	0,014	0,038	0,294	0,378
30	0,006	0,032	0,078	0,503	0,662
40	0,027	0,063	0,142	0,756	0,995
50	0,069	0,118	0,245	1,110	1,460
60	0,154	0,226	0,439	1,650	2,140
70	0,345	0,463	0,804	2,430	3,240
80	0,829	1,040	1,600	4,100	5,240

A determinação de C_h a partir dessa formulação envolve um procedimento simples e direto, conforme discutido por Schnaid et al. (1997), que consiste na comparação entre a variação do excesso de poropressões e a pressão hidrostática. A Fig. 3.29 é utilizada para ilustrar o procedimento de cálculo:

a] calcular a distância entre a poropressão no início da dissipação (u_i) e a poropressão hidrostática (u_0);
b] calcular a porcentagem de dissipação $u_{50\%}$ (= $(u_i - u_0)/2$) e, a partir da curva experimental, determinar o tempo real para ocorrer 50% da dissipação (t_{50});
c] obter o valor de T* da Tab. 3.8 e calcular C_h por meio da Eq. 3.33.

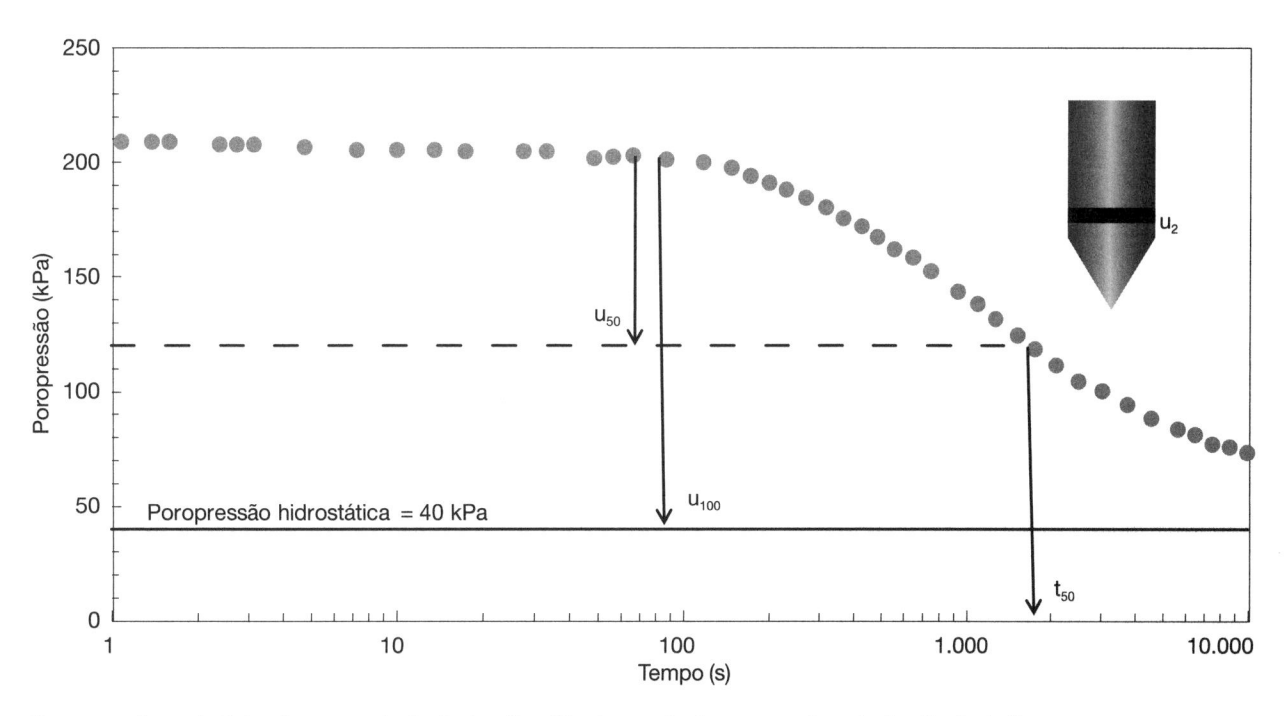

FIG. 3.29 Exemplo típico de um ensaio de dissipação utilizado para ilustrar o procedimento de cálculo de C_h

A determinação precisa de u_i é fundamental para a correta determinação de C_h. Soares (1986) e Thomas (1986) sugerem procedimentos específicos para o cálculo de u_i por meio da extrapolação do trecho linear medido na curva de dissipação.

Os valores de C_h obtidos por esse procedimento correspondem a propriedades de solo na faixa pré-adensada, uma vez que, durante a penetração, o material ao redor do cone é submetido a elevados níveis de deformações e comporta-se como um solo em recompressão (Baligh, 1986; Baligh; Levadoux, 1986). Uma estimativa da magnitude do coeficiente de adensamento horizontal C_h na faixa de comportamento normalmente adensada pode ser obtida por meio da abordagem semiempírica proposta de Jamiolkowski et al. (1985):

$$C_h(NA) = \frac{RR}{CR} C_h(Piezocone) \tag{3.33}$$

Valores experimentais medidos do coeficiente RR/CR variam na faixa entre 0,13 e 0,15 (Jamiolkowski et al., 1985). Finalmente, os valores medidos de C_h (NA) podem ser convertidos em C_v (NA), para fins de comparação com ensaios de adensamento, por meio da expressão:

$$C_v(NA) = \frac{k_v}{k_h} C_h(NA) \tag{3.34}$$

sendo a anisotropia de permeabilidade vertical e horizontal (k_v/k_h) apresentada na Tab. 3.9. Por exemplo, previsões do tempo de recalque de aterros assentes em depósitos de argilas moles normalmente adensadas ou ligeiramente pré-adensadas são realizadas com base nos valores previstos de C_v, cuja magnitude é similar a valores medidos em laboratório por meio de ensaios de adensamento (p. ex., Robertson et al., 1986; Schnaid et al., 1997).

Tab. 3.9 Razão de permeabilidade em argilas

Natureza da argila	k_v / k_h
Argilas homogêneas, sem macroestrutura definida	1,0 a 1,5
Macroestrutura definida, presença de descontinuidades e lentes permeáveis	2,0 a 4,0
Depósitos com ocorrência de várias camadas de material permeável	3,0 a 15

Fonte: Ladd et al. (1977) e Jamiolkowski et al. (1985).

3.3.2 Areias

Nesta seção faz-se referência à obtenção de parâmetros de resistência e deformabilidade de solos não coesivos.

A contribuição de pesquisas em câmaras de calibração foi determinante para o desenvolvimento de correlações destinadas à determinação de parâmetros geotécnicos em areias, cujas metodologias foram gradativamente incorporadas à prática de engenharia (Robertson; Campanella, 1983b; Jamiolkowski et al., 1985; Baldi et al., 1986b). Portanto, a rigor, as abordagens assim desenvolvidas são válidas somente para areias quartzosas, normalmente adensadas, de deposição recente.

Schnaid, Lehane e Fahey (2004) e Schnaid (2009) apresentam uma metodologia para caracterização de areias a partir de um gráfico que expressa a razão entre o módulo cisalhante e a resistência à penetração do cone contra a resistência do cone normalizada (Fig. 3.30). No espaço $G_0/q_c \times q_{c1}$, depósitos de areias limpas, sem envelhecimento, definem uma região específica, representativa dos estudos desenvolvidos em câmaras de calibração. Geomateriais que apresentam efeitos de cimentação ou envelhecimento situam-se fora e acima dessa região, e a influência desses fatores

(A) Eslaamizaad e Robertson (1996)

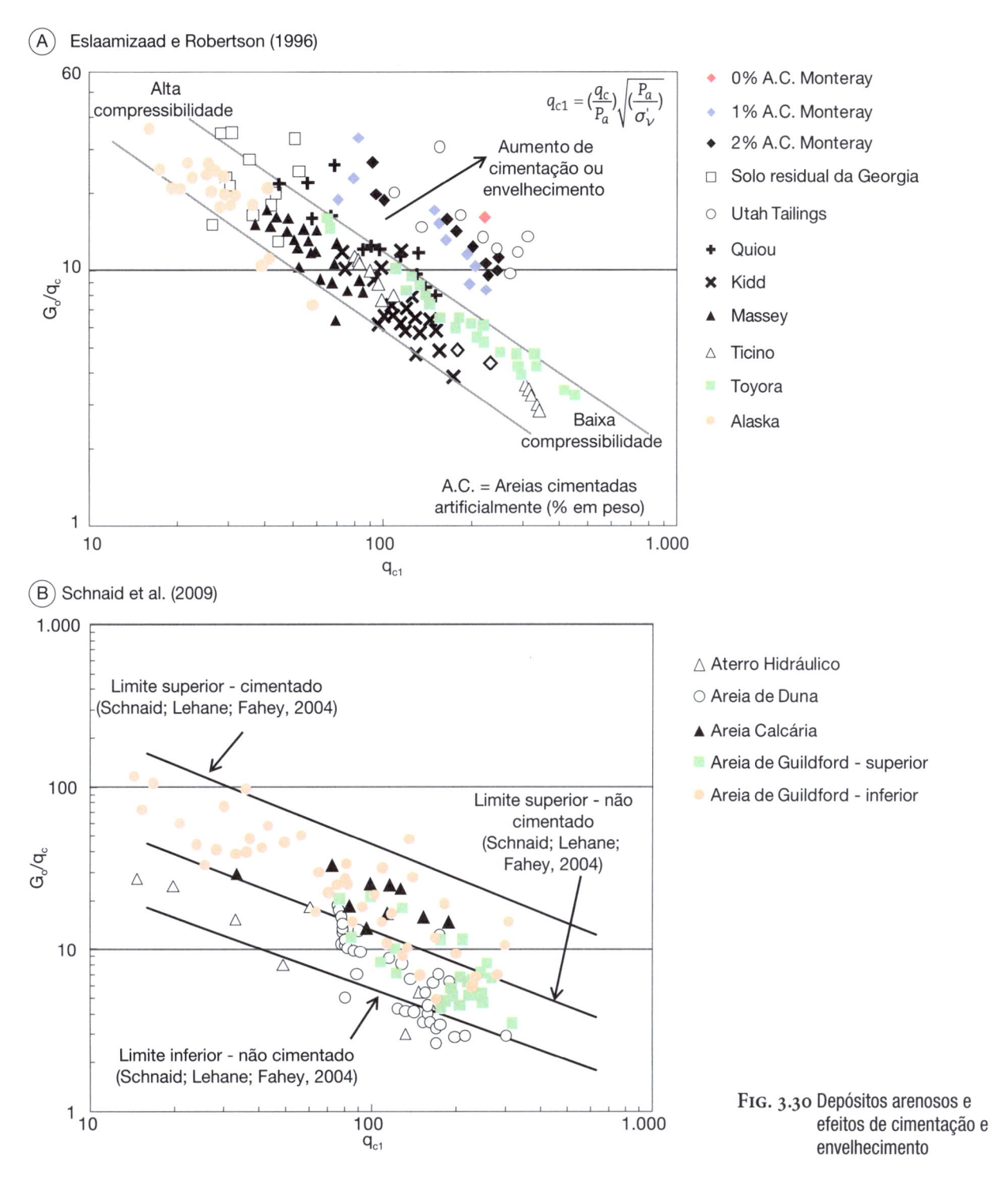

$$q_{c1} = \left(\frac{q_c}{P_a}\right)\sqrt{\left(\frac{P_a}{\sigma'_v}\right)}$$

- 0% A.C. Monteray
- 1% A.C. Monteray
- 2% A.C. Monteray
- Solo residual da Georgia
- Utah Tailings
- Quiou
- Kidd
- Massey
- Ticino
- Toyora
- Alaska

Alta compressibilidade

Aumento de cimentação ou envelhecimento

Baixa compressibilidade

A.C. = Areias cimentadas artificialmente (% em peso)

(B) Schnaid et al. (2009)

- Aterro Hidráulico
- Areia de Duna
- Areia Calcária
- Areia de Guildford - superior
- Areia de Guildford - inferior

Limite superior - cimentado (Schnaid; Lehane; Fahey, 2004)

Limite superior - não cimentado (Schnaid; Lehane; Fahey, 2004)

Limite inferior - não cimentado (Schnaid; Lehane; Fahey, 2004)

FIG. 3.30 Depósitos arenosos e efeitos de cimentação e envelhecimento

deve ser analisada de forma independente quando da estimativa de propriedades de comportamento.

Resistência ao cisalhamento

Para solos granulares, a medida de resistência de ponta de cone (q_c) pode ser utilizada na previsão da densidade relativa (D_r) ou do ângulo de atrito interno (ϕ'). Exemplos de correlações empregadas com frequência em projetos geotécnicos são apresentados nas Figs. 3.31 e 3.32. A determinação da D_r, conforme ilustrado na Fig. 3.32, pode ser obtida pela equação:

$$D_r = -98 + 66 \log_{10} \frac{q_c}{(\sigma'_{vo})^{0,5}} \qquad (3.35)$$

onde q_c e σ'_{vo} são expressos em t/m². Essa abordagem fornece uma estimativa da densidade relativa com uma precisão de aproximadamente 20% (faixa de incerteza intrínseca ao método), e, sendo estabelecida em câmaras de calibração, deve ser corrigida para efeito das condições de contorno e tamanho da câmara (p. ex., Schnaid; Houlsby, 1991). Em geral, as correlações são aceitáveis para solos NA, ao passo que, para depósitos PA, o valor de σ'_{vo} deve ser substituído pela tensão efetiva horizontal (σ'_{ho}) (na Eq. 3.25). A conversão da D_r em ângulo de atrito pode ser realizada por meio das proposições apresentadas no Cap. 2, referentes ao SPT (Eqs. 2.14 e 2.15).

Alternativamente, existem abordagens destinadas à estimativa do ângulo de atrito (ϕ') diretamente de q_c (Durgunoglu; Mitchell, 1975; Vésic, 1975; Salgado; Mitchell; Jamiolkowski, 1997). Durgunoglu e Mitchell (1975) estabeleceram a seguinte expressão a partir da teoria de capacidade de carga aplicada à penetração cônica:

$$N_q = \frac{q_c}{\sigma'_{vo}} = 0,194\varphi \cdot \exp(7,63 tg\phi') \qquad (3.36)$$

onde N_q é o fator de cone em areias.

Experiências de câmaras de calibração reunidas por Robertson e Campanella (1983b) são apresentadas na Fig. 3.33. Esse banco de dados, sem correções para efeitos de escala, pode ser convenientemente expresso como (Mayne, 2006b):

$$\phi' = arctg\left[0,1 + 0,38 \cdot \log(q_t/\sigma'_{vo})\right] \qquad (3.37)$$

Módulo de deformabilidade

Restrições com relação à estimativa do módulo de deformabilidade (módulo de Young E ou módulo cisalhante G) por meio de ensaios de penetração foram anteriormente discutidas (Cap. 2 e neste capítulo). Sabendo-se que o módulo é função da história de tensões e deformações, nível médio de tensões, nível de deformações cisalhantes e trajetória de tensões (Jamiolkowski et al., 1985), é improvável que o cone possa fornecer medidas precisas de deformabilidade. No entanto, inúmeras correlações entre o módulo de deformabilidade e a resistência à penetração (q_c) têm sido propostas na litera-

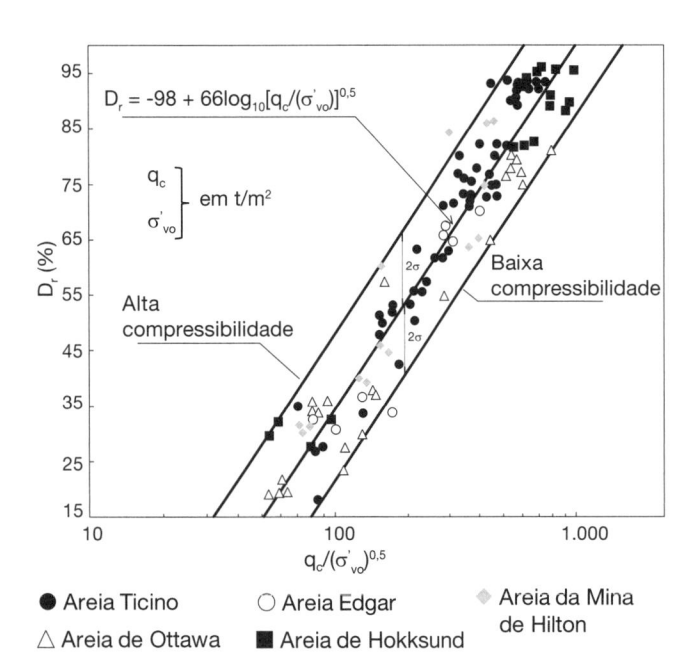

FIG. 3.31 Previsão da densidade relativa por meio de q_c
Fonte: Lancellotta (1985).

tura. Anteriormente, a variação do módulo G_0 com q_c observada em depósitos arenosos foi mostrada na Fig. 3.30. As Eqs. 3.38 e 3.39 representam as fronteiras dessa região e podem ser usadas na previsão de G_0 (Schnaid; Lehane; Fahey, 2004):

$$G_0 = 280\sqrt[3]{q_c\,\sigma'_{vo}\,p_a} : \text{limite inferior, solos cimentados}$$
(3.38)

$$G_0 = 110\sqrt[3]{q_c\,\sigma'_{vo}\,p_a} : \text{limite inferior, solos não cimentados}$$
(3.39)

Valores de G_0 obtidos por meio dessa abordagem são próximos da faixa de valores definidos por outras correlações publicadas na literatura (Bellotti et al., 1989; Rix; Stroke, 1992; Jamiolkowski; Lo Presti; Pallara, 1995).

Alternativamente, pode-se determinar um valor operacional para o módulo de Young E (p. ex., Schmertmann, 1970; Simons; Menzies, 1977; Robertson; Campanella, 1983b; Meigh, 1987; Bellotti et al., 1989). Para areias não cimentadas, o módulo secante E_s obtido para deformações axiais da ordem de 0,1% é correlacionado à história de tensões, ao estado de tensões e aos efeitos de envelhecimento por meio da Fig. 3.34, conforme postulado por Bellotti et al. (1989). Uma

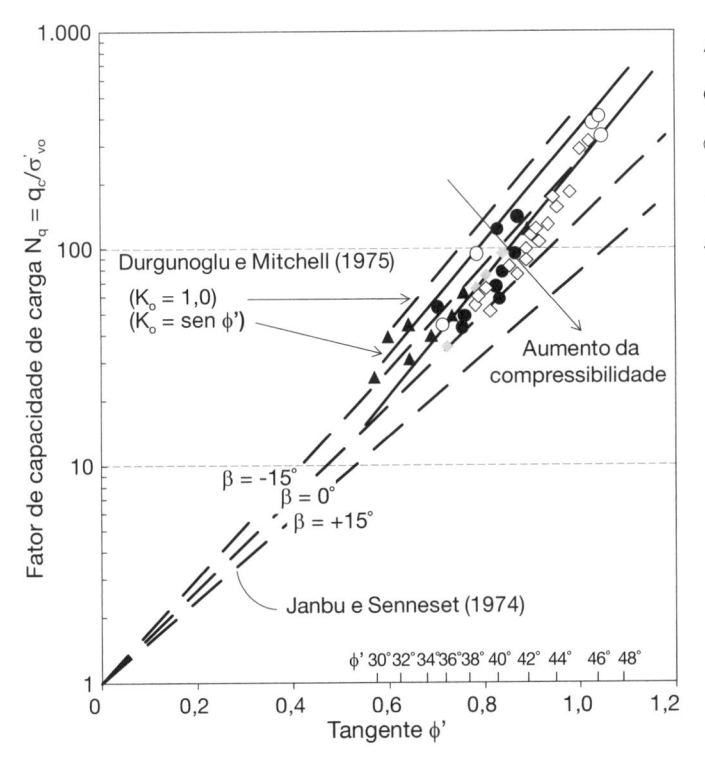

FIG. 3.32 Relação entre q_c, σ'_{vo} e D_r
Fonte: Robertson e Campanella (1983b).

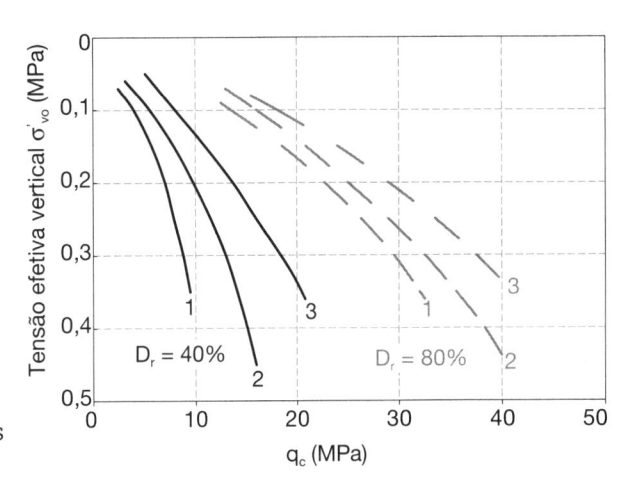

1	Schmertmann (1978)	Areia da mina de Hilton	(areia de baixa compressibilidade)
2	Baldi et al. (1982)	Areia de Ticino	(areia de média compressibilidade)
3	Villet e Mitchell (1981)	Areia de Monterey	(areia de alta compressibilidade)

FIG. 3.33 Correlação entre resistência à penetração e ângulo de atrito
Fonte: Robertson e Campanella (1983b).

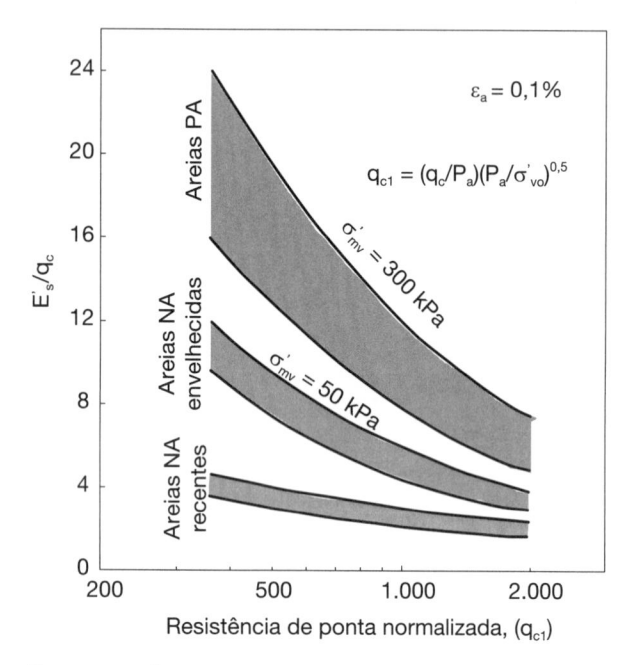

FIG. 3.34 Módulo de Young para areias

abordagem simples para uma primeira estimativa do módulo E_{25} (para 25% da tensão desviadora máxima) é recomendada por Baldi et al. (1982):

$$E_{25} = 1,5q_c \qquad (3.40)$$

Reconhecidas as limitações desse tipo de abordagem, desenvolvimentos recentes propõem a utilização de acelerômetros ou geofones acoplados ao fuste do cone, para a medida direta do módulo sísmico (ver seção 3.1.3).

3.3.3 Outros materiais

Os métodos de interpretação de resultados de ensaios apresentados ao longo deste capítulo foram desenvolvidos prioritariamente para depósitos sedimentares arenosos e argilosos. Esses solos, denominados de "materiais convencionais", servem de referência à Mecânica dos Solos, pois formam o arcabouço cognitivo do comportamento de areias e argilas e dão suporte aos modelos constitutivos em uso na geotecnia e às correlações usadas na prática de engenharia. Entretanto, as condições geológicas, geotécnicas e geomorfológicas de solos encontrados na natureza são muito variáveis, motivo pelo qual nem sempre correlações estabelecidas e consagradas podem ser usadas indistintamente, sem avaliação crítica preliminar. Formações de solos residuais, matérias com granulometria predominantemente siltosa, solos de origem vulcânica e matérias muito cimentadas (solos rígidos e rochas brandas) apresentam características distintas dos materiais provenientes de formações sedimentares, sendo definidos genericamente como matérias "não convencionais", e exigem análise específica.

A aplicabilidade das metodologias propostas para matérias "não convencionais" é detalhada em Schnaid, Lehane e Fahey (2004) e Schnaid (2005, 2009), cuja leitura é recomendada para profissionais que desejam aprofundar seus conhecimentos. Porém, considera-se indispensável contextualizar as especificidades de algumas dessas formações, cuja ocorrência é extensiva no Brasil e em outros países, especialmente aqueles de clima tropical e subtropical.

Solos siltosos

Um aspecto considerado central ao projeto de geomateriais cuja granulometria é predominantemente siltosa refere-se à influência da drenagem na estimativa dos parâmetros constitutivos, pois, na interpretação de ensaios de campo em solos com permeabilidade intermediária, é importante a identificação das condições de drenagem impostas ao solo durante a ensaio (p. ex., Schnaid, 2005). Ensaios de piezocone e palheta são interpretados corretamente somente quando asseguradas condições não drenadas (análise em termos de tensões totais) ou perfeitamente drenadas (análise em termos de tensões efetivas): drenagem parcial altera o estado de tensões ao redor da sonda piezométrica e, como esse estado de tensões não pode ser quantificado, os resultados dos ensaios não devem ser utilizados na estimativa de parâmetros constitutivos do solo.

As condições de drenagem podem ser identificadas em um espaço que relaciona a velocidade V com a resistência à penetração normalizada U, conforme preconizado por Baligh (1986), Randolph e Hope (2004) e Schnaid (2005), e expresso por:

$$V = \frac{v \cdot d}{C_v} \quad (3.41)$$

e

$$U = \frac{(q_c - q_{cnd})}{(q_{cdr} - q_{cnd})} \quad (3.42)$$

onde v é a velocidade de penetração; d, o diâmetro da sonda cônica; C_v, o coeficiente de adensamento vertical; q_{cdr} e q_{cnd}, as resistências à penetração nas condições drenadas e não drenadas, respectivamente; e q_c, a resistência para condições intermediárias.

Solos coesivos-friccionais

Nesta categoria situam-se os solos residuais e outros geomateriais que apresentam algum nível de cimentação, o que lhes confere uma parcela coesiva que se soma à resistência friccional. A contribuição da cimentação na resistência e na deformabilidade de solos cimentados não é facilmente determinada. Os valores de dois parâmetros de resistência independentes (c' e ϕ') não podem ser estimados a partir de uma única medida de penetração q_c. O módulo de deformabilidade não é estimado com precisão por causa da natureza invasiva (ou destrutiva) do ensaio de cone.

Uma estimativa de módulo pode ser determinada a partir de limites de ocorrência, conforme postulado por Schnaid (2005, 2009):

$$\begin{aligned} G_0 &= 800\sqrt[3]{q_c \sigma'_{vo} p_a} \text{ limite superior: cimentado} \\ G_0 &= 110\sqrt[3]{q_c \sigma'_{vo} p_a} \text{ limite inferior: cimentado} \\ &\qquad\qquad\qquad\qquad \text{ limite superior: não cimentado} \\ G_0 &= 110\sqrt[3]{q_c \sigma'_{vo} p_a} \text{ limite inferior: não cimentado} \end{aligned} \quad (3.43)$$

3.3.4 Relações entre CPT e SPT

Os ensaios de CPT e SPT são os procedimentos de investigação de campo mais utilizados no mundo, e ambos fornecem uma medida da resistência à penetração. É desejável, nesse sentido, correlacionar medidas de N_{SPT} e q_c, de forma a possibilitar a transposição de experiências entre os dois ensaios.

Diversas proposições foram desenvolvidas relacionando q_c/N_{SPT} por meio de um valor numérico único. No entanto, a razão q_c/N_{SPT} depende do tamanho médio das partículas, conforme demonstrado na Fig. 3.35. Note-se que, nessa figura, os valores de resistência de ponta (q_c) são divididos pela pressão atmosférica (P_a) para adimensionalizar a correlação.

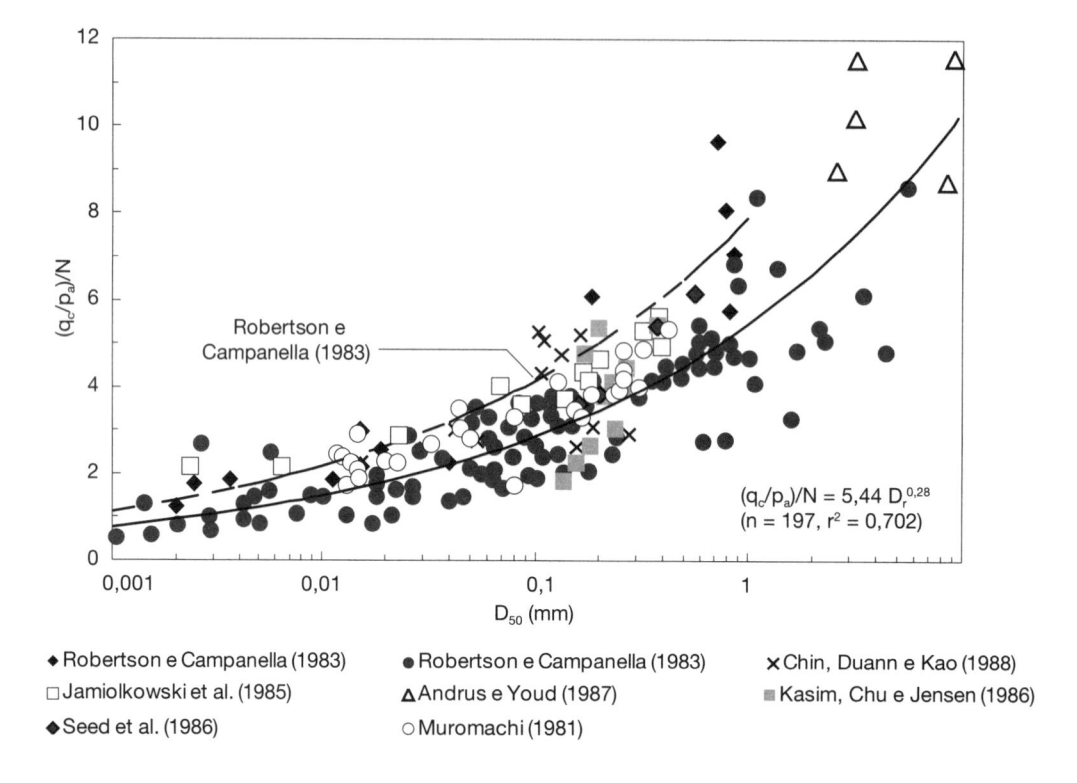

FIG. 3.35 Razão q_c/N
Fonte: Robertson, Campanella e Wightman (1983).

Infelizmente, é necessário reconhecer que os dados não são corrigidos, isto é, efeitos relativos à energia de cravação, poropressão etc. não são considerados na medida de N_{SPT}, o que pode explicar, em parte, a dispersão observada na figura. Valores calculados de q_c a partir de medidas de N_{SPT} (ou vice-versa) são, portanto, imprecisos e não devem ser utilizados em projetos nos quais há exigências de medidas diretas de ensaios. Vários trabalhos brasileiros apresentam comparações entre a resistência de ponta do cone e a resistência à penetração do amostrador SPT (Alonso, 1980; Danziger, 1982; Danziger; Velloso, 1986, 1995). Velloso e Lopes (1996) apresentam uma tabela comparativa da experiência brasileira, juntamente com as proposições de Schmertmann (1978), considerada conservadora pelo próprio autor, e de Ramaswamy, Daulah e Hasan (1982). Esses valores são resumidos na Tab. 3.10.

Uma alternativa para correlacionar valores de CPT e SPT é apresentada por Jefferies e Davies (1993), baseada no índice de classificação do solo (I_c). Essa abordagem permite a fácil implementação em planilhas eletrônicas de cálculo, com a rápida transposição de informações entre os dois ensaios. Destaca-se que essa correlação deve ser validada para a prática brasileira.

$$\frac{q_t(MPa)}{N_{60}} = 0{,}85\left(1 - \frac{I_c}{4{,}75}\right) \tag{3.44}$$

TAB. 3.10 Valores típicos de $k = \dfrac{q_c/P_a}{N_{SPT}}$

Solo	Schmertmann	Remaswan, Daulah e Hasan	Danziger e Velloso
Areia	4,0-6,0	5,0-7,0	6,0
Areia siltosa, argilosa, siltoargilosa ou argilossiltosa	3,0-4,0	3,0	5,3
Silte, silte arenoso, argila arenosa	2,0	-	4,8
Silte arenoargiloso, argiloarenoso; argila siltoarenosa, arenossiltosa	-	2,0	3,8
Silte argiloso	-	-	3,0
Argila e argila siltosa	-	-	2,5

Fonte: modificada de Velloso e Lopes (1996).

3.4 Projeto de fundações

Resultados de ensaios CPT podem ser utilizados diretamente na solução de problemas geotécnicos, por meio dos chamados métodos diretos de projeto, sem a necessidade de obtenção de parâmetros constitutivos do solo. O exemplo mais importante de uso refere-se à previsão de capacidade de carga de estacas, com analogia direta com a prática brasileira de uso do SPT. Métodos correntes de projeto (Aoki; Velloso, 1975) foram concebidos com base em correlações entre valores de q_c (cone) e N_{SPT}.

3.4.1 Fundações diretas

A avaliação do desempenho de uma fundação direta passa pela verificação da ruptura, normalmente associada ao Estado Limite Último, e dos recalques relacionados ao Estado Limite de Utilização. Os métodos de cálculo empregados para essa avaliação são divididos em métodos indiretos e diretos.

Nos métodos indiretos, a determinação do desempenho de uma fundação é constituída de duas etapas. Na primeira, determinam-se os parâmetros constitutivos do solo a partir do valor medido de q_c (p. ex., γ_t, ϕ', K_0, OCR, E', ν) e, na segunda, estima-se a capacidade de carga, por meio de métodos como o de equilíbrio limite (p. ex., Brinch-Hansen, 1961; De Beer, 1970; Schmertmann, 1978; Meyerhof, 1956), e de recalques, utilizando-se a teoria da elasticidade (p. ex., Poulos; Davis, 1974b; Mayne; Poulos, 1999).

Assim, a capacidade de carga última de uma sapata em areias é determinada, por exemplo, com base na teoria de equilíbrio limite, expressa por:

$$q_{ult} = cN_c + \frac{1}{2}\gamma B \cdot N_\gamma + \gamma D N_q \qquad (3.45)$$

onde B é a menor dimensão da sapata (ou diâmetro equivalente); γ, o peso específico operacional (isto é, o peso específico total ou efetivo, a depender da condição do nível freático); N_γ e N_q, os fatores de capacidade de carga; e D, a profundidade de embutimento.

Em argilas, a análise é realizada em termos de tensões totais, adotando-se $\phi = 0$ e, por consequência:

$$q_{ult} = S_u N_c + \gamma D \tag{3.46}$$

Considerações com relação à inclinação da carga, à inclinação do terreno, ao embutimento e à excentricidade da carga aplicada estão detalhadas em Brinch-Hansen (1961), assim como a influência da coesão e do solo de reaterro.

A estimativa de recalque imediato é obtida com base na teoria da elasticidade. O cálculo é feito para duas situações distintas: solo homogêneo e solo cujo módulo de elasticidade apresenta um crescimento linear com a profundidade:

$$s = \frac{q \cdot B \cdot I \cdot (1 - \nu^2)}{E_s} \tag{3.47}$$

onde q é a carga efetivamente aplicada à base da sapata; B, o diâmetro equivalente da sapata; E_s, o módulo de elasticidade de solo; ν, o coeficiente de Poisson; e I, o fator de correção.

Inúmeras soluções disponíveis para a estimativa de recalques, para diferentes condições de contorno, são apresentadas por Poulos e Davis (1974b). Essas soluções consideram cargas aplicadas a meios elásticos semi-infinitos, presença de camada rígida na profundidade de influência do carregamento, sistema de múltiplas camadas, rigidez do elemento de fundação, meios não homogêneos e anisotrópicos, entre outros fatores.

Os ensaios de campo fornecem uma alternativa a essas abordagens nos chamados métodos diretos, em que o valor de q_{ult} e ρ são obtidos em uma única etapa de cálculo. No caso da determinação da capacidade de carga, os métodos baseiam-se em estudos analíticos (p. ex., Schmertmann, 1978; Eslaamizaad; Robertson, 1996; Eslami; Gholami, 2005), resultados de ensaios em câmara de calibração (p. ex., Berardi; Bovolenta, 2003), ensaios realizados em escala real (Mayne; Illingworth, 2010), simulações numéricas de elementos finitos (Lee; Salgado, 2005) e na associação de duas ou mais metodologias, como, por exemplo, ensaios em escala real e elementos finitos (p. ex., Tand; Funegard; Briaud, 1986). Por sua vez, a determinação dos recalques passa, inevitavelmente, pela teoria da elasticidade, incorporando alguma correlação empírica entre q_c e E'_s.

Capacidade de Carga (q_{ult})

A Tab. 3.11 apresenta um resumo de propostas de determinação da capacidade de carga com base em métodos diretos.

Recalque (ρ)

A estimativa de recalques a partir de métodos diretos baseados na resistência à penetração (q_c) não é prática consagrada. Meyerhof (1974) recomenda um método baseado na teoria da elasticidade, assumindo como simplificação que $I = 1$ e $E_s = 2q_c$:

$$s = (\Delta_q B) / (2q_c) \tag{3.48}$$

TAB. 3.11 Propostas para a determinação de q_{ult}

Método	Equações para fundação direta	Observações
Meyerhof (1956)	**Areias:** $q_{ult} = q_c(B/12)_{cw}$ onde q_c é a resistência da ponta do cone mecânico; B, a largura da fundação (metros)	c_w = correção da posição do nível freático $c_w = 1,0$ (areias secas e úmidas) $c_w = 0,5$ (areias submersas)
Meyerhof (1974)	**Argilas:** $q_{ult} = \alpha_{bc} \cdot q_c$ Nota: desenvolvido para cone mecânico	Fator $0,25 \le \alpha_{bc} \le 0,5$
Schmertmann (1978)	**Areias:** $q_{ult} = 0,55 \, \sigma_{atm}(q_c/\sigma_{atm})^{0,78}$ **Argilas:** $q_{ult} = 2,75 \, \sigma_{atm}(q_c/\sigma_{atm})^{0,52}$ Nota: baseado no cone mecânico	Embutimento aplicado a: $D_e > 0,5(1+B)$, para $B < 1$ m $D_e > 1,2$, para $B > 1$ m B = largura da sapata
Tand, Funegard e Briaud (1986)	**Argilas:** $q_{ult} = R_k(*q_c - \sigma_{vo}) + \sigma_{vo}$ Nota: o fator R_k depende da razão de embutimento da sapata (D/B) e do grau de fissuramento da argila. Para sapatas superficiais sobre argilas intactas, $R_k = 0,45$; para sapatas em argilas fraturadas, $R_k = 0,30$	$*q_c = (q_{c1} \cdot q_{c2})^{0,5}$ onde q_{c1} é a média geométrica dos valores de q_c da base da sapata até 0,5 B; e q_{c2} é a média dos valores de 0,5 B até 1,5 B, a contar da cota de assentamento da sapata
The Canadian Geotechnical Society (1992)	**Areias:** $q_{ult} = R_{ko} \cdot q_c$ onde $R_{ko} = 0,3$	O fator de segurança aplicado ou recomendado é FS = 3
Tand, Funegard e Warden (1995)	**Areias:** $q_{ult} = R_k \cdot q_c + \sigma_{vo}$ onde R_k = função (D,B)	Análises efetuadas com base em elementos finitos sugerem valores de R_k entre 0,13 e 0,20
Teixeira e Godoy (1996)	**Areias:** $q_{ult} = 0,3 \, q_c$ (MPa) **Argilas:** $q_{ult} = 0,2 q_c$ (MPa)	Para areias, $q_{adm} = q_c/10$; para argilas, $q_{adm} = q_c/15$ (FS = 3) Valores recomendados para $q_c > 1,5$ MPa e $q_{adm} < 0,4$ MPa
Eslaamizaad e Robertson (1996)	**Areias:** $q_{ult} = K_\Phi \cdot q_c$	K_Φ = função (razão B/D_e, forma e densidade)
Lee e Salgado (2005)	**Areias:** $q_{bL} = \beta_{bc} \cdot q_{c(AVG)}$ onde q_c é o valor médio a uma profundidade B abaixo da sapata	Fator β_{bc} = função (B, D_r, K_0, e s/B)
Eslami e Gholami (2005, 2006)	**Areias:** $q_{ult} = R_{k1} \cdot q_c$ onde R_{k1} = função (razão D/B e da resistência normalizada do cone (q_c/σ'_{vo}))	Valores de q_c e q_c/σ'_{vo} obtidos a partir da média geométrica a uma distância de 2B de profundidade, contada da base da sapata
Robertson e Cabal (2007)	**Areias e argilas:** $q_{ult} = K_\Phi \cdot q_c$ $K_\Phi = 0,16$ (areias) $K_\Phi = 0,3$ a 0,6 (argilas)	Aproximação para valores de K_Φ
Briaud (2007)	**Areias:** $q_{ult} = K_\Phi \cdot q_c$ $K_\Phi = 0,23$	Valores de K_Φ obtidos a partir da análise de provas de cargas realizadas no Texas A&M
Mayne (2009)	**Areias, siltes e argilas:** $$\frac{q_{aplicado}}{q_t - \sigma_{vo}} = h_s \cdot \sqrt{\frac{s}{B}}$$ onde a capacidade de carga é definida para uma tensão q, correspondente a um valor de (s/B) = 10%, no caso de areias, siltes e argilas insensíveis Obs.: a capacidade de carga deve ser definida para um valor de (s/B) = 4% para argilas sensíveis e estruturadas	$q_{aplicado}$ = tensão aplicada na base da sapata Os valores do coeficiente h_s para diferentes tipos de solos são: Areias: $h_s = 0,58$ Siltes: $h_s = 1,12$ Argilas fissuradas: $h_s = 1,47$ Argilas intactas: $h_s = 2,70$

Lunne, Robertson e Powell (1997) sugerem a adoção do método de Burland, Broms e De Mello (1977), desenvolvido para a aplicação de resultados de ensaios SPT. O método, detalhado no Cap. 2, pode ser utilizado convertendo-se os valores medidos de N_{SPT} em faixas de ocorrência estabelecidas a partir do ensaio CPT, conforme ilustrado na Tab. 3.12.

TAB. 3.12 Transposição de experiência entre ensaios SPT e CPT para uso do método de Burland, Broms e De Mello (1977)

Areias	N_{SPT}	q_c (MPa)
Fofas	< 10	< 5
Médias	10-30	5-15
Densas	> 30	> 15

Fonte: Lunne, Robertson e Powell (1997).

Todos os métodos aqui apresentados devem ser utilizados com base nas recomendações e limitações indicadas por cada autor. Destaca-se que todos os métodos retratam condições geológicas/geotécnicas particulares e, portanto, devem ser utilizados com cautela e validados para condições locais. Esses métodos não são aplicados para solos de aterro, solos colapsíveis, expansíveis e materiais que apresentem comportamento não convencional.

3.4.2 Fundações profundas

Como conceito geral, sabe-se que a capacidade de carga de uma estaca (Q_{rup}) consiste de duas componentes, conforme discutido no Cap. 2:

$$Q_{rup} = Q_s + Q_b \qquad (3.49)$$

A parcela mobilizada na ponta da estaca (Q_b) é calculada como o produto entre a área da base (a_b) e a carga unitária (q_b). O atrito lateral (Q_s) é definido como o produto entre a área lateral da estaca (a_s) e o atrito lateral (f_p). Assim:

$$Q_{rup} = (a_b \cdot q_b) + (a_s \cdot f_p) \qquad (3.50)$$

Valores medidos de resistência de ponta do cone (q_c) são usados para calcular simultaneamente os valores de q_b e f_p. Incertezas nas medidas do atrito no fuste do cone restringem seu uso na determinação do atrito lateral de estacas. Dois métodos são utilizados internacionalmente, conforme os procedimentos descritos a seguir.

a] Método LCPC (Bustamante; Gianeselli, 1982)

O método é utilizado com base nas informações apresentadas na Fig. 3.36 e nas Tabs. 3.13 e 3.14, que fornecem os coeficientes para as equações:

$$f_p = \frac{q_{c,z}}{\alpha} \qquad (3.51)$$

$$q_b = k_c q_{c,avg} \qquad (3.52)$$

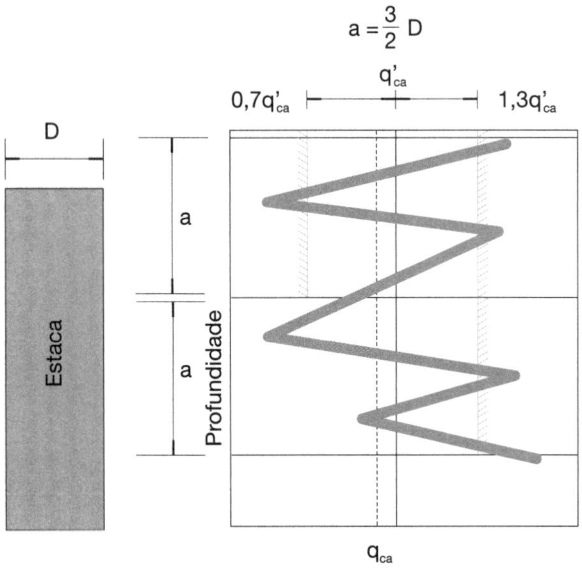

O atrito lateral unitário é calculado pelo somatório, ao longo do fuste, do valor medido de $q_{c,z}$ dividido pelo coeficiente α (Tab. 3.14). A resistência de ponta unitária é calculada por meio da média de valores medidos entre a e $-a$ (= 1,5D), sendo D o diâmetro da estaca. A média é calculada em três estágios:

i] calcula-se $q'_{c,avg}$ como a média de q_c entre a e $-a$;
ii] eliminam-se os valores de q_c superiores a 1,3$q'_{c,arg}$ e inferiores a 0,7$q'_{c,avg}$;

FIG. 3.36 Cálculo de resistência média equivalente
Fonte: Bustamante e Gianeselli (1982).

iii] calcula-se a nova média $q_{c,avg}$, dentro dos valores definidos em (ii), e utiliza-se esse valor na Eq. 3.52.

TAB. 3.13 Fatores de capacidade de carga k_c

Natureza do solo	q_c (MPa)	Fatores k_c Grupo I	Fatores k_c Grupo II
Argilas moles e turfas	< 1	0,4	0,5
Argilas moderadamente compactas	1 a 5	0,35	0,45
Silte e areias fofas	≤ 5	0,4	0,5
Argilas rijas compactas e silte compacto	> 5	0,45	0,55
Areias medianamente compactas e pedregulhos	5 a 12	0,4	0,5
Areias compactas e pedregulhos	> 12	0,3	0,4

GRUPO I - Estacas escavadas
GRUPO II - Estacas cravadas: pré-moldadas, metálicas, franki; estacas injetadas sob pressão
Fonte: Bustamante e Gianeselli (1982).

TAB. 3.14 Coeficientes de atrito α

Natureza do solo	q_c (Mpa)	Coeficiente α I A	Coeficiente α I B	Coeficiente α II A	Coeficiente α II B	Limite máximo de f_p (MPa) I A	Limite máximo de f_p (MPa) I B	Limite máximo de f_p (MPa) II A	Limite máximo de f_p (MPa) II B	Limite máximo de f_p (MPa) III A	Limite máximo de f_p (MPa) III B
Argilas moles e turfas	< 1	30	90	90	30	0,015	0,015	0,015	0,015	0,035	
Argilas moderadamente compactas	1 a 5	40	80	40	80	0,035 (0,08)	0,035 (0,08)	0,035 (0,08)	0,035	0,08	≥ 0,12
Silte e areias fofas	≤ 5	60	150	60	120	0,035	0,035	0,035	0,035	0,08	–
Argilas rijas compactas e silte compacto	> 5	60	120	60	120	0,035 (0,08)	0,035 (0,08)	0,035 (0,08)	0,035	0,08	≥ 0,20
Areias medianamente compactas e pedregulhos	5 a 12	100	200	100	200	0,08 (0,12)	0,035 (0,12)	0,08 (0,12)	0,08	0,12	≥ 0,20
Areias compactas e pedregulhos	> 12	150	300	150	200	0,12 (0,15)	0,08 (0,15)	0,12 (0,15)	0,12	0,15	≥ 0,20

GRUPO IA - Estacas escavadas, microestacas (baixa pressão), píers, barretes
GRUPO IB - Estacas escavadas com revestimento, estacas cravadas *in situ*
GRUPO IIA - Estacas cravadas pré-moldadas
GRUPO IIB - Estacas metálicas
GRUPO IIIA - Estacas cravadas injetadas
GRUPO IIIB - Estacas injetadas com altas pressões
Fonte: Bustamante e Gianeselli (1982).

b] Método Europeu de Projeto (De Ruiter; Beringen, 1979)

O método é baseado em um procedimento diferenciado para areias e argilas, sendo recomendado como Método Europeu de Projeto (Eurocode 7, 1997).

Em depósitos argilosos, as componentes de atrito lateral e resistência são calculadas com base no valor da resistência ao cisalhamento não drenada (S_u), estimada em função de q_t. Os coeficientes necessários à previsão de q_b e f_p são apresentados na Tab. 3.15.

Tab. 3.15 Método Europeu de Projeto

Capacidade de carga	Areias	Argilas
Atrito lateral unitário f_p	$f = mín \begin{cases} f_s \\ q_c / 300 \text{ (compressão)} \\ q_c / 400 \text{ (tração)} \\ 120 \text{ kPa} \end{cases}$	$f = \alpha\, S_u$ onde $\alpha = 1$ para argila NA; $\alpha = 0{,}5$ para argila PA
Capacidade de carga unitária q_p	Mínimo Eq. 3.27	$q_p = N_c\, S_u$ onde $N_c = 9$

Em areias, os autores sugerem que a resistência mobilizada na ponta da estaca é função da resistência do cone, medida em uma zona acima e abaixo da profundidade de assentamento da estaca. A zona de influência é definida por meio da ilustração apresentada na Fig. 3.37, calculando-se q_b pela equação:

$$q_b = \frac{q_{c1} + q_{c2}}{2} \qquad (3.53)$$

onde:

q_{c1} é a média dos valores de q_c ao longo de a-b-c. Entre b-c, utiliza-se a envoltória mínima de resistência. A profundidade de influência considerada, y, varia entre 0,7 e 4,0, adotando-se o valor mínimo de q_{c1} nesse intervalo; q_{c2} é a média dos valores de q_c da envoltória mínima de resistência, a uma distância de 8 diâmetros acima da base da estaca.

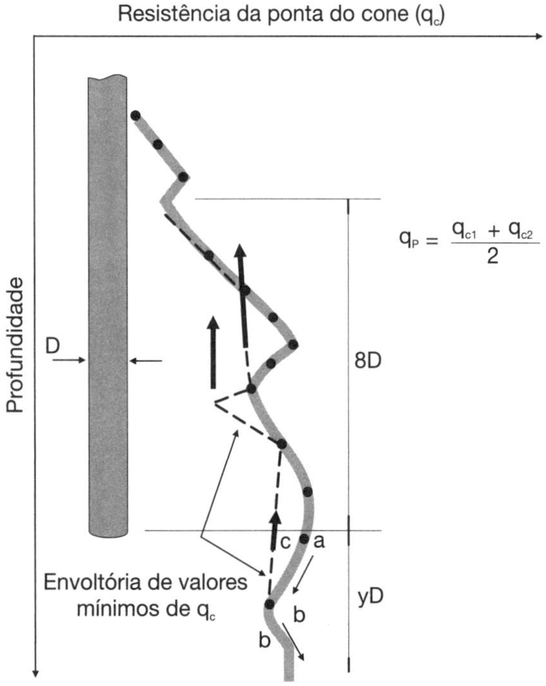

Em geral, adota-se o valor de 15 MPa como limite de resistência de ponta da estaca. Experiência local é recomendada na aplicação dessas correlações, e pode-se utilizar o trabalho de Almeida et al. (1996) como referência. Não há experiência significativa do uso dessas correlações em solos residuais.

3.5 Considerações finais

Os ensaios de cone e piezocone passaram a fazer parte da rotina de engenharia brasileira, complementando as informações obtidas em programas preliminares de investigação desenvolvidos com base em sondagens SPT. Novas técnicas foram introduzidas tanto para sondagens *onshore* como *offshore*, atendendo às demandas de projeto em

Fig. 3.37 Cálculo de resistência média equivalente
Fonte: De Ruiter e Beringen (1979).

águas rasas e profundas. Inúmeras empresas estabeleceram-se no mercado nas últimas décadas e operam comercialmente em todo o território brasileiro.

Assim como preconizado para as outras técnicas de investigação, o treinamento permanente de pessoal e a manutenção dos equipamentos constituem-se em condições indispensáveis para que os resultados sejam representativos e confiáveis. A supervisão na realização do ensaio é prática recomendável.

As medidas de ensaio (q_c, f_s, u e/ou v_s) obtidas por meio de procedimentos normalizados (conforme as recomendações da ABNT, ASTM e Eurocode) podem ser utilizadas na estimativa de características e propriedades do solo (estratigrafia; densidade relativa, D_r; resistência não drenada, S_u; ângulo de atrito interno, ϕ'; história de tensões; coeficiente de adensamento, C_h), assim como no dimensionamento de fundações (previsão de capacidade de carga e estimativa de recalques).

capítulo 4
ENSAIO DE PALHETA

O projeto de aterro sobre argilas moles ainda é feito com mais frequência por métodos de cálculo com tensões totais do que com tensões efetivas[...] Para o projeto, um só parâmetro é necessário: a resistência não drenada. Embora facilmente definível, a fixação desse parâmetro para projeto é uma tarefa extremamente difícil. A escolha do ensaio a ser feito para a sua definição, a adoção ou não de fatores de correção do seu valor, o confronto entre informações aparentemente conflitantes, entre outras, são questões que se apresentam ao projetista, em cada caso.

Carlos de Souza Pinto (1992)

O ensaio de palheta (*vane test*) é tradicionalmente empregado na determinação da resistência ao cisalhamento não drenada (S_u) de depósitos de argilas moles. Esse ensaio, sendo passível de interpretação analítica, assumindo-se a hipótese de superfície de ruptura cilíndrica, serve de referência a outras técnicas e metodologias cuja interpretação requer a adoção de correlações semiempíricas. Complementarmente, busca-se obter informações quanto à história de tensões do solo indicada pelo perfil da razão de pré-adensamento (OCR).

O ensaio de palheta foi desenvolvido na Suécia, em 1919, por John Olsson (Flodin; Broms, 1981). Ao término da década de 1940, sofreu aperfeiçoamentos (Carlsson, 1948; Skempton, 1948; Cadling; Odenstad, 1948), assumindo a forma como é empregado até hoje (Walker, 1983; Chandler, 1988). Inúmeras publicações são dedicadas ao tema e podem ser consultadas para identificar-se os fatores que afetam o ensaio e sua interpretação (p. ex., Richardson; Whitman, 1963; Bjerrum, 1973; Larsson, 1980; Walker, 1983; Wroth, 1984; Aas et al., 1986; Cerato; Lutenegger, 2004; Biscontin; Pestana, 2001).

Em 1987, a American Society for Testing and Materials (ASTM) realizou uma conferência específica sobre o tema, que pode servir de referência internacional, adotada como estado da arte (ASTM STP 1014).

No Brasil, o ensaio foi introduzido em 1949 pelo Instituto de Pesquisa Tecnológica de São Paulo (IPT) e pela Geotécnica S. A., do Rio de Janeiro, sendo que os primeiros estudos sistemáticos sobre o assunto datam das décadas de 1970 e 1980 (Costa Filho; Werneck; Collet, 1977; Ortigão; Collet, 1987; Ortigão, 1988). Em outubro de 1989, o ensaio foi normalizado pela Associação Brasileira de Normas Técnicas (ABNT) – MB 3122: Solo - Ensaios de palheta *in situ* - Método de ensaio – e registrado no INMETRO como NBR 10905.

4.1 Equipamento e procedimentos

O ensaio de palheta visa determinar a resistência não drenada do solo *in situ* (S_u). Para tanto, utiliza uma palheta de seção cruciforme que, quando cravada em argilas saturadas de consistência mole a rija, é submetida a um torque necessário para cisalhar o solo por rotação em condições não drenadas. É necessário, portanto, o conhecimento prévio da natureza do solo onde será realizado o ensaio, não só para avaliar sua aplicabilidade, como para, posteriormente, interpretar adequadamente os resultados. Embora o ensaio possa ser executado em argilas com resistências de até 200 kPa, a palheta especificada na Norma Brasileira apresenta desempenho satisfatório em argilas com resistências inferiores a 50 kPa. Algumas das recomendações de natureza prática para definir a usabilidade do ensaio são:

a] N_{SPT} menor ou igual a 2, correspondendo a resistência de penetração (q_c) menor ou igual a 1.000 kPa;
b] matriz predominantemente argilosa (> 50% passando na peneira #200, LL > 25, IP > 4);
c] ausência de lentes de areia (a ser definida previamente por ensaios de penetração).

Detalhes do equipamento estão ilustrados na Fig. 4.1. Suas principais características e os procedimentos de ensaio são descritas a seguir.

1] A palheta é constituída de quatro aletas, fabricadas em aço de alta resistência, com diâmetro de 65 mm e altura de 130 mm (altura igual ao dobro do diâmetro). Admite-se palheta retangular menor (diâmetro de 50 mm e altura de 100 mm) quando o ensaio for realizado em argilas rijas (S_u > 50 kPa).
2] A haste, fabricada em aço capaz de suportar os torques aplicados, conduz a palheta até a profundidade do ensaio. Denominada haste fina (diâmetro de 13 ± 1 mm), é protegida por um tubo (diâmetro externo de 20 ± 1 mm) denominado tubo de proteção, que é mantido estacionário durante o ensaio e tem a finalidade de eliminar o atrito solo-haste. O espaço anelar resultante entre a haste fina e o tubo de proteção deve ser preenchido com graxa para evitar ingresso de solo e reduzir eventuais atritos mecânicos a valores desprezíveis.
3] O equipamento de aplicação e medição do torque, projetado para imprimir uma rotação ao conjunto haste fina/palheta de 6 ± 0,6°/min, deve possuir um

mecanismo de coroa e pinhão, acionado por manivela ou por motor elétrico, conforme ilustrado na Fig. 4.1. Durante a realização do ensaio são feitas leituras de rotação a cada 2 graus, para a determinação da curva torque × rotação.

Os problemas associados a atritos internos no equipamento podem ser eliminados com o uso de uma palheta instrumentada eletricamente, com uma célula de torque próximo a ela (p. ex., Almeida, 1996).

Conhecidas as características e os procedimentos gerais do ensaio, dois tipos básicos de equipamentos podem ser empregados: os tipos A e B.

4.1.1 Equipamento tipo A (ensaios sem perfuração prévia)

Os ensaios realizados com esse tipo de equipamento apresentam resultados de melhor qualidade. São utilizados em solos com baixa consistência, onde é possível sua cravação estática a partir do nível do terreno. Durante a cravação, com auxílio de um sistema hidráulico ou tripé de sondagem, a palheta é protegida por uma sapata (Fig. 4.1), e o tubo de proteção é mantido centralizado, para a redução de atritos mecânicos. Durante o ensaio propriamente dito (aplicação do torque na palheta), o tubo de proteção da haste é mantido estacionário.

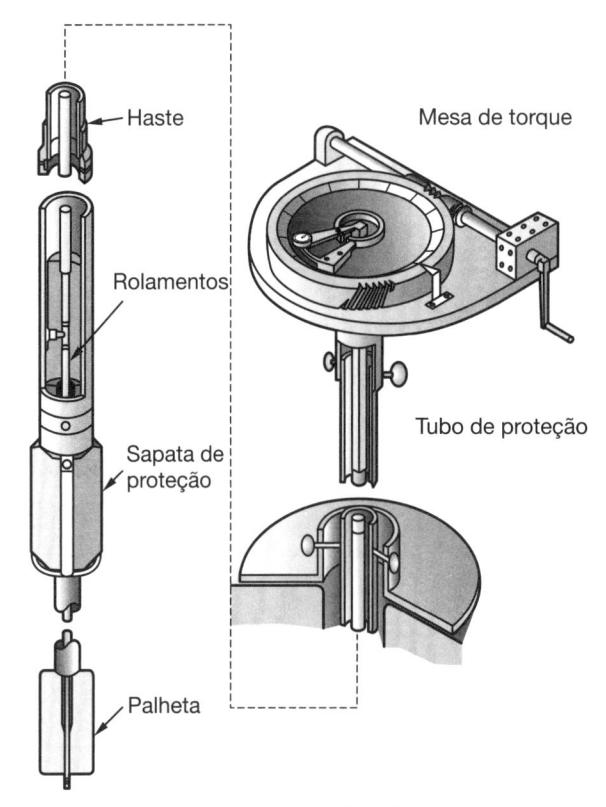

Fig. 4.1 Equipamento para ensaio de palheta *in situ*
Fonte: Ortigão e Collet (1987).

Em relação à profundidade na qual a sapata de proteção é estacionada, a palheta deve ser cravada, no mínimo, 0,5 m à frente da sapata no interior do solo, sem sofrer rotação, quando então são realizadas as medições (ver seção 4.2).

4.1.2 Equipamento tipo B (ensaios no interior de uma perfuração prévia)

Ensaios realizados com esse tipo de equipamento são suscetíveis a erros, em razão de atritos mecânicos e da translação da palheta. Todo o esforço deve ser feito para minimizá-los. Neste sentido, a Norma Brasileira (MB 3122) apresenta as seguintes recomendações (ABNT, 1989):

> - São utilizados espaçadores com rolamentos em intervalos não superiores a 3 metros ao longo das hastes de extensão. O conjunto das hastes se apoia em um dispositivo com rolamentos instalados na extremidade inferior das hastes que, por sua vez, está conectado ao tubo de proteção da haste fina. Este dispositivo permite que a rotação das hastes não seja transmitida ao tubo de proteção da haste fina, que permanece estacionário durante o ensaio. Com isso, tanto o atrito-haste como os atritos mecânicos, desalinhamento das hastes e translação da palheta são evitados ou reduzidos a valores desprezíveis.

- Todos os rolamentos devem ser bem lubrificados e vedados para evitar o ingresso de solo.

A perfuração é feita previamente, com diâmetro de 75 mm, e preferencialmente revestida para evitar desmoronamento. O conjunto palheta-espaçadores-hastes é introduzido até o fundo do furo, seguido da cravação imediata da palheta no interior do solo, sem rodá-la, em comprimento superior a 0,5 m (não inferior a quatro vezes o diâmetro do furo), e então são realizadas as medições, conforme descrito na seção 4.2.

Em decorrência das dificuldades de execução e das imprecisões nos resultados, o equipamento tipo B tem sido preterido pela prática brasileira, havendo, nas especificações técnicas contidas em projetos e procedimentos normativos de ensaios, recomendações quanto à utilização do equipamento tipo A.

(A) Unidade de torque manual Geonor (cortesia Cientec)

(B) Unidade de torque manual tradicional adaptada com motor de passo e sistema de aquisição dados (cortesia Geoforma)

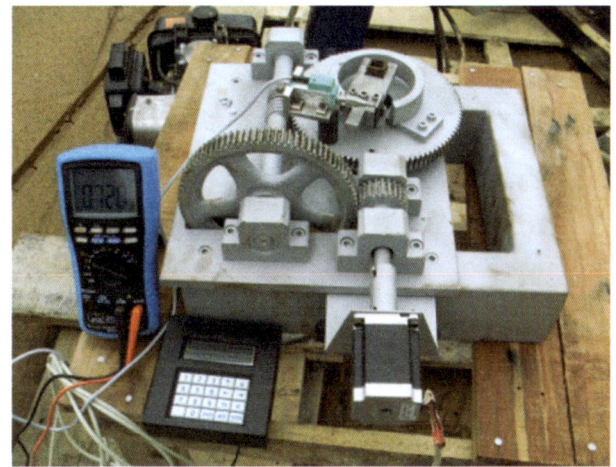

(C) Unidade de torque elétrica Geotech (cortesia Fugro Insitu)

(D) Unidade de torque elétrica (cortesia Damasco Penna)

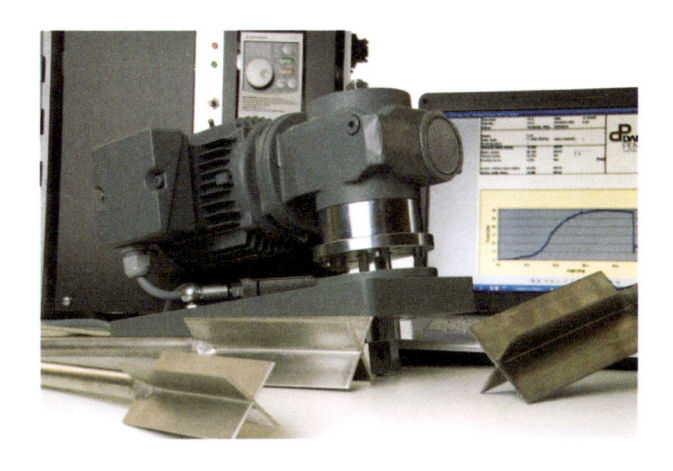

Fig. 4.2 Unidades de torque ou mesa de torque

Os equipamentos de palheta não apresentaram evoluções tecnológicas significativas nas últimas décadas, salvo no que diz respeito à unidade de torque (também conhecida como mesa de torque). O acionamento manual foi substituído por acionamento elétrico e o registro dos valores de torque passou a ser efetuado por meio de células de carga acopladas a sistemas de aquisição de dados. A Fig. 4.2 apresenta exemplos de distintas unidades de torques disponíveis no mercado: com acionamento mecânico e registro de dados manual (Fig. 4.2A) e com acionamento elétrico e registro digital de dados (Fig. 4.2B,C,D). Um aspecto a ressaltar refere-se à utilização de sistema de giro livre parcial da haste fina ligada à palheta, que permite a determinação do valor do atrito na composição de hastes em cada profundidade de ensaio, eliminando a necessidade de calibrações prévias de atrito, conforme preconizado pela NBR 10905/1986.

Independentemente das inovações incorporadas à unidade de torque, a qualidade do ensaio é basicamente definida (a) pela qualidade e estado de conservação das hastes de torque e dos tubos de revestimento, (b) pela qualidade e conservação da palheta, da haste fina e do tubo de proteção, e principalmente (c) pelos cuidados na execução dos procedimentos de ensaio, incluindo a instalação da sonda/sapata, o posicionamento da palheta na profundidade de ensaio e a instalação e fixação da mesa de torque.

A instalação da composição e o posicionamento da palheta devem, preferencialmente, ser realizados com sistemas hidráulicos, similares aos utilizados no ensaio do cone. Deve-se evitar a cravação com o uso de chaves de grifo, golpes, vibrações e esforços indesejados, que podem amolgar o solo ao redor da palheta.

Segundo Almeida (2000 apud Oliveira, 2000), um ensaio de boa qualidade em argilas moles a muito moles deve apresentar pico de resistência para uma rotação da palheta inferior a 30°. Nascimento (1998) aponta para valores inferiores, na faixa entre 5° e 25°. Solos com maior resistência e ensaios realizados a maiores profundidades podem, no entanto, apresentar limites superiores a esses, sem comprometer a qualidade do ensaio, em decorrência da torção elástica do conjunto de hastes. A torção elástica das hastes (ϕ) é função direta do valor do torque aplicado e do comprimento da composição, e função inversa do diâmetro da haste e da qualidade do aço. Ela pode ser calculada pela expressão (Popov, 1976):

$$\phi = \int_0^L \frac{T_x d_x}{J_x G} = \frac{TL}{JG} \qquad (4.1)$$

onde T é o torque aplicado; L, o comprimento da composição de hastes; J, o momento de inércia (J = π ($d_e^4 - d_i^4$)/32); e G, o módulo cisalhante do aço (G = 80 × 10^9 N/m²). A Fig. 4.3 apresenta um esquema com as grandezas envolvi-

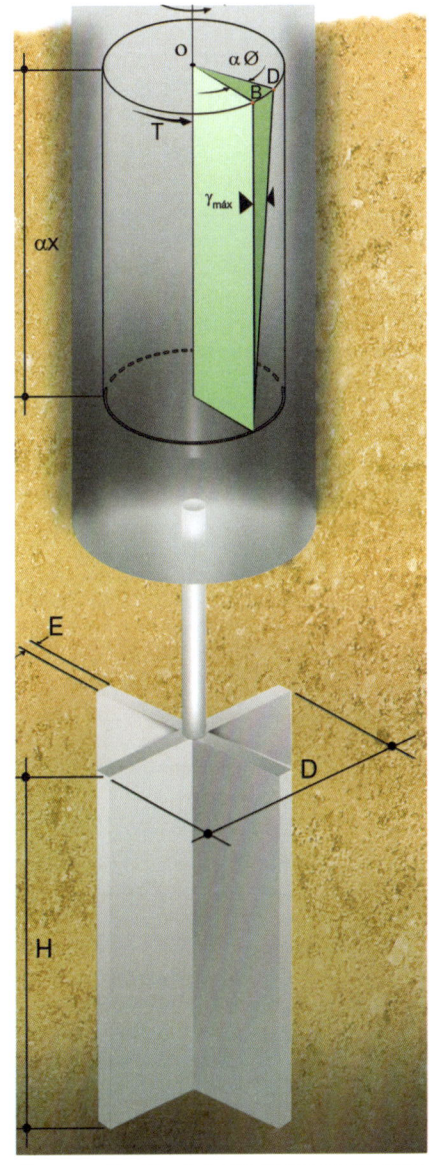

FIG. 4.3 Torção da haste de torque do *vane*

das na determinação da torção da haste no ensaio de *vane*. No caso da Fig. 4.4, para $S_u = 20$ kN/m² (T ≈ 0 Nm), L = 7 m, $d_e = 20$ mm e d_i = zero, o ângulo de torção elástica é de 6,38°, o que corresponde a uma rotação real da palheta de 17° para atingir o pico de resistência.

Soma-se à torção elástica da composição das hastes, a rotação decorrente do aperto adicional nas roscas durante a aplicação do torque. Essa rotação pode ser representativa, tendo em vista que, em geral, as hastes são conectadas de metro em metro. Para minimizar esse efeito, recomenda-se que as hastes de torque sejam inspecionadas periodicamente e confeccionadas de modo que, ao final do processo manual de aperto, elas encontrem um batente, evitando rotações durante a aplicação do torque.

Em relação ao solo, a presença de pequenas quantidades de areia ou silte na matriz argilosa, ou a ocorrência de lentes arenosas, pode promover um ganho de resistência decorrente de drenagem parcial durante o tempo de rotação da palheta. Interferências produzidas por conchas, raízes e partículas granulares podem, ainda, dar origem a curvas descontínuas, com a presença de patamares localizados, sem, com isso, comprometer a qualidade do ensaio. A Fig. 4.4 apresenta uma curva típica de ensaio de boa qualidade, realizado com medida de torque junto à palheta, por meio do uso de célula de carga instrumentada. Observa-se na figura, além da curva obtida no solo natural (indeformada), a curva amolgada, determinada após dez rotações da palheta (Baroni, 2010).

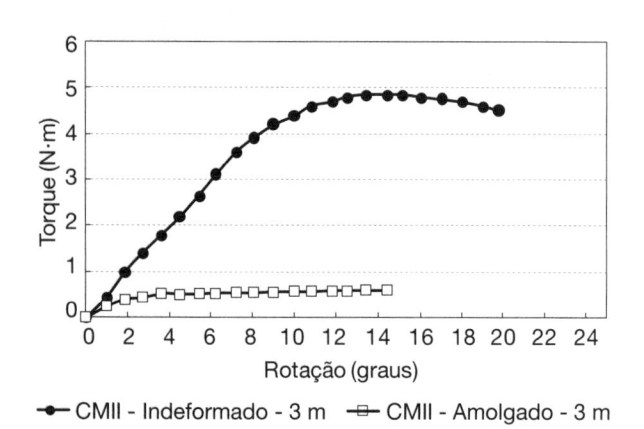

Fig. 4.4 Curva torque *versus* rotação angular típica de um ensaio de *vane*
Fonte: Baroni (2010).

A Fig. 4.5 apresenta dois exemplos característicos de curvas de torque *versus* rotação, executados com equipe técnica qualificada e equipamento dotado de medidas de torque junto à palheta (Baroni, 2010). Na Fig. 4.5A, destaca-se a interferência de conchas ou raízes nos resultados do ensaio, dando origem a um pico de resistência intermediário, ao passo que, na Fig. 4.5B, observa-se o aumento do ângulo de rotação, em razão da presença de uma camada ressecada.

Na Fig. 4.6 são apresentados resultados de ensaios já interpretados para a determinação da resistência ao cisalhamento não drenada (S_u). Nesses casos, o valor do torque medido foi corrigido pelo atrito nas hastes (conforme indicado na figura). A Fig. 4.6A é representativa de solo argiloso, ao passo que o ensaio representado na Fig. 4.6B é característico de procedimento executado em camada argiloarenosa, onde a presença da areia induz um crescimento da resistência não drenada quase linear com a rotação da palheta. Em ambos os ensaios, a medida do torque foi executada em superfície. Destaca-se que a rotação de pico encontra-se na faixa entre 25° e 50°, que, descontada a torção elástica, resulta em valores de 17° e 11°, respectivamente.

(A) Torque *versus* rotação em argila com presença de conchas

● EP 04 Indeformado - 5,49 m
□ EP 04 Amolgado - 5,49 m

(B) Torque *versus* rotação em argila ressecada

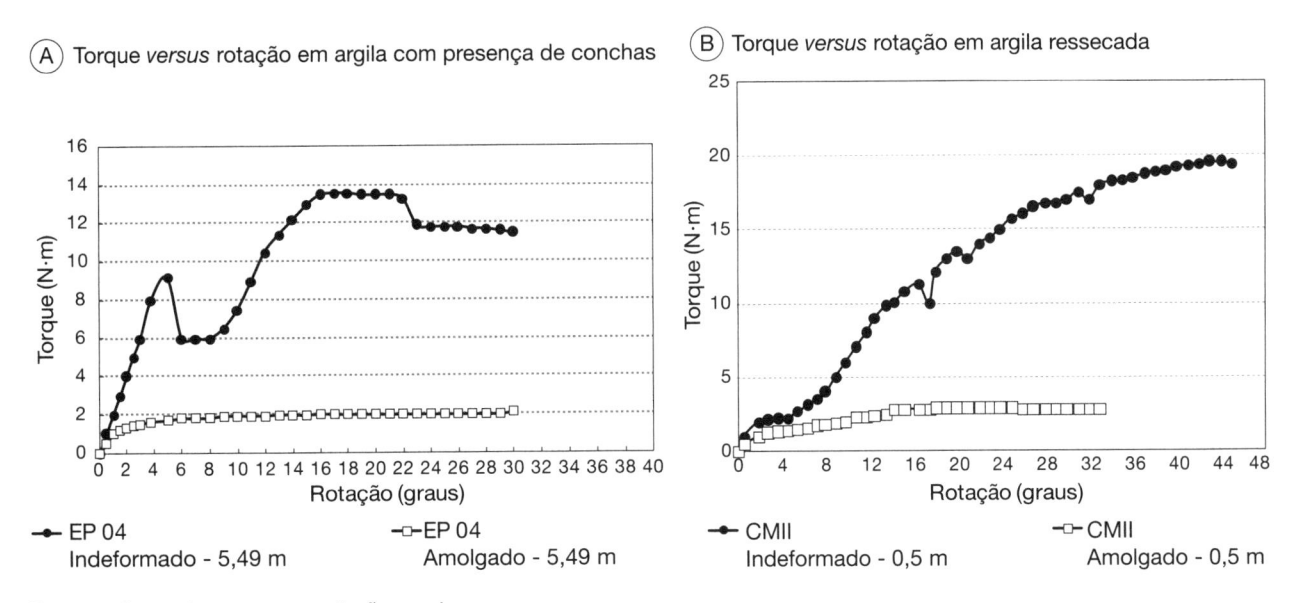

● CMII Indeformado - 0,5 m
□ CMII Amolgado - 0,5 m

FIG. 4.5 Curvas torque *versus* rotação angular
Fonte: Baroni (2010).

(A) S_u *versus* rotação, executado a 10 m de profundidade, com medida de atrito

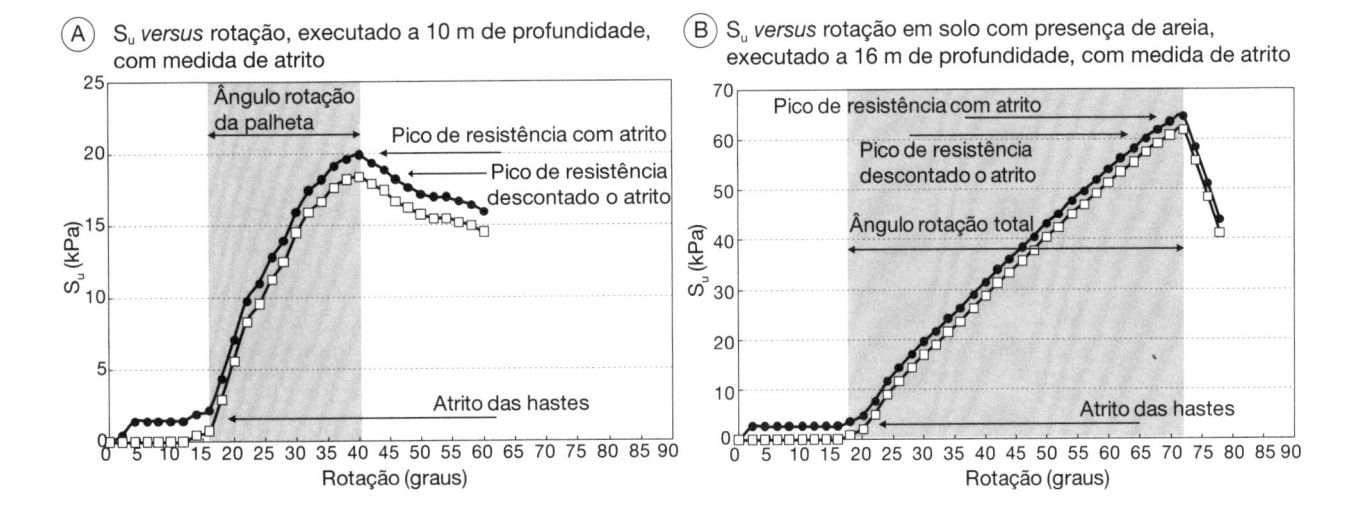

(B) S_u *versus* rotação em solo com presença de areia, executado a 16 m de profundidade, com medida de atrito

FIG. 4.6 Curvas S_u *versus* rotação angular

4.2 Resultados de ensaios

Após a introdução da palheta no interior do solo, na profundidade de ensaio, posiciona-se a unidade de torque e medição, zeram-se os instrumentos e aplica-se imediatamente o torque com velocidade de 6°/minuto (MB 3122). O intervalo de tempo máximo admitido entre o fim da cravação da palheta e o início da sua rotação é de cinco minutos. Para a determinação da resistência amolgada (S_{ur}), imediatamente após a aplicação do torque máximo são realizadas dez revoluções completas na palheta, e refeito o ensaio. O intervalo de tempo entre os dois ensaios deve ser inferior a cinco minutos.

Com base no torque medido é possível determinar a resistência ao cisalhamento não drenada do solo (conforme dedução apresentada na seção 4.3):

$$S_u = \frac{0{,}86M}{\pi D^3} \qquad (4.2)$$

onde M é o torque máximo medido (kNm); e D é o diâmetro da palheta (m).

O valor da resistência não drenada amolgada (S_{ur}) é obtido pela mesma Eq. 4.2, utilizando-se, porém, o valor do torque correspondente à condição amolgada.

Medidas de S_u obtidas em um depósito de argilas moles no Rio de Janeiro (Ortigão; Collet, 1986), obtidas em vários furos de sondagem, possibilitam uma estimativa realista da variação da resistência com a profundidade (Fig. 4.7).

O valor da sensibilidade da argila (S_t) é dado por:

$$S_t = \frac{S_u}{S_{ur}} \qquad (4.3)$$

A classificação das argilas quanto à sensibilidade é definida com base na proposição de Skempton e Northey (1952), apresentada na Tab. 4.1. No Brasil, a sensibilidade de depósitos argilosos varia, em geral, entre baixa e média, conforme apresentado na Tab. 4.2.

Solos argilosos com presença de partículas granulares, matéria orgânica, raízes, conchas etc. podem apresentar resistências de pico variáveis e, por consequência, induzir valores de sensibilidade fora da faixa usual definida na Tab. 4.2.

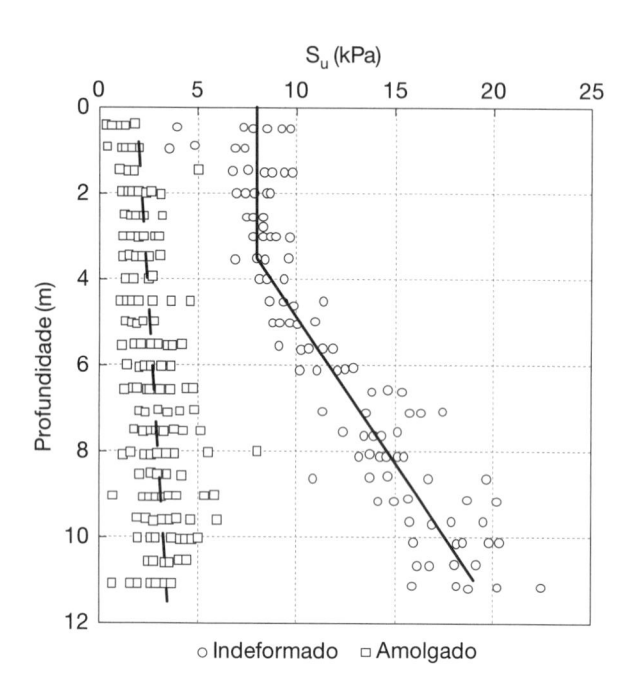

FIG. 4.7 Resultados de ensaios de palheta *in situ* em argilas do Rio de Janeiro, obtidos em vários furos próximos
Fonte: Ortigão e Collet (1986).

TAB. 4.1 Sensibilidade de argila

Sensibilidade	S_t
Baixa	2-4
Média	4-8
Alta	8-16
Muito Alta	> 16

Fonte: Skempton e Northey (1952).

4.3 Interpretação do ensaio

A Norma Brasileira define a resistência não drenada (S_u), expressa em kPa, fornecida pelo ensaio de palheta, por meio da Eq. 4.2, reapresentada abaixo:

$$S_u = \frac{0{,}86M}{\pi D^3}$$

Essa expressão é tradicionalmente utilizada em normas internacionais, deduzida para palhetas retangulares com altura igual ao dobro do diâmetro. Na dedução dessa expressão, assume-se uma distribuição uniforme de tensões ao longo das superfícies de ruptura horizontal e vertical circunscritas à palheta.

A validação das hipóteses referentes à distribuição das tensões tem sido objeto de investigações experimentais e numéricas, desenvolvidas com o objetivo de validar o uso da Eq. 4.2 na determinação da resistência não drenada. Donald et al. (1977) apresentaram os resultados da análise da distribuição de tensões em torno do cilindro cisalhado pela palheta inserida em um meio elástico, usando um programa de elementos finitos tridimensional. Menzies e Merrifield (1980) confirmaram experimentalmente, para a argila de Londres, as evidências numéricas descritas por Donald et al. (1977). Os resultados são mostrados na Fig. 4.8, sendo possível concluir-se que:

a] a hipótese da distribuição uniforme de tensões ao longo da superfície vertical é aplicável à prática de engenharia;

b] a hipótese da distribuição uniforme de tensões nas superfícies horizontais extremas (topo e base) do cilindro é irreal.

Posteriormente, com base nos trabalhos descritos anteriormente, Wroth (1984), considerando uma palheta de raio R e altura H, concluiu que a distribuição de tensões cisalhantes nos planos horizontais extremos, de topo e de base da superfície cilíndrica de ruptura, pode ser representada por uma expressão polinomial simples:

$$\frac{\tau_H}{\tau_{mH}} = \left(\frac{x}{R}\right)^n \quad (4.4)$$

onde τ_H é a tensão de corte a uma distância radial x do centro do círculo de raio R (superfície horizontal); τ_{mH} é a tensão de corte máxima no perímetro da palheta – portanto, a uma distância radial R do centro do círculo; e n define a configuração da distribuição de tensões na superfície horizontal.

Em particular, para obter-se uma distribuição uniforme de tensões (retangular), n = 0. Por sua vez, para obter-se uma distribuição triangular de tensões, n = 1. Wroth (1984) determinou o valor aproximado de n = 5 para a argila de Londres, com base nos dados apresentados por Menzies e Merrifield (1980).

Conhecidas as condições de contorno do ensaio, interpretadas na forma de uma superfície de ruptura perfeitamente cilíndrica, e assumida a distribuição de tensões nas superfícies vertical e horizontal, é possível expressar analiticamente o torque máximo medido no ensaio como função da geometria da palheta e da resistência não drenada do solo. O momento resistido ao longo da superfície horizontal (M_H), somadas as contribuições do topo e da base de uma palheta de raio R = D/2 e altura H, é dado por:

TAB. 4.2 Sensibilidade de argilas moles do litoral brasileiro

Local	Valor médio	Variação	Referência
Santa Cruz, RJ (zona litorânea)	3,4	-	Aragão (1975)
Santa Cruz, RJ (offshore)	3,0	1-5	Aragão (1975)
Rio de Janeiro, RJ	4,4	2-8	Ortigão e Collet (1987)
Sepetiba, RJ	4,0	-	Machado (1988)
Cubatão, SP	-	4-8	Teixeira (1988)
Florianópolis, SC	3,0	1-7	Maccarini et al. (1988)
Aracaju, SE	5,0	2-8	Ortigão (1988)
Porto Alegre, RS	4,5	2-8	Soares (1997)
Recife, PE (1ª camada)	-	4,5-11,8	Oliveira e Coutinho (2000)
Recife, PE (2ª camada)	-	7,8-15,8	Oliveira e Coutinho (2000)
Aracaju, SE	5	2,0-8,0	Ortigão (1988)
Juturnaíba, RJ (aterro experimental)	10	1,0-19,0	Coutinho (1986)
Juturnaíba, RJ (barragem)	-	4,0-8,0	Coutinho, Oliveira e Oliveira (1998)
Sarapuí, RJ	4,4	2,0-8,0	Ortigão e Collet (1986)
Barra da Tijuca, RJ	5,0	-	Almeida (1996)
Santos, SP	-	4,0-5,0	Massad (1999)
Cubatão, SP	-	4,0-8,0	Teixeira (1988)
Rio Grande, RS	2,5	-	Lacerda e Almeida (1995)
Barra da Tijuca, RJ	10	4,7-17,8	Baroni (2010)

Fonte: atualizada de Ortigão (1995).

$$M_H = 2 \int 2\cdot \pi \cdot x \cdot dx \cdot t_H \cdot x, \text{ entre os limites de 0 a R} \quad (4.5)$$

Isolando τ_H da Eq. 4.4 e substituindo na Eq. 4.5, tem-se:

$$M_H = [(4\cdot \pi \cdot \tau_{mH})/n] \cdot \int x^{(n+2)} \cdot dx \quad (4.6)$$

Integrando a Eq. 4.6 entre os limites de 0 a R, e substituindo R por D/2, tem-se:

$$M_H = [\pi \cdot D^3 \cdot \tau_{mH}]/[2(n+3)] \quad (4.7)$$

A Eq. 4.7 representa a parcela do momento externo aplicado (M), mobilizado nas superfícies horizontais da base e topo, e inclui a expressão polinomial simples deduzida por Wroth (1984) para a distribuição de tensões atuantes sobre as referidas superfícies.

A parcela do momento externo (M) mobilizado ao longo da superfície vertical (M_V), supondo-se uma distribuição de tensões uniforme, é:

$$M_V = 2\cdot \pi \cdot D \cdot H \cdot \tau_{mV} \cdot D/2 = (\pi \cdot D^2 \cdot H \cdot \tau_{mV})/2 \quad (4.8)$$

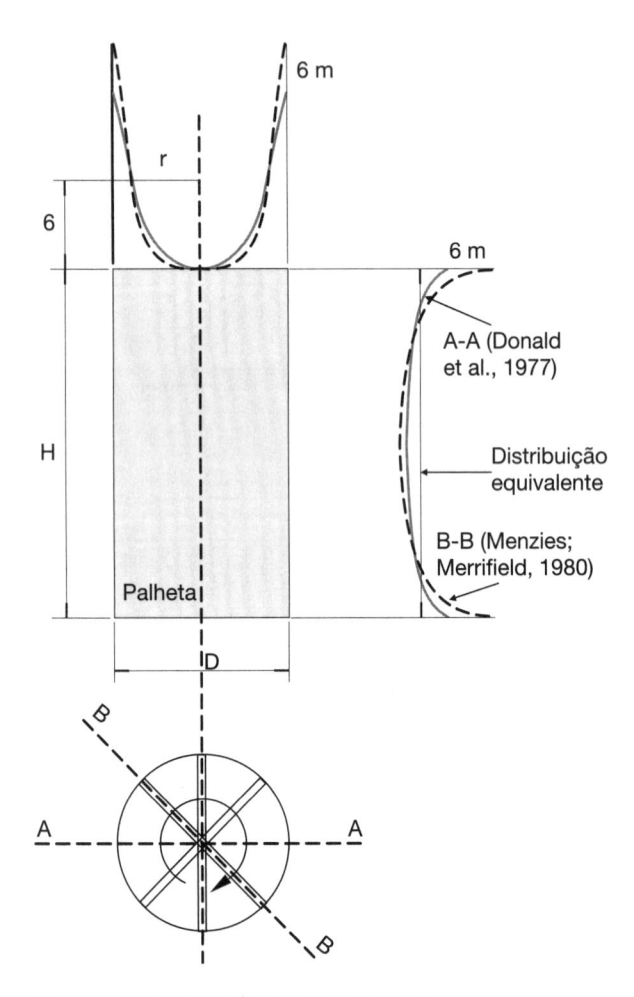

FIG. 4.8 Distribuição de tensões cisalhantes
Fonte: Chandler (1988).

O momento externo aplicado (M) à palheta é resistido pelo solo por meio da soma das parcelas mobilizadas junto às superfícies horizontal (M_H) e vertical (M_V), ou seja:

$$M = M_H + M_V \quad (4.9)$$

A presente análise é feita no momento da ruptura, quando o momento aplicado (M) corresponde ao torque máximo. Assim, $\tau_{mH} = S_{uh}$ e $\tau_{mV} = S_{uv}$.

A razão S_{uv}/S_{uh} é denominada razão de anisotropia, devido ao provável comportamento anisotrópico do solo em relação à resistência não drenada. Chamando de b essa razão, tem-se:

$$b = S_{uv}/S_{uh} \quad (4.10)$$

onde S_{uv} é a resistência não drenada na superfície vertical; e S_{uh} é a resistência não drenada nas superfícies horizontais extremas.

Substituindo as Eqs. 4.7, 4.8 e 4.9 na Eq. 4.10, obtém-se:

$$S_{uH} = \frac{n+3}{D + Hb(n+3)} \cdot \frac{2M}{\pi D^2} \qquad (4.11)$$

A Eq. 4.11, deduzida por Lund, Soares e Schnaid (1996), é geral, ou seja, inclui a distribuição não uniforme de tensões (Wroth, 1984) nas superfícies horizontais extremas, o possível comportamento anisotrópico do solo em relação à resistência não drenada e quaisquer dimensões da palheta (H/D).

Assim, a Eq. 4.2, adotada pela Norma Brasileira, é um caso particular da Eq. 4.11, em que se assume que: (i) o solo apresenta comportamento isotrópico em relação à resistência não drenada, b = 1; (ii) a distribuição de tensões resultantes do cisalhamento é uniforme (retangular) nas superfícies horizontais superior e inferior do cilindro, isto é, n = 0; (iii) a altura da palheta é o dobro do diâmetro, H = 2D.

É interessante observar que a Eq. 4.11 pode ser reescrita e expressa segundo proposições anteriormente recomendadas pela literatura internacional. Substituindo "n + 3" por "a" na Eq. 4.11, supondo o comportamento do solo isotrópico em relação à resistência não drenada (b = 1), obtém-se a equação apresentada por Jackson (1969):

$$S_u = \frac{2M}{\pi D^2 \left(H + \dfrac{D}{a}\right)} \qquad (4.12)$$

onde a = 3,0 (distribuição uniforme de tensões); a = 3,5 (distribuição parabólica de tensões); e a = 4,0 (distribuição triangular de tensões).

Supondo a distribuição uniforme de tensões (n = 0) e admitindo o comportamento anisotrópico do solo em relação à resistência não drenada (b ≠ 1), obtém-se a equação apresentada por Aas (1967):

$$\frac{2}{\pi H D^2} M = S_{uV} + \frac{D}{3H} S_{uH} \qquad (4.13)$$

A partir da Eq. 4.11, são apresentadas, na Tab. 4.3, diversas interpretações possíveis do ensaio de palheta para as diferentes hipóteses discutidas anteriormente. Nessa tabela, observa-se a importância da determinação da razão de anisotropia b na resistência ao cisalhamento não drenada do solo, bem como a necessidade de estimar o valor de n, que define a configuração da distribuição de tensões nas superfícies horizontais extremas do cilindro, para dar à interpretação dos resultados maior confiabilidade.

4.4 Fatores de influência e correções

Vários fatores influenciam os resultados do ensaio de palheta. Alguns têm origem nas hipóteses assumidas no momento da escolha da equação que define a resistência ao cisalhamento não drenada, e outros derivam dos procedimentos de execução do ensaio.

TAB. 4.3 Interpretação do ensaio de palheta para diversas hipóteses

Dimensão da palheta (H/D)	Isotropia/Anisotropia	Distribuição de tensões - superfícies horizontais	Equação
H = D	Isotrópico (b = 1)	Uniforme (n = 0)	$S_u = 1{,}50 \dfrac{M}{\pi D^3}$
		Parabólica (n = 1/2)	$S_u = 1{,}56 \dfrac{M}{\pi D^3}$
		Triangular (n = 1)	$S_u = 1{,}60 \dfrac{M}{\pi D^3}$
	Anisotrópico (b ≠ 1)	Uniforme (n = 0)	$S_{uH} = \dfrac{6}{(3b+1)} \dfrac{M}{\pi D^3}$
		Parabólica (n = 1/2)	$S_{uH} = \dfrac{14}{(7b+2)} \dfrac{M}{\pi D^3}$
		Triangular (n = 1)	$S_{uH} = \dfrac{8}{(4b+1)} \dfrac{M}{\pi D^3}$
H = 2D	Isotrópico (b = 1)	Uniforme (n = 0)	$S_u = 0{,}86 \dfrac{M}{\pi D^3}$ *
		Parabólica (n = 1/2)	$S_u = 0{,}88 \dfrac{M}{\pi D^3}$
		Triangular (n = 1)	$S_u = 0{,}89 \dfrac{M}{\pi D^3}$
	Anisotrópico (b ≠ 1)	Uniforme (n = 0)	$S_{uH} = \dfrac{6}{(6b+1)} \dfrac{M}{\pi D^3}$
		Parabólica (n = 1/2)	$S_{uH} = \dfrac{7}{(7b+1)} \dfrac{M}{\pi D^3}$
		Triangular (n = 1)	$S_{uH} = \dfrac{8}{(8b+1)} \dfrac{M}{\pi D^3}$

*Interpretação conforme recomendação da Norma Brasileira NBR 10905
Fonte: Lund, Soares e Schnaid (1996).

4.4.1 Velocidade de carregamento

A condição não drenada de ensaio depende da velocidade de rotação da palheta utilizada na sua execução. A velocidade de 6°/min, adotada pelas normas em geral, garante a condição não drenada de ensaio (Walker, 1983; Chandler, 1988). Contudo, em qualquer ensaio de cisalhamento, a velocidade de deformação tem considerável influência nos resultados, conforme demonstrado na Fig. 4.9, por meio do estudo desenvolvido por Torstensson (1977). Nessa figura, a redução da velocidade produz um aumento do torque, medido em função de efeitos de drenagem do solo, produzindo um valor de resistência ao cisalhamento superior à resistência ao cisalhamento medida em condições não drenadas.

Em contrapartida, ensaios em misturas de caulinita e bentonita, realizados por Biscontin e Pestana (2001), indicam aumento de resistência do solo com o aumento da velocidade de rotação, possivelmente em decorrência de efeitos viscoplásticos da argila (Fig. 4.10).

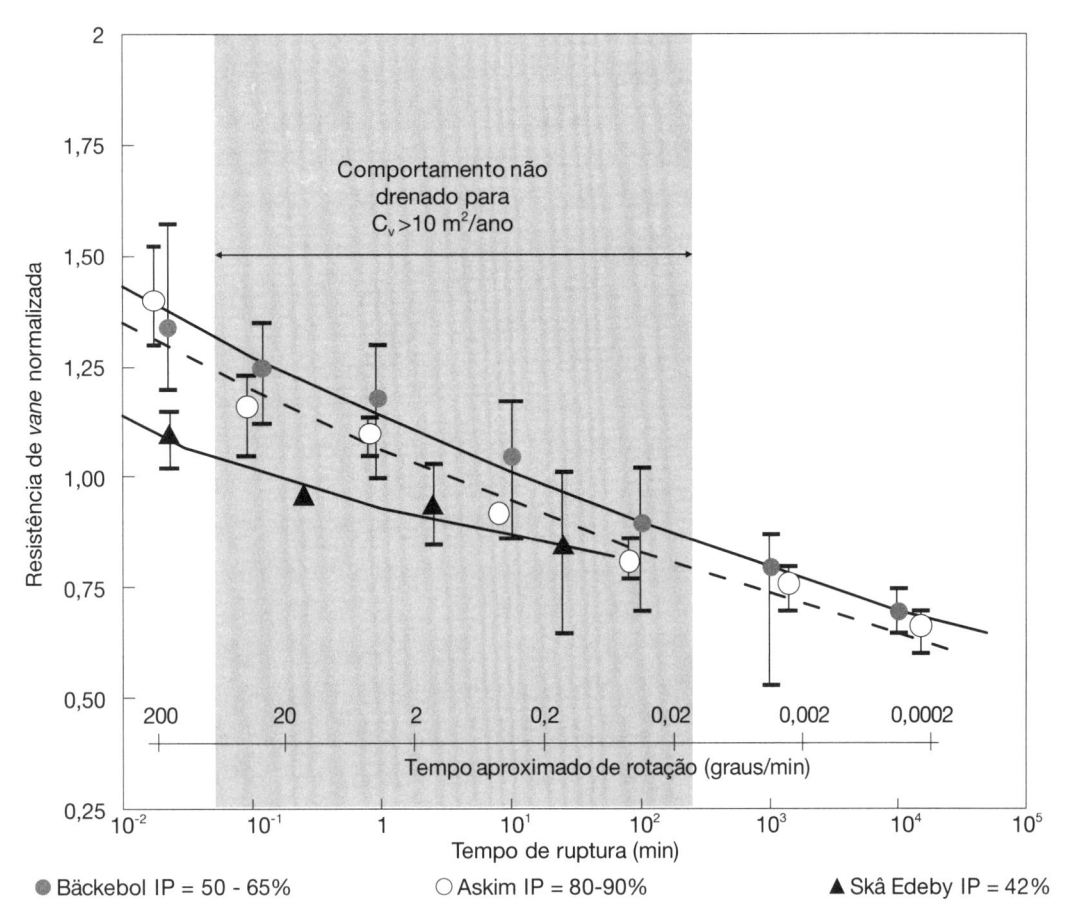

FIG. 4.9 Efeito da velocidade de ensaio
Fonte: Torstensson (1977).

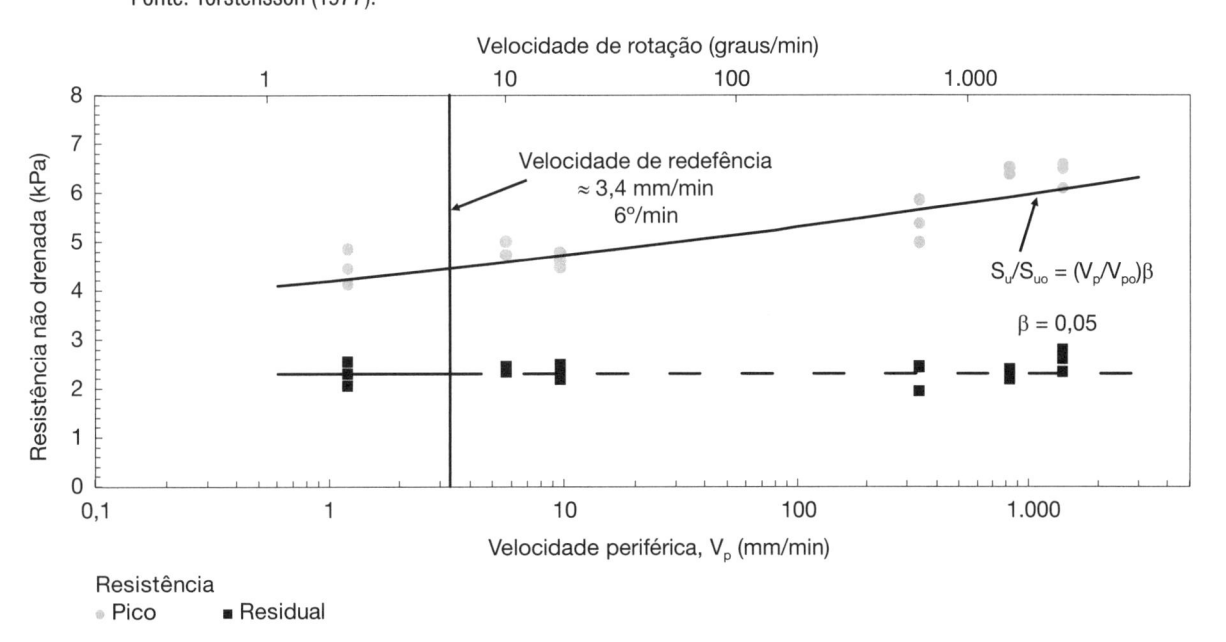

FIG. 4.10 Resistência não drenada para ensaios realizados com velocidade periférica crescente
Fonte: Biscontin e Pestana (2001).

Efeitos da velocidade de cisalhamento são importantes não somente em argilas, mas também em materiais de permeabilidade intermediária (k > 10⁻⁹ m/s), como siltes e argilas siltoarenosas. Nesses materiais, a rotação da palheta na velocidade padronizada de 6°/min pode produzir efeitos de drenagem acentuados, que resultam em valores de S_u superiores àqueles característicos de condições verdadeiramente não drenadas (Schnaid, 2005, 2009).

4.4.2 Anisotropia

Em muitas situações é suficiente assumir a condição de isotropia ($S_{uv} = S_{uh}$), diante de outras incertezas e da dispersão dos resultados obtidos. Entretanto, em todo solo, em princípio, pode-se esperar um comportamento anisotrópico de suas propriedades (processo de deposição, características dos grãos, tensões induzidas etc.), cuja ocorrência afeta as medidas obtidas *in situ*, em particular no ensaio de palheta, em razão da diferença de tensões efetivas atuantes em relação aos planos de tensões cisalhantes aplicadas (Chandler, 1988).

A importância da anisotropia no comportamento de solos argilosos tem sido reconhecida em estudos recentes (p. ex., Tatsuoka et al., 1997; Jardine et al., 1997; Hight, 1998). Em geral, o comportamento anisotrópico em relação à resistência não drenada é mais acentuado nas argilas de baixa plasticidade, normalmente adensadas, pois argilas normalmente adensadas altamente plásticas e argilas pré-adensadas terão comportamento aproximadamente isotrópico com relação à resistência não drenada (Ladd et al., 1977). Ao investigar quatro locais diferentes, empregando palhetas de relações H/D variando de 0,5 a 4,0, Aas (1965) obteve razões de anisotropia S_{uh}/S_{uv} com variação entre 1,1 e 2.

A Fig. 4.11 apresenta um resumo de resultados de resistência não drenada de diversas argilas em função de seu índice de plasticidade (IP), onde se observa uma acentuada diminuição da anisotropia com o aumento da plasticidade (Bjerrum, 1973).

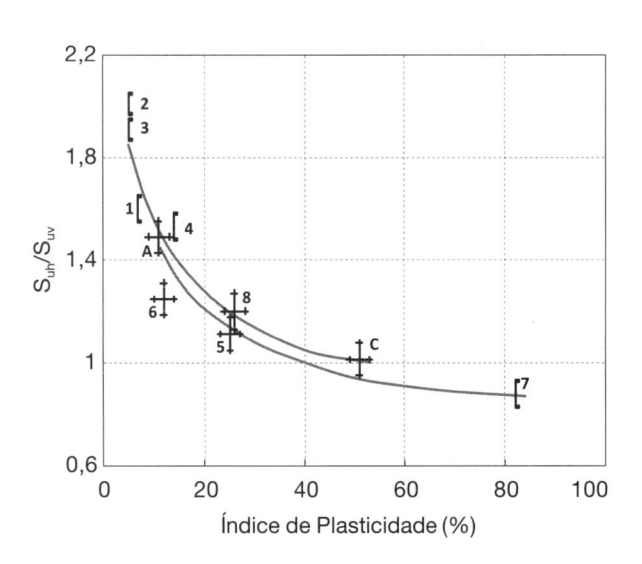

FIG. 4.11 Razão de anisotropia *versus* índice de plasticidade
Fonte: Bjerrum (1973).

4.4.3 Efeito da inserção da palheta no solo

Quando a palheta é inserida no solo para atingir a profundidade de ensaio, ocorre o amolgamento localizado da estrutura do solo. Esse amolgamento é tanto maior quanto maior for a espessura (e) das lâminas que constituem a palheta. La Rochelle, Roy e Tavenas (1973) investigaram esse efeito utilizando o conceito de razão de perímetro (α) como medição potencial da perturbação localizada da estrutura do solo:

$$\alpha = \frac{4 \cdot e}{\pi D} \tag{4.14}$$

A Fig. 4.12 apresenta os resultados obtidos pelos referidos autores. O valor de α é extrapolado para α = 0 (situação fictícia, na qual a palheta é inserida no solo sem causar amolgamento, isto é, e = 0). A resistência "indeformada" assim obtida excede em até 20% aquela medida no ensaio com palheta de espessura normalizada de 1,95 mm.

4.4.4 Efeito do tempo

A recuperação tixotrópica da resistência não drenada e a dissipação do acréscimo de poropressões, após a inserção da palheta, aumentam a resistência ao cisalhamento não drenada medida. Portanto, quanto maior o intervalo de tempo entre a inserção da palheta e o início da rotação, maior a resistência obtida.

A combinação dos efeitos de inserção da palheta e do intervalo de tempo de repouso sugere uma compensação desses efeitos na resistência medida. Segundo Chandler (1988), ambos os efeitos são particularmente importantes quando a sensibilidade da argila for maior do que 15.

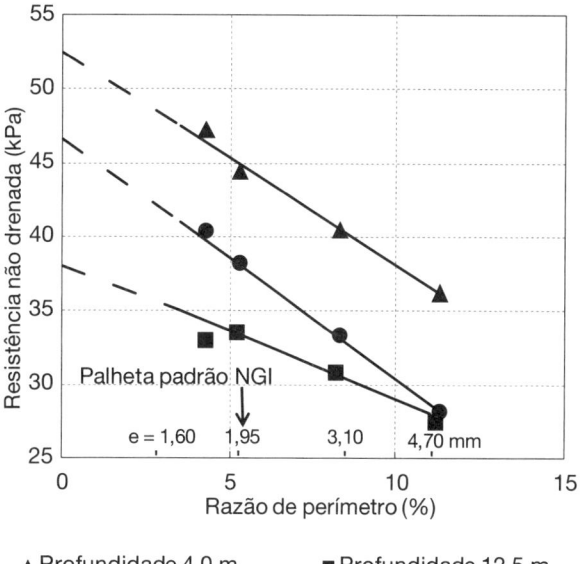

FIG. 4.12 Efeito da espessura da lâmina
Fonte: La Rochelle, Roy e Tavenas (1973).

4.4.5 Correções

A combinação dos fatores que influenciam os resultados do ensaio – velocidade de carregamento, anisotropia e fluência – pode sugerir a necessidade de correção da resistência medida, conforme proposto por Bjerrum (1973) para o cálculo da estabilidade de taludes:

$$S_u(\text{corrigido}) = \mu \, S_u(\text{palheta}) \quad (4.15)$$

O fator de correção empírico μ é determinado na Fig. 4.13, com base na retroanálise de rupturas em aterros e escavações em depósitos argilosos (Bjerrum, 1973; Azzouz; Baligh; Ladd, 1983). A experiência brasileira na aplicação dessas correções é baseada em estudos de casos (Ortigão, 1980; Coutinho, 1986; Ortigão; Collet, 1987; Ortigão; Almeida, 1988; Sandroni, 1993; Massad, 1999; Bello, 2004; Magnani, 2006; Almeida; Marques; Lima, 2010), sendo seu uso prática corrente no Brasil (Coutinho; Bello, 2010). É interessante notar que o fator de correção μ médio situa-se em torno de 0,65, com exceção de Juturnaíba, RJ ($\mu = 1,0$), cuja magnitude é justificada pela ocorrência de matéria orgânica.

4.5 História de tensões

A história de tensões do solo, indicada pelo perfil de OCR, constitui-se em fator indispensável à análise de comportamento de depósitos argilosos. Tradicionalmente obtida em ensaios de adensamento, é possível estimar a OCR diretamente de ensaios de campo por meio do piezocone (Cap. 3) ou de ensaios de palheta.

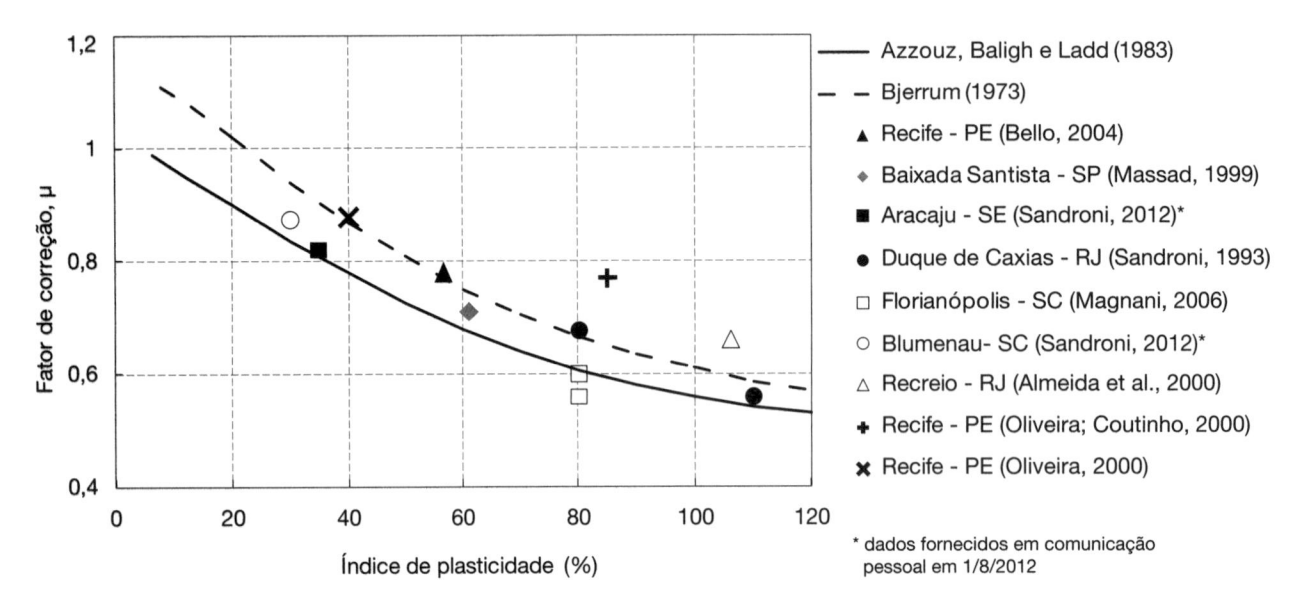

FIG. 4.13 Fator de correção empírico da relação entre a resistência de ruptura retroanalisada e o ensaio de palheta: experiência internacional (Bjerrum, 1973; Azzouz; Baligh; Ladd, 1983) e brasileira (adaptado de Almeida, Marques e Lima, 2010; Coutinho e Bello, 2010)

A importância deste tópico pode ser traduzida pelo número de publicações da década de 1980 dedicadas ao tema (Wroth, 1984; Konrad; Law, 1987; Mayne, 1987; Crooks et al., 1988; Mayne; Mitchell, 1988; Mayne; Bachus, 1988; Sandven; Senneset; Janbu, 1988; Sully; Campanella; Robertson, 1988).

Essa abordagem é mencionada neste trabalho, fazendo referência ao ensaio de palheta, embora reconhecendo tratar-se de uma relação de segunda ordem. Trata-se de uma utilização adicional dos resultados do ensaio de palheta, desenvolvida para obter a variação de OCR com a profundidade (Mayne; Mitchell, 1988), além de fornecer uma estimativa do coeficiente K_0 (Ladd et al.,1977).

A Mecânica dos Solos do Estado Crítico (Schofield; Wroth, 1968) e o Método Shansep (Ladd et al., 1977) demonstraram que a resistência ao cisalhamento não drenada normalizada pela tensão efetiva vertical *in situ* (σ'_{vo}) cresce com a OCR de acordo com a expressão:

$$\frac{[S_u/\sigma'_{vo}]_{PA}}{[S_u/\sigma'_{vo}]_{NA}} = OCR^\Lambda \qquad (4.16)$$

onde NA e PA refletem a condição de adensamento, e Λ reflete a razão de deformação volumétrica plástica. Conhecidos os valores de $(S_u/\sigma'_{vo})_{NA}$ e Λ para uma determinada argila, e determinando-se (S_u/σ'_{vo}) pelo ensaio de palheta, pode-se estimar o perfil de OCR ao longo da profundidade. Uma análise estatística de casos apresentada por Mayne e Mitchell (1988), com base em dados obtidos em 96 depósitos argilosos, permitiu avaliar a aplicabilidade dessa correlação. Esse estudo permitiu a comparação direta entre os valores de OCR medidos em laboratório e as resistências obtidas pelo ensaio de palheta, conforme apresentado na Fig. 4.14 (p. 134). As medidas experimentais ajustam-se à equação:

$$OCR = 3{,}55\left(\frac{S_u}{\sigma'_{vo}}\right)^{0{,}66} \tag{4.17}$$

Assumindo-se o valor do expoente 1/Λ unitário, tem-se:

$$OCR = 4{,}31\left(\frac{S_u}{\sigma'_{vo}}\right) \tag{4.18}$$

Supondo-se, por simplificação, que Λ = 1 – o que é, em geral, válido experimentalmente –, e tomando-se como base os resultados de ensaios de palheta compilados por Jamiolkowski et al. (1985) e Chandler (1988), a Eq. 4.18 pode ser generalizada para:

$$OCR = \alpha\left(\frac{S_u}{\sigma'_{vo}}\right) \tag{4.19}$$

Como mostra a Fig. 4.15, α decresce com o crescimento do índice de plasticidade (IP). Adotando-se uma correlação log-log, a análise regressiva dos resultados, desenvolvida por Mayne e Mitchell (1988), determina:

$$\alpha = 22(IP)^{-0{,}48} \tag{4.20}$$

Segundo Mayne e Mitchell (1988), existe similaridade entre o coeficiente α e o fator empírico de correção μ proposto por Bjerrum (1973). Ambos decrescem com o IP aproximadamente na mesma razão e, em geral:

$$\alpha = 4 \cdot \mu \tag{4.21}$$

Quando aplicados a resultados que refletem a prática brasileira, para depósitos com grande variabilidade de limites de Atterberg e teores de umidade, verifica-se considerável dispersão de valores previstos de α. Como consequência, estimativas de OCR a partir de α e IP apresentam dispersão e, portanto, uma abordagem que resulta em valores indicativos de σ'_{vm}.

4.6 Exemplos brasileiros

Na Fig. 4.16 são apresentados os valores de OCR medidos em laboratório e estimados por meio de ensaios de palheta, calculados segundo a formulação de Mayne e Mitchell (1988). Nesse caso, a concordância entre resultados é bastante satisfatória.

4.7 Considerações finais

O ensaio de palheta consiste na cravação de uma palheta cruciforme em solo argiloso por meio de procedimentos padronizados pela ABNT. Embora dois procedimentos possam ser empregados, recomenda-se o método de cravação da palheta em uma sapata protetora por meio de sistema hidráulico. Esse procedimento minimiza os efeitos de amolgamento durante a instalação da palheta no solo e reduz a variabilidade nos valores medidos de torque.

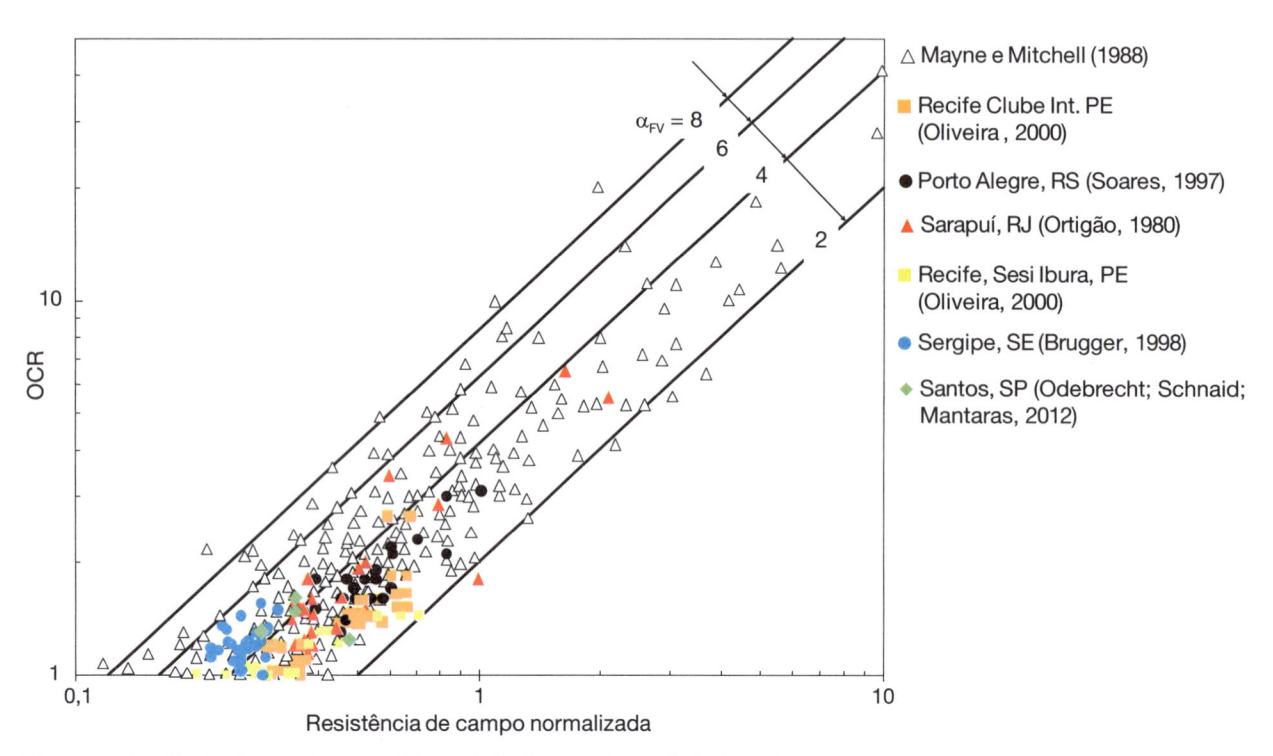

FIG. 4.14 Tendência observada entre OCR e resistência normalizada $(S_u/\sigma'_{vo})_{vane}$ obtida pelo ensaio de palheta
Fonte: Mayne e Mitchell (1988).

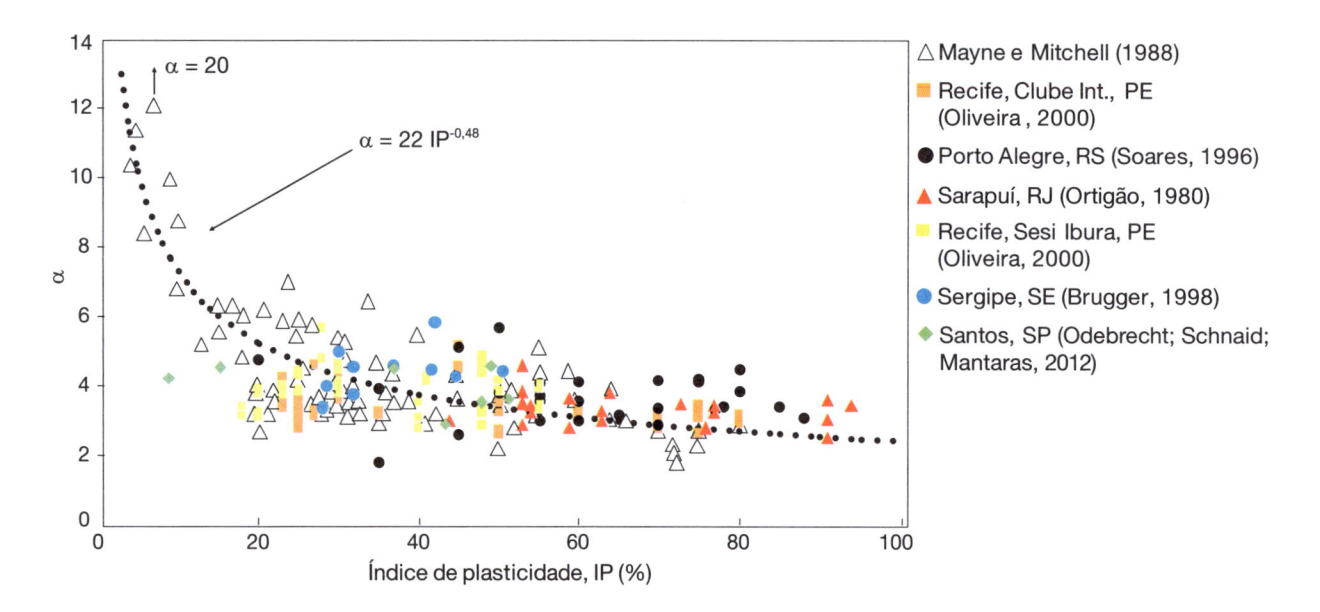

FIG. 4.15 Relação entre α e IP
Fonte: Mayne e Mitchell (1988).

Equipamentos e procedimentos normalizados, calibrações frequentes e equipe treinada e qualificada são exigências para resultados confiáveis e passíveis de interpretação para a obtenção de parâmetros geotécnicos.

Em depósitos argilosos, o torque medido durante a rotação da palheta permite uma estimativa precisa da resistência ao cisalhamento não drenada do solo (S_u),

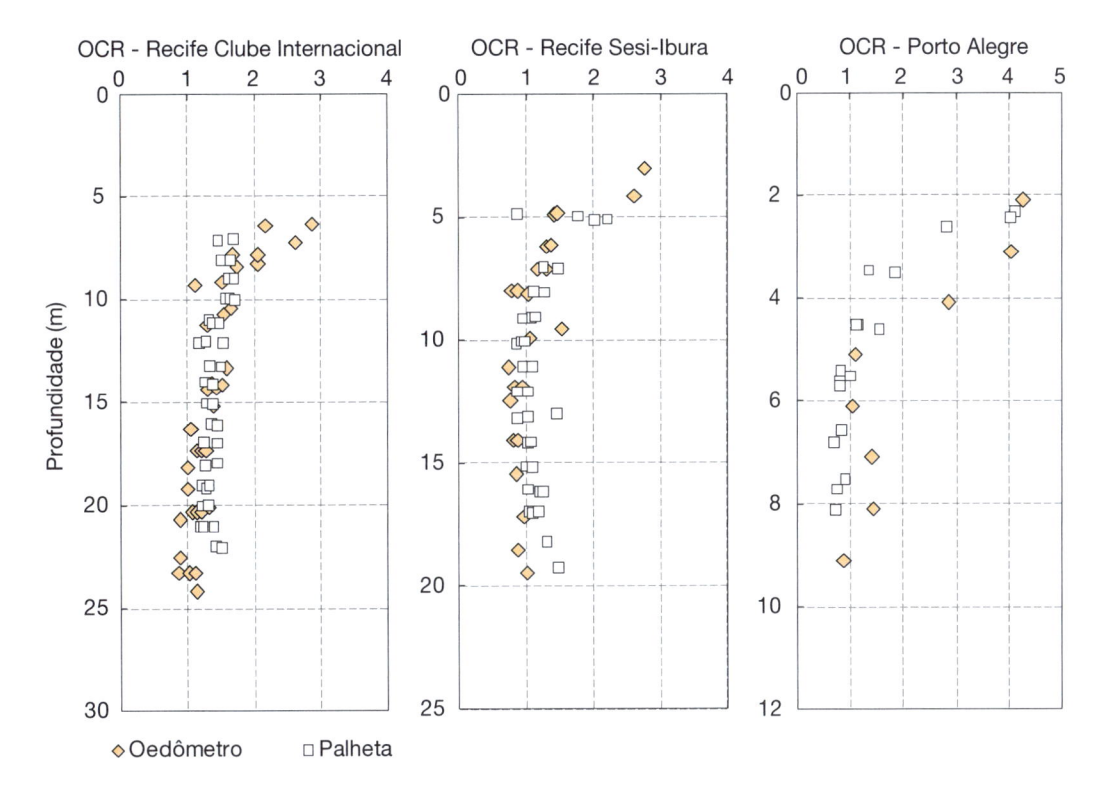

FIG. 4.16 Comparação entre valores de OCR medidos em ensaios oedométricos e palheta (Recife - PE; Barra da Tijuca - RJ e Porto Alegre - RS)

valor adotado como referência em projetos geotécnicos. Alternativamente, o valor do torque pode ser utilizado na estimativa da pressão de pré-adensamento (σ'_{vm}), abordagem que resulta em valores indicativos de OCR.

O ensaio de palheta é, ainda, utilizado em outros materiais que apresentam permeabilidade distinta de argilas: siltes, solos orgânicos e materiais de rejeitos, entre outros. Nesses geomateriais, é necessário identificar as condições de drenagem do ensaio para garantir que não haja dissipação de poropressões durante a rotação da palheta e que, portanto, o torque medido seja representativo de condições essencialmente não drenadas. Nesses casos, recomenda-se a adoção de ensaios com diferentes velocidades de rotação e a determinação da curva característica de drenagem, de forma análoga aos procedimentos preconizados na interpretação de ensaios de piezocone em solos de permeabilidade intermediária.

capítulo 5
Ensaio pressiométrico

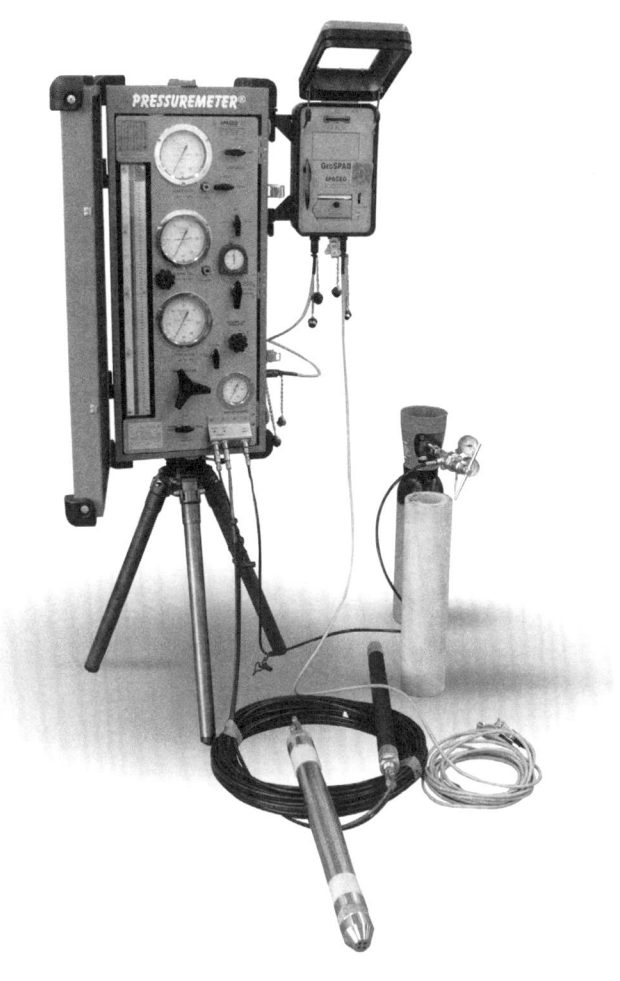

O primeiro critério a ser satisfeito em qualquer projeto de fundações é garantir um adequado fator de segurança contra a ruptura[...]. Adicionalmente, a fundação deve ser projetada para que os recalques, em especial os recalques diferenciais, sejam mantidos dentro dos limites de tolerância[...]. É essencial limitar a magnitude dos recalques. Isso pode aumentar o custo das fundações, mas não aumenta, necessariamente, o custo global da obra.
Skempton (1951)

Pressiômetro de Menard (cortesia: Damasco Penna)

O termo *pressiômetro* foi usado pioneiramente pelo engenheiro francês Louis Ménard em 1955, para definir "um elemento de forma cilíndrica projetado para aplicar uma pressão uniforme nas paredes de um furo de sondagem, através de uma membrana flexível, promovendo a consequente expansão de uma cavidade cilíndrica na massa de solo". Modernamente, o equipamento é reconhecido como ferramenta rotineira de investigação geotécnica, sendo particularmente útil na determinação do comportamento tensão-deformação de solos *in situ*.

Diferentes procedimentos podem ser utilizados na instalação da sonda pressiométrica no solo. Esses procedimentos foram desenvolvidos, prioritariamente, com o objetivo de reduzir ou eliminar os possíveis efeitos de amolgamento gerado pela inserção da sonda no terreno e, secundariamente, com o objetivo de adaptar melhor essa técnica de ensaio *in situ* às diferentes condições de subsolo. Genericamente, podem-se agrupar os equipamentos existentes em três categorias (p. ex., Mair; Wood, 1987):

a] Pressiômetros em pré-furo

A sonda é inserida em um furo de sondagem previamente escavado. Essa técnica é simples quando comparada a outros equipamentos, exigindo cuidados especiais para evitar a perturbação do solo decorrente do processo de perfuração. Este é um dos condicionantes essenciais à realização de ensaios de boa qualidade. Os métodos de execução de furos dependem da natureza dos solos, de sua resistência e da ocorrência de nível freático. Em depósitos de solos argilosos, há a necessidade de utilização de lama bentonítica para manter a integridade da escavação; porém, o fluido pode alterar as condições do solo próximo às paredes do furo. Em solos residuais, a experiência brasileira tem demonstrado que o uso de trado manual para a execução da perfuração é satisfatório (Brandt, 1978; Sandroni; Brandt, 1983; Schnaid; Rocha Filho, 1994; Silva, 1997). Igualmente fundamental é o controle da relação entre o diâmetro do furo (d_f) e o diâmetro da sonda (d_s); recomendam-se valores de d_f/d_s inferiores a 1,15, por causa das limitações de expansão da sonda pressiométrica.

O ensaio pressiométrico tipo Ménard (MPM) enquadra-se nessa categoria. O equipamento consiste de uma sonda pressiométrica, um painel de controle de pressão e volume e uma fonte de pressão (Fig. 5.1). A unidade de controle dispõe dos componentes necessários à pressurização incremental da sonda e ao monitoramento da deformação subsequente da parede da cavidade, por meio de um volumímetro. A sonda é constituída de um núcleo cilíndrico de aço e três células independentes, formadas por duas membranas de borracha superpostas. A célula central, preenchida com água procedente do volumímetro, é denominada simplesmente de célula de medição, e as externas, denominadas de células de guarda, são preenchidas com gás comprimido. As células podem expandir-se radialmente, aplicando pressões nas paredes da cavidade, razão pela qual os deslocamentos do solo ao redor da célula de medição são predominantemente radiais, devido às restrições impostas pelas células de guarda.

O procedimento de ensaio consiste, basicamente, na colocação da sonda dentro de um furo de sondagem na cota desejada, para, a seguir, expandi-la mediante a aplicação de incrementos de

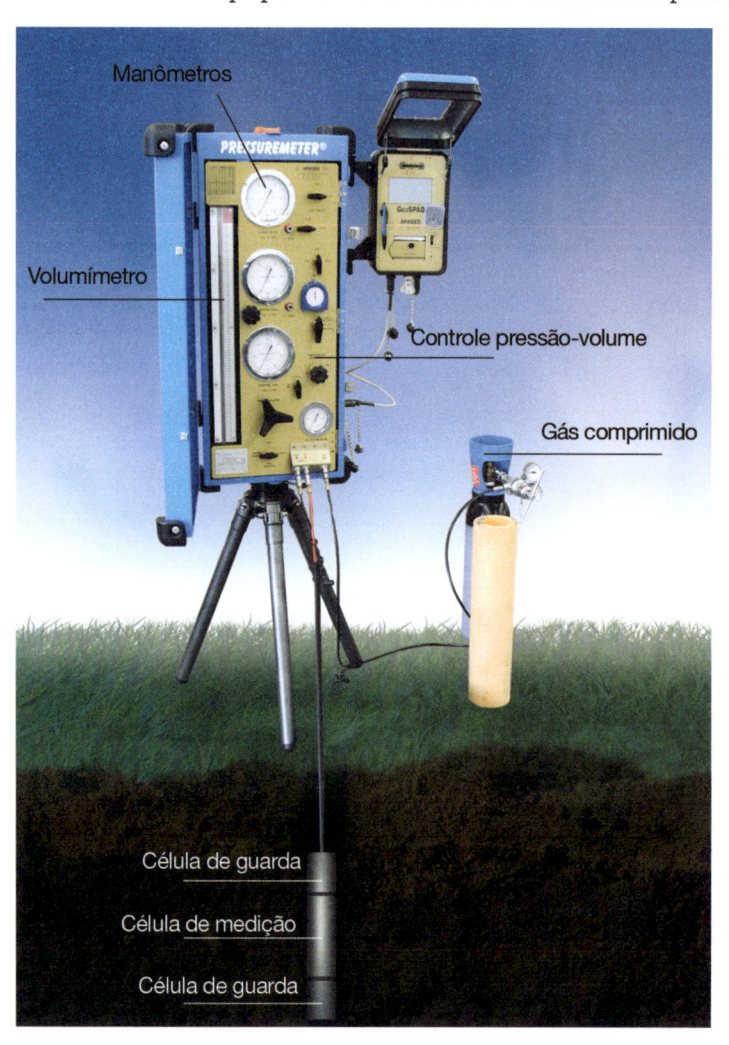

FIG. 5.1 Ilustração do pressiômetro tipo Ménard

pressão de mesma magnitude, ou seja, o ensaio é realizado a pressão controlada. Em cada incremento de pressão, as leituras do nível do volumímetro são registradas aos 15, 30 e 60 segundos. Após 60 s, um novo incremento de pressão é aplicado, e o resultado é uma curva pressiométrica em que o volume injetado ao final de 60 s é graficado em função da pressão aplicada.

b] Pressiômetro autoperfurante (SBPM)
O princípio da técnica autoperfurante consiste em minimizar os efeitos de perturbação do solo ao redor da sonda, gerados pela inserção do equipamento no terreno. A Fig. 5.2 ilustra os detalhes da sonda – um tubo de parede fina é cravado no solo enquanto as partículas de solo deslocado pelo dispositivo são fragmentadas por uma sapata cortante e removidas para a superfície por fluxo de água. A operação requer uma equipe altamente treinada que, para cada tipo de solo, selecione simultaneamente a pressão vertical necessária à cravação, a posição e a velocidade de rotação da sapata cortante, e a pressão no fluido de lavagem.

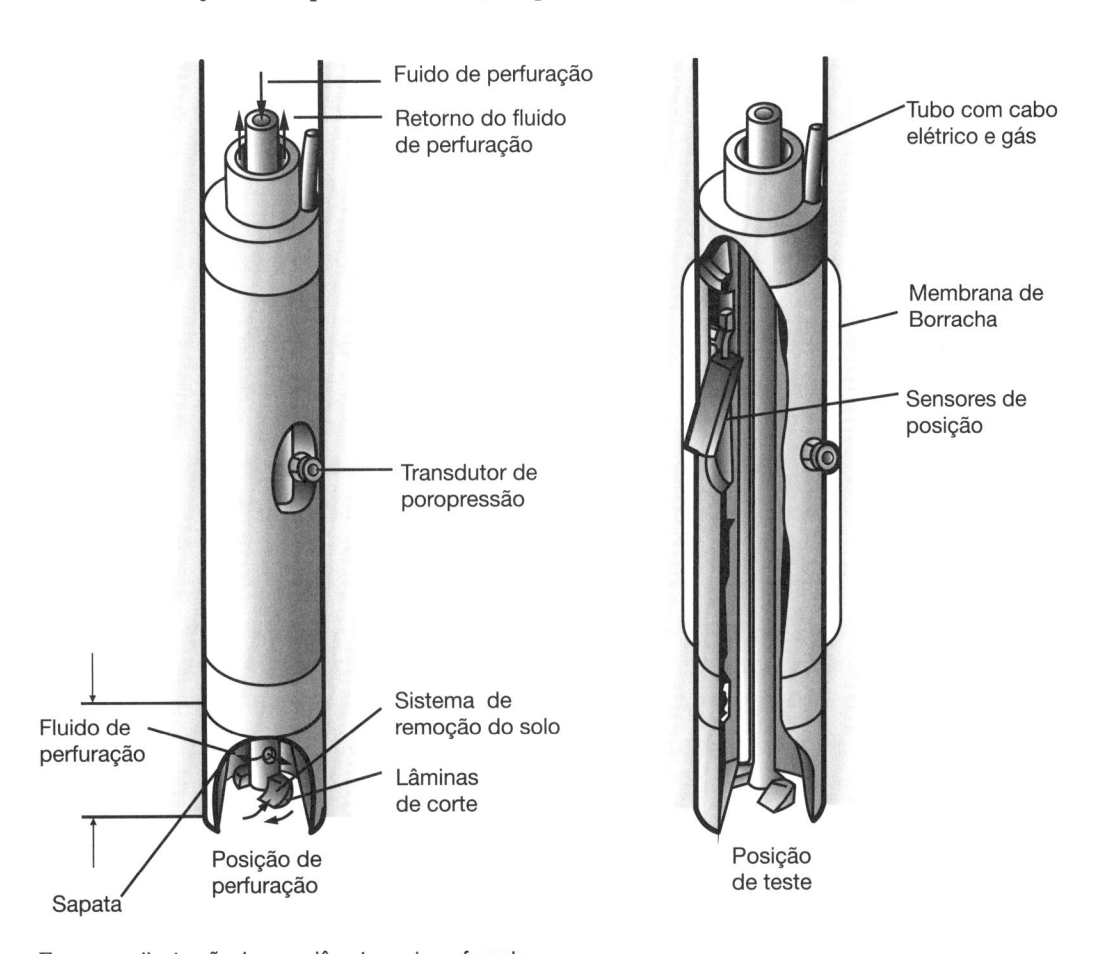

FIG. 5.2   Ilustração do pressiômetro autoperfurante
Fonte: Weltman e Head (1983).

A sonda pressiométrica é mononuclear e a medição é realizada por meio de três sensores elétricos de deformação, espaçados radialmente em 120° e posicionados no plano médio da sonda. Sondas especiais podem ter um maior número de sensores, conforme mostrado na sonda aberta colocada sobre bancada (Fig. 5.3B, p. 142). O ensaio pode ser realizado a tensão controlada, a deformação controlada ou, ainda, uma combinação dos dois procedimentos. Em geral, inicia-se o ensaio aplicando-se incrementos controlados de tensão até observar-se o início da expansão da sonda pressiométrica. A partir dessa fase, a expansão ocorre a níveis constantes de deformação de 1%/min ou com incrementos de tensão inferiores a 5% da capacidade do equipamento. Recomenda-se a realização de um ou mais ciclos de descarga-recarga durante a expansão da sonda pressiométrica.

c] Pressiômetro cravado

Essa terceira categoria engloba os pressiômetros cuja penetração no terreno é forçada por meio de procedimentos de cravação. Entre as diferentes técnicas, destaca-se o cone-pressiômetro (CPMT), na qual o módulo pressiométrico é montado diretamente no fuste de um cone. Combina-se, nesse caso, a robustez do cone com a habilidade do pressiômetro em fornecer medidas completas do comportamento tensão-deformação do solo. O procedimento de ensaio consiste na interrupção da cravação do cone em cotas preestabelecidas, nas quais procede-se à expansão da sonda pressiométrica. A fase de expansão do módulo pressiométrico é semelhante à do autoperfurante, mas a sonda é projetada para expandir a níveis elevados de deformações, visando à propagação da superfície elastoplástica em solo não amolgado pela cravação do CPMT no terreno. Detalhes do equipamento são apresentados no Cap. 3.

O estado do conhecimento relacionado a técnicas, procedimentos e métodos de interpretação pode ser encontrado em Baguelin, Jézéquel e Shields (1978); Mair e Wood (1987); Briaud (1986, 1992); Clarke (1995); Yu, Hermann e Boulanger (2000) e Schnaid (2009). A contribuição brasileira reúne trabalhos realizados com o ensaio de pré-furo (Schnaid; Consoli; Mantaras, 1996; Ortigão; Cunha; Alves, 1996; Bosh; Mantaras; Schnaid, 1997; Cavalcante, 1997; Soares; Schnaid; Bica, 1997; Cavalcante; Bezerra; Coutinho, 1998; Coutinho et al., 1999; Kratz de Oliveira; Schnaid; Gehling, 1999; Cunha; Pereira; Vecchi, 2001; Kratz de Oliveira, 1999, 2002; Coutinho; Oliveira, 2002; Mota, 2003; Coutinho; Dourado; Souza Neto, 2004; Coutinho et al., 2005) e com a técnica autoperfurante (Árabe, 1995a; Souza Pinto; Abramento, 1998; Mantaras; Schnaid, 2002; Schnaid; Mantaras, 2003, 2004; Bello et al., 2004). O uso crescente dessa tecnologia em obras geotécnicas motivou a realização, nas últimas décadas, de cinco simpósios internacionais (1982, 1986, 1990, 1995, 2005), cujos trabalhos podem servir de subsídio e complemento aos conceitos aqui abordados.

5.1 Qualidade do ensaio

O pressiômetro, qualquer que seja o modo de inserção da sonda no terreno, é um ensaio que necessita de controle rigoroso de execução e de procedimentos cuidadosos de calibração.

5.1.1 Calibrações

O pressiômetro deve ser calibrado regularmente, antes e após a realização de cada programa de ensaios (p. ex., Clarke, 1995). Os procedimentos de calibração são realizados de forma a compensar os efeitos das perdas de pressão e volume, visando à correta medida do comportamento tensão-deformação do material ensaiado. As calibrações devem contemplar:

a] sistemas de medição: calibração periódica dos medidores de pressão e deslocamento (ou variação volumétrica);
b] variações no sistema: expansão da tubulação que conecta o painel de controle à sonda, existência de ar no sistema, compressibilidade do fluido pressurizado, perda de pressão no sistema;
c] resistência da sonda: rigidez própria da membrana e diminuição de espessura da membrana causada pela expansão radial.

De acordo com a Norma Francesa P94-110/1989, a calibração tem início com a pressurização da sonda no interior de um tubo de aço de paredes espessas. A pressão é aplicada em incrementos, cada um dos quais sendo mantido durante 60 s, sendo o deslocamento monitorado com o objetivo de traçar uma curva pressão-deslocamento, chamada de curva de expansão. Uma curva desse tipo, obtida para o pressiômetro Ménard, é mostrada na Fig. 5.4, na qual é possível distinguir dois trechos de declividades diferentes. No primeiro, a sonda se expande até encostar nas paredes do tubo. A declividade do segundo trecho é o coeficiente de expansão da tubulação e do aparelho (a). Para a curva de expansão mostrada na figura, a = 0,0028 cm^3/kN/m^2.

Uma segunda calibração é realizada com o objetivo de corrigir as pressões em função da resistência própria da sonda. Procede-se a um ensaio de expansão ao ar com a sonda na posição vertical, fazendo coincidir a cota do centro da célula de medição com o manômetro de pressão. A curva pressão-deformação resultante (chamada de curva de calibração da membrana) é traçada e, a partir dela, pode-se obter a correção da pressão decorrente da resistência própria da membrana para cada volume injetado (Fig. 5.5).

Os procedimentos de calibração devem ser adotados indistintamente para qualquer tipo de pressiômetro, respeitadas as características de medição de volume ou deslocamento da sonda. Nuñez et al. (1994) e Nuñez e Schnaid (1994) apresentam o detalhamento de cada um dos procedimentos de calibração exigidos para o pressiômetro tipo Ménard, técnica mais utilizada no Brasil.

É mandatório que a curva pressão-deslocamento utilizada na interpretação do ensaio corresponda à curva medida em campo corrigida simultaneamente pelas curvas de calibração do sistema e da membrana. Somente os resultados corrigidos podem produzir parâmetros representativos do comportamento do solo.

5.1.2 Ensaio em pré-furo

O ensaio pressiométrico é realizado aplicando-se pressões uniformes às paredes de um furo de sondagem, através de uma membrana flexível montada em uma sonda cilíndrica. Na Fig. 5.6 apresenta-se o resultado de uma curva pressiométrica

A

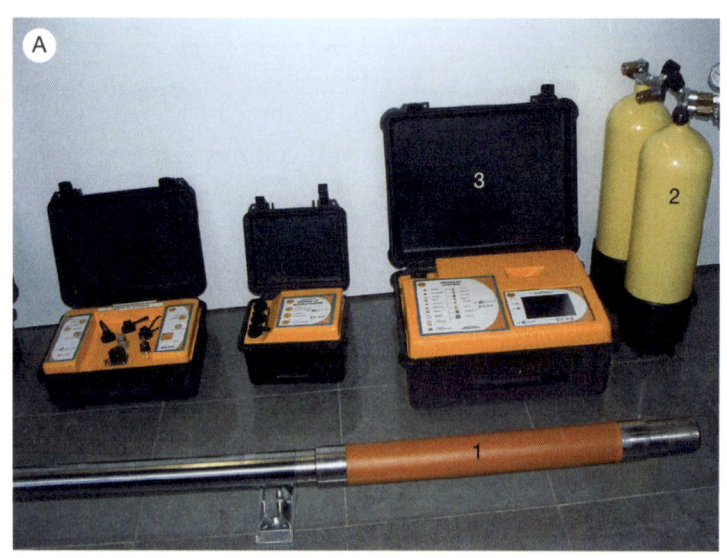

B Sonda pressiométrica sem membrana com mais de três sensores.

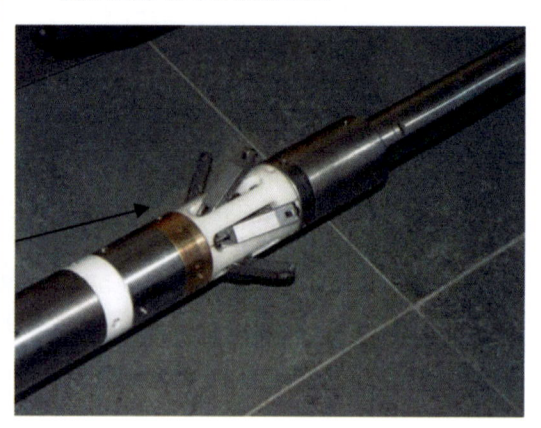

1 - Sonda pressiomética com membrana
2 - Sistema de aplicação de pressão
3 - Caixa de comando, controle e aquisição de dados do ensaio

Fig. 5.3 Pressiômetro (cortesia: Igeotest do Brasil)

típica, na qual são observadas as diversas fases essenciais do ensaio: (i) expansão da sonda até encostar nas paredes do furo de sondagem, (ii) deformações de cavidade em um trecho aproximadamente linear de comportamento pseudoelástico, (iii) ciclos de descarga e recarga, (iv) deformações crescentes até atingir a fase plástica, e (v) descarregamento completo da sonda. Modernamente, sugere-se monitorar a fase de descarregamento, considerada importante na determinação de propriedades do solo, uma vez que, no descarregamento, não há influência do amolgamento gerado pela inserção do equipamento no terreno (Hughes, 1982; Hughes; Robertson, 1985; Bellotti et al., 1986; Houlsby; Withers, 1988; Withers et al., 1989; Houlsby; Schnaid, 1994; Yu; Hermann; Boulanger, 2000; Schnaid, 2009).

Somente ensaios bem executados apresentam essas fases definidas, sendo os resultados passíveis de interpretação para a obtenção de parâmetros geotécnicos de interesse. Como o ensaio pressiométrico é particularmente atrativo para a obtenção in situ do módulo de deformabilidade dos solos, os resultados são utilizados para determinar o módulo cisalhante na fase pseudoelástica (G_{pm}), nos ciclos de descarga-recarga (G_{ur}) e na descarga (G_d). Em geral, a magnitude de G_{pm} é inferior a G_{ur} e G_d, quer pelo amolgamento inicial

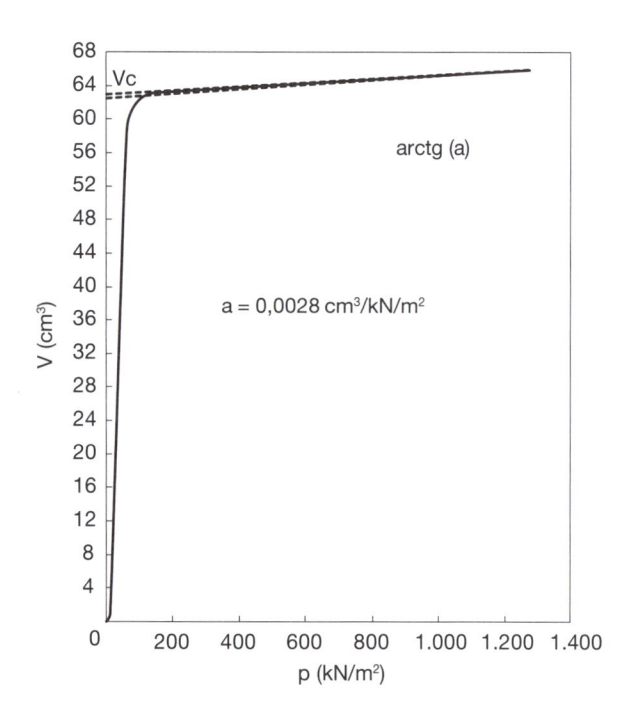

Fig. 5.4 Calibração da sonda pressiométrica em tubo rígido

do solo ao redor do furo de sondagem, quer pela magnitude das deformações cisalhantes impostas ao solo nos segmentos lineares.

Vários pontos de interesse podem, ainda, ser identificados na Fig. 5.6, em particular a pressão inicial de cavidade (p_0), que corresponde à tensão horizontal *in situ* (σ_{ho}). É reconhecida a dificuldade de interpretação desse ponto no pressiômetro de Ménard, e sua identificação requer a adoção de critérios de natureza semiempírica (Mair; Wood, 1987; Clarke, 1995; Schnaid; Consoli; Mantaras, 1996). Ao final da fase plástica, determina-se a pressão limite de expansão (p_l), utilizada na previsão dos parâmetros de resistência dos solos. O valor de p_l raramente é bem identificado, independentemente do método de análise, isto é, seja através de métodos de extrapolação (Ghionna, 1981; Jézéquel, 1982; Manassero, 1989) ou do valor correspondente ao dobro do volume inicial de cavidade, conforme proposto originalmente por Ménard.

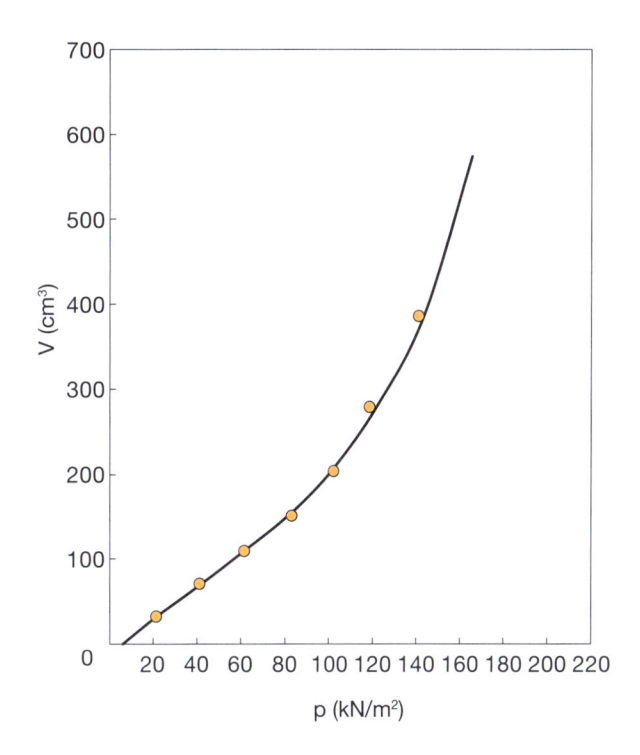

Fig. 5.5 Calibração da membrana ao ar

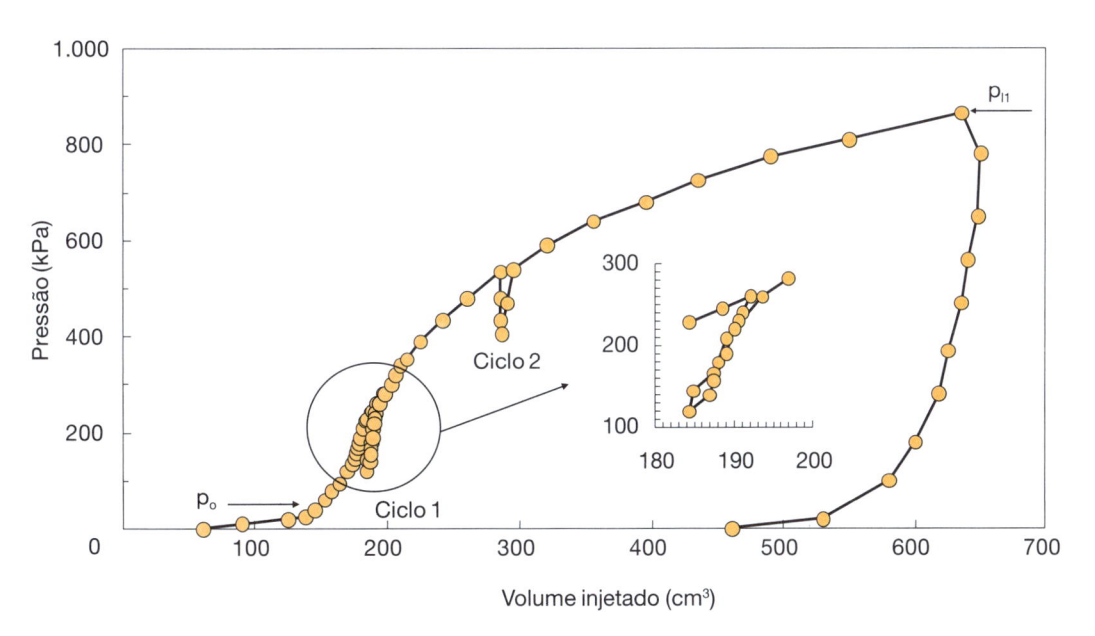

Fig. 5.6 Curva típica de um ensaio tipo Ménard

5.1.3 Ensaios autoperfurantes

A técnica autoperfurante objetiva minimizar os efeitos de perturbação gerados pela relaxação-reequilíbrio do solo existente nos ensaios tipo Ménard, devido à execução prévia do furo de sondagem. Como consequência, minimizam-se as dificuldades associadas à determinação da p_0 e, portanto, da estimativa da tensão horizontal *in situ* (σ_{ho}). Ademais, as deformações radiais são medidas diretamente no centro da sonda por meio de sensores instrumentados com *strain gauges*, aumentando a resolução das medidas e, desse modo, a precisão no cálculo do valor do módulo de deformabilidade do solo.

Um estudo dos efeitos de amolgamento do solo em ensaios autoperfurantes foi apresentado por Wroth (1982), no qual o autor discute as características necessárias à identificação de ensaios de boa qualidade. Para ilustrar aspectos relevantes de comportamento, apresenta-se na Fig. 5.7 o exemplo de um ensaio autoperfurante típico, realizado na Cidade de São Paulo (Abramento; Souza Pinto, 1998). Na figura, a pressão de cavidade é plotada em função da deformação circunferencial (ϵ_c), para os três braços instrumentados que monitoram os deslocamentos radiais no centro da sonda. No início da fase de expansão, a pressão cresce continuamente, sem deformações perceptíveis, até que iguale o valor da tensão horizontal *in situ* (σ_{ho}). A partir desse ponto, o comportamento do solo torna-se fortemente não linear, exceto quando se realizam ciclos de descarga e carga executados para medir o módulo cisalhante (G).

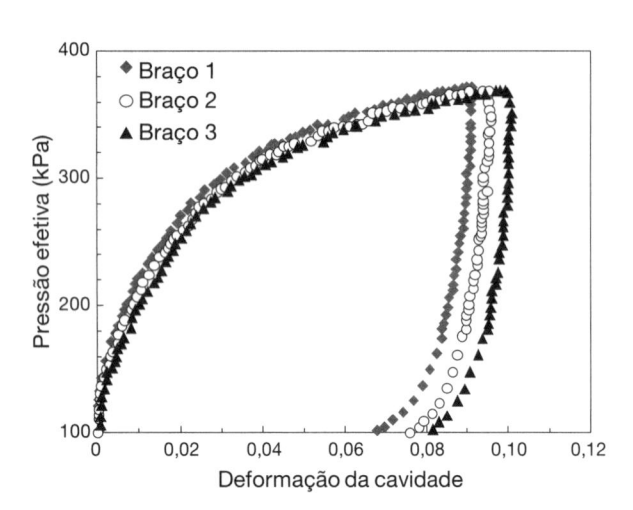

FIG. 5.7 Curva típica de um ensaio pressiométrico autoperfurante (ciclos de descarga-recarga removidos para facilitar a visualização)
Fonte: Abramento e Souza Pinto (1998).

5.2 Teoria de expansão de cavidade

Ensaios pressiométricos são particularmente atrativos quando comparados a outras técnicas de ensaios *in situ*, pois fornecem uma medida contínua do comportamento tensão-deformação do solo durante a expansão/contração de uma cavidade cilíndrica. Esse ensaio permite, em teoria, uma interpretação racional dos resultados por meio dos métodos de expansão de cavidade (p. ex., Gibson; Anderson, 1961; Ladanyi, 1972; Vésic, 1972; Hughes; Wroth; Windle, 1977).

Alguns aspectos essenciais ao entendimento dos métodos de interpretação do ensaio são apresentados aqui. A base teórica considera que o pressiômetro é inserido no terreno sem perturbação e, por consequência, o estado inicial de tensões corresponde à tensão horizontal de campo (σ_{ho}) para uma cavidade de volume V_0 e um raio inicial r_0, conforme indicado na Fig. 5.8.

O problema é tratado com o auxílio de coordenadas cilíndricas. Inicialmente, assume-se a existência de uma cavidade cilíndrica de comprimento infinito, submetida a um estado isotrópico de tensões em equilíbrio ($\sigma_r = \sigma_\theta = \sigma_z$). Durante a expansão, o solo ao redor da sonda é submetido a deformações puramente radiais, estabelecendo-se um estado plano de deformações, com deslocamentos nulos na direção vertical.

O volume da cavidade cilíndrica de raio r e altura h é expresso simplesmente como:

$$V = \pi r^2 h \qquad (5.1)$$

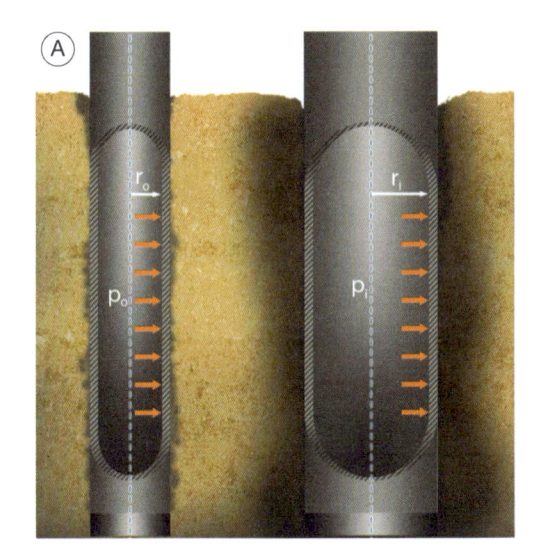

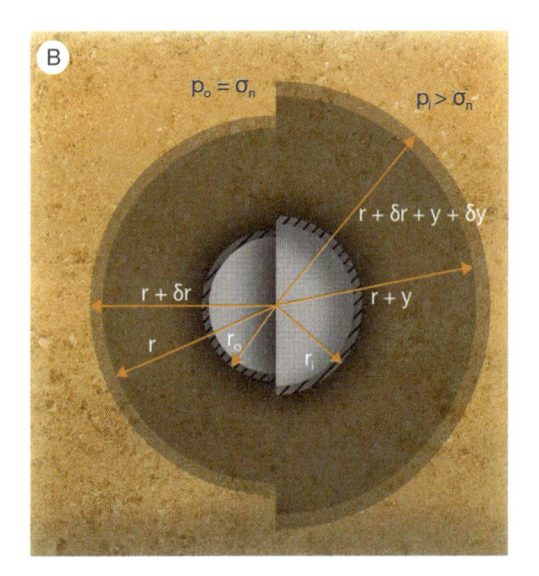

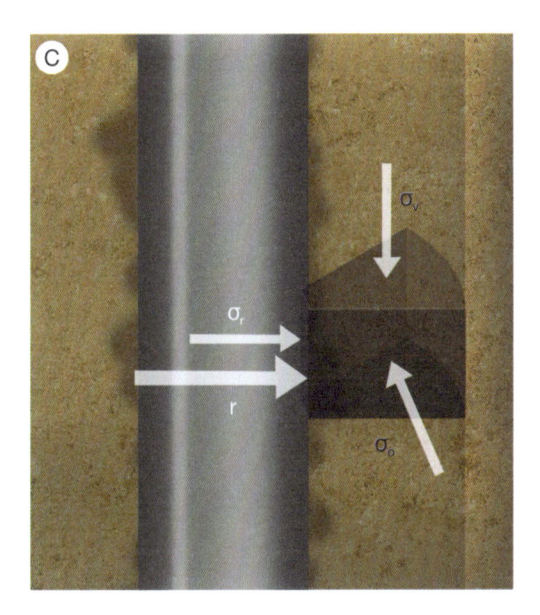

FIG. 5.8 Análise de expansão de cavidade: (A) cavidade cilíndrica; (B) deformações da cavidade; (C) coordenadas cilíndricas

Com a aplicação de acréscimos de tensões radiais ($\Delta\sigma_r$) na parede da cavidade, o estado de tensões dos elementos ao redor da sonda deve satisfazer uma equação de equilíbrio do tipo (Timoshenko; Goodier, 1934):

$$\frac{d\sigma_r}{dr} + \frac{\sigma_r - \sigma_\theta}{r} = 0 \qquad (5.2)$$

Outra consequência da axissimetria do problema ($\epsilon_v = 0$) refere-se à definição da geometria de deformação da cavidade. Tome-se um elemento linear de raio r e comprimento δr. Para uma deformação de pequena magnitude y, a cavidade, originalmente de circunferência 2πr, passa a ser 2π(r+y), cuja deformação circunferencial específica é expressa como:

$$\epsilon_\theta = \frac{y}{r} \qquad (5.3)$$

Como y varia em função do raio r, a deformação radial é:

$$\epsilon_r = \frac{dy}{dr} \quad (5.4)$$

As únicas variáveis medidas durante o ensaio são a pressão aplicada (p), e o raio da cavidade (r). A deformação circunferencial na face da cavidade, usualmente definida como deformação de cavidade, é expressa como:

$$\epsilon_c = \frac{r - r_0}{r_0} \quad (5.5)$$

No início do ensaio, o solo ao redor da sonda comporta-se segundo os preceitos definidos pela Teoria da Elasticidade. Considere-se, portanto, a expansão de cavidade em um solo isotrópico linear elástico, idealmente descrito pelos postulados da lei de Hooke, representada pela matriz que define a relação entre tensões e deformações nos planos principais de tensões, conforme mostrado no fluxograma da Fig. 5.9. Para pequenas deformações, conhecendo-se a equação de equilíbrio, as equações de compatibilidade e as condições de contorno ao redor da sonda, é possível calcular o módulo de compressibilidade do solo, dado por:

$$G = \frac{dp}{2\epsilon_c} = \frac{dp}{\frac{dV}{V}} \quad (5.6)$$

onde G é o módulo cisalhante; dp, o incremento de pressão; e dV/V, a variação volumétrica específica. A rigor, existe uma forma mais geral para expressar a relação tensão-deformação do solo visando à obtenção de G em ciclos de carregamento:

$$G = 0,5 \frac{r}{r_0} \cdot \frac{dp}{d\epsilon_c} \quad (5.7)$$

Para pequenas deformações, $r/r_0 \sim 1$ e, por esse motivo, frequentemente se omite esse fator no cálculo do módulo em ciclos de carga e descarga. Essa aproximação não é justificável para casos nos quais grandes deformações são impostas à cavidade, conforme discutido por Carter, Booker e Yeung (1986), Yu e Houlsby (1991), Souza Coutinho (1990) e Yu, Hermann e Boulanger (2000).

Note-se que, ao contrário dos pressiômetros autoperfurantes, que utilizam a medição de ϵ_c diretamente por meio de instrumentação localizada na sonda pressiométrica, os pressiômetros tipo Ménard medem a variação volumétrica. Na Eq. 5.6, o valor de V (volume de referência) deve ser igual ao volume total da cavidade, ou seja, o volume inicial acrescido do volume expandido.

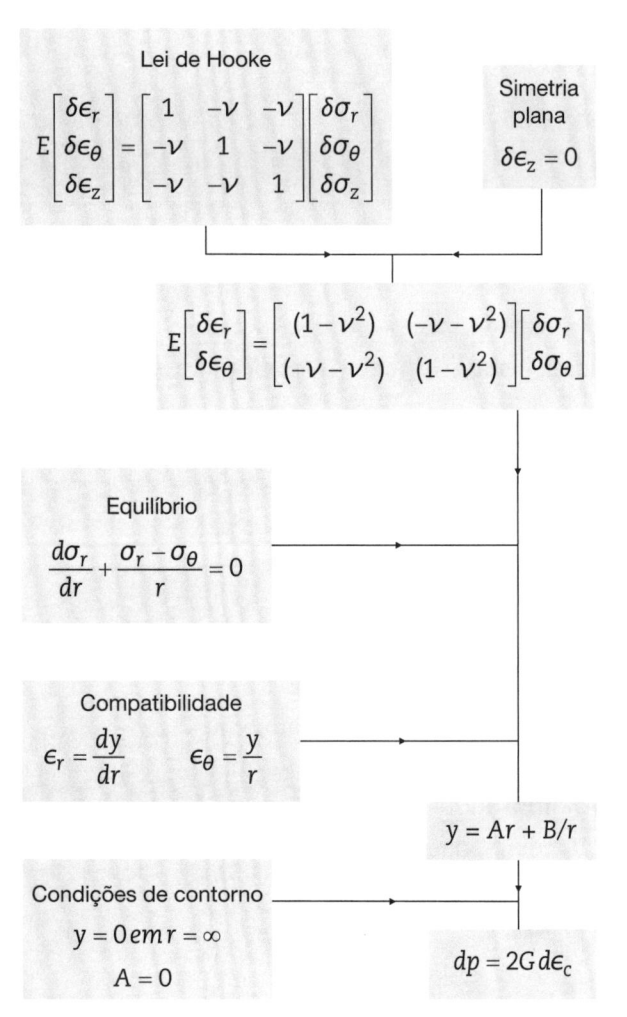

FIG. 5.9 Análise de expansão de cavidade – fase elástica

Para propósitos práticos, esse volume expandido deve ser considerado até a metade do valor calculado pelo incremento da pressão (dp).

As Eqs. 5.1 a 5.7 são válidas para materiais de comportamento elástico. Com a deformação crescente da cavidade, o solo ao redor da sonda atinge a condição de fluência (*yielding*) e passa a exibir variações volumétricas (condições drenadas) ou a gerar excessos de poropressões (condições não drenadas). Conhecidas as condições de drenagem, as propriedades reológicas de um material elástico-perfeitamente plástico são utilizadas para representar esse comportamento e determinar as expressões que descrevem a pressão de plastificação (p_f) e a pressão limite do solo (p_l).

Considere-se inicialmente uma cavidade expandindo em um **solo argiloso**, em **condições não drenadas**. As formulações necessárias à análise do problema foram desenvolvidas na década de 1970 (Palmer, 1972; Ladanyi, 1972; Baguelin et al., 1972). No desenvolvimento analítico, postula-se que a argila não varia de volume e obedece aos conceitos clássicos da elastoplasticidade para um solo homogêneo, cuja velocidade de deformação não afeta o comportamento da argila.

Assumindo-se um comportamento linear elástico-perfeitamente plástico, o solo ao redor da cavidade responde elasticamente até:

$$p = \sigma_{ho} + S_u \qquad (5.8)$$

onde S_u é a resistência ao cisalhamento não drenada da argila. A deformação volumétrica nesse estágio é obtida pela equação:

$$\frac{dV}{V} = \frac{S_u}{G} \qquad (5.9)$$

As variações de pressão durante a expansão de cavidade nessa fase são calculadas por:

$$p - \sigma_h = S_u \left[1 + \ln\left(\frac{G}{S_u}\right) + \ln\left(\frac{dV}{V}\right) \right] \qquad (5.10)$$

Finalmente, obtém-se a tensão atingida na expansão para $\Delta V/V = 1$, conhecida como pressão limite (p_l):

$$p_l - \sigma_h = S_u \left[1 + \ln\left(\frac{G}{S_u}\right) \right] \qquad (5.11)$$

A Eq. 5.11 pode ser reescrita em função da pressão limite:

$$p = p_l + S_u \ln\left(\frac{dV}{V}\right) \qquad (5.12)$$

onde S_u é o gradiente e p_l é o intercepto em um gráfico p: ln ($\Delta V/V$).

As teorias de expansão de cavidade em condições não drenadas têm sido reinterpretadas e estendidas para incorporar conceitos teóricos relacionados a grandes deformações, à interpretação da fase de descarregamento da curva pressiométrica e à influência da geometria da sonda, entre outros (p. ex., Jefferies, 1988; Yu e Houlsby, 1991, 1995; Ferreira; Robertson, 1992). Deve-se utilizar literatura específica para familiarizar-se com esses conceitos, sendo referência a revisão de conhecimento publicada por Yu, Hermann e Boulanger (2000).

Ensaios pressiométricos realizados em areias são predominantemente drenados, e as variações de volume geradas pela dissipação do excesso de poropressões devem ser consideradas. Após a fase elástica, a ruptura da areia é governada pelo critério de Mohr-Coulomb, mobilizando um ângulo de atrito interno (ɸ') de tal forma que:

$$\frac{\sigma'_r}{\sigma'_\theta} = \frac{1 + sen\phi'}{1 - sen\phi'} \qquad (5.13)$$

O comportamento tensão-deformação da areia será acompanhado de variações volumétricas condicionadas pela densidade inicial e expressas em função do ângulo de dilatância (Ψ):

$$sen\psi = \frac{d\epsilon_V}{d\gamma} \qquad (5.14)$$

onde $d\epsilon_v$ é a variação das deformações volumétricas e γ, a deformação cisalhante. As variações no estado de tensões e deformações podem ser convenientemente expressas em termos de leis de fluxo, conforme proposto por Rowe (1962):

$$\frac{1 + sen\phi'}{1 - sen\phi'} = \frac{1 + sen\psi}{1 - sen\psi} \cdot \frac{1 + sen\phi'_{cv}}{1 - sen\phi'_{cv}} \qquad (5.15)$$

onde ϕ'_{cv} é o ângulo de atrito no estado crítico. O tratamento desses conceitos, aplicados à expansão de cavidade, foram introduzidos por Hughes, Wroth e Windle (1977), com base em ensaios executados em areias densas. Assumindo-se o solo como elástico-perfeitamente plástico, com ângulo de dilatância constante, demonstra-se que:

$$\log_e (p - u_o) = S \cdot \log_e \left[\left(\frac{\epsilon_c}{1 + \epsilon_c} + \frac{c}{2} \right) \right] + A \qquad (5.16)$$

onde c e A são constantes do material. A Eq. 5.15 indica que o resultado de um ensaio pressiométrico, quando representado em um gráfico log(p − u₀) versus log(ϵ_c + c/2), aproxima-se de uma reta, cuja declividade é representada por:

$$S = \frac{(1 + sen\psi)sen\phi'}{1 + sen\phi'} \qquad (5.17)$$

Para calcular os valores de ɸ' e Ψ, combinam-se as Eqs. 5.14 e 5.16:

$$sen\phi' = \frac{S}{1 + (S - 1)sen\phi'_{cv}} \qquad (5.18)$$

$$sen\psi = S + (S - 1)sen\phi'_{cv} \qquad (5.19)$$

5.3 Interpretação dos ensaios

A interpretação de parâmetros geotécnicos a partir de resultados de ensaios pressiométricos é função do pressiômetro utilizado, do método de instalação, do tipo de solo e do método de análise. As metodologias usuais de análise são apresentadas a seguir. A fundamentação dos métodos de interpretação é baseada nas equações constitutivas descritas na seção anterior, fazendo-se referência, sempre que necessário, às limitações de uso das teorias de expansão de cavidade, em decorrência das limitações impostas pela geometria da sonda e pela técnica de ensaio.

5.3.1 Módulo de deformabilidade

O módulo de deformabilidade do solo – módulo cisalhante (G) ou módulo de Young (E) – é o parâmetro de maior interesse geotécnico quando da realização de ensaios pressiométricos, uma vez que são reconhecidas as dificuldades em determiná-lo por meio de outros ensaios de campo e de laboratório. Particular atenção é dada à determinação do módulo de Ménard e do módulo obtido por meio de ciclos de descarga e recarga, procedimento usual em qualquer ensaio pressiométrico.

Pressiômetro de Ménard

O módulo pressiométrico (E_m) é obtido a partir da declividade do tramo pseudoelástico da curva pressiométrica corrigida, conforme apresentado na seção 5.2 (p. ex., Norma Francesa P94-110/1989; Baguelin; Jézéquel; Shields, 1978; Clarke, 1995). Para evitar ambiguidades na definição dos limites desse trecho linear, recomenda-se utilizar a chamada curva de fluência (curva de *creep*), na qual os resultados do ensaio pressiométrico são representados por meio de um gráfico que relaciona a pressão aplicada às diferenças de volume injetado medidos a 30 e 60 segundos após a aplicação da carga ($V_{60} - V_{30}$). O método consiste em encontrar o valor das pressões correspondentes às interseções entre as três retas que podem ser ajustadas nesse gráfico, conforme ilustrado na Fig. 5.10. O ponto G, na curva de fluência, identifica o ponto p_0 na curva pressiométrica e, portanto, define o volume da cavidade no início do trecho elástico (V_0). O ponto H identifica p_f e V_f como a pressão e o volume correspondentes ao final da fase elástica.

O módulo pressiométrico (E_m) pode, então, ser calculado segundo a expressão:

$$E_m = 2(1+\nu) \cdot \left[V_i + \left(\frac{V_f - V_0}{2} \right) \right] \frac{dP}{dV} \qquad (5.20)$$

onde V_i é o volume inicial da célula de medição e ν, o coeficiente de Poisson.

Módulo de carga e descarga

Ciclos de descarga e recarga são realizados durante o ensaio para a determinação do módulo cisalhante, utilizando-se para essa finalidade as equações:

$$G = \frac{1}{2}\frac{dp}{d\epsilon_c} \quad \text{ou} \quad G = V\frac{dp}{dV} \qquad (5.21)$$

onde ϵ_c e V são a deformação e o volume de cavidade, respectivamente. O ciclo é realizado interrompendo-se a expansão, aguardando-se a estabilização de possíveis pressões de fluência e descarregando-se lentamente a sonda na faixa de tensões correspondente ao regime elástico.

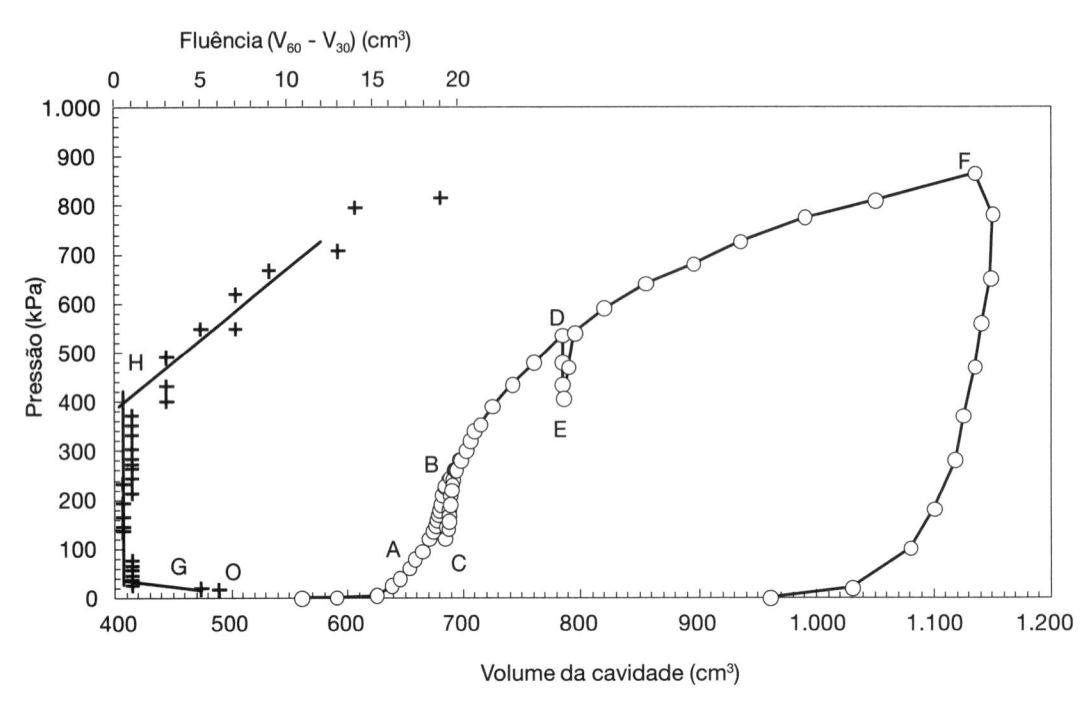

FIG. 5.10 Curva tensão-deformação de um ensaio típico e curva de fluência

As deformações cisalhantes impostas durante os ciclos de carregamento são da ordem de 0,1%. Para esse nível de deformações, o comportamento do solo é acentuadamente histerético (p. ex., Hardin; Drnevich, 1972), conforme ilustrado na Fig. 5.11, podendo-se calcular a declividade média do ciclo por meio de regressão linear de todos os pontos ou da união dos pontos que definem os vértices do ciclo, seguindo as recomendações de Bellotti et al. (1989) e Houlsby e Schnaid (1994).

É importante notar que os ciclos de descarga-recarga, inicialmente de comportamento predominantemente elástico, podem plastificar em extensão, caso a amplitude do descarregamento ultrapasse o limite de plastificação. Considere como exemplo a Fig. 5.12, para um ensaio pressiométrico em argila. A cavidade expande até o ponto C, descarrega elasticamente e, eventualmente, plastifica em extensão no ponto D. A distância CD corresponde a duas vezes a resistência ao cisalhamento não drenada do solo, sendo este o limite do ciclo para a medida de propriedades elásticas de comportamento.

O limite elástico durante o descarregamento de ensaios pressiométricos em areias é representado na Fig. 5.13 pela distância entre PQ. A variação máxima de tensões é dada pela expressão:

$$\frac{(2 sen \phi')}{(1 + sen \phi')}(p - u_0)_{máx} \qquad (5.22)$$

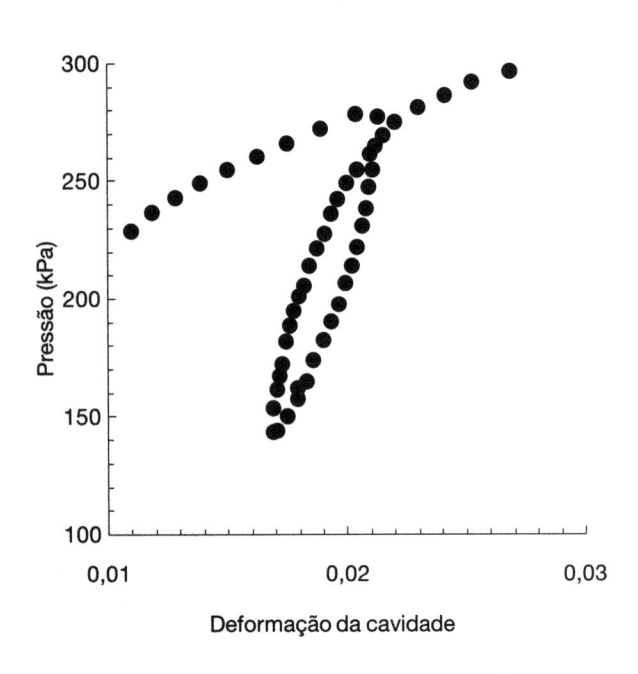

FIG. 5.11 Exemplo de ciclo de descarga-recarga típico em ensaio SBPM

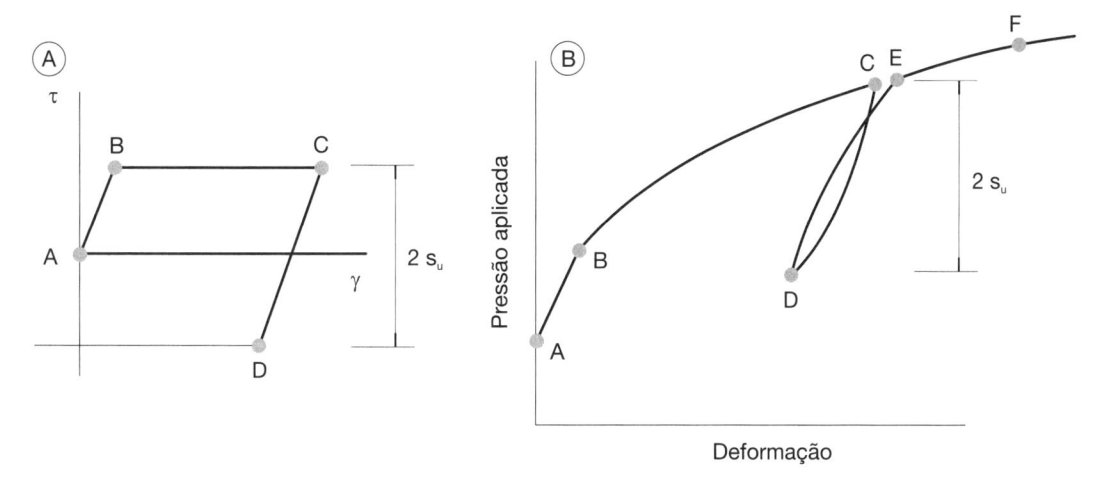

Fig. 5.12 Limite elástico do descarregamento em argilas
Fonte: Wroth (1982).

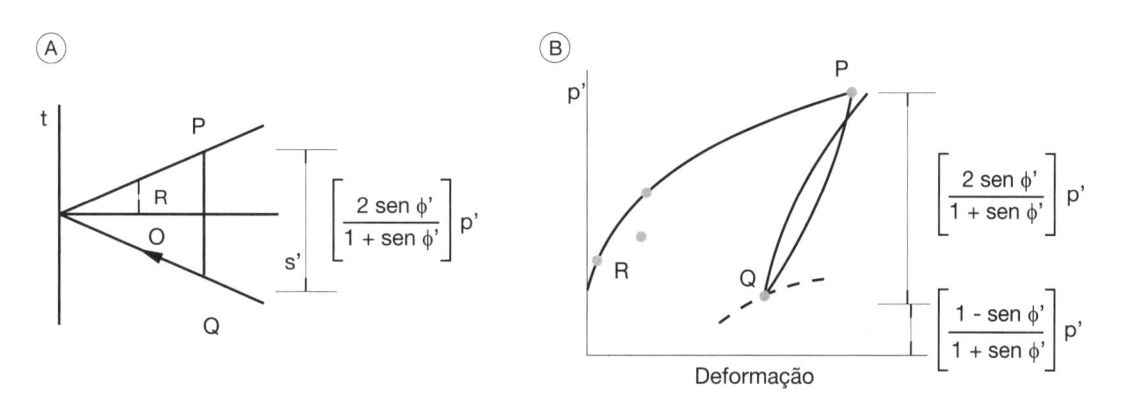

Fig. 5.13 Limite elástico do descarregamento em areias
Fonte: Wroth (1982).

onde $(p - u_0)_{máx}$ é a pressão efetiva de cavidade ao início do descarregamento e u_0, a pressão hisdrostática do terreno.

Finalmente, reconhece-se, no atual estágio do conhecimento, que o módulo de deformabilidade do solo é dependente do nível de tensões e deformações cisalhantes (γ) (p. ex., Jardine; Symes; Burland, 1984; Tatsuoka; Shibuya, 1991; Fahey, 1998). Considerando-se que no pressiômetro a resolução dos medidores de deslocamentos e pressões é da ordem de 0,01%, e que, para esse nível de deformações, o comportamento do solo é fortemente não linear, existe a necessidade de estabelecer a variação do módulo com o nível de deformações correspondente. Exemplos de curvas de degradação de módulo (Fig. 5.14), representadas pela relação entre $G/G_0 \times \gamma$, para solos residuais, são apresentados por Abramento e Souza Pinto (1998). G_0 corresponde ao módulo a pequenas deformações obtido em ensaios *cross-hole*. Nesses exemplos, fica clara-

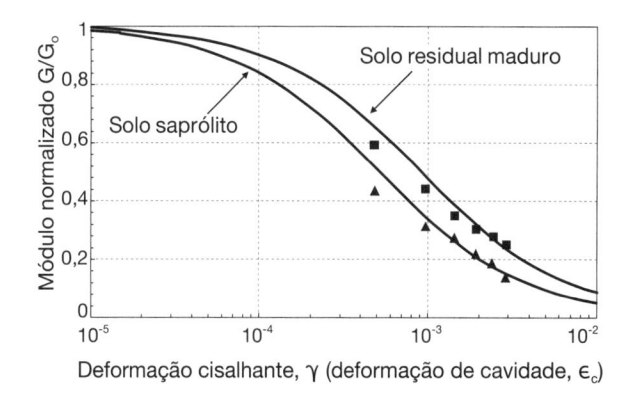

Fig. 5.14 Curva de degradação de módulo em solos residuais
Fonte: Abramento e Souza Pinto (1998).

mente identificada a necessidade de adoção de módulos operacionais estimados para níveis de deformações correspondentes à obra a ser projetada (ou seja, pode ser necessária a correção do módulo medido para compatibilização com as deformações e os fatores de segurança de projeto).

5.3.2 Estado de tensões no repouso

A estimativa da tensão horizontal *in situ* depende fortemente do método empregado na instalação da sonda, bem como do critério de análise adotado na interpretação do ensaio. Em ensaios em pré-furo (MPM), a pressão associada ao início do trecho linear não corresponde à magnitude de σ_{ho}, em razão de efeitos de variações no estado de tensões durante a escavação, amolgamento do solo durante a execução do furo de sondagem e pressão do fluido utilizado na estabilização da escavação (p. ex., Baguelin, 1978; Wroth, 1982; Clarke, 1995).

Ensaios SBPM são, em teoria, ideais à estimativa de σ_{ho} sempre que a técnica autoperfurante for utilizada adequadamente. Em ensaios CPMT, as tensões horizontais são alteradas pela cravação do cone no solo, cuja magnitude aumenta do valor no repouso ao valor correspondente à expansão de uma cavidade de raio r_0, sendo r_0 o raio do cone. Assim, as técnicas utilizadas na estimativa de σ_{ho} são preferencialmente aplicadas a ensaios SPBM, desenvolvidos especialmente para essa finalidade, podendo, segundo critérios específicos, ser estendidas a outros tipos de pressiômetros.

Em um ensaio instalado em "condições ideais", sem deformações radiais impostas durante o processo de inserção, a tensão de cavidade que gera os deslocamentos iniciais da membrana (*lift-off pressure*) correspondente à magnitude da tensão horizontal *in situ*. Por deficiências de instrumentação e natureza do ensaio, a identificação exata desse valor nem sempre é precisa, conforme ilustrado na Fig. 5.15. Os três braços instrumentados apresentam comportamentos divergentes no início do ensaio, porém uma mudança mais definida de comportamento é observada para níveis de tensões na faixa entre 30 e 45 kPa, sugerindo, portanto, que a magnitude da tensão horizontal no repouso está compreendida dentro dessa faixa de variação. Exemplos específicos desse comportamento são encontrados em Fahey e Randolph (1984), Briaud (1992) e Clarke (1995), entre outros.

Para condições nas quais o valor da pressão inicial não fica claramente identificado, é comum a adoção de critérios balizados pela pressão de plastificação (Marsland; Randolph, 1977; Hawkins et al., 1990). Essa abordagem é particularmente útil para ensaios MPM, mas pode ser adotada para outros tipos de pressiômetros; sua aplicação, porém, é restrita a solos argilosos. O método assume que a pressão de plastificação corresponde à soma de

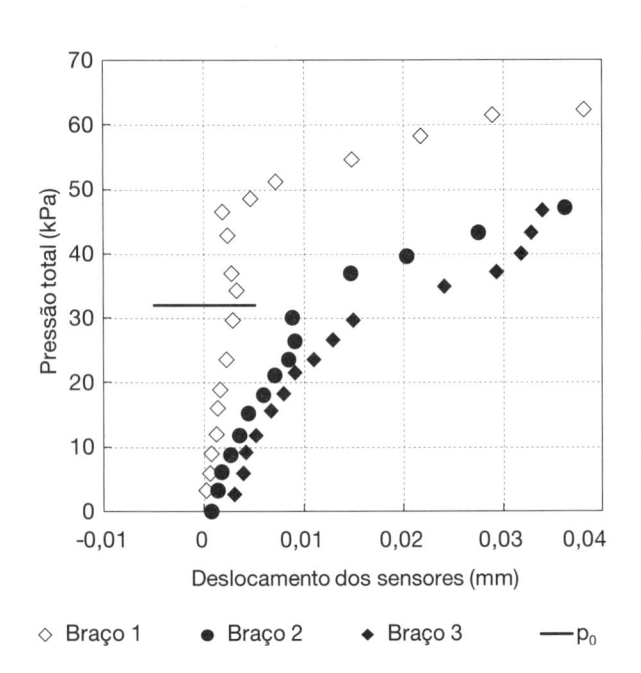

Fig. 5.15 Deslocamento inicial da membrana (*lift-off*)

σ_{ho} e S_u. As tensões cisalhantes para diferentes intervalos de deformações podem ser calculadas pela expressão:

$$\tau = \frac{dp}{d\left[\ln\frac{dV}{V}\right]} \quad (5.23)$$

Assim, é possível estimar, simultaneamente, a magnitude da tensão horizontal e da resistência não drenada (ver detalhes na seção 5.3.3), por meio da aplicação de um método interativo que força a consistência gráfica entre a curva experimental e a soma dos valores de σ_{ho} e S_u.

5.3.3 Resistência ao cisalhamento não drenada

O valor de S_u pode ser estimado por meio de resultados de ensaios realizados em condições não drenadas, isto é, ensaios nos quais não há dissipação do excesso de pressões neutras geradas pela expansão da sonda pressiométrica. Para interpretação, assume-se que a curva pressiométrica, quando expressa pela variação da pressão aplicada, p, contra o logaritmo natural da variação volumétrica, $\ln(\Delta V/V)$, produz um gradiente aproximadamente linear, cuja declividade é igual à resistência ao cisalhamento não drenada do solo, conforme demonstrado na Eq. 5.12.

Um exemplo de aplicação é apresentado na Fig. 5.16, para a interpretação de um ensaio pressiométrico realizado no depósito de argilas moles da Baixada Santista, SP (Árabe, 1995a). Note-se que, na prática, a declividade da curva nem sempre é perfeitamente linear. Uma inflexão no gráfico a grandes deformações pode representar uma mudança de comportamento do solo, passando da resistência não drenada de pico para valores indicativos de estado último.

Uma alternativa a esse procedimento consiste na estimativa de S_u diretamente a partir dos valores da pressão limite (p_l), obtidos na curva pressiométrica, conforme discutido na seção 5.2. Conhecida a pressão limite (Eq. 5.11), é possível calcular S_u:

$$S_u = \frac{(p_1 - \sigma_{ho})}{\left[1 + \ln\left(\frac{G}{S_u}\right)\right]} \quad (5.24)$$

Entretanto, o valor de p_l para $\Delta V/V = 1$ não pode ser obtido em ensaios pressiométricos; SBPM atingem valores de $\Delta V/V$ da ordem de 0,20; CPMT, valores de 0,50 e MPM, de até 0,50, sendo necessário adotar métodos de extrapolação dos dados medidos experimentalmente. O método sugerido por Ghionna, Jamiolkowski e Lancellotta (1982) pode ser adotado para essa finalidade, consistindo simplesmente na extrapolação visual dos valores medidos em um gráfico relacionando $p \times \ln(\Delta V/V)$.

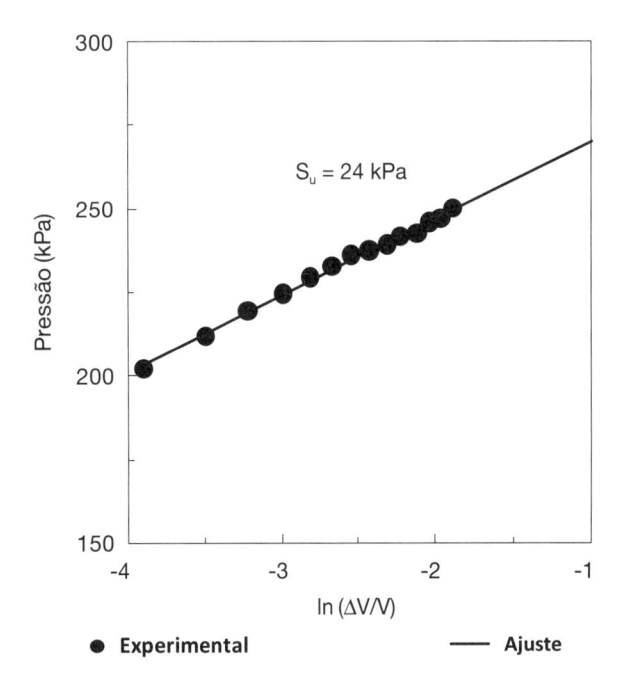

FIG. 5.16 Determinação da resistência ao cisalhamento não drenada em depósito argiloso da Baixada Santista
Fonte: Árabe (1995a).

Vale lembrar que, segundo diversos pesquisadores, a resistência ao cisalhamento não drenada obtida a partir de resultados de ensaios pressiométricos é consideravelmente maior que os valores obtidos por meio de outros ensaios de campo e de laboratório (p. ex., Lacasse; D'orazio; Bandis, 1990; Soares, 1997). Seu uso em projetos de engenharia deve ser convenientemente analisado caso a caso, sendo recomendável a correção dos valores medidos, em decorrência do comprimento finito da sonda pressiométrica (Houlsby; Carter, 1993).

5.3.4 Ângulo de atrito e dilatância

A estimativa de parâmetros de resistência ao cisalhamento por meio da análise de um ensaio pressiométrico, instalado em condições ideais, é obtida plotando-se os resultados dos ensaios em escala logarítmica, tendo a tensão efetiva aplicada à cavidade nas abscissas e a deformação circunferencial corrigida nas ordenadas:

$$\epsilon_{corr} = \frac{r_i - r_0}{r_i} \quad \text{ou} \quad \epsilon_{corr} = \frac{\epsilon_c}{1 + \epsilon_c} \tag{5.25}$$

A inclinação S desse gráfico possibilita a estimativa do ângulo de atrito interno (ϕ') e da dilatância (ψ):

$$sen\phi' = \frac{S}{1 + (S-1)sen\phi'_{cv}} \tag{5.26}$$

$$sen\psi = s + (S-1)sen\phi'_{cv} \tag{5.27}$$

onde ϕ'_{cv} é o ângulo de atrito no estado crítico, cuja medida pode ser obtida por meio de ensaios de laboratório triaxial ou cisalhamento direto. Alternativamente, na ausência de ensaios de laboratório, é possível estimar a magnitude de ϕ'_{cv} pelos valores mostrados na Tab. 5.1. É importante notar que as previsões dos parâmetros de resistência são pouco sensíveis a imprecisões associadas à determinação de ϕ'_{cv}.

TAB. 5.1 Valores típicos de ϕ'_{cv}

Tipo de solo	ϕ'_{cv}
Areia siltosa pedregulhosa bem graduada	40
Areia grossa uniforme	37
Areia média bem graduada	37
Areia média uniforme	34
Areia fina bem graduada	34
Areia fina uniforme	30

Fonte: Robertson e Hughes (1986).

Manassero (1989) propõe a eliminação da dispersão normalmente observada nos dados de ensaios por meio do ajuste dos resultados por uma expressão polinomial. Esse procedimento auxilia na determinação da inclinação S e, portanto, na estimativa de ϕ' e ψ. A precisão do procedimento, qualquer que seja o método de análise, reside na escolha do raio inicial da cavidade adotado com referência no cálculo de ϵ_c.

5.4 Considerações finais

O ensaio pressiométrico fornece uma medida *in situ* do comportamento tensão-deformação do solo. A interpretação dos resultados é baseada nos conceitos de expansão de uma cavidade cilíndrica, possibilitando a estimativa de parâmetros constitutivos do solo: módulo de cisalhamento (G), ângulo de atrito interno (ϕ'), ângulo de dilatância (ψ)

e resistência ao cisalhamento não drenada (S_u), além do estado de tensões geostático. Este é, portanto, um ensaio de considerável alcance e interesse na solução de projetos de engenharia.

Outras formulações, de caráter semiempírico e base estatística, são encontradas na literatura internacional. Trata-se dos chamados métodos diretos de projeto, que correlacionam, por exemplo, a pressão limite do pressiômetro com a capacidade de carga de fundações (Baguelin; Jézéquel; Shields, 1978; Briaud, 1992). Esses métodos não são discutidos na presente obra: considera-se que a aplicabilidade do pressiômetro no Brasil é predominantemente associada ao uso dos métodos racionais de análise apresentados anteriormente, conforme o relatório *Ensaios pressiométricos no Brasil*, apresentado no último ISP5 (Schnaid; Coutinho, 2005).

Por fim, deve-se destacar a contribuição brasileira no desenvolvimento de métodos de interpretação do ensaio para solos não saturados (Sandroni; Brandt, 1983; Silva, 1997; Schnaid et al., 2000) e cimentados (Mantaras, 1995; Bosch, 1996; Mantaras; Schnaid, 2002; Schnaid; Mantaras, 2004). Uma revisão sobre o tema pode ser obtida em Schnaid (2009).

capítulo 6
ENSAIO DILATOMÉTRICO

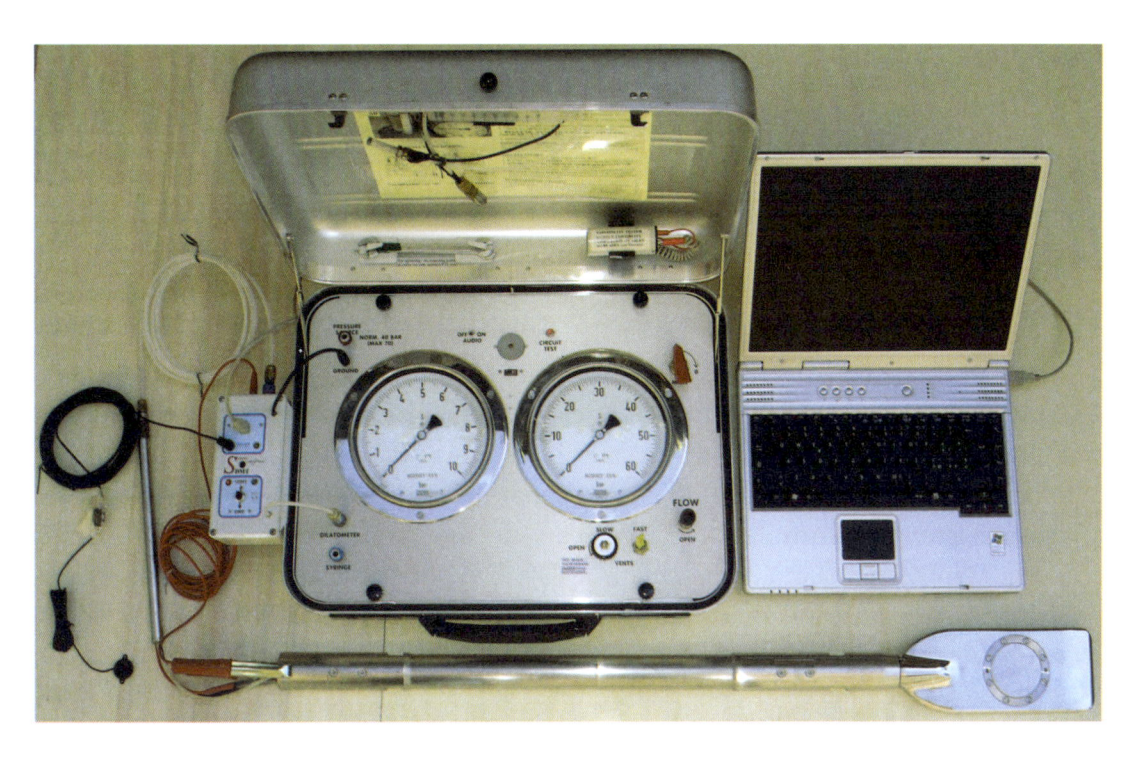

Dilatômetro sísmico (SDMT) (cortesia: Studio Marchetti)

Os últimos 15 anos foram caracterizados por um desenvolvimento significativo da área de ensaios de campo. Esse desenvolvimento resultou tanto na invenção de novas tecnologias como na inovação, melhoria e padronização dos ensaios existentes. Entretanto, o aspecto mais importante desse período refere-se a um melhor entendimento das correlações entre medidas in situ e propriedades de comportamento do solo.

Jamiolkowski et al. (1988)

O dilatômetro constitui-se de uma lâmina de aço inoxidável dotada de uma membrana de aço muito fina em uma de suas faces, similar a um instrumento tipo célula de pressão total. O ensaio dilatométrico (*DilatoMeter Test* - DMT) consiste na cravação da lâmina dilatométrica no terreno, medindo-se o esforço necessário à penetração para, em seguida, usar a pressão de gás para expandir a membrana circular de aço (diafragma) no interior da massa de solo. O equipamento é portátil e de fácil manuseio, e a operação é simples e relativamente econômica.

O ensaio dilatométrico foi desenvolvido na Itália pelo professor Silvano Marchetti, pesquisador responsável não só pela concepção e construção do equipamento, como também pela formulação dos conceitos básicos associados à sua interpretação (Marchetti, 1975, 1980, 1997). A técnica, concebida em meados da década de 1970, foi patenteada na Itália em 1977, normalizada nos Estados Unidos em 1986 (ASTM, 1986b) e na Europa em 1995 (CEN/TC 250/SC; Eurocode, 1997). Não há normalização específica no Brasil. Revisões extensivas do estado do conhecimento podem ser encontradas em Marchetti (1980, 1997); Schmertmann (1986); Lutenegger (1988); Lunne, Lacasse e Rad (1989); Coutinho, Bello e Pereira (2006); Giacheti et al. (2006b); Cruz, Devincenzi e Viana da Fonseca (2006) e Mayne (2006a).

A filosofia adotada no desenvolvimento do ensaio assume que (a) as perturbações geradas pela inserção do dilatômetro no solo são inferiores à média observada em outras técnicas de penetração e (b) as medidas são obtidas para pequenas deformações do diafragma, correspondendo ao comportamento do solo na fase elástica.

A interpretação dos resultados dilatométricos possibilita a estimativa de parâmetros constitutivos do solo a partir de correlações de natureza semiempírica, em particular do coeficiente de empuxo no repouso (K_0), do módulo de elasticidade (E ou M), da razão de pré-adensamento (OCR), da resistência ao cisalhamento não drenada de argilas (S_u) e do ângulo de atrito interno de areias (ϕ'). A experiência tem, ainda, demonstrado a aplicabilidade do ensaio como indicativo do tipo de solo. As correlações existentes foram desenvolvidas para areias e argilas de origem sedimentar (p. ex., Marchetti, 1980; Schmertman, 1983). A experiência brasileira ainda é incipiente, restringindo-se à validação da experiência internacional em condições locais, com base na comparação com outros ensaios de campo e laboratório (Soares et al., 1986b; Bogossian; Muxfeldt; Bogossian, 1988; Bogossian; Muxfeldt; Dutra, 1989; Ortigão, 1993; Ortigão; Cunha; Alves, 1996; Pereira; Coutinho, 1998; De Paula et al., 1998).

No contexto desta publicação, procura-se apenas apresentar os aspectos essenciais ao uso e à interpretação do dilatômetro. Na ausência de uma experiência nacional genuína, busca-se difundir o ensaio como forma de incorporá-lo à pratica de engenharia brasileira.

6.1 Procedimento e equipamento

O princípio do ensaio é bastante simples: faz-se a cravação segmentada do dilatômetro no terreno, normalmente em intervalos de 20 cm, e a cada interrupção efetuam-se as duas leituras fundamentais do ensaio (pressões A e B). A velocidade de penetração da lâmina no solo não é padronizada. Utiliza-se com frequência a velocidade de 20 mm/s do sistema de cravação do cone, mas podem também ser adotadas velocidades inferiores ou superiores. Sistemas hidráulicos devem ser usados na cravação, devendo-se evitar procedimentos percussivos com martelos, como utilizado na sondagem SPT.

As necessidades e os cuidados referentes à cravação do dilatômetro são semelhantes aos descritos para o cone, sendo, inclusive, utilizadas as mesmas hastes. Portanto, as recomendações apresentadas no Cap. 3 são válidas para a realização do ensaio dilatométrico.

A Fig. 6.1 (p. 160) apresenta uma vista geral do equipamento, que é constituído por (a) uma caixa de controle, onde estão alojados os manômetros, as válvulas de controle de pressão e drenagem, as conexões para alimentação de pressão de gás e cabos elétricos de aterramento, e o acoplamento com a lâmina; (b) cilindro de gás; (c) válvula de controle de pressão; (d) cabo elétrico e de pressão; (e) haste; (f) lâmina e (g) caixa de controle do dilatômetro sísmico.

- a] *Unidade de controle*: contém os circuitos elétrico e de pressão necessários à realização do ensaio. A unidade permite ajustar as pressões aplicadas ao solo, provenientes do cilindro de gás comprimido, e registrar as medidas correspondentes ao deslocamento da membrana flexível.
- b] *Cilindro de gás*: o gás utilizado no ensaio pode ser tanto ar comprimido como gás de nitrogênio, de ampla utilização na medicina, na indústria alimentícia, automobilística etc. e, portanto, de fácil comercialização. Não há restrições de uso de qualquer tipo de gás, mas a grande vantagem do nitrogênio gasoso é, em princípio, não ser nocivo, tóxico, inflamável, corrosivo e explosivo. Garrafas com cerca de 60 cm de altura, normalmente usadas por equipes de mergulho, pressurizadas com 15 MPa, são suficientes para a produção diária de uma equipe em campo (entre 70 m e 100 m lineares/dia). O consumo de gás aumenta à medida que aumenta a profundidade do ensaio (aumento do comprimento da mangueira) e a resistência do solo.
- c] *Válvula de controle de pressão*: peça-chave para evitar danos quando da eventual aplicação de uma sobrepressão no sistema. O ensaio dilatométrico trabalha com pressões inferiores aos 15 MPa do cilindro de ar comprimido, sendo recomendado regular a válvula de controle para fornecer pressão de saída de 3 a 4 MPa. Esse nível de pressão permite a expansão da membrana em diferentes tipos de solos. Solos muito resistentes podem exigir pressões superiores; nesses casos, pode-se regular a pressão para faixas de trabalho entre 7 e 8 MPa.
- d] *Cabo elétrico e de pressão*: uma mangueira de náilon com um fio elétrico instalado no seu interior, provida de conectores especiais nas duas extremidades, conectados simultaneamente à unidade de controle e à lâmina, fornece pressão contínua e corrente elétrica para a realização do ensaio.
- e] *Hastes*: as hastes utilizadas no ensaio CPT são apropriadas à cravação do dilatômetro; porém, não há requisitos específicos nesse sentido. Podem-se utilizar outras hastes, desde que apresentem rigidez suficiente para evitar quebra e danos durante a penetração.
- f] *Lâmina*: é o elemento introduzido no solo e que possui uma membrana flexível acoplada a uma de suas faces. Essa lâmina, com largura de 95 mm e espessura de 15 mm, é confeccionada em aço especial que possibilita a aplicação de cargas superiores a 250 kN (permitindo a realização de ensaios em solos de resistência não drenada entre 2 kPa e 1.000 kPa, com módulos M entre 0,4 MPa e 400 MPa). O ângulo de corte da lâmina varia de 24° a 32°. A membrana acoplada à lâmina tem formato circular, com 60 mm de diâmetro, sendo confeccionada em aço de 0,2 mm de espessura. Um anel circular de aço fixa a membrana à lâmina, com o auxílio de oito parafusos (Fig. 6.2).
- g] *Caixa de controle do dilatômetro sísmico*: o módulo sísmico é controlado por um sistema digital que captura e filtra os sinais medidos por dois geofones.

A Fig. 6.2 apresenta uma imagem da lâmina na condição de uso e uma vista ampliada de todos os seus componentes.

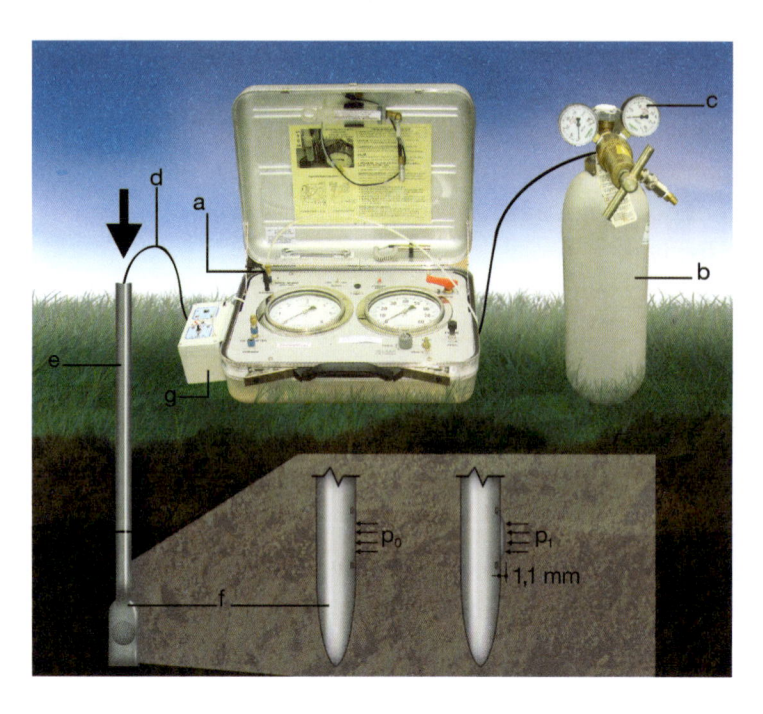

FIG. 6.1 Vista geral do equipamento utilizado no ensaio dilatométrico

6.1.1 Princípio de funcionamento

O esquema de funcionamento do dilatômetro é representado na Fig. 6.3. Duas leituras são necessariamente obtidas em cada ensaio: a primeira correspondente ao deslocamento da membrana do disco sensitivo (leitura A) e a segunda, ao deslocamento da membrana de exatos 1,10 mm (leitura B). O ensaio inicia com a membrana encostada no disco sensitivo (circuito elétrico fechado), pressionado pela ação do solo (Posição 1 ⇒ $P_{GÁS} = 0$). Aplica-se gradativamente o aumento da pressão até que a membrana se afaste do disco sensitivo (abrindo o circuito elétrico). Essa pressão corresponde à leitura A (Posição 2 ⇒ $P_{GÁS} = P_0$). Prosseguindo com o aumento da pressão, a membrana desloca-se juntamente com um cilindro central pressionado por uma mola. No instante que esse cilindro atinge o disco sensitivo, a um deslocamento correspondente a 1,10 mm, o circuito elétrico é fechado e efetua-se a segunda leitura (leitura B, Posição 3 ⇒ $P_{GÁS} = P_1$). Eventualmente, efetua-se uma terceira leitura, denominada de leitura C, que corresponde à pressão medida quando a membrana volta a repousar sobre o disco sensitivo, fechando novamente o circuito elétrico.

FIG. 6.2 Lâmina (cortesia: Studio Marchetti)

Com vistas à interpretação do dilatômetro, a Fig. 6.4 apresenta um fluxograma das etapas que compõem o ensaio: (a) calibração, (b) medidas *in loco*, (c) correção das leituras, (d) determinação dos parâmetros intermediários e (e) cálculo dos parâmetros geotécnicos. Cada uma dessas etapas é detalhada na sequência deste capítulo.

6.1.2 Leituras do ensaio

As leituras A e B realizadas a cada profundidade de ensaio são corrigidas por meio da calibração da rigidez da membrana, quando expandida ao ar (leituras ΔA e ΔB), e do valor do desvio de zero do manômetro (Z_m) (Eqs. 6.1 a 6.3).

a] Leituras de calibração ΔA e ΔB

Na calibração, com o dilatômetro exposto ao ar, aplica-se uma pressão negativa (sucção) na linha do gás, de forma a obter-se um perfeito contato da lâmina com o disco sensitivo, fechando o circuito elétrico (leitura ΔA). Em seguida, aplicam-se pequenos incrementos de pressão para deslocar o cilindro de aço localizado no centro da lâmina em exato 1,10 mm. Nesse momento, efetua-se a leitura ΔB. Essas leituras são realizadas com o uso de uma seringa, que gera vácuo ou pressão, a depender do sentido de movimento do êmbolo.

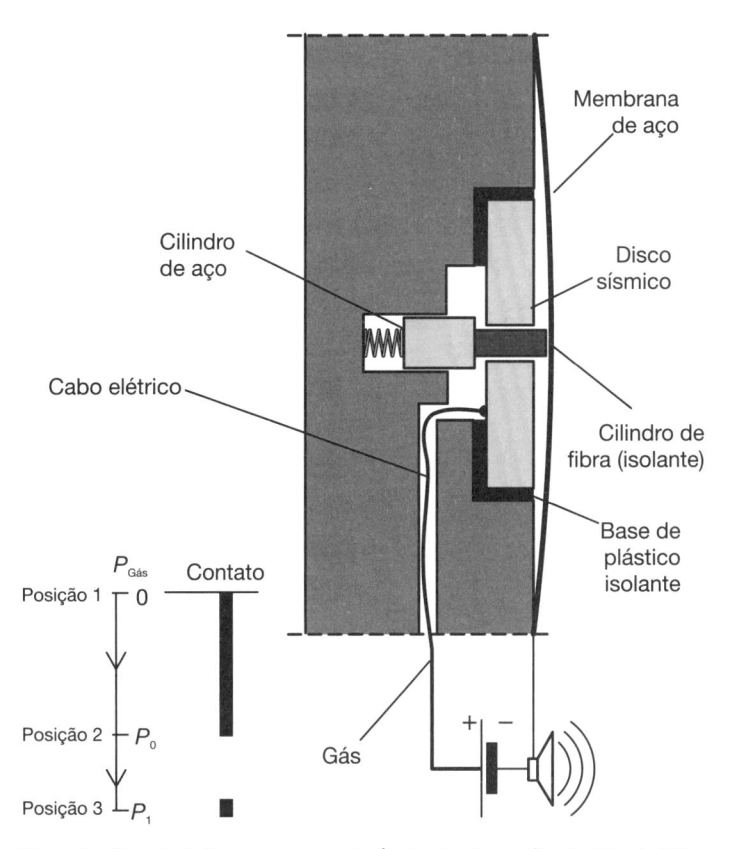

FIG. 6.3 Croqui de funcionamento da lâmina (cortesia: Studio Marchetti)

As leituras de calibração devem ser cuidadosamente efetuadas no início e no final de cada ensaio, e quando da substituição da lâmina ou da membrana. No caso da substituição da membrana, as leituras devem ser efetuadas somente após a aplicação de ciclos de pressão (até a estabilização das leituras ΔA e ΔB). As referidas leituras devem estar dentro da faixa de tolerância recomendada: entre 5 kPa e 30 kPa (tipicamente 15 kPa) para ΔA e entre 5 kPa e 80 kPa (tipicamente 40 kPa) para ΔB. A diferença dos valores de leituras ΔA e ΔB antes e depois do ensaio deve ser inferior a 25 kPa.

Adicionalmente, verifica-se a estanqueidade da lâmina por meio da sua submersão em recipiente com água e aplicação de pressões. Vazamentos que impeçam a expansão da membrana implicam o reparo do equipamento.

b] Leituras de ensaio A e B

As leituras de ensaio são realizadas de forma análoga às calibrações. Com o dilatômetro cravado no solo, a membrana é forçada contra o disco sensitivo, e o circuito elétrico encontra-se fechado. O aumento gradativo de pressão força o movimento da membrana que, ao deslocar-se, abre o circuito elétrico. Nesse instante, quando a pressão do gás é igual à pressão horizontal do terreno aplicado sobre a lâmina, efetua-se a leitura A (Posição 2 $\Rightarrow$ $P_{GÁS} = P_0$). Na sequência, procede-se à leitura B (Posição 3 $\Rightarrow$ $P_{GÁS} = P_1$), quando a expansão da membrana atinge 1,10 mm.

a) Leituras de calibração	ΔA	• Primeira leitura de calibração
	ΔB	• Segunda leitura de calibração
	Z_m	• Leitura de desvio de zero do manômetro
b) Leituras do ensaio	A	• Primeira leitura do ensaio
	B	• Segunda leitura do ensaio
	C	• Leitura opcional
c) Correção das leituras	P_0	• Correção da primeira leitura do ensaio
	P_1	• Correção da segunda leitura do ensaio
d) Determinação dos parâmetros intermediários	I_D	• Índice de material
	K_D	• Índice de tensão horizontal
	E_D	• Módulo dilatométrico
e) Cálculo de parâmetros de interpretação	OCR	• Razão de sobreadensamento
	S_u	• Resistência não drenada
	ϕ'	• Ângulo de atrito interno do solo
	C_h	• Coeficiente de adensamento horizontal
	K_h	• Coeficiente de permeabilidade
	γ	• Peso específico
	M	• Módulo oedométrico
	K_0	• Coeficiente de empuxo horizontal

FIG. 6.4 Fluxograma das etapas do ensaio dilatométrico

c] Leitura C

A leitura C é opcional e tem por objetivo caracterizar as condições de drenagem do solo. Assume-se como hipótese que em solos granulares ocorre o efeito de arqueamento e que a pressão interna da membrana ao final do ensaio é igual à pressão hidrostática do terreno.

d] Intervalo de tempo entre leituras

As leituras A e B devem ser iniciadas imediatamente após o término da cravação da lâmina. O intervalo de tempo entre o término da cravação e o início da aplicação da pressão é de 1 a 2 s. A velocidade de aplicação da pressão no interior da cavidade da lâmina deve ser tal que a leitura A seja efetuada em um intervalo de tempo inferior a 20 s (tipicamente 15 s) e a leitura B, tipicamente 20 s após a leitura A. Esse procedimento exige acréscimos de pressões distintos para solos de diferentes densidades e compacidades. Como o intervalo total de tempo entre ensaios é de aproximadamente 1 min, a produtividade média é da ordem de 10 m/h.

6.1.3 Verificação da planicidade e empenamento

A membrana do dilatômetro não deve apresentar saliência em relação à lâmina e ao anel de fixação. A montagem deve produzir um conjunto perfeitamente alinhado e plano. A verificação da planicidade é efetuada visualmente com o auxílio de uma barra colocada sobre a membrana, conforme indicado na Fig. 6.5A. Outro aspecto importante é verificar periodicamente o empenamento da lâmina em relação ao alinhamento do eixo da haste. Para tanto, utiliza-se um esquadro alinhado ao eixo da haste para aferição de possível desvio do zero da parte inferior da lâmina (Fig. 6.5B). A verificação do alinhamento das hastes segue as mesmas recomendações apresentadas no ensaio do cone (Cap. 3).

6.1.4 Unidade de controle

Conforme mencionado anteriormente, a unidade de controle é usada para controlar o ensaio (Fig. 6.6). Apresenta-se a seguir uma breve discussão de cada um dos componentes dessa unidade: manômetros de pressão, circuito de gás e circuito elétrico.

a] Manômetros de pressão

A unidade de controle é constituída por um par de manômetros, para duas faixas de pressões, ligados em paralelo: um trabalhando em pressões de até 1 MPa e outro em pressões de até 6MPa. A resolução dos dois manômetros permite leituras em todos os tipos de solos (de muito mole à duro).

De acordo com o código europeu Eurocode 7 (1997), os manômetros devem ser apropriadamente calibrados, apresentar medida de pressão com resolução de 10 kPa até, no mínimo, 500 kPa, e acurácia de, no mínimo, 0,5% do final de escala.

b] Válvulas de controle de pressão

O sistema é composto por quatro válvulas. A *válvula principal* tem como função interromper a ligação da fonte de pressão (garrafa de gás) com a unidade de controle da lâmina. A *válvula de graduação micrométrica* possibilita controlar a taxa de aumento de pressão na cavidade da lâmina durante a expansão da membrana. Essa válvula também corta a alimentação da fonte de pressão com a cavidade interna da lâmina. A *válvula de ventilação* permite drenar rapidamente o sistema para a pressão da atmosfera, e a *válvula de ventilação lenta* possibilita a drenagem do sistema para a determinação da leitura C.

c] Circuito elétrico

O circuito elétrico indica o modo de operação do disco sensitivo (condição aberta ou fechada), por meio de dispositivos visual e auditivo. O ensaio inicia-se com a membrana encostada na sonda, com o circuito fechado e um sinal sonoro acionado. Ao iniciar a expansão, o circuito abre e o sinal sonoro silencia. Finalmente, no registro da pressão B, o circuito volta a fechar e o sinal sonoro é novamente acionado, indicando o momento de registrar a pressão correspondente.

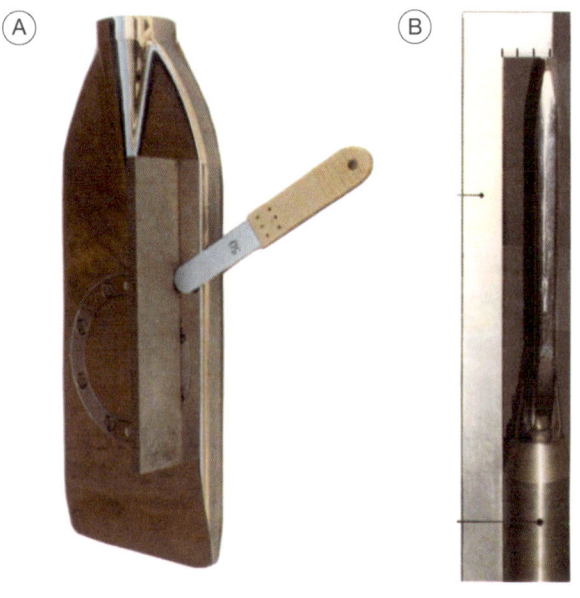

6.1.5 Dilatômetro sísmico (SDMT)

O dilatômetro sísmico (SDMT) é uma extensão do dilatômetro convencional, constituído de uma unidade composta por dois sensores sísmicos (geofones) instalados em um segmento de haste posicionado imediatamente sobre a lâmina dilatométrica (ver figura da abertura do capítulo, p. 157). Uma caixa de controle gerencia os registros sísmicos, além de digitalizar os valores das leituras A, B e C com o uso de um transdutor de pressão e conversor analógico digital. Os registros sísmicos são filtrados e apresentados em tempo real, permitindo ao operador identificar a qualidade do sinal e a necessidade de novos registros a uma mesma profundidade.

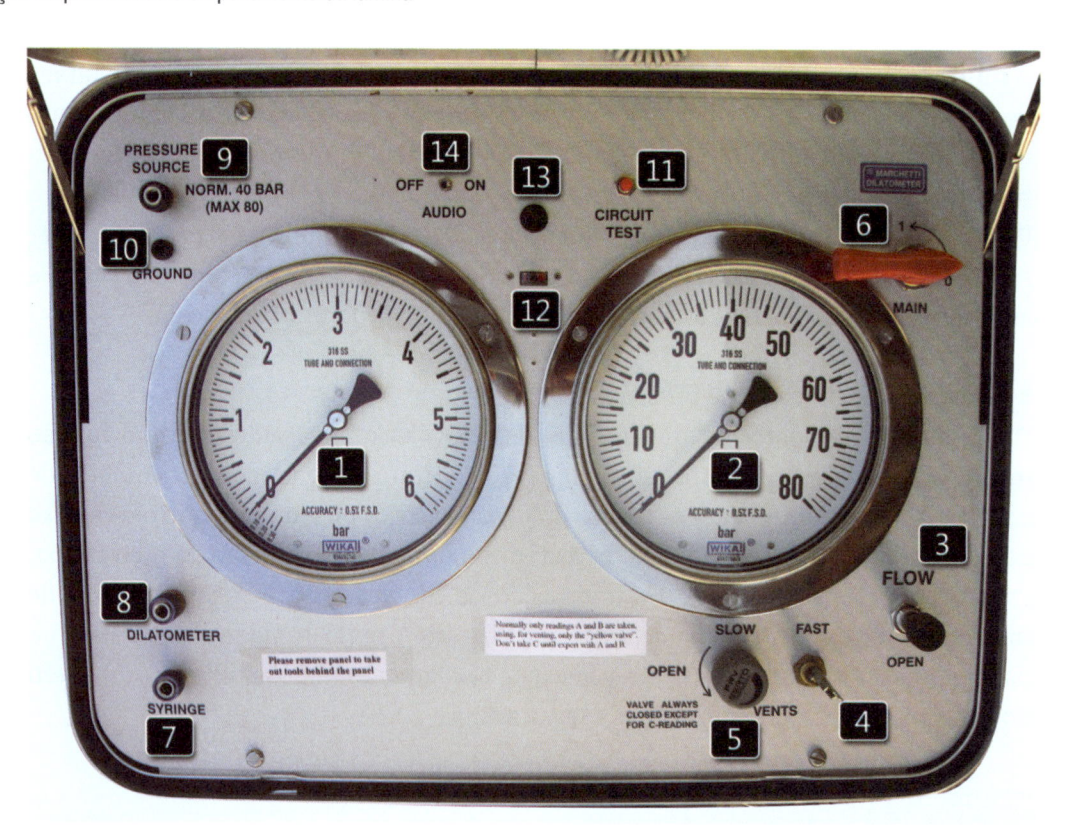

FIG. 6.5 Verificação da planicidade e empenamento da lâmina

1 Manômetro de 0 a 6 bar
2 Manômetro de 0 a 80 bar
3 Válvula de graduação micrométrica para leituras A e B
4 Válvula de ventilação rápida
5 Válvula de ventilação lenta para leitura C
6 Válvula principal
7 Conexão da seringa para leituras ΔA e ΔB
8 Ponte de conexão da mangueira para a lâmina
9 Ponte de conexão da fonte de alimentação de pressão
10 Ponte de conexão do fio terra
11 Botão de teste de circuito
12 Galvanômetro – indicador visual de circuito aberto ou fechado
13 Buzina de indicação de áudio de circuito aberto ou fechado
14 Interruptor liga-desliga do áudio

FIG. 6.6 Vista da caixa de controle

O SDMT é constituído de dois sensores, afastados de 0,5 m, não necessitando de *trigger* para registrar o intervalo de tempo entre sinais. A orientação dos geofones em relação à fonte sísmica não se altera durante a penetração, pois a lâmina não permite a rotação das hastes. Deve-se atentar, portanto, à orientação dos geofones em relação à fonte sísmica, no início da cravação (Fig. 6.7). A fonte sísmica geralmente é composta de uma base de aço com características semelhantes às definidas no ensaio de cone sísmico (Cap. 3).

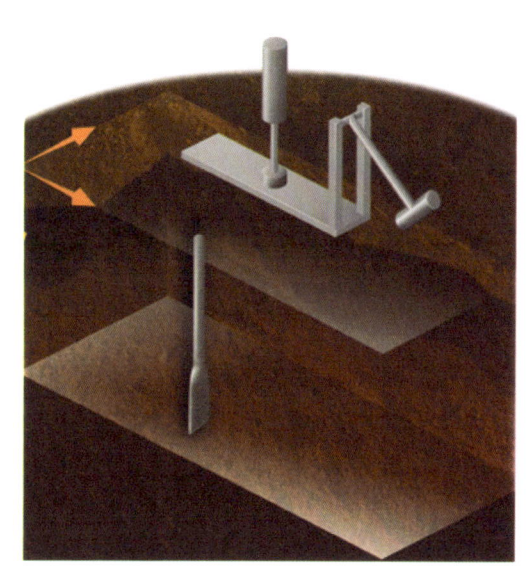

FIG. 6.7 Indicação da orientação da posição dos geofones com a fonte sísmica

6.2 Correção dos parâmetros de leitura

Em razão da rigidez própria da membrana de aço e de eventuais imprecisões no sistema de medição, recomenda-se a correção das pressões medidas A, B e C, originando as pressões corrigidas P_0, P_1 e P_2, respectivamente:

$$P_0 = 1,05(A - Z_m - \Delta A) - 0,05(B - Z_m - \Delta B) \qquad (6.1)$$

$$P_1 = B - Z_m - \Delta B \qquad (6.2)$$

$$P_2 = C - Z_m - \Delta B \qquad (6.3)$$

Após as correções, considera-se que a pressão P_0 seja correlacionável à tensão horizontal *in situ*; a diferença entre P_1 e P_0 é associada ao módulo de Young e, finalmente, a pressão P_2 é relacionada ao excesso de poropressão gerado pela cravação da lâmina dilatométrica.

6.3 Fatores de influência

As perturbações induzidas pela cravação do equipamento no terreno têm influência nos valores de pressões A, B e C e, portanto, na magnitude dos parâmetros geotécnicos estimados. As principais fontes de erro estão relacionadas ao modo de penetração da lâmina, ao desvio de verticalidade e ao tempo de espera entre a cravação e a expansão da membrana.

Estudos experimentais e numéricos evidenciam zonas de concentração de tensões ao redor da lâmina dilatométrica e efeitos de descarregamento do solo adjacente à membrana (Clarke; Wroth, 1988; Davidson; Boghrat, 1983; Fivino, 1993; Smith, 1993). Efeitos de dissipação de poropressões após a cravação da membrana foram identificados por Robertson e Campanella (1983a). Em geral, os estudos sugerem que os instrumentos tipo lâmina, com dispositivo de medição localizado nas faces, são adequados à estimativa de parâmetros geotécnicos, uma vez que não há restrições significativas quanto a sua interpretação. Yu (2004) demonstrou que p_0 é associado à OCR, confirmando as abordagens empíricas propostas por Marchetti. Entretanto, os métodos de interpretação do ensaio permanecem essencialmente empíricos, e as correlações consagradas na prática internacional devem ser validadas localmente.

6.4 Parâmetros intermediários

Com base nas pressões P_0, P_1 e P_2, Marchetti (1980) definiu três índices básicos adotados na interpretação do ensaio, os quais são descritos a seguir.

6.4.1 Módulo dilatométrico (E_D)

Conhecidos os valores de P_0 e P_1, a diferença entre essas pressões pode ser utilizada na determinação do módulo de elasticidade do solo. Assumindo-se que o solo ao redor do dilatômetro é formado por dois semiespacos elásticos, tendo a lâmina como plano de simetria, a expansão da membrana pode ser modelada como o carregamento flexível de uma área circular. A solução matemática desse problema é representada por:

$$\delta(r) = \frac{4}{\pi}\left(\frac{1-\nu^2}{E}\right)(P_1 - P_0)r_a\sqrt{1-\left(\frac{r}{r_a}\right)^2} \tag{6.4}$$

onde $\delta(r)$ é o deslocamento radial do centro da membrana; r, o raio do ponto de interesse; r_a, o raio da área carregada; E, o módulo de Young do solo; e ν, o coeficiente de Poisson do solo.

A razão $E/(1-\nu^2)$ é definida como o módulo dilatométrico do solo (E_D). Para $r_a = 30$ mm, $r = 0$ mm e $\delta(r) = 1{,}1$ mm, a Eq. 6.4 resulta em:

$$E_D = 34{,}7(P_1 - P_0) \tag{6.5}$$

O módulo E_D é drenado em areias, não drenado em argilas e parcialmente drenado em solos argiloarenosos.

6.4.2 Índice de material (I_D)

O índice de material é definido como a razão entre $(P_1 - P_0)$ e a tensão horizontal efetiva $(P_0 - u_0)$, sendo u_0 a pressão hidrostática no solo:

$$I_D = \frac{P_1 - P_0}{P_0 - u_0} \quad (6.6)$$

O índice é utilizado, predominantemente, como um indicador do tipo de solo, servindo de referência à faixa de aplicabilidade de correlações empíricas.

6.4.3 Índice de tensão horizontal (K_D)

O índice de tensão horizontal do solo é definido de forma análoga ao coeficiente de empuxo no repouso (K_0):

$$K_D = \frac{P_1 - u_0}{\sigma'_{vo}} \quad (6.7)$$

O aumento de K_D é proporcional à tensão horizontal *in situ*, mas também é sensível a outras propriedades do solo. A razão de pré-adensamento, a idade do depósito e o grau de cimentação afetam as medidas de K_D.

6.5 Interpretação dos resultados

Marchetti (1980) estabeleceu um conjunto de correlações semiempíricas entre os índices dilatométricos e as principais propriedades de comportamento do solo: coeficiente de empuxo no repouso (K_0), razão de pré-adensamento (OCR), módulo de deformabilidade (M ou E) e resistência ao cisalhamento do solo. Indicações quanto ao tipo de solo e densidade também são fornecidas. Um resumo das correlações existentes entre os índices dilatométricos e os parâmetros geotécnicos é apresentado no Quadro 6.1, seguido de uma discussão criteriosa quanto aos métodos de interpretação.

QUADRO 6.1 Correlações aplicadas ao ensaio dilatométrico

Parâmetros geotécnicos	Índices do dilatômetro	Referência
S_u (argilas)	I_D, K_D	Marchetti (1980)
ϕ' (areias)	I_D, K_D, força de cravação ou q_c adjacente	Schmertmann (1982), Marchetti (1975)
K_0 (argilas)	I_D, KD	Marchetti (1980)
K_0 (areias)	K_D, força de cravação	Schmertmann (1982)
OCR (argilas)	I_D, K_D	Marchetti (1980)
OCR (areias)	K_D, força de cravação	Baldi et al. (1988)
Módulo	I_D, E_D	Marchetti (1980), Baldi et al. (1986a), Robertson, Campanella e Gillespie (1988)

Fonte: Lutenegger (1988).

6.5.1 Classificação dos solos

Com base em resultados obtidos em diferentes solos, determinou-se que o índice do material (I_D) é controlado pelo tamanho dos grãos do solo, pouco afetado pela OCR e independente das condições de drenagem (Marchetti, 1980; Schmertmann, 1982; Lacasse; Lunne, 1988; Lutenegger, 1988). Com base nessas evidências, Marchetti e Crapps (1981) produziram o gráfico da Fig. 6.8, baseado nas medidas de I_D e E_D, que serve de indicativo do tipo de solo.

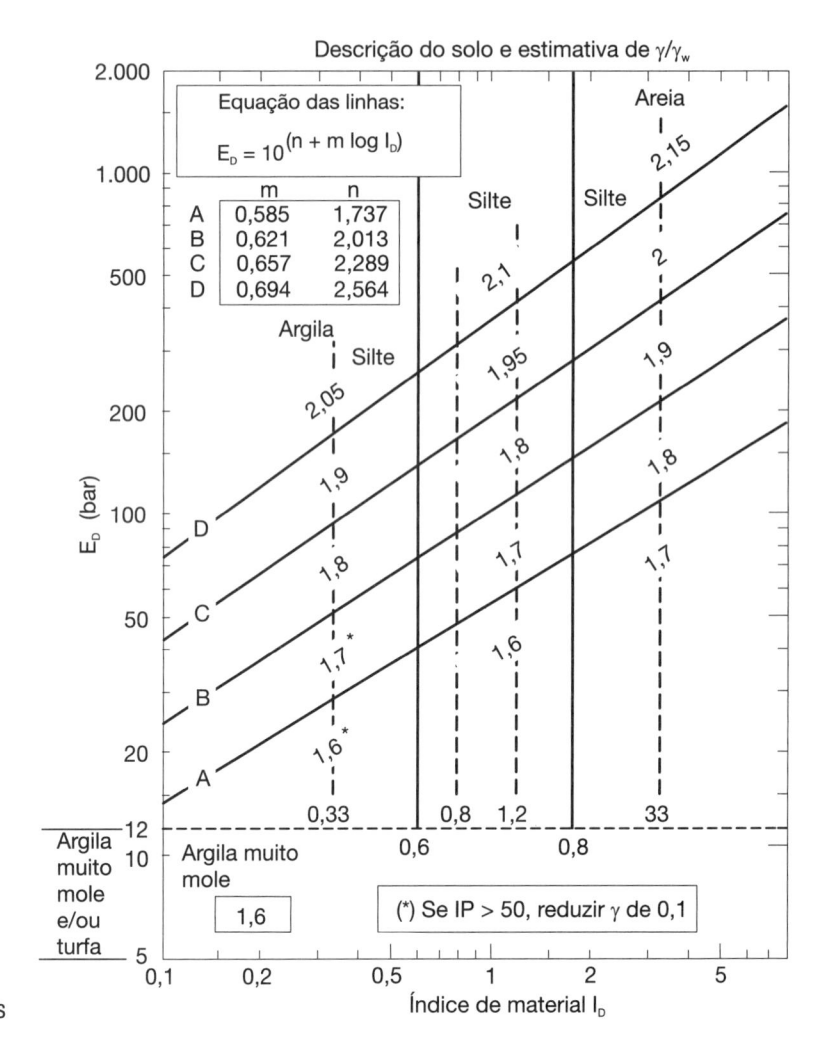

FIG. 6.8 Classificação de solos

6.5.2 Tensão horizontal

O dilatômetro é reconhecido como uma ferramenta concebida para medir o coeficiente de empuxo no repouso (K_0). As correlações existentes, desenvolvidas inicialmente para argilas, foram posteriormente adaptadas também para depósitos arenosos.

Argilas

Marchetti (1980) utiliza o índice de tensão horizontal (K_D) para estimar K_0, segundo a expressão:

$$K_0 = \left(\frac{K_D}{1,5}\right)^{0,47} - 0,6 \qquad (6.8)$$

Desenvolvida predominantemente para argilas não cimentadas, a Eq. 6.8 não deve ser utilizada para materiais sujeitos a envelhecimento, pré-adensamento ou cimentação (Lacasse; Lunne, 1983; Campanella; Robertson, 1983; Jamiolkowski et al., 1988; Powell; Uglow, 1988). Em particular, Jamiolkowski et al. (1988) recomendam que o uso da Eq. 6.8 seja restrito a depósitos de consistência mole a medianamente rija, que apresentem valores de I_D inferiores a 1,2.

Estudos realizados na década de 1980 procuraram generalizar a abrangência da proposição de Marchetti. Powell e Uglow (1988) sugerem um comportamento distinto entre argilas de formação recente ("argilas jovens" < 70.000 anos) e argilas envelhecidas (> 60 milhões de anos).

Depósitos antigos exibem valores de K_0 substancialmente superiores aos previstos pela Eq. 6.8. Resultados obtidos por Lunne et al. (1990) procuram quantificar essa diferença:

$$K_0 = 0,34 K_D^{0,54} \quad \text{para} \quad \frac{S_u}{\sigma_{vo}'} < 0,8 \qquad (6.9)$$

$$K_0 = 0,68 K_D^{0,54} \quad \text{para} \quad \frac{S_u}{\sigma_{vo}'} > 0,8 \qquad (6.10)$$

Um exemplo de aplicação para um depósito brasileiro de argilas moles é apresentado por Pereira (1997) para a cidade de Recife, PE (Fig. 6.9). Resultados obtidos por meio de ensaios dilatométricos, estimados pela proposição de Lunne et al. (1990), são comparados a valores obtidos pela equação de Mayne e Kulhawy (1982): $K_0 = (1 - sen\phi') OCR^{sen\phi'}$. Na ausência de ensaios de laboratório, a magnitude do ângulo de atrito da argila, necessária à estimativa de K_0, foi obtida por correlação. A comparação entre as previsões é, nesse caso em particular, encorajadora, sugerindo que o dilatômetro é uma ferramenta potencialmente adequada à estimativa do empuxo no repouso de depósitos de argilas moles.

Areias

Em relação a solos não coesivos, as equações apresentadas ainda carecem de validação. Com efeito, nesses solos, K_D é controlado simultaneamente por σ_h' e pela densidade relativa, sendo necessário isolar os efeitos desses dois fatores nas correlações propostas (p. ex., Jamiolkowski et al., 1988; Marchetti, 1980; Campanella; Robertson, 1983).

As proposições encontradas na literatura sugerem a estimativa da densidade por meio de uma sondagem adicional, tipo CPT, nas proximidades do perfil dilatométrico (Schmertmann, 1983; Baldi et al., 1986a). Schmertmann (1983) propõe um método interativo para avaliar K_0 em função de K_D e ϕ', válido para solos com $I_D > 1,2$. Resumidamente, o método consiste nos seguintes passos:

a) medir a resistência de ponta do cone (q_c) à mesma profundidade do ensaio dilatométrico;

b) assumir um valor de K_0 para estimar o ângulo de atrito interno do solo (ϕ') em condições de axissimetria (conforme detalhado no Cap. 3);

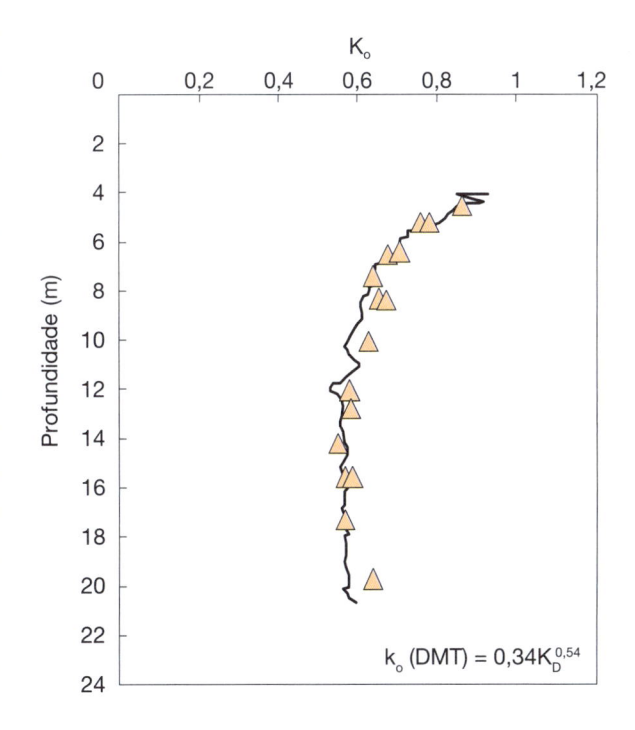

FIG. 6.9 Estimativa de K_0 para a cidade de Recife (PE)
Fonte: Pereira (1997).

c] calcular K_0 com base nos resultados do ensaio dilatométrico, por meio da expressão:

$$K_0 = \frac{(40 + 23K_D - 86K_D\alpha + 152\alpha - 717\alpha^2)}{192 - 717\alpha} \quad (6.11)$$

onde $\alpha = (1 - sen\phi_{ax})$;

d] comparar o valor de K_0 determinado pela Eq. 6.11 com o valor assumido em (b) para estimar ϕ'; os valores de K_0 nos dois casos não devem diferir em mais de 10% após sucessivas interações.

Em abordagem similar, Baldi et al. (1986a) sugere a estimativa de K_0 por meio da equação:

$$K_0 = 0,376 + 0,095K_D - 0,00172(q_c/\sigma'_{vo}) \quad (6.12)$$

É difícil estabelecer a precisão dos valores estimados por meio dessas correlações, em razão das dificuldades em medir-se K_0 ou σ'_h diretamente. Recomenda-se a validação das correlações em condições locais, a partir da comparação com outras técnicas de ensaio.

6.5.3 Razão de pré-adensamento

A razão de pré-adensamento (OCR) é definida como a razão entre a máxima tensão efetiva a que o solo já foi submetido e a tensão vertical efetiva atual. Esse parâmetro controla a magnitude das deformações do solo durante o carregamento, conforme discutido extensivamente nos capítulos precedentes.

Marchetti (1980) sugere que o perfil de variação de K_D com a profundidade pode servir de indicativo da história de tensões do solo. Valores de K_D entre 1,8 e 2,3, aproximadamente constantes com a profundidade, indicam a existência de depósitos normalmente adensados (NA). Valores de K_D constantes, superiores a 2,3, sugerem a presença de argilas NA envelhecidas ou cimentadas. Depósitos pré-adensados são identificados por perfis que exibem uma redução da magnitude de K_D com a profundidade.

Reconhecido o padrão de variação de K_D, Marchetti (1980), com base na comparação com ensaios oedométricos, sugere a equação:

$$OCR = (0,5K_D)^{1,56} \quad (6.13)$$

válida para solos com I_D entre 0,2 e 2,0, em depósitos que sofrerem apenas fenômenos associados à remoção mecânica de camadas.

Posteriormente, Marchetti e Crapps (1981) estenderam a abordagem original:

$$I_D < 1,2 \quad OCR = (0,5K_D)^{1,56} \quad (6.14)$$

$$1,2 < I_D < 2,0 \quad OCR = (0,67K_D)^{1,91} \quad (6.15)$$

$$I_D > 2,0 \quad OCR = (mK_D)^n \tag{6.16}$$

onde:

$$m = 0,5 + 0,17 P \tag{6.17}$$

$$n = 1,56 + 0,35 P \tag{6.18}$$

$$P = (I_D - 1,2)/0,8 \tag{6.19}$$

Várias proposições similares são encontradas na literatura internacional, todas correlacionando OCR a K_D:

$$OCR = (0,24 K_D)^{1,32} \quad \text{Powell e Uglow (1988)} \tag{6.20}$$

$$OCR = (0,30 K_D)^{1,17} \quad \text{para} \quad \frac{S_u}{\sigma'_{vo}} < 0,8$$
$$OCR = (0,27 K_D)^{1,17} \quad \text{para} \quad \frac{S_u}{\sigma'_{vo}} > 0,8 \quad \text{Lunne, Lacasse e Rad (1989)} \tag{6.21}$$

$$OCR = 0,34 K_D^{1,43} = (0,47 K_D)^{1,43} \quad \text{Kamei e Iwasaki (1995)} \tag{6.22}$$

Curiosamente, a correlação de Kamei e Iwasaki (1995) é bastante semelhante à equação proposta originalmente por Marchetti (1980), tendo sido estabelecida a partir de extensa base de dados (Fig. 6.10).

É interessante notar que, ao expressar a OCR como função única de K_D, tem-se como consequência uma correlação direta entre K_0 e OCR. Ao combinar-se a Eq. 6.13 com a Eq. 6.8, obtém-se a seguinte expressão:

$$K_0 = 1,14 OCR^{0,3} - 0,6 \tag{6.23}$$

Como exemplo de aplicação da prática brasileira, utiliza-se novamente os resultados de Pereira (1997) obtidos na cidade de Recife (PE), para um depósito de argila orgânica muito mole, de formação recente. A estimativa de OCR é apresentada na Fig. 6.11, na qual comparam-se valores de resultados de ensaios oedométricos e dilatométricos. Na estimativa, utilizam-se valores extremos da variável m (entre 0,27 e 0,38) para aferir a sensibilidade das previsões. A comparação entre

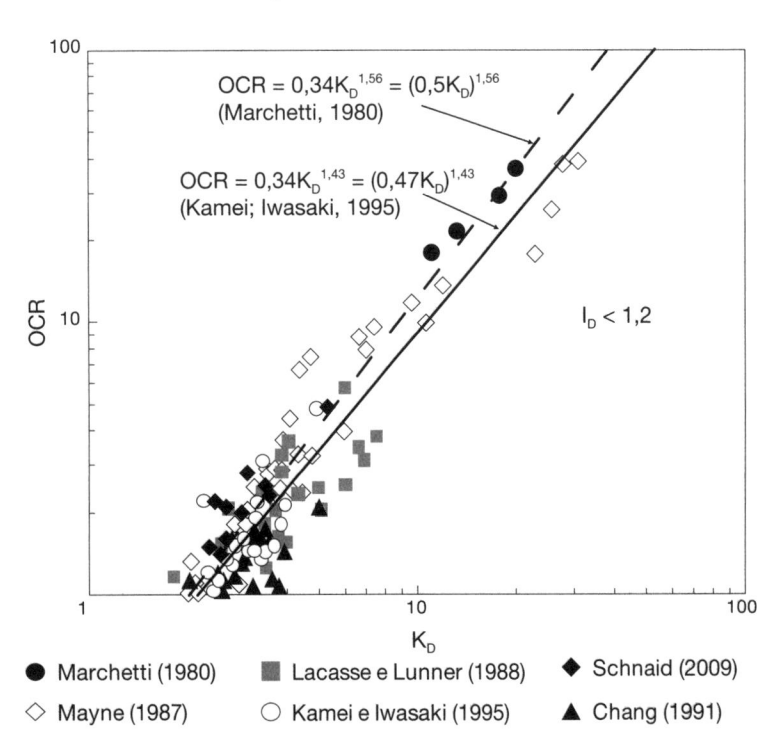

FIG. 6.10 Estimativa de OCR com base nas medidas de K_D
Fonte: Kamei e Iwasaki (1995)

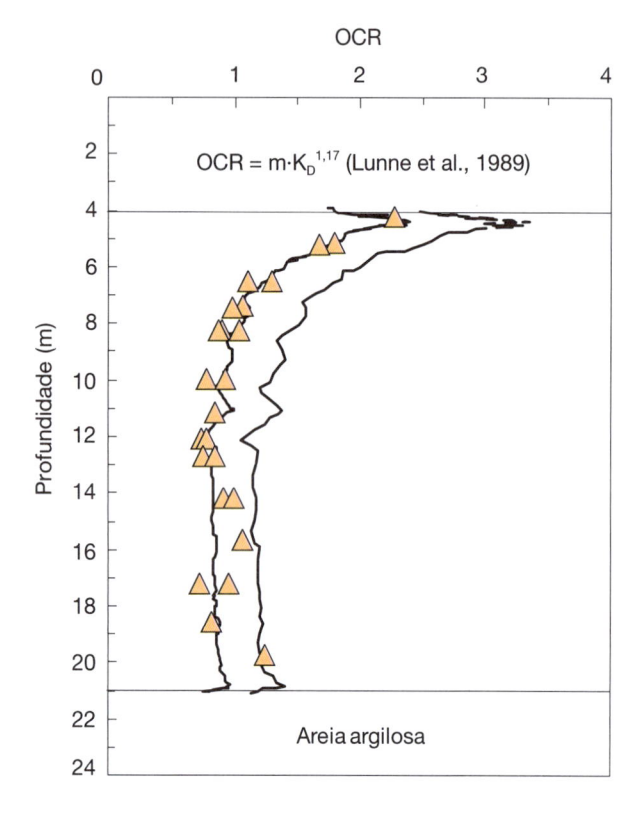

FIG. 6.11 Estimativa de OCR na cidade de Recife, PE
Fonte: Pereira (1997).

resultados é considerada satisfatória – os valores de OCR situam-se em torno da unidade (depósito normalmente adensado) e a dispersão é compatível com a faixa de incerteza inerente a correlações dessa natureza.

6.5.4 Resistência

Resistência ao cisalhamento não drenada

A normalização de resultados é prática recomendável, sendo frequente representar-se a razão entre a resistência ao cisalhamento não drenada e a tensão vertical efetiva (S_u/σ'_{vo}). Conhecendo-se a dependência de S_u/σ'_{vo} da magnitude de OCR e assumindo-se lícito relacionar OCR com K_D, é possível expressar S_u/σ'_{vo} como função direta de K_D.

Tome-se por base a proposição de Ladd et al. (1977):

$$\left(\frac{S_u}{\sigma'_{vo}}\right)_{PA} = \left(\frac{S_u}{\sigma'_{vo}}\right)_{NA} OCR^{\Lambda} \quad (6.24)$$

Considerando-se $\Lambda = 0{,}8$ (Ladd et al., 1977) e $(S_u/\sigma'_{vo})_{NA} = 0{,}22$ (Mesri, 1975), tem-se:

$$S_u = 0{,}22\sigma'_{vo}(0{,}5K_D)^{1{,}25} \quad (6.25)$$

Estudos posteriores parecem confirmar a aplicabilidade da Eq. 6.25 para solos argilosos saturados (p. ex., Lacasse; Lunne, 1983; Lutenegger; Timian, 1986), conforme ilustrado na Fig. 6.12. A equação proposta não é estabelecida de forma direta; sua base são os coeficientes estatísticos apresentados nos trabalhos originais de Ladd e Mesri. Assim, é natural observar um nível considerável de dispersão entre previsões e resultados experimentais obtidos em laboratório.

Outras correlações foram estabelecidas para correlacionar S_u e K_D, todas baseadas nos mesmos princípios descritos anteriormente:

$$S_u = 0{,}20\sigma'_{vo}(0{,}5K_D)^{1{,}25} \quad \text{Lacasse e Lunne (1983)} \quad (6.26)$$

$$S_u = 0{,}35\sigma'_{vo}(0{,}47K_D)^{1{,}14} \quad \text{Kamei e Iwasaki (1995)} \quad (6.27)$$

A Fig. 6.13 apresenta estimativas da variação de S_u com a profundidade para a cidade de Porto Alegre (RS). Nesse exemplo, há concordância satisfatória entre os valores de resistência estimados por meio de ensaios de campo e laboratório.

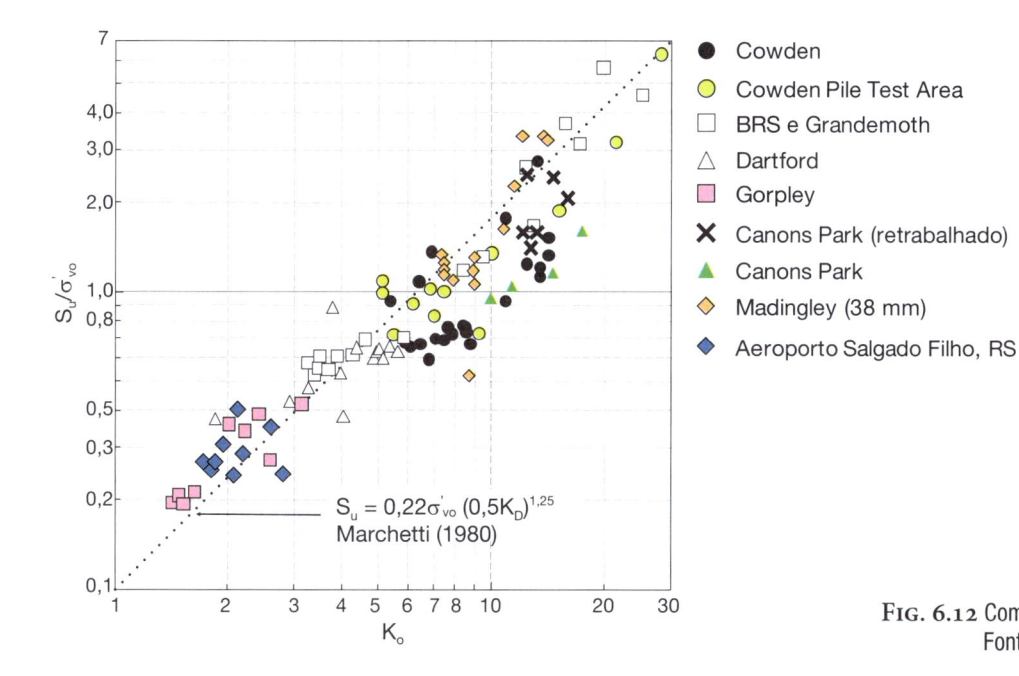

FIG. 6.12 Comparação entre S_u/σ'_{vo} e K_D
Fonte: Powell e Uglow (1988).

Ângulo de atrito interno do solo

A penetração da lâmina dilatométrica em solos com boas características de drenagem deve ser relacionada à resistência ao cisalhamento drenada, expressa em condições de deformação plana. Assim, o DMT pode, em princípio, ser usado na estimativa do ângulo de atrito interno do solo (ϕ').

Marchetti (2001) apresenta uma correlação conservadora para a estimativa de ϕ', cujos valores devem subestimar medidas de laboratório em 2° a 4°:

$$\phi'_{DMT} = 28° + 14,6°\log K_D - 2,1°\log^2 K_D \quad (6.28)$$

Schmertmann (1983) apresentou uma correlação adotada com frequência na prática americana, tomando por base a teoria desenvolvida por Durgunoglu e Mitchell (1975). Essas abordagens foram expressas, por conveniência, de forma gráfica, conforme apresentado na Fig. 6.14. Na previsão do ângulo de atrito interno, necessita-se de uma estimativa independentemente da magnitude de K_0; porém, erros na estimativa de K_0 não têm efeito significativo na determinação de ϕ', conforme observação direta da figura proposta.

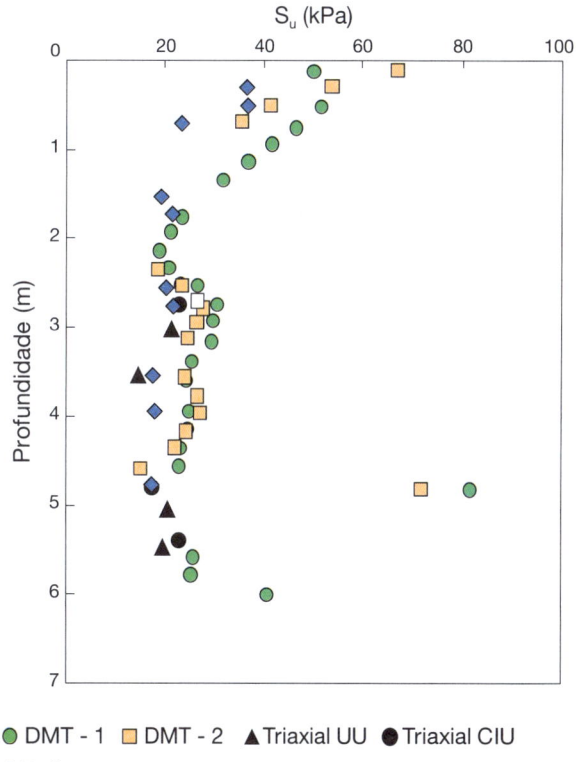

FIG. 6.13 Estimativa de S_u para a cidade de Porto Alegre (RS)

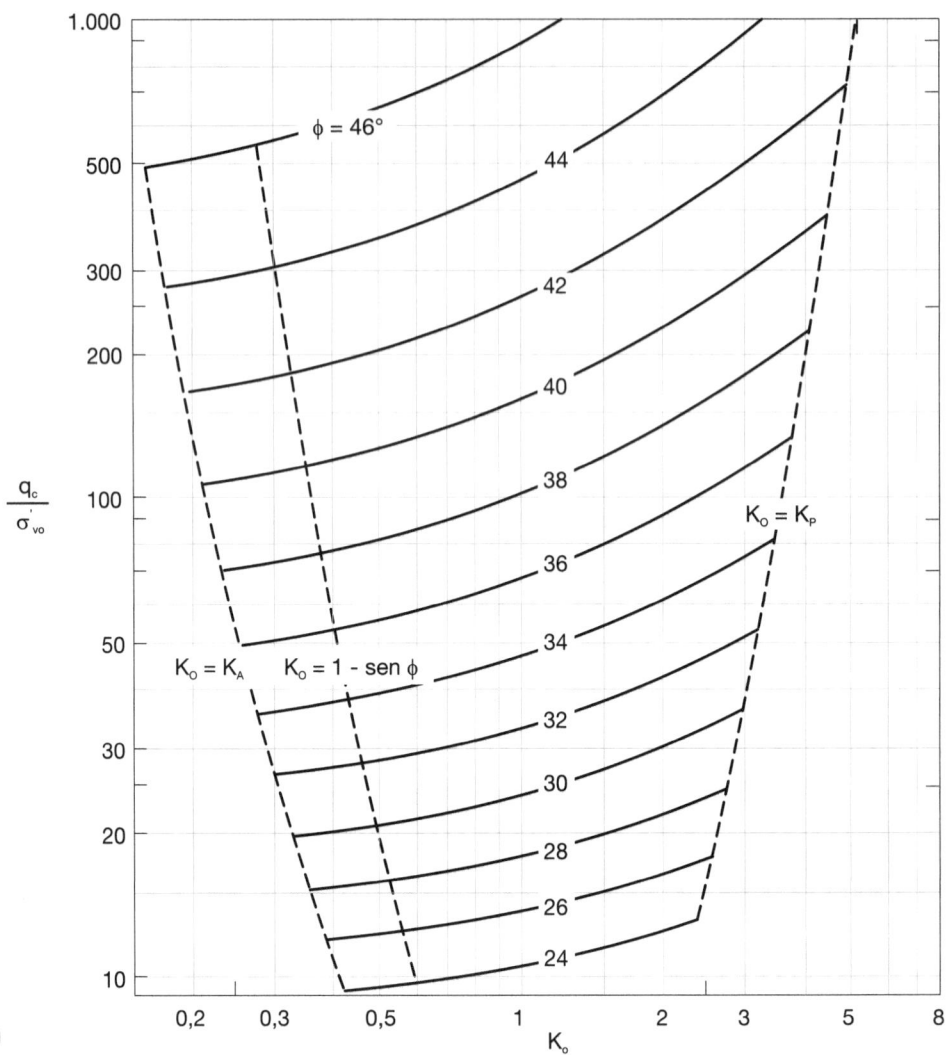

FIG. 6.14 Determinação do ângulo de atrito com base em K_D
Fonte: Campanella e Robertson (1991).

Rugosidade assumida do cone $\delta/\phi = 0{,}5$

6.5.5 Parâmetros de deformabilidade

A expansão do diafragma no interior da massa de solo é frequentemente utilizada na estimativa da deformabilidade do solo. As proposições baseiam-se no valor de E_D, tendo I_D e K_D como definidores dos coeficientes de correlação.

Os estudos realizados indicaram haver uma proporcionalidade única entre o módulo oedométrico (M) e E_D (Marchetti, 1980; Lunne et al., 1990), sendo possível estabelecer-se uma correlação do tipo:

$$M_{DMT} = R_M E_D \tag{6.29}$$

onde:

$$R_M = 0{,}14 + 2{,}36 \log K_D \quad \text{para} \quad I_D \leq 0{,}6 \tag{6.30}$$

$$R_M = R_{Mo} + (2{,}5 - R_{Mo}) \log K_D \quad \text{para} \quad 0{,}6 < I_D < 3{,}0 \tag{6.31}$$

$$R_M = 0{,}50 + 2\log K_D \quad \text{para} \quad 3{,}0 < I_D < 10{,}0 \qquad (6.32)$$

$$R_M = 0{,}32 + 2{,}18\log K_D \quad \text{para} \quad I_D > 10{,}0 \qquad (6.33)$$

$$\text{se} \quad R_M < 0{,}85 \quad \text{adotar} \quad R_M = 0{,}85$$

sendo:

$$R_{Mo} = 0{,}14 + 0{,}15(I_D - 0{,}6) \qquad (6.34)$$

Essa proposição foi validada em diversas campanhas de investigação geotécnica em depósitos argilosos e arenosos (Lacasse; Lunne, 1983; Hayes, 1986; Campanella, Robertson, 1983; Aas et al., 1984; Lutenegger, 1988).

Em abordagem análoga, é possível estimar o módulo de Young (E):

$$E = F E_D \qquad (6.35)$$

Valores do fator de conversão F são mostrados na Tab. 6.1, conforme levantamento apresentado por Lutenegger (1988).

TAB. 6.1 Valores do fator de conversão F

Tipo de solo	Módulo	F	Referência
Coesivo	E_i	10	Robertson, Campanella e Gillespie (1988)
Arenoso	E_i	2	Robertson, Campanella e Gillespie (1988)
Arenoso	E_{25}	1	Campanella et al. (1985)
Arenoso NA	E_{25}	0,85	Baldi et al. (1986a)
Arenoso PA	E_{25}	3,5	Baldi et al. (1986a)

Fonte: Lutenegger (1988).

O módulo de deformabilidade obtido do dilatômetro, após a cravação da célula no solo, corresponde a valores medidos na faixa de grandes deformações. Devido à natureza semiempírica das correlações, os valores estimados fornecem apenas a ordem de grandeza do módulo, o qual está sujeito a dispersões significativas. Tome-se o exemplo das previsões obtidas para as argilas moles da cidade do Rio de Janeiro (Bogossian; Muxfeldt; Dutra, 1989). Os resultados, apresentados na Fig. 6.15, sugerem que a ordem de grandeza dos valores do módulo oedométrico, obtidos por meio do dilatômetro, situa-se na faixa medida nos ensaios de laboratório, porém a dispersão é considerável.

6.6 Dilatômetro sísmico (SDMT)

Conforme descrito na seção 6.1, o módulo sísmico é um complemento do DMT. A Fig. 6.16 apresenta um perfil típico executado em uma área do município de Joinville (SC). Esse perfil corresponde a um aterro recente de aproximadamente 5 m de espessura, executado sobre uma camada de argila muito mole, sobreja-

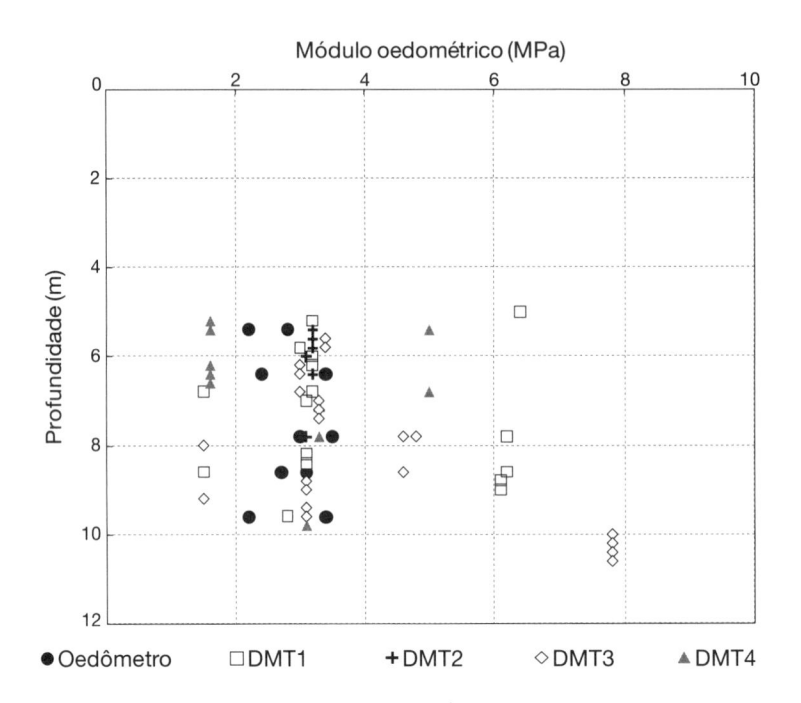

Fig. 6.15 Estimativa de M para a cidade do Rio de Janeiro
Fonte: Bogossian, Muxfeldt e Dutra (1989).

cente a uma camada de solo residual de origem gnáissica. Ao analisar-se a figura, é possível definir as três camadas com base no valor de I_D: a primeira classificada como solo siltoso; a segunda, como argila muito mole e a terceira, como silte argiloso. O valor do módulo dilatométrico (M_{DMT}) apresenta variações consideráveis na camada de aterro, indicando que este foi compactado em camadas de 1 m de espessura, sem compactação adequada e, consequentemente, variação de compacidade. Os valores de OCR da camada de argila muito mole estão abaixo da unidade, indicando que o solo está em fase de adensamento. Os valores normalizados de S_u/σ'_{vo} confirmam a ocorrência de argila muito mole.

A Fig. 6.17 apresenta os gráficos das ondas cisalhantes, realizados nas profundidades 3 e 4.

6.7 Considerações finais

As correlações apresentadas ao longo deste capítulo fornecem uma visão das abordagens existentes na literatura internacional e sua validação a condições brasileiras. Referências são feitas a solos sedimentares, sendo a experiência em outros materiais ainda exígua e carente de validação. A critério do projetista, é possível utilizar as medidas do DMT para a estimativa de parâmetros de fluxo, módulo de cisalhamento a pequenas deformações, potencial de liquefação etc. Nem sempre, porém, essas abordagens conduzem a valores realistas de parâmetros geotécnicos.

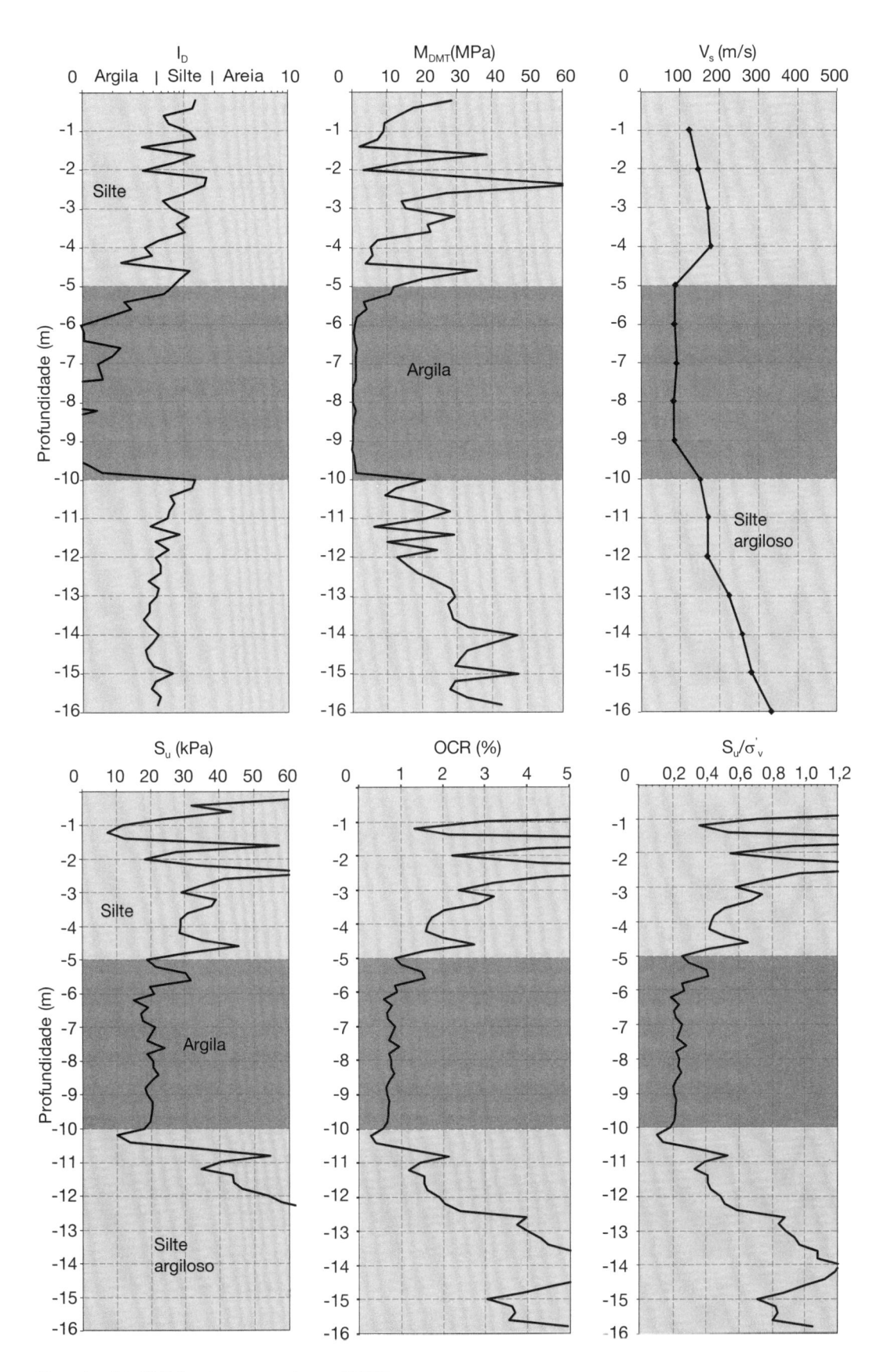

FIG. 6.16 Perfil típico de uma sondagem SDMT

| Z = 3,00 m |
| D$_s$ = 0,49 m |
| D$_t$ = 2,93 ms |
| V$_s$ = 168 m/s |

| Z = 4,00 m |
| D$_s$ = 0,50 m |
| D$_t$ = 2,83 ms |
| V$_s$ = 175 m/s |

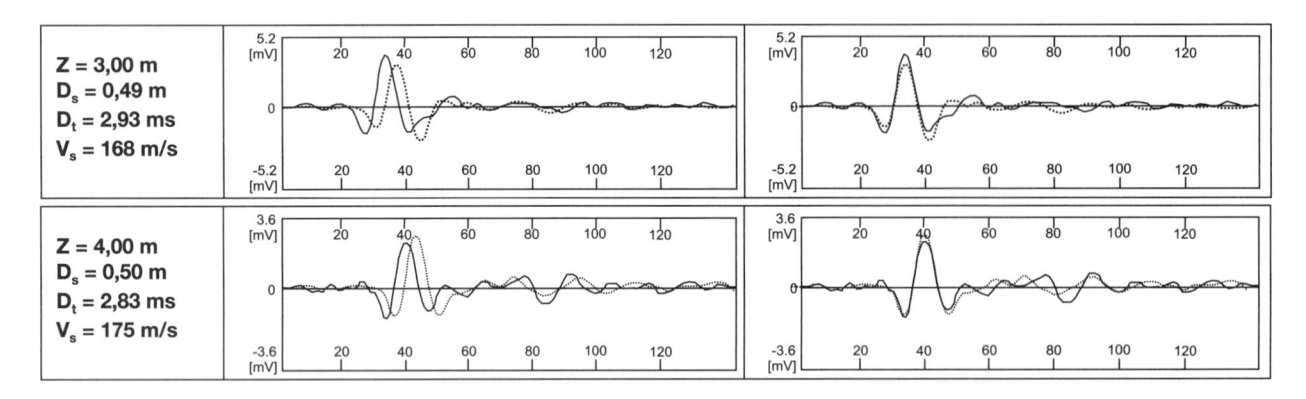

FIG. 6.17 Exemplo de sinais sísmicos do SDMT (Z = 3 m e 4 m do perfil da Fig. 6.16)

capítulo 7
Estudo de casos

(Cortesia: Brasfond)

As correlações baseadas no SPT são malditas, porém são necessárias. Ainda assim, pelo uso indevido da metodologia, há ocasiões em que me arrependo de tê-las publicado.

Dirceu Velloso (1998)

O uso de ensaios de campo e suas aplicações ao estudo de casos de obras geotécnicas são objeto de avaliação neste capítulo. Nenhuma tentativa é feita no sentido de abordar técnicas, procedimentos e métodos de interpretação de forma sistematizada. Procura-se apenas apresentar exemplos de casos de relevância técnica, selecionados para ilustrar os benefícios decorrentes de um programa geotécnico de investigação corretamente concebido.

Primeiramente, discutem-se as características de obras de engenharia construídas sobre depósitos de argilas moles, condição na qual um projeto geotécnico é revestido de considerável dificuldade, em razão da baixa resistência e alta compressibilidade do solo. Na sequência, apresenta-se um estudo da aplicabilidade de métodos de previsão de capacidade de carga de estacas com base em resultados de ensaios SPT. A escolha do tópico é justificada pela relevância do problema na prática de engenharia brasileira.

7.1 Obras em depósitos de argilas moles

A experiência acumulada no Brasil, especialmente ao longo das últimas cinco décadas, ampliou o conhecimento dos solos típicos regionais no que diz respeito às suas características e propriedades constitutivas. Destaca-se, neste cenário, o estudo do comportamento de depósitos de argilas litorâneas, como decorrência da implantação de obras marítimas, portos, pontes, aeroportos, parques industriais e da densificação de centros urbanos, entre outros fatores. Nesses depósitos é usual a adoção de modernas técnicas de investigação de subsolo (descritas nesta obra) associadas a ensaios de laboratório. A combinação de ensaios de campo e laboratório com o monitoramento de desempenho de obras permite a transposição, para o Brasil, da experiência internacional e o desenvolvimento de métodos de análise aplicados às condições geotécnicas locais.

São vários os extensivos relatos dedicados à análise geológica, geomorfológica e geotécnica das argilas da costa litorânea. Campos experimentais bem documentados são referência à prática brasileira: Sarapuí, na Baixada Fluminense; escavação experimental em Itaipu e aterro experimental em Juturnaíba, ambos no Rio de Janeiro (p. ex., Massad, 1988; Souza Pinto, 1992; Cavalcante et al., 2006; Coutinho et al., 1999). A quantidade de informações geotécnicas disponíveis é, portanto, considerável, constituindo-se em banco de dados inestimável ao encaminhamento de soluções de obras de engenharia.

A Tab. 7.1 apresenta um resumo das características de argilas brasileiras. É frequente a ocorrência de argilas altamente plásticas, teores de umidade próximos ou acima do limite de liquidez, presença de matéria orgânica e baixos valores de resistência não drenada. A Tab. 7.2 lista os valores típicos do ângulo de atrito interno efetivo (ϕ'). A correlação entre o ϕ' e o índice de plasticidade de solo, proposta por Bjerrum e Simons (1960) e discutida no Cap. 3, pode ser utilizada para ajustar os dados apresentados na literatura nacional, servindo como indicativo de valores de anteprojeto. Valores representativos do índice de compressão das argilas (C_c) e do coeficiente de adensamento (C_v) são mostrados nas Tabs. 7.3 e 7.4, respectivamente. Esses dados possibilitam estabelecer faixas de ocorrência de valores representativos, cuja variabilidade é função primeiramente da história de tensões dos depósitos (argilas normalmente adensadas, NA, e pré-adensadas, PA).

Três casos de obras são utilizados para explicar os procedimentos de obtenção e interpretação de resultados obtidos em campanhas de investigação. Esses casos ilustram os conceitos desenvolvidos nos capítulos precedentes.

7.1.1 Aeroporto Internacional Salgado Filho, Porto Alegre (RS)

A obra de ampliação do novo terminal de passageiros do Aeroporto Internacional Salgado Filho, em Porto Alegre (RS), constitui-se em problema clássico de aterro sobre solos moles. Localizado sobre a planície aluvial do sistema Guaíba-Gravataí, caracteriza-se como um antigo paleovale conformado por processos fluviais, durante fases de baixo nível do mar, e periodicamente invadido por "águas lagunares" durante várias transgressões marinhas, resultando em pacotes de sedimentos orgânicos intercalados com areias (Vilwock, 1984).

TAB. 7.1 Caracterização de depósitos de argilas moles brasileiras

Local	W (%)	LL (%)	LP (%)	Argila (%)	Atividade	Argilominerais Princ.	Argilominerais Secund.	G_z	Matéria orgânica	S_u (kPa)	S_t	Referência
Porto Alegre, RS	47-140	80-130	30-57	37-70	0,9-1,7	C	E, I	2,54-2,59	0,4-6,3	10-32	2-7	Soares (1997)
Sarapuí, RJ	110-160	110-140	75-110	55-80	1,4-2,0	C	I, M	2,60-2,67	4,0-6,5	5-15	2-4	Duarte (1977); Costa Filho, Aragão e Velloso (1985); Sayão (1980)
Santos, SP	100-140	80-150	30-90	30-80	1,0-2,2	C	-	2,60-2,69	4,0-6,0	10-60	4-5	Samara et al. (1982); Arabe (1995a); Massad (1985)
Recife, PE	50-150	30-110	15-75	50-80	Inativas	C	-	2,50-2,70	4,0-8,0	2-40	-	Gusmão Filho (1986); Ferreira, Amorim e Coutinho (1986); Coutinho e Ferreira (1988)
João Pessoa, PB	35-150	30-60	15-30	30-80	-	-	-	2,50-2,65	-	13-40	2-3	Cavalcante (2002)
Jurturnaíba, RJ	40-400	50-390	30-280	-	-	C	-	2,10-2,60	7,0-70,0	5-37	3-20	Coutinho (1988)
Sergipe	57-72	58-85	24-35	-	1,0-1,4	C	-	2,69	2,5-6,5	8-20	2-7	Ribeiro (1992)
Rio Grande, RS	38-64	41-90	20-38	34-96	0,4-1,1	C	-	2,48-2,66	-	-	-	Dias e Bastos (1994)
Vitória, ES	-	30-130	20-57	26-81	-	C	-	-	-	-	-	Castilho e Polido (1986)
Barra da Tijuca, RJ	190-670	67-610	20-113	-	-	-	-	1,78-2,54	6-51	4-6	5-15	Baroni (2010)
Barra da Tijuca, RJ	100-400	100-200	35-70	10-60	1,81-46,9	-	-	2,36-2,58	3,9-45	5-45	2-4,5	Teixeira (2012)

C – caulinita; E – esmectita; I – ilita; M – montmorillonita
w – umidade; LL – limite de liquidez; LP – limite de plasticidade; G – peso específico real dos grãos; S_u – resistência ao cisalhamento não drenada; S_t – sensitividade

Como o nível do terreno encontra-se abaixo da cota de inundação, as áreas de pouso, taxiamento e estacionamento de aeronaves são construídas sobre um aterro compactado de 4 m de altura. O peso do aterro atua sobre a camada de argila subjacente, de aproximadamente 8 m de espessura, podendo ocasionar recalques consideráveis e problemas localizados de instabilidade.

TAB. 7.2 Ângulo de atrito interno efetivo de argilas brasileiras

Local	φ' (o)	Referência
Ceasa, Porto Alegre, RS	18,3-27,9	Soares (1997)
Rio Grande, RS	23-29	Dias e Bastos (1994)
Vale do Rio Quilombo, SP	19,5-31,6	Árabe (1995a)
Vale do Rio Moji, SP	18-28	Árabe (1995a)
Santos, SP	23-28	Samara et al. (1982), Árabe (1995a), Massad (1988)
Sarapuí, RJ	23-26	Costa Filho, Werneck e Collet (1977)
Recife, PE	23-26	Coutinho, Oliveira e Danziger (1993)
João Pessoa, PB	18-21	Cavalcante (2002)
Sergipe	26-30	Brugger (1996)
Botafogo, RJ	20-24	Lins (1980)
Três Forquilhas, RS	33-34	Bertuol (2009)

TAB. 7.3 Valores típicos de C_c para argilas brasileiras

Local	C_c	Referência
Ceasa, Porto Alegre, RS	0,34-2,27	Soares (1997)
Aeroporto Salgado Filho, Porto Alegre, RS	0,81-1,84	Soares (1997)
Tabaí-Canoas, RS	0,60-2,4	Dias e Gehling (1986)
Rio de Janeiro	0,5-1,8	Costa Filho, Aragão e Velloso (1985)
Rio de Janeiro	1,3-2,6	Ortigão (1980)
Sarapuí, RJ	1,35-1,86	Coutinho e Lacerda (1976)
Juturnaíba, RJ	0,29-3,75	Coutinho e Lacerda (1994)
Recife, PE	0,5-2,5	Coutinho, Oliveira e Danziger (1993), Coutinho et al. (1998)
Sergipe	0,8-1,2	Brugger (1996)
Botafogo, RJ	0,14-0,28	Correia (1981)
Santos - Ilha de Barnabé, SP	0,48-2,37	Aguiar (2008)
Barra da Tijuca, RJ	0,35-0,57 ⇒ $C_c/(1+e_0)$ 1,8-4,55 ⇒ C_c	Baroni (2010)
Barra da Tijuca, RJ	0,3-0,61 ⇒ $C_c/(1+e_0)$ 1,76-4,21 ⇒ C_c	Teixeira (2012)
Três Forquilhas, RS	0,3-0,61	Bertuol (2009)

O estrato argiloso apresenta limite de liquidez (LL) entre 80% e 125% e índice de plasticidade (IP) entre 40% e 74% (Soares, 1997). Os valores de N_{SPT} variam entre 0 e 1, limitando-se a aplicabilidade desse ensaio à estimativa de parâmetros de projeto. As propriedades de comportamento da argila foram investigadas por meio de ensaios de campo (piezocone, palheta, pressiômetro, geofísica) e de laboratório (triaxiais, adensamento).

A Fig. 7.1 apresenta um ensaio de piezocone típico da área de implantação da obra. Os resultados são convertidos em propriedades de comportamento na Fig. 7.2, que mostra as variações da resistência ao cisalhamento não drenada e da OCR com a profundidade.

TAB. 7.4 Coeficientes de adensamento de argilas brasileiras

Local	C_v (cm²/s) · 10^{-4}	Ensaios	Referência
Ceasa, Porto Alegre, RS	0,70-5,10	Edométrico vertical (NA)	Soares, Schnaid e Bica (1997); Schnaid et al. (1997)
	1,20-6,60	Edométrico radial (NA)	
	3,20-4,27	Piezocone (NA)	
Aeroporto Salgado Filho, Porto Alegre, RS	0,67-2,12	Edométrico vertical (NA)	Soares, Schnaid e Bica (1997); Schnaid et al. (1997)
	0,84-3,27	Piezocone (NA)	
	19,4-49,8	Piezocone (PA)	
Rio Grande, RS	1,00-5,00	Edométrico vertical (NA)	Dias e Bastos (1994)
Vale do Rio Quilombo, SP	4,00-8,90	Piezocone (NA)	Árabe (1995a)
Vale do Rio Moji, Quilombo, SP	4,00-8,90	Edométrico vertical (NA)	Massad (1985)
Baixada Santista, SP	0,001-0,10	Edométrico vertical (NA)	Souza Pinto e Massad (1978)
Sarapuí, RJ	1,40-4,40	Piezocone (NA)	Danziger (1990); Danziger, Almeida e Sills (1997); Lacerda e Almeida (1995); Coutinho e Lacerda (1976, 1994); Rocha Filho (1987, 1989)
	24,0-102,0	Piezocone (PA)	
	1,0-10,0	Edométrico vertical (NA)	
Recife, PE	3,0-20,0	Edométrico vertical (NA)	Coutinho, Oliveira e Danziger (1993)
Salvador, BA	1,9-2,1	Edométrico vertical (NA)	Baptista e Sayão (1998)
	5,0-15,0	Piezocone (PA)	
Barra da Tijuca, RJ	2,2-3,23	Edométrico vertical (NA)	Baroni (2010)
	2,2	Piezocone (NA)	
Botafogo, RJ	1,5-4,5	Edométrico vertical (NA)	Correia (1981)
Santos - Ilha de Barnabé, SP	0,03-0,1	Edométrico vertical (NA)	Aguiar (2008)
Três Forquilhas, RS	0,5-3,0	Edométrico vertical (NA)	Bertuol (2009)

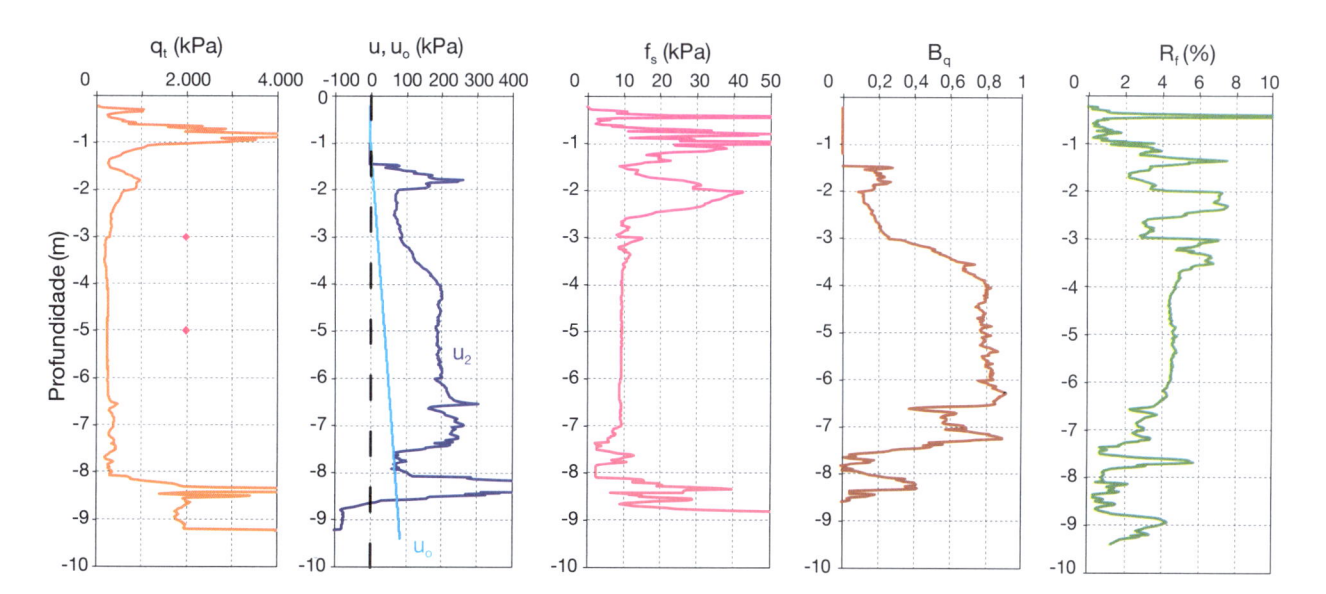

FIG. 7.1 Ensaio CPTU na área de ampliação do Aeroporto Salgado Filho

A determinação de valores representativos da resistência ao cisalhamento não drenada (S_u) da argila constitui-se em fator determinante de projeto. Assim, procurou-se reunir, na Fig. 7.3, todos os valores característicos de depósitos de argilas

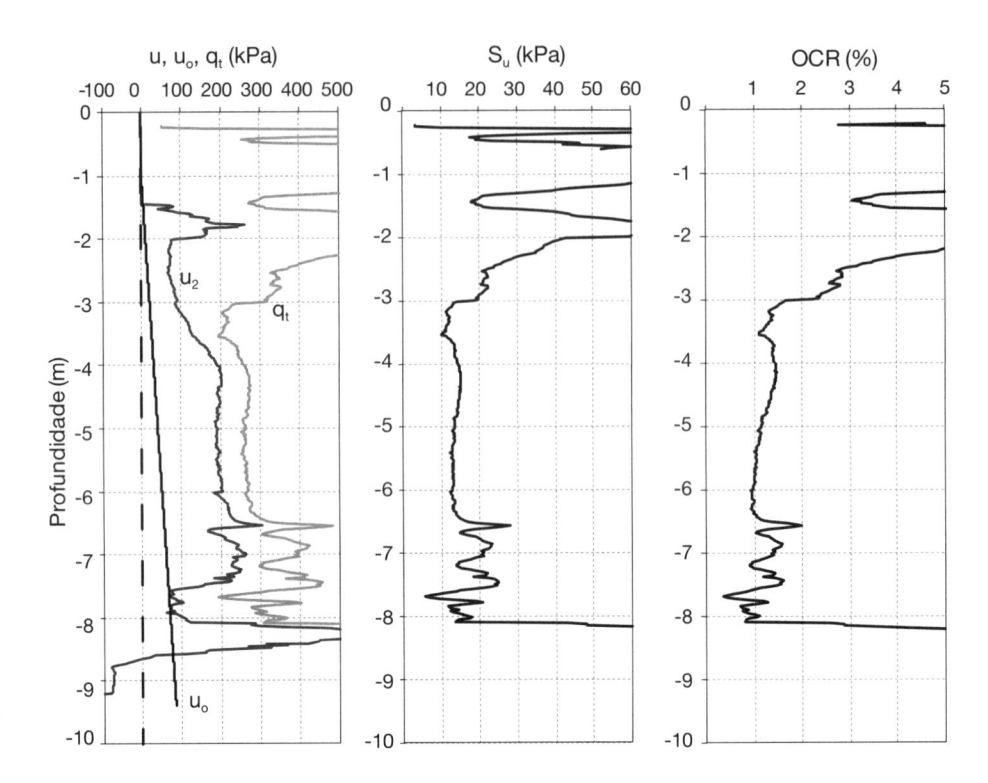

FIG. 7.2 Valores estimados de S_u e OCR do depósito de argilas moles do Aeroporto Salgado Filho

moles da Região Metropolitana de Porto Alegre (RS), combinando-se resultados de ensaios triaxiais, piezocone, palheta e pressiométricos. As medidas de S_u na área do Aeroporto Salgado Filho são compatíveis com os valores determinados nas áreas vizinhas, dentro da mesma unidade geotécnica. A comparação dos resultados parece sugerir que: (a) em geral, existe concordância satisfatória entre estimativas obtidas por diferentes ensaios, sendo possível a adoção de valores médios representativos de projeto; (b) as proposições baseadas em ensaios de cone conduzem a valores realistas de projeto a custos reduzidos; e (c) os valores estimados por meio de ensaios pressiométricos são sensivelmente superiores às estimativas obtidas com outras técnicas, mesmo após a correção dos efeitos de geometria da sonda.

Os parâmetros geotécnicos de interesse para a análise da evolução de recalques com o tempo e para um eventual projeto de sistemas de drenos verticais são o coeficiente de adensamento vertical da argila (C_v) e o coeficiente de adensamento horizontal (C_h). Para a seleção de valores representativos de projeto, foram considerados os resultados de ensaios de adensamento e piezocone. A Fig. 7.4 apresenta um exemplo típico de um ensaio de dissipação das poropressões geradas na cravação do piezocone. A pressão decresce gradativamente de cerca de 200 kPa para 40 kPa, sendo este último valor correspondente à pressão hidrostática do terreno. O monitoramento da dissipação do excesso de poropressões possibilita a estimativa de C_h (posteriormente convertida em C_v), cujos valores são apresentados na Tab. 7.5. Os métodos de cálculo adotados foram detalhados no Cap. 3. Conforme a tabela, a previsão com base em ensaios de piezocone indicou valores da ordem de 15 × 10^{-8} m²/s a 37 10^{-8} m²/s, indicativos de solos trabalhando na faixa pré-adensada. Comparativamente, os coeficientes de adensamento vertical obtidos a partir dos ensaios de adensamento, com drenagem vertical e radial, são da ordem de 25 a 30 × 10^{-8} m²/s, para as profundidades de 3,0 m e 5,0 m, com tensões verticais na faixa de comportamento correspondente ao tramo pré-adensado. Nesse caso particular, há excelente concordância entre os valores de campo e laboratório; porém, em geral, a faixa de dispersão normalmente observada na estimativa de C_v, em obras correntes, é mais acentuada.

Os parâmetros de resistência e deformabilidade estimados anteriormente foram aplicados ao projeto do aterro compactado na área de ampliação do Aeroporto Salgado Filho, em Porto Alegre. Os valores de S_u permitiram a avaliação da estabilidade dos taludes do aterro e o dimensionamento das fundações e dos pavimentos. Os parâmetros de compressibilidade foram utilizados no dimensionamento de um sistema de drenos geossintéticos para aceleração do tempo de recalque imposto pelo peso próprio do aterro (Schnaid; Nacci; Milititsky, 2001).

TAB. 7.5 Coeficientes de adensamento vertical

Profundidade	OCR	C_v (axial/lab) (10^{-8} m²/s)	C_v (radial/lab) (10^{-8} m²/s)	C_v (campo) (10^{-8} m²/s)
3,0	NA	2,0	3,0	1,5
3,0	PA	25,0	23,0	15,0
4,0	NA	-	-	2,1
4,0	PA	-	-	21,0
5,0	NA	2,0	6,0	3,7
5,0	PA	30,0	30,0	37,0

NA – normalmente adensada; PA – pré-adensada

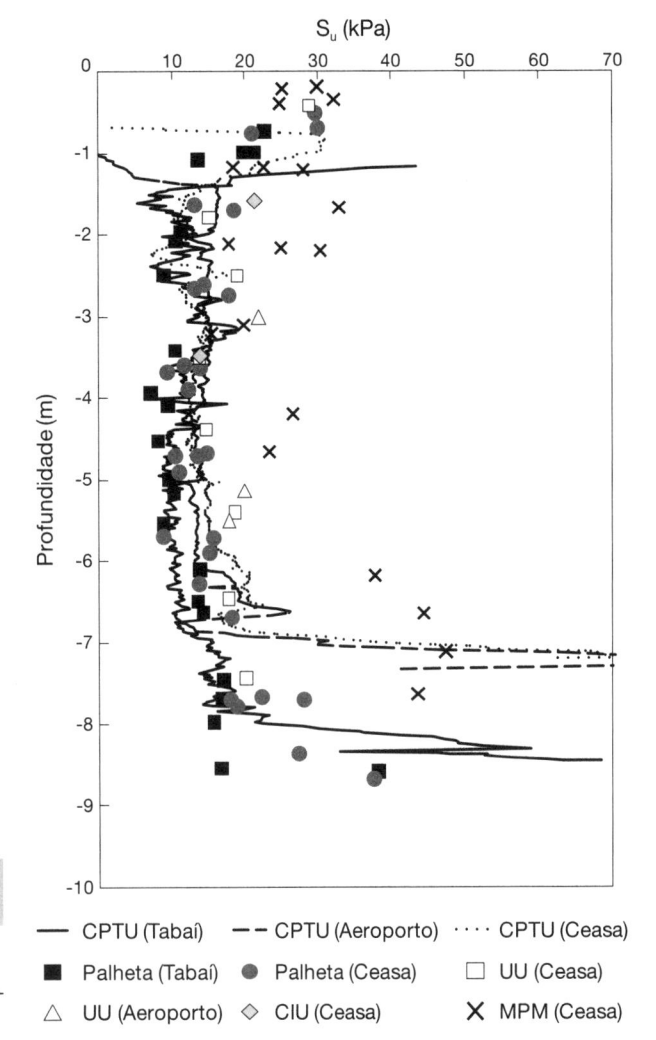

FIG. 7.3 Variação de S_u com a profundidade

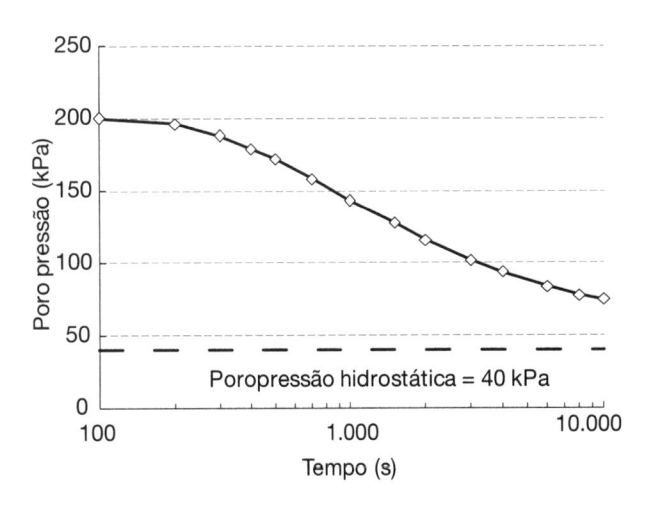

FIG. 7.4 Ensaio de dissipação na argila do Aeroporto Salgado Filho

7.1.2 Cabeceira de ponte – BR 101, Santa Catarina

Na implantação de obras rodoviárias, os engenheiros deparam-se com a interação entre elementos de elevada rigidez – obras de arte constituídas em concreto armado, como pontes e viadutos – e solos de alta compressibilidade, como depósitos de argilas moles. Essas situações são encontradas com frequência nas regiões litorâneas de baixadas e na transposição de rios.

Como exemplo, apresenta-se aqui um estudo de caso de transposição de um rio em local de ocorrência de espessa camada de solo mole, localizado no litoral do Estado de Santa

Catarina, na região do município de Garopaba. Essa região está sujeita a inundações frequentes, o que implica a elevação da cota do *greide* da via por meio da construção de aterros de grande altura. Caracteriza-se, assim, um problema geotécnico, no qual o projetista deve avaliar (a) a ruptura do aterro executado sobre solos moles, (b) as deformações ao longo do tempo, induzidas pelo processo de adensamento, (c) as tensões horizontais sobre os elementos de fundação da ponte em decorrência do efeito Tschebotarioff, e (d) a componente de tensões verticais que induz atrito negativo nas estacas.

Para o projeto, deve-se avaliar o perfil estratigráfico da região de implantação da obra e os parâmetros geotécnicos característicos do comportamento do solo. No que se refere à ruptura do aterro e ao efeito Tschebotarioff, deve-se investigar o valor da resistência não drenada (S_u), o ângulo de atrito (ϕ') e a coesão (c') das diferentes camadas que compõem o subsolo. No cálculo dos recalques por adensamento da camada argilosa, é necessário estimar o valor da tensão de pré-adensamento (σ'_{vm}), o índice de compressão (C_c), o coeficiente de adensamento horizontal (c_v) e o índice de vazios inicial da camada compressível (e_0). Essas estimativas exigem um programa de investigação composto de ensaios de campo (piezocone e palheta) e da coleta de amostras indeformadas para ensaios de adensamento da argila e triaxiais, ou cisalhamento direto do solo do aterro.

Apresentam-se a seguir os resultados de diferentes ensaios realizados em um único local (ilha de investigação), destinados à estimativa dos parâmetros constitutivos dos solos investigados. Os dados apresentados têm caráter didático e foram manipulados para facilitar o entendimento.

A Fig. 7.5 apresenta o ensaio CPTU, as grandezas diretas medidas durante a cravação (q_t, u_2, f_s) e as grandezas derivadas dessas medidas (B_q e R_f). A Fig. 7.6 mostra os resultados da sondagem SPT e os valores do teor de umidade natural, porcentagem de solo que passa na peneira #200 e o teor de matéria orgânica. Essas grandezas físicas são facilmente determinadas em laboratório e auxiliam na caracterização do perfil.

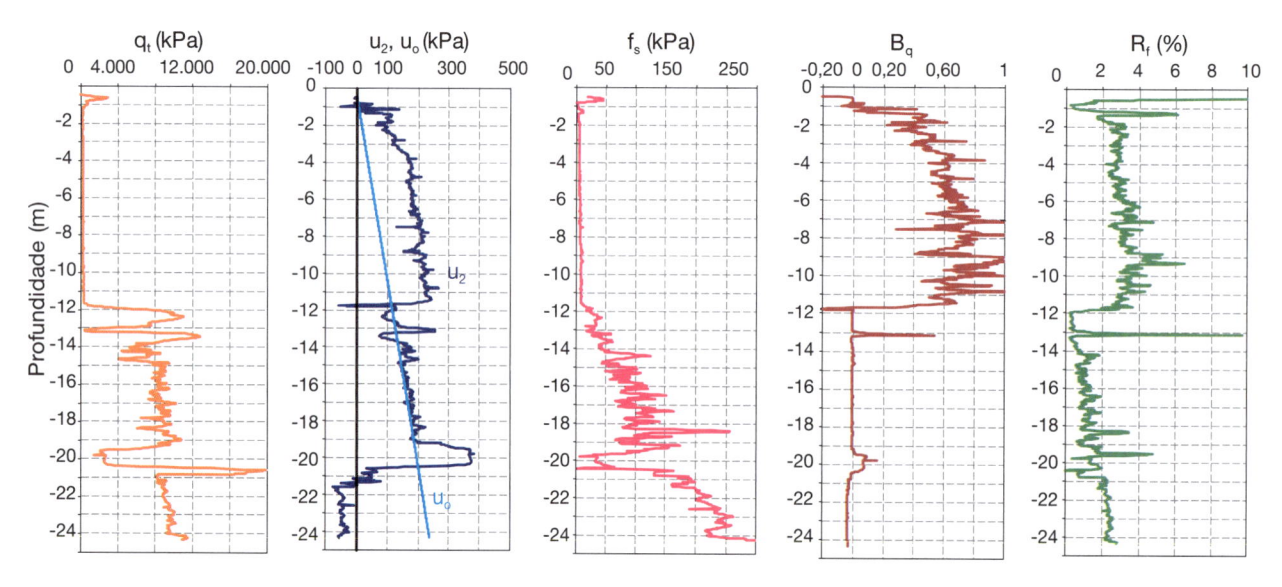

FIG. 7.5 Resultado da sondagem CPTU

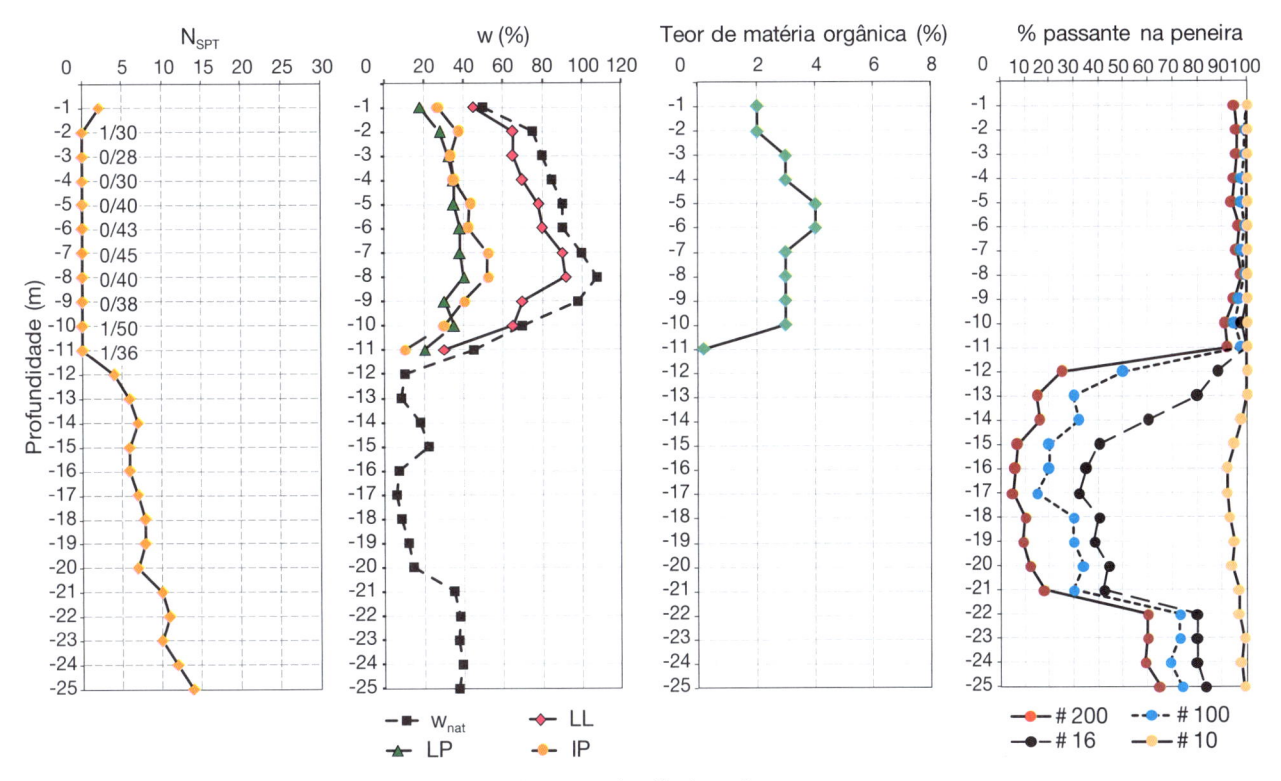

FIG. 7.6 Resultado da sondagem SPT e dos ensaios de caracterização dos solos

Soma-se à caracterização o registro fotográfico das amostras de solo para auxiliar o projetista na interpretação do boletim de sondagem (ver perfil ao final deste capítulo).

A Fig. 7.7 apresenta o resultado de dois ensaios de palheta e a Fig. 7.8 ilustra o resultado de dois ensaios de dissipação, além de um ensaio para monitorar a estabilização da poropressão em camada permeável, objetivando identificar a pressão hidrostática.

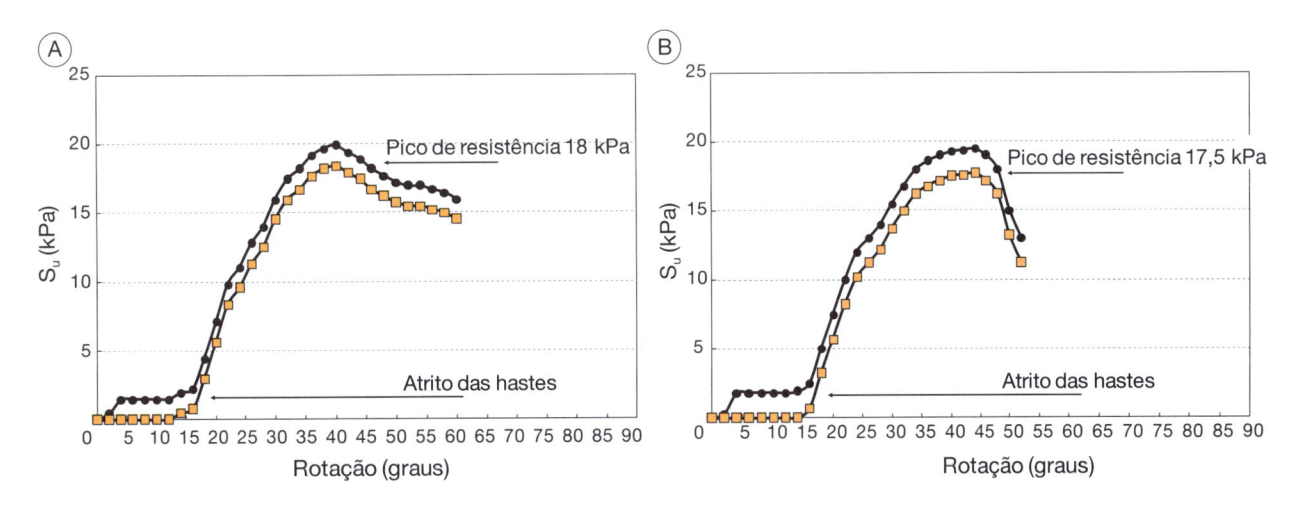

FIG. 7.7 Resultado do ensaio de palheta: (A) a 4 m; (B) a 8 m

Nas Figs. 7.5 e 7.6, observa-se que o perfil é composto basicamente por cinco camadas distintas: (i) crosta ressecada de argila, de coloração cinza-escuro, localizada no

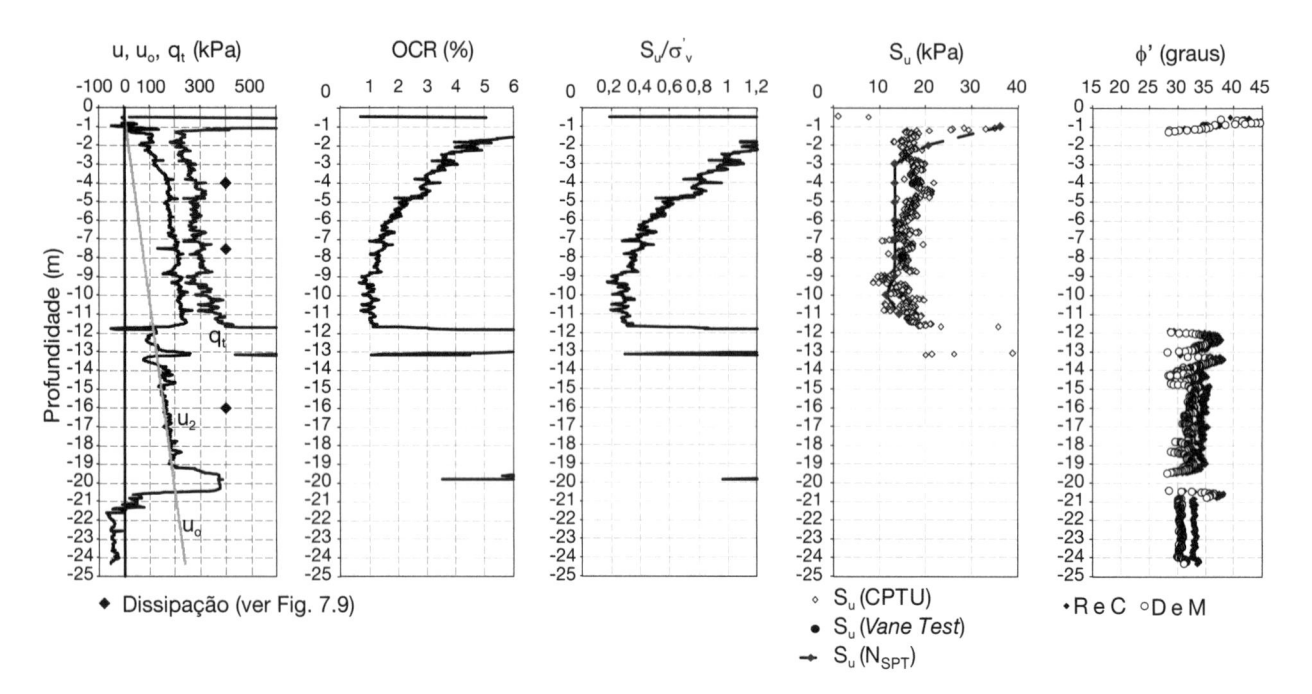

FIG. 7.8 Interpretação geotécnica da sondagem CPTU

primeiro metro, junto à superfície do terreno; (ii) camada de argila muito mole, de coloração cinza-escuro, nas profundidades entre 1 m e 11,5 m; (iii) camada arenosa com presença de finos entre 11,5 m e 19 m de profundidade; (iv) lente de argila com 1,5 m de espessura; e (v) camada subjacente de solo residual, iniciando à profundidade de 20,5 m. A caracterização dessa última camada é facilitada pelas imagens dos testemunhos coletados a cada metro na sondagem SPT.

Observa-se nitidamente que os solos argilosos, de baixa consistência e alta compressibilidade, apresentam valores de umidade natural superiores aos solos granulares e ao solo residual (predominantemente siltoso). O teor de umidade auxilia, portanto, na caracterização do perfil, identificando as camadas que compõem o subsolo.

A estimativa da resistência não drenada por meio das medidas do CPTU foi realizada adotando-se um valor de N_{kt} igual a 12, definido com base nos ensaios de palheta, conforme apresentado na Fig. 7.8. O valor de N_{kt} de 12 é característico das argilas da costa brasileira, conforme apresentado na Tab. 3.3. O ângulo de atrito interno do solo é estimado por meio das correlações propostas por Robertson e Campanella (1983b) e Durgunoglu e Mitchell (1975), cuja validade é restrita a areias limpas, sem envelhecimento.

O valor da OCR é estimado com base na proposta de Chen e Mayne (1996), utilizando-se o fator $K_1 = 0,305$ (Cap. 3), característico de pré-adensamento mecânico. A OCR reduz com a profundidade, atingindo um valor unitário entre 7 m e 11,5 m (argila normalmente adensada). A relação de S_u/σ'_{vo} apresenta valores na ordem de 0,25 a 0,30 abaixo dos 7 m, confirmando a evidência de extrato normalmente adensado.

Acrescentam-se à Fig. 7.8 os valores de S_u estimados a partir da sondagem SPT, utilizando-se conceitos de energia. Os valores são da mesma ordem de grandeza daqueles obtidos a partir do ensaio CPTU e podem ser usados em nível de anteprojeto.

A Fig. 7.9 apresenta os ensaios de dissipação utilizados na estimava do coeficiente de adensamento horizontal (c_h), cujo valor pode ser convertido em coeficiente de adensamento vertical (c_v) com base na proposta de Jamiolkowski et al. (1985). Os valores listados na Tab. 7.4 são referência da prática brasileira. Os valores calculados para esse caso foram $3,5 \times 10^{-3}$ cm²/s e $2,0 \times 10^{-3}$ cm²/s para as profundidades de 4 m e 7,5 m, respectivamente. Esses valores são decisivos na estimativa do tempo de adensamento e no projeto de aceleração dos recalques com o uso de geodrenos. O ensaio de dissipação realizado na profundidade de 16 m confirmou a posição do nível freático, não havendo incidência de subpressão (artesianismo) nas camadas profundas.

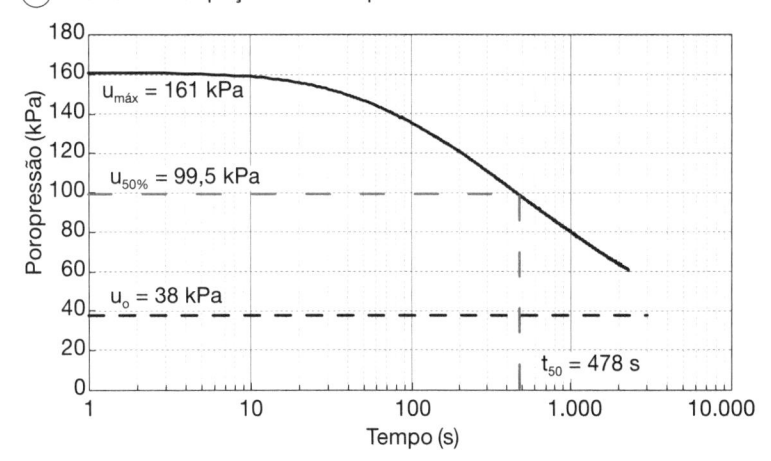

7.1.3 Refinaria de petróleo de Shell Haven, Inglaterra

A ampliação da refinaria de Shell Haven, pertencente à Shell UK Oil, às margens do rio Tâmisa, na Inglaterra (Fig. 7.10), apresenta condicionantes geotécnicos de interesse, discutidos por Schnaid et al. (1992). A nova unidade de produção foi projetada para ser construída com componentes pré-montados na Holanda, transportados por navio à Inglaterra e descarregados na área portuária, a cerca de 2 km do local de implantação da obra. Os componentes, pesando entre 500 e 700 t, foram carregados em transportadores de múltiplo rodado, 6 m de largura e 30 m de comprimento, transmitindo pressões uniformes ao solo.

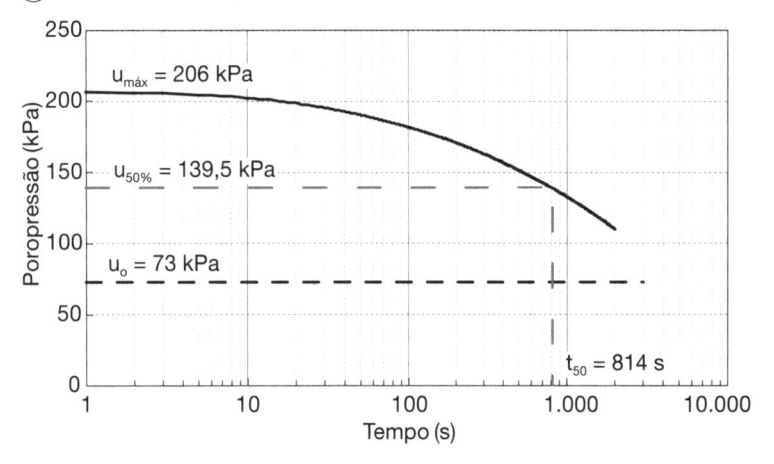

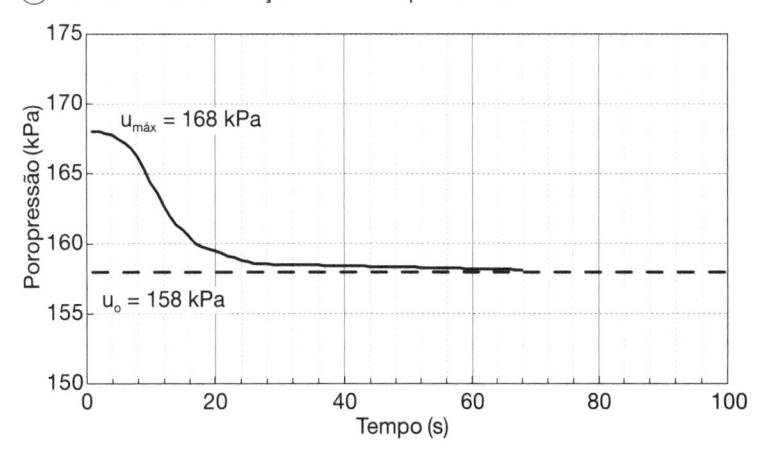

FIG. 7.9 Ensaios de dissipação

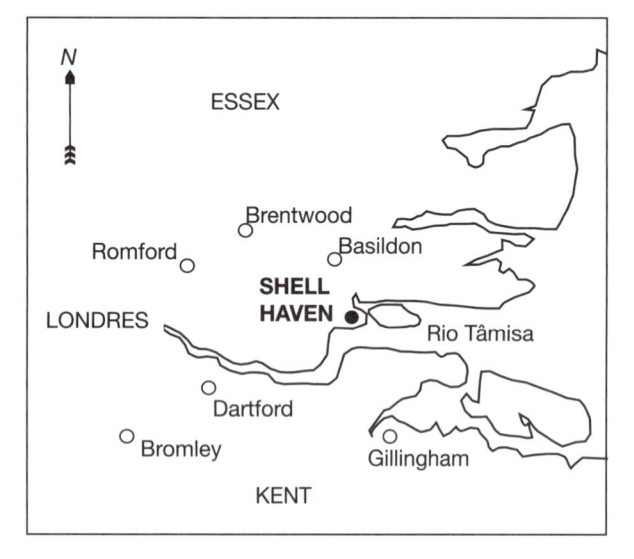

FIG. 7.10 Local de implantação da obra
Fonte: Schnaid et al. (1992).

Um amplo programa de investigação conduzido no local identificou a presença de uma camada de argila mole de aproximadamente 15 m de espessura. O perfil típico do local é apresentado na Fig. 7.11, na qual observa-se a presença de uma crosta pré-adensada e uma camada de argila normalmente adensada, com valores mínimos de S_u da ordem de 10 kPa. Subjacente à argila, encontra-se uma camada impenetrável ao CPT, posteriormente identificada como pedregulhosa.

No caso dessa obra, as solicitações de projeto impostas pelo transportador foram rápidas e, por isso, predominantemente não drenadas, razão pela qual foi necessária uma estimativa precisa da resistência ao cisalhamento não drenada do solo (S_u). A resistência não drenada foi determinada por meio de ensaios de palheta, ensaios triaxiais não adensados não drenados (UU) e ensaios triaxiais adensados não drenados (CIU), cujos resultados são apresentados na Fig. 7.12. Os resultados de ensaios de palheta, conduzidos em uma única vertical (ilha de investigação), foram utilizados para a determinação dos valores de N_k e N_{kt}, necessários para a determinação de S_u (ver Cap. 3). Os valores obtidos são apresentados na Fig. 7.13. A dispersão nas medidas é evidente, podendo-se adotar um valor médio representativo de projeto de $N_k = N_{kt} = 12$.

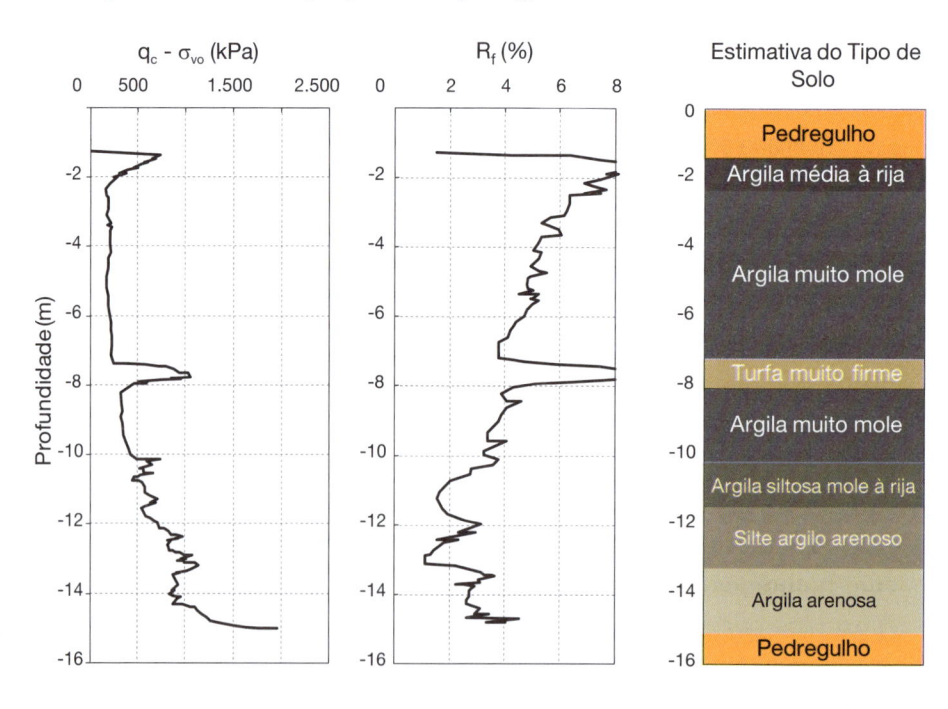

FIG. 7.11 Perfil típico do terreno natural

Os ensaios de palheta representados na Fig. 7.13 foram realizados em um único local dentro da refinaria, possibilitando a calibração entre q_t (ou q_c) e S_u. A variabilidade de S_u ao longo do trajeto percorrido pelo transportador foi obtida por meio de ensaios complementares de piezocone, espaçados de 100 m em 100 m. Com base nessas informações, foi possível projetar um pavimento adequado às solicitações de projeto, permitindo o transporte dos componentes de forma segura.

7.2 Capacidade de carga de estacas

Esta seção tem por objetivo fornecer ao engenheiro civil informações relacionadas à previsão de capacidade de carga de fundações profundas, com base em resultados de ensaios SPT. A discussão é fundamentada no resultado de provas de carga, sendo a análise restrita à prática brasileira de projeto.

Inicialmente, convém recordar que a interpretação teórica do fenômeno físico representado pela interação solo/estaca é, de maneira genérica, representada pela mobilização de duas parcelas: a *resistência de ponta* Q_P (transmitida ao solo através da superfície definida pela ponta do elemento de fundação) e o *atrito lateral* Q_L (mobilizado pela interação entre o fuste da estaca e o solo circundante). Portanto, define-se a capacidade de carga de uma estaca como:

$$Q_T = Q_P + Q_L \qquad (7.1)$$

FIG. 7.12 Perfil de resistência ao cisalhamento não drenada

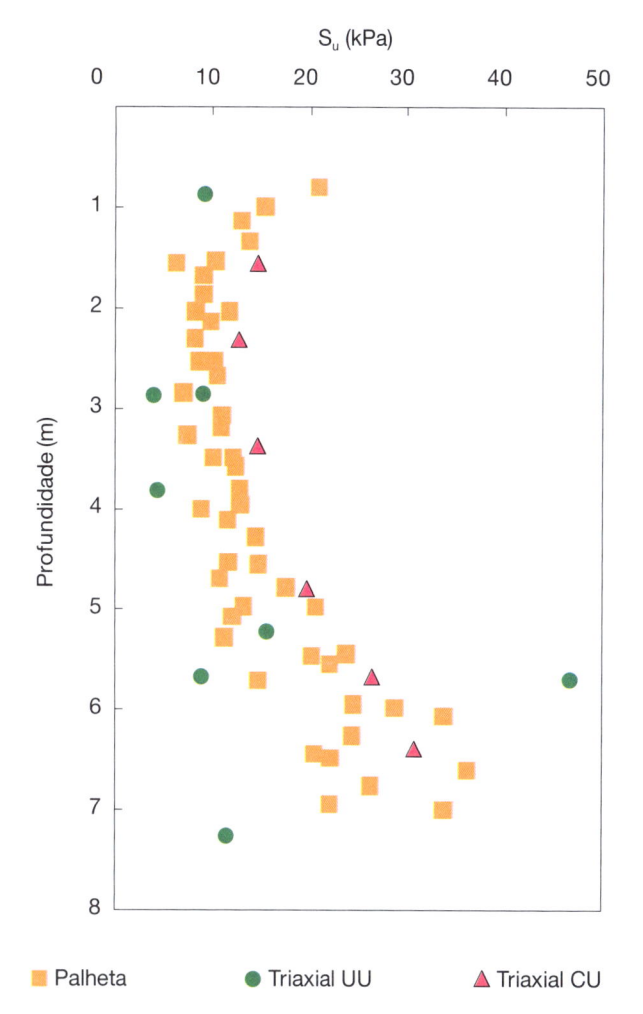

As componentes parciais de resistência Q_P e Q_L, por sua vez, podem ser expressas pelo produto da resistência unitária sobre a área de influência. Assim, tem-se:

$$Q_P = q_p a_p \quad \text{e} \quad Q_L = q_l a_l \qquad (7.2)$$

Uma vez definida a geometria do elemento de fundação, o problema de determinação da capacidade de carga de uma estaca reside no conhecimento das componentes de resistência unitária. No Brasil, não é prática o uso de conceitos da plasticidade associados, por exemplo, à teoria de expansão de cavidade. Os valores de q_l e q_p são obtidos diretamente por meio de correlações empíricas, de natureza estatística, estabelecidas pela comparação entre resultados de provas de carga e informações de sondagens SPT. Algumas correlações, baseadas em número expressivo de casos, tornaram-se clássicas no meio geotécnico. Os métodos de Aoki e Velloso (1975) e Décourt e Quaresma (1978), considerados de uso corrente na prática de engenharia de fundações brasileira, foram discutidos no Cap. 2.

O banco de dados de provas de carga compilados por Silva (1989), Lobo (2005) e Langone (2012), em trabalhos desenvolvidos na Universidade Federal do Rio Grande

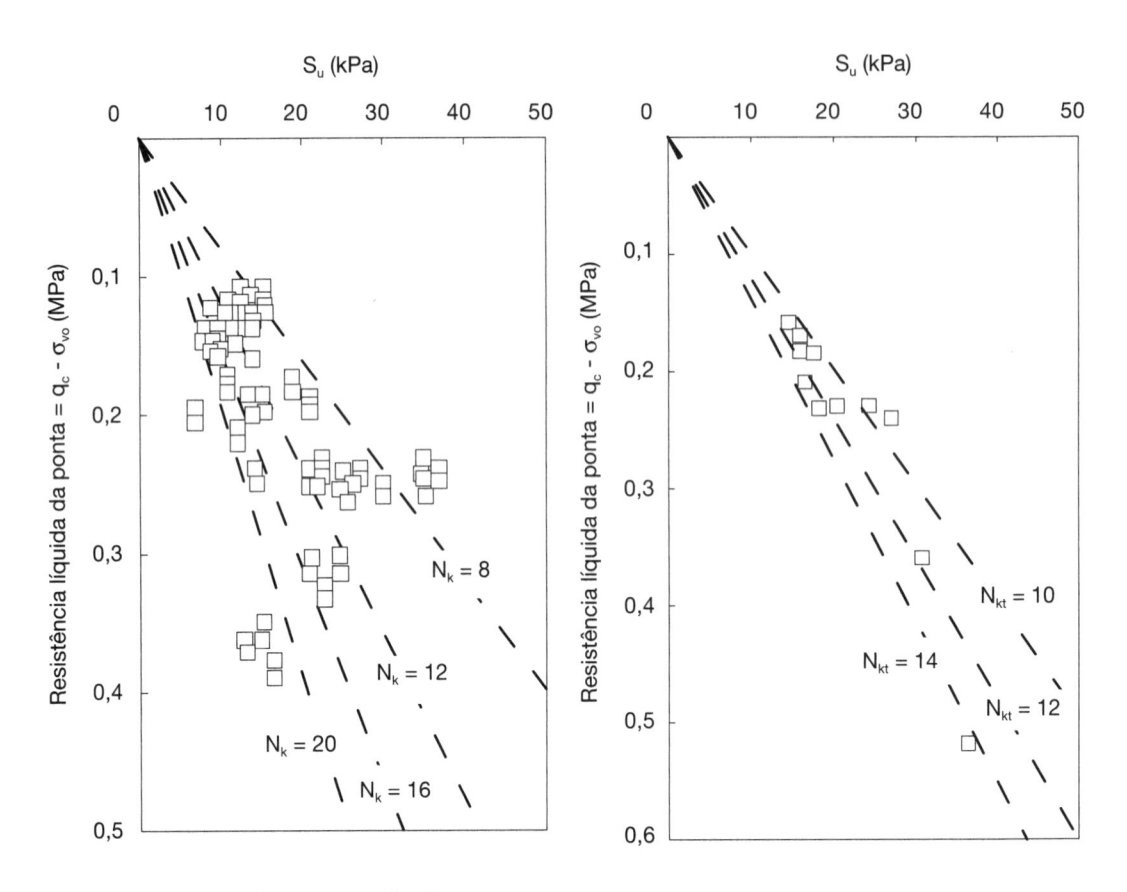

FIG. 7.13 Determinação de N_K (A) e N_{KT} (B)

do Sul (UFRGS), permitiu verificar o nível de precisão das metodologias em uso no Brasil para a estimativa da capacidade de carga de estacas, bem como desenvolver um novo método, baseado nos princípios de propagação de ondas e conservação de energia (Lobo et al., 2009; Langone; Schnaid, 2012). Resultados da previsão de capacidade de carga de 89 provas de carga, instrumentadas com base no método de energia, são resumidos nas Figs. 7.14 a 7.25, para estacas metálicas, pré-moldadas, escavadas e hélice contínua (Langone; Schnaid, 2012).

Inicialmente, a análise é realizada para estacas metálicas, em que as previsões são efetuadas por meio de método analítico, sem nenhum coeficiente de ajuste. Valores medidos e previstos de atrito lateral (Q_L), de carga de ponta (Q_P) e de carga total (Q_T) são apresentados nas Figs. 7.14, 7.15 e 7.16, respectivamente. Os valores previstos apresentam boa concordância com valores medidos, sendo a faixa de dispersão semelhante à obtida através de outros métodos adotados na prática brasileira. A dispersão nas previsões de atrito lateral é menor que a observada na estimativa da resistência de ponta das estacas, o que é atribuído às incertezas decorrentes do embuchamento de

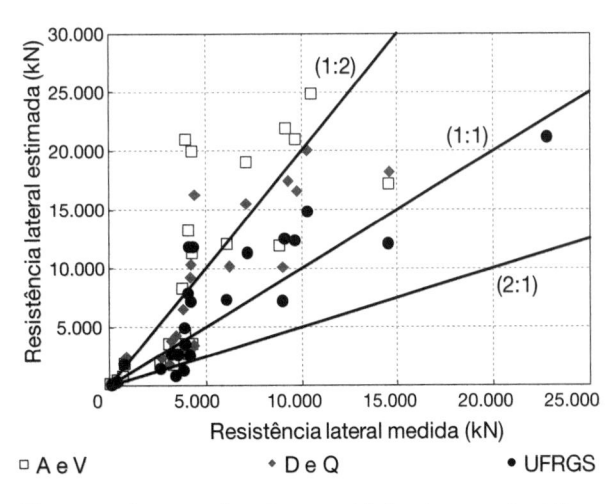

FIG. 7.14 Comparação entre capacidades de carga de atrito lateral para estacas de aço

estacas tubulares (ponta aberta e ponta fechada) e às limitações de deslocamentos para a mobilização completa de cargas na ponta da estaca. O método proposto não é influenciado pelo comprimento e diâmetro da estaca e pelo tipo de solo, pois os conceitos de energia incorporam a influência desses fatores.

A aplicação dessa metodologia a outros tipos de estacas necessita de parâmetros empíricos, de natureza estatística, para considerar os efeitos de instalação da estaca no solo e as variações de ângulo de atrito na interface solo-estaca. Esses parâmetros foram incorporados à formulação de capacidade de carga (Lobo, 2005; Langone, 2012) e utilizados na previsão de desempenho de estacas pré-moldadas, escavadas e hélice contínua (Figs. 7.17 a 7.25).

Conclui-se dessas análises que:

a] *estacas pré-moldadas de concreto* mobilizam atrito lateral unitário superior a estacas metálicas, em função da maior rugosidade na interface solo-estaca. Embora a resistência unitária mobilizada na ponta de estacas metálicas apresente grande dispersão, na média, os valores medidos são similares aos mobilizados nas estacas de concreto;

b] *estacas escavadas* mobilizam os menores valores de resistência de ponta e atrito lateral quando comparados aos de outros tipos de estaca, em função do alívio de tensões induzido durante o processo de escavação;

c] *estacas hélice contínua* mobilizam resistências unitárias intermediárias entre estacas cravadas e escavadas; porém, nessas comparações, não é considerado o sobreconsumo de concreto, isto é, os cálculos desconsideram as variações de diâmetros da estaca produzidas pela concretagem.

Uma comparação entre o método proposto com base nos conceitos de energia e outros métodos utilizados na prática brasileira é apresentada nas Figs. 7.26, 7.27 e 7.28 para atrito lateral, resistência de ponta e carga total. Em todos os casos

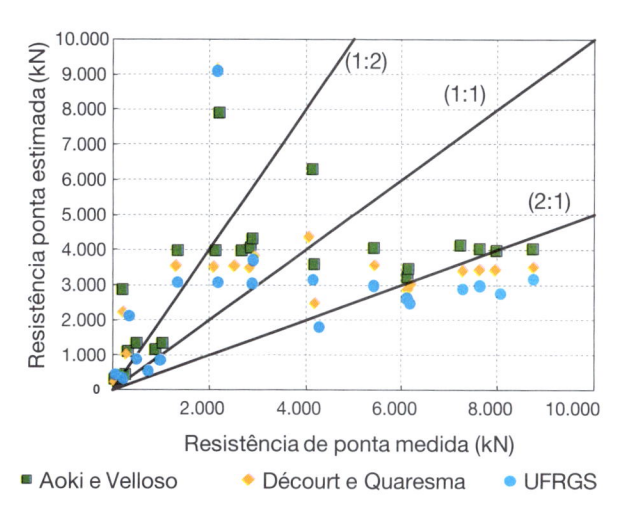

FIG. 7.15 Comparação entre capacidades de carga de ponta para estacas de aço

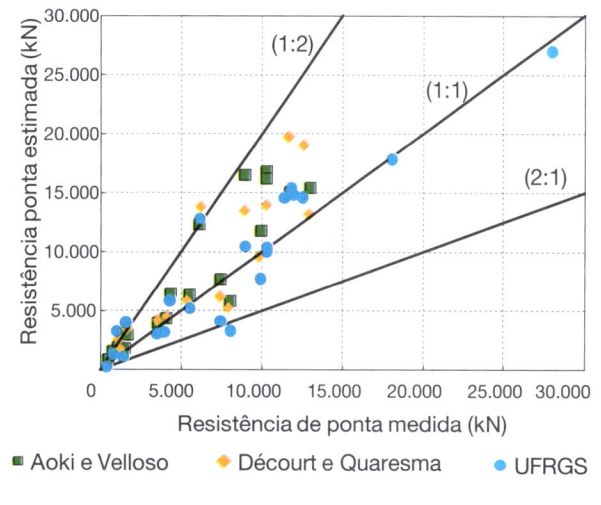

FIG. 7.16 Capacidades de carga última para estacas de aço

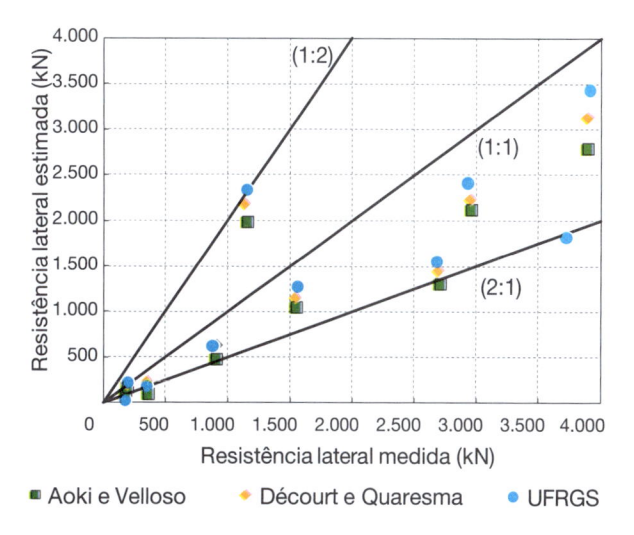

FIG. 7.17 Comparação entre capacidades de carga de atrito lateral para estacas de concreto armado

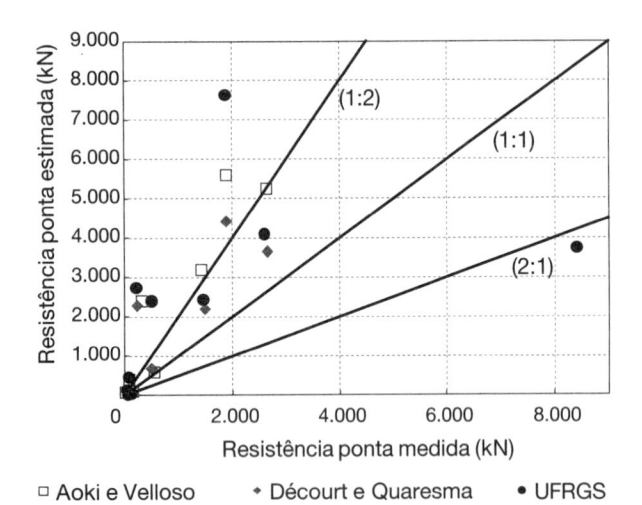

Fig. 7.18 Comparação entre capacidades de carga de ponta para estacas de concreto armado

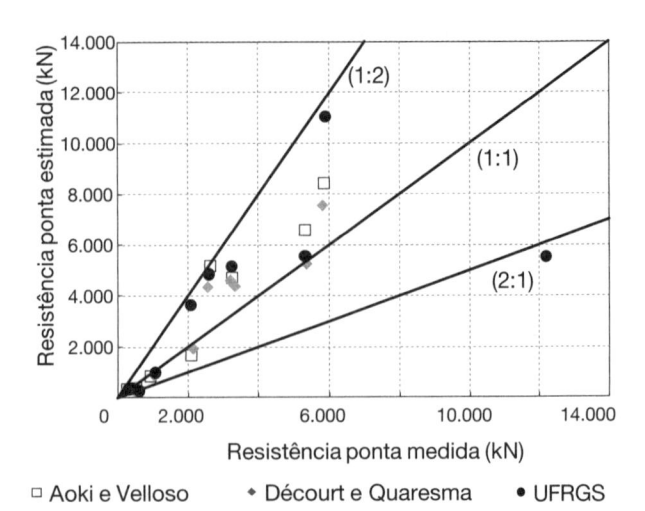

Fig. 7.19 Capacidade de carga última para estacas de concreto armado

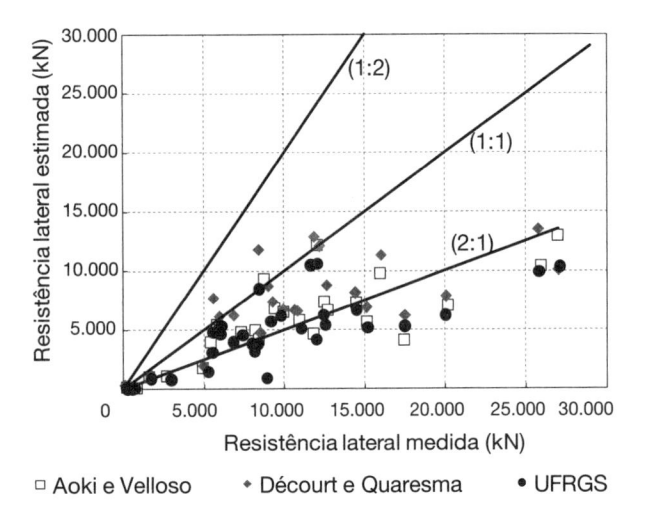

Fig. 7.20 Comparação entre capacidades de carga de atrito lateral para estacas escavadas

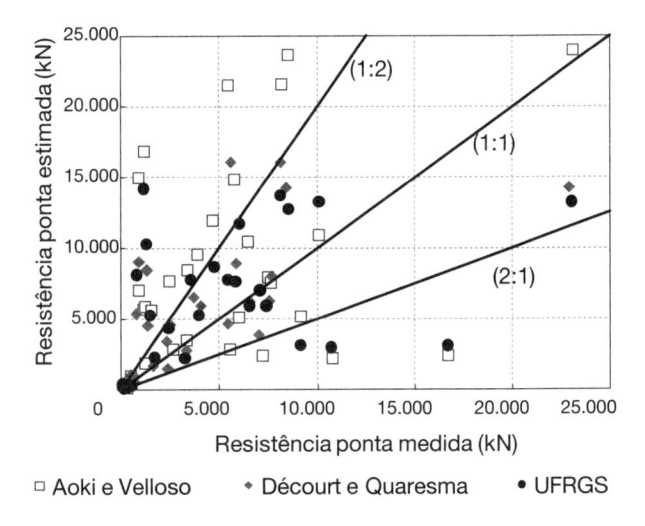

Fig. 7.21 Comparação entre capacidades de carga de ponta para estacas escavadas

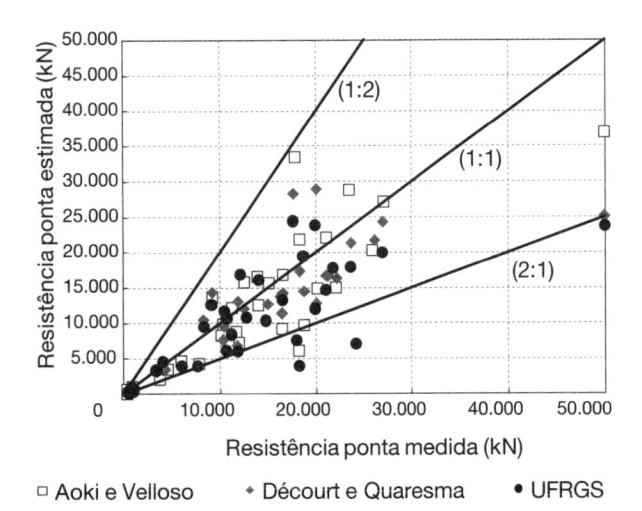

Fig. 7.22 Capacidade de carga última para estacas escavadas

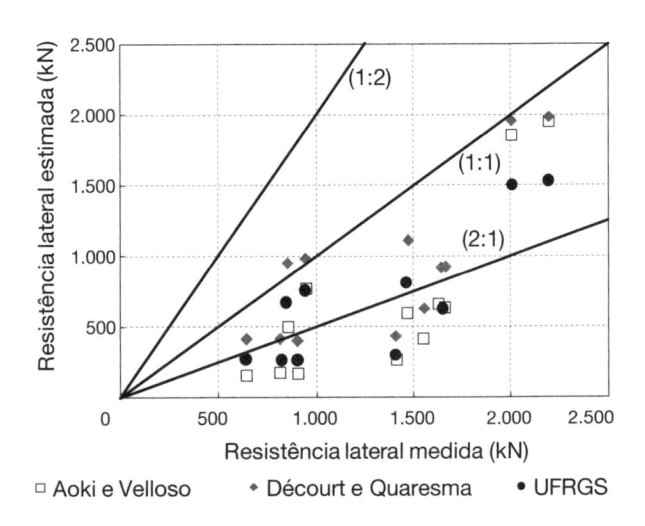

Fig. 7.23 Comparação entre capacidades de carga de atrito lateral para estacas hélice contínua

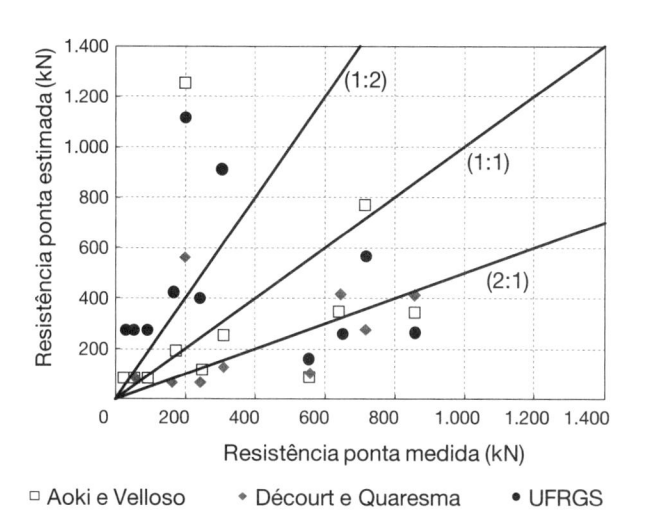

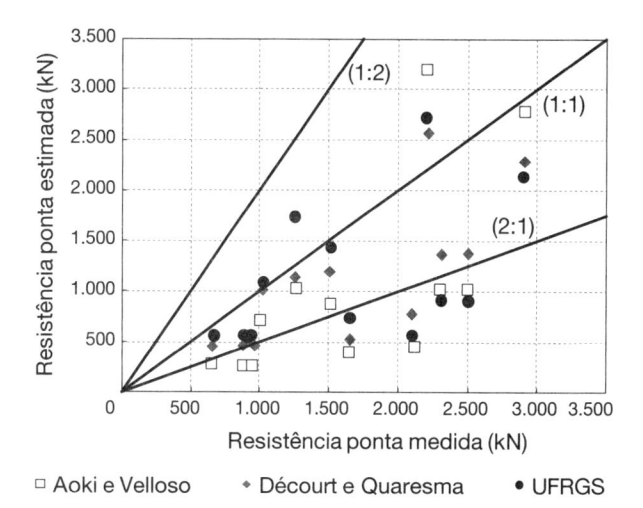

Fig. 7.24 Comparação entre capacidades de carga de ponta para estacas hélice contínua

Fig. 7.25 Capacidade de carga última para estacas hélice contínua

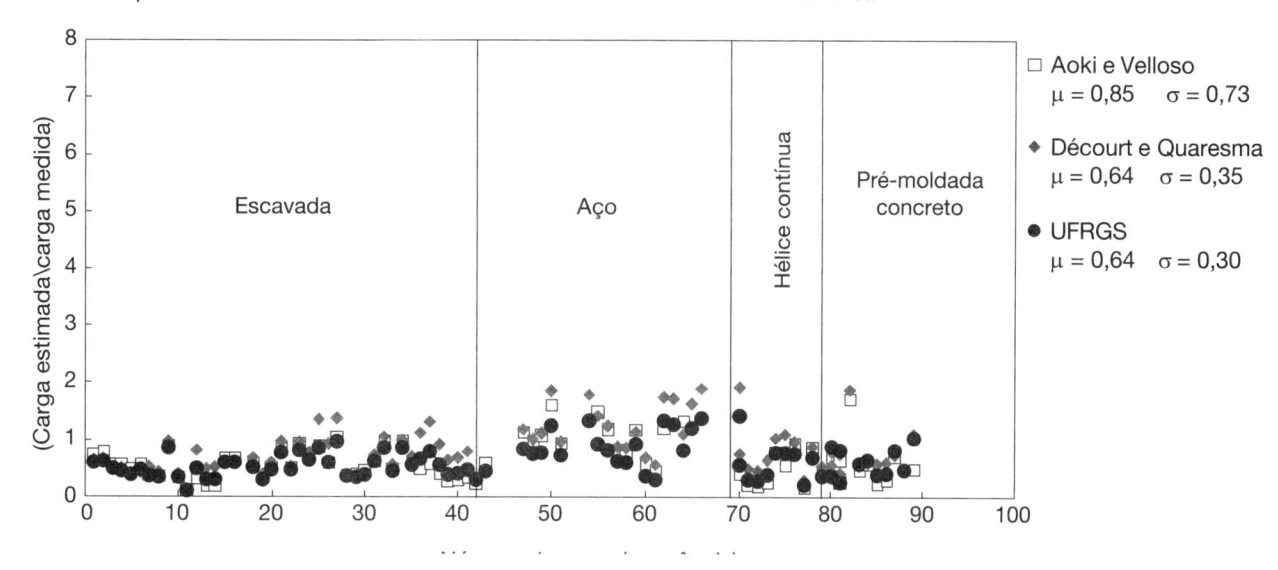

□ Aoki e Velloso   ♦ Décourt e Quaresma   ● UFRGS

Fig. 7.26 Previsão de capacidade de carga de atrito lateral (após corte estatístico)

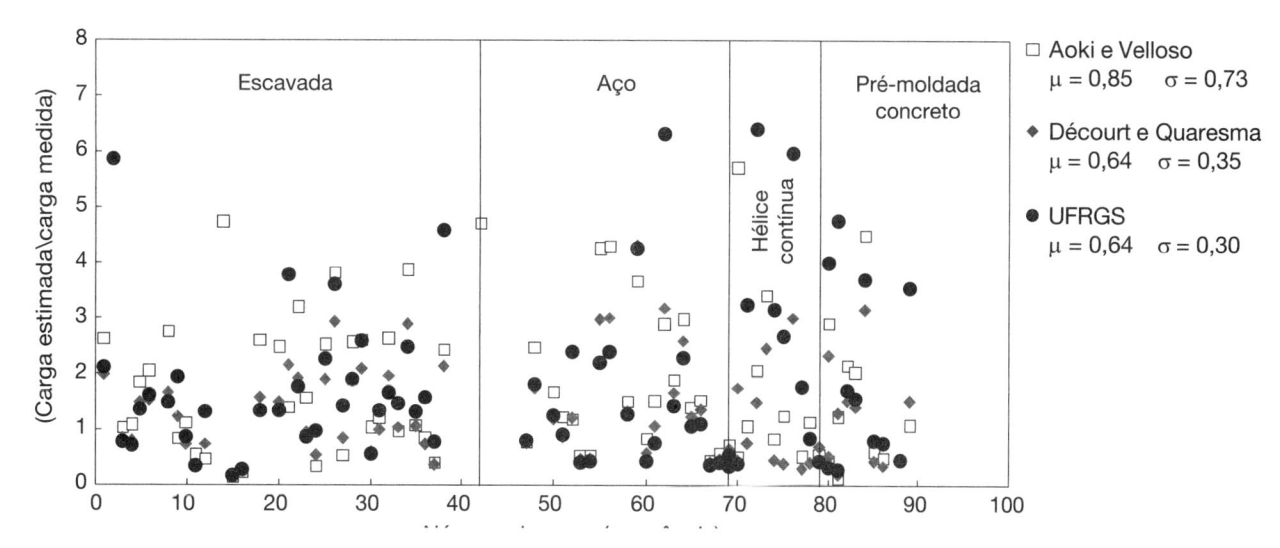

□ Aoki e Velloso
$\mu = 0{,}85$ $\sigma = 0{,}73$

♦ Décourt e Quaresma
$\mu = 0{,}64$ $\sigma = 0{,}35$

● UFRGS
$\mu = 0{,}64$ $\sigma = 0{,}30$

Fig. 7.27 Previsão de capacidade de carga da ponta da estaca

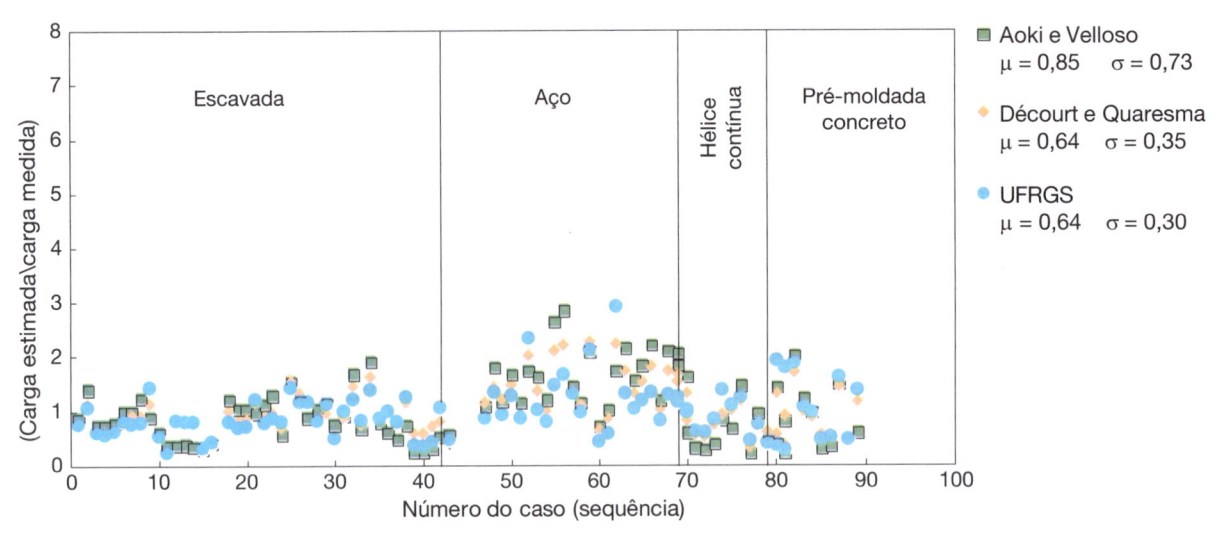

Fig. 7.28 Previsão da capacidade de carga axial última

analisados, o método proposto reproduz as tendências e a variabilidade das abordagens empíricas, com valores previstos variando entre 0,5 Q_{ult} e 2 Q_{ult} das cargas medidas. Entretanto, os conceitos de energia permitem refinar as previsões a partir da calibração dos ensaios SPT.

7.3 Considerações finais

Para finalizar esta obra, apresenta-se no Quadro 7.1 uma síntese crítica dos diferentes sistemas de investigação, destacando-se aspectos relacionados a equipamentos, procedimentos, interpretação e aplicabilidade. O objetivo desse quadro é proporcionar uma visão geral de cada técnica de ensaio, para orientar o projetista no processo de definição da campanha de investigação geotécnica.

Quadro 7.1 Análise crítica dos diferentes sistemas de sondagem

Sistema	Equipamento	Procedimento	Interpretação	Aplicação
SPT	Simples e robusto	Simples	Empírica e analítica	Todos os tipos de solos
CPT/CPTU	Sofisticado	Complexo	Analítica e empírica	Todos os tipos de solos, com limitações para solos muito resistentes
Palheta	Simples	Simples	Analítica e semiempírica	Solos muito moles
Dilatômetro	Simples	Simples	Empírica	Todos os tipos de solos, com limitações para solos muito resistentes
Pressiômetro	Sofisticado	Complexo	Analítica	Todos os tipos de solos

Na sondagem SPT, destaca-se a simplicidade e a robustez dos equipamentos e procedimentos, bem como sua aplicabilidade a todos os tipos de formações. O sistema percussivo permite a investigação de extratos resistentes, solos residuais, areias cimentadas, rochas brandas, entre outros. O uso dos registros de penetração em solos muito moles é limitado; contudo, a coleta de amostras para a identificação tátil e visual do solo, a indicação da granulometria, a presença de matéria orgânica e a umidade auxiliam na identificação do perfil. As críticas são direcionadas à dispersão dos resultados, fruto da ausência de padronização de equipamentos (altura de queda, cabeça de bater, uso de coxim, sistemas de elevação etc.); à diversidade de procedimentos e à deficiência no treinamento de pessoal. A interpretação do ensaio é fundamentada em correlações empíricas, destacando-se os métodos de estimativa de capacidade de carga de estacas (Aoki; Velloso, 1975; Décourt; Quaresma, 1978). Pesquisas recentes, baseadas em conceito de energia, ampliam as possibilidades de interpretação do ensaio (p. ex., Odebrecht, 2003; Odebrecht et al., 2005; Schnaid et al., 2009; Schnaid, 2009).

O CPTU é um equipamento composto, na sua concepção mais básica, por duas células de carga, um transdutor de pressão e um inclinômetro biaxial. Esses componentes são controlados por um sistema de aquisição de dados acoplado a um computador e ligado a uma fonte de energia. A calibração e a manutenção periódica são essenciais à confiabilidade dos registros de ensaio, assim como atenção aos procedimentos de saturação da pedra porosa, abertura de pré-furo etc., o que requer equipe técnica qualificada. Por ser um sistema padronizado, a transposição de experiência é simples e direta. Sua aplicação é extensiva a todos os tipos de solos, desde que atendidos os limites de cravabilidade da sonda em solos muito resistentes. A interpretação dos dados é fundamentada em correlações empíricas desenvolvidas em laboratório (câmaras de calibração), observações de campo, formulações analíticas fundamentadas na Mecânica dos Solos do Estado Crítico (Schofield; Wroth, 1968; Ladd et al., 1977) e em abordagens numéricas (Baligh, 1985; Houlsby; Teh, 1988). Em depósitos sedimentares, os parâmetros constitutivos são obtidos com precisão, mas não há experiência sistêmica na estimativa de propriedades de comportamento de solos residuais.

O ensaio de palheta é constituído de equipamento mecânico, simples e aplicado essencialmente a solos muito moles. Os cuidados nos procedimentos de execução são basicamente relacionados à determinação do atrito das hastes e à redução do amolgamento do solo, quando da introdução da palheta no terreno. A interpretação é essencialmente analítica e possibilita a determinação da resistência não drenada de solos argilosos. Complementarmente é possível estimar a tensão de pré-adensamento com base em solução semiempírica (Mayne; Mitchell, 1988).

O ensaio dilatométrico consiste no registro de pressões necessárias à expansão de uma membrana flexível, podendo ser utilizado em qualquer tipo de solo (há, porém, limitações à cravação da sonda em camadas muito resistentes). Uma série de calibrações é necessária para a operação do equipamento e a determinação dos parâmetros utilizados na interpretação do ensaio. O procedimento de ensaio é simples, baseado em duas leituras de um manômetro, a cada profundidade, cujos resultados apresentam elevada repetibilidade. A interpretação é fundamentada em correlações empíricas aplicadas a depósitos sedimentares, não havendo experiência em solos residuais.

O pressiômetro é um ensaio concebido com base nos princípios de expansão de cavidade e, portanto, sua interpretação é baseada em formulações analíticas. O procedimento consiste em medir, em campo, uma curva de pressão *versus* expansão de cavidade, permitindo, a partir desse registro, a determinação de parâmetros elástico--plásticos do solo. Contudo, os equipamentos podem ser bastante sofisticados e os procedimentos, complexos, razão pela qual há necessidade de calibração periódica. O ensaio é passível de interpretação em qualquer tipo de solo, havendo soluções específicas para areias, argilas e solos coesivo-friccionais.

SONDAGEM DE SIMPLES RECONHECIMENTO (SPT)

CONTRATADA LTDA.
Endereço - Fone/Fax

CLIENTE: -
OBRA: -
LOCAL: -
MUNICÍPIO: -

SONDAGEM SP-XX
FOLHA: 01/02
COTA DO FURO: -

REVESTIMENTO D =76,2 mm
Dint=34,9 mm
AMOSTRADOR Dext=50,8 mm
PESO 65kg-ALTURA DE QUEDA 75cm

GRÁFICO
— Penetração 0 a 30 cm
— Penetração 15 a 45 cm
— Atrito Lateral em kPa

AMOSTRA	AVANÇO	Nº Golpes 0a30	15a45	%passa #200	w nat	PROFUN.	CLASSIFICAÇÃO DO SOLO
TH / CA							
1		1	3	95	50%		Argila cinza escura mole
2	0/70			96	75%	-1.60	
3	0/45			96	80%		
4	0/60			95	85%		
5	1/45			94	90%		
6	1/30		1/15	97	90%		
7	1/45			96	100%		Argila cinza escura muito mole
8	1/37		1/30	98	108%		
9	1/45			95	94%		
10	1/30		1/15	91	70%		
11	1/35		2/30	92	45%	-11.50	
12		3	4	25	10%		
13		4	6	15	8%		Areia argilosa cinza escura fofa a pouco compacta
14		4	7	16	18%		
15		3	6	7	22%	-16.00	

Furo executado com lama bentonítica

INÍCIO DA SONDAGEM: XX/XX/XXXX
TÉRMINO DA SONDAGEM: XX/XX/XXXX
Na: - XXXX m

Município, XX de XXXXX de XXXX.

RELATÓRIO: RS XXXX - XX/XX

Eng. Responsável
CREA - XXXXXXXXXXX

SONDAGEM DE SIMPLES RECONHECIMENTO (SPT)

CONTRATADA LTDA.
Endereço - Fone/Fax

CLIENTE: -
OBRA: -
LOCAL: -
MUNICÍPIO: -

SONDAGEM SP-XX
FOLHA: 02/02
COTA DO FURO: -

REVESTIMENTO D = 76,2 mm
Dint = 34,9 mm
AMOSTRADOR Dext = 50,8 mm
PESO 65kg - ALTURA DE QUEDA 75cm

AMOSTRA	AVANÇO	Nº Golpes 0a30	Nº Golpes 15a45	%passa #200	ωnat	PROFUN.	CLASSIFICAÇÃO DO SOLO
16	CA	3	6	6	7%	-15.00	Areia argilosa cinza escura fofa a pouco compacta
17		4	7	5	6%		
18		4	8	10	8%		
19		4	8	9	12%	-19.20	
20		3	7	12	14%	-20.60	Argila arenosa cinza escura média
21		4	10	18	35%		Silte arenoso variegado (verde) medianamente compacto (solo residual de gnaisse)
22		5	11	60	38%		
23		4	10	60	37%		
24		7	12	59	39%		
25		8	14	65	37%	-25.00	Sondagem limitada pela contratante

Furo executado com lama bentonítica

INÍCIO DA SONDAGEM: XX/XX/XXXX
TÉRMINO DA SONDAGEM: XX/XX/XXXX
Na: - XXXX m

Município, XX de XXXXX de XXXX.

RELATÓRIO: RS XXXX - XX/XX

Eng. Responsável
CREA - XXXXXXXXXXX

SONDAGEM DE SIMPLES RECONHECIMENTO (SPT)					
CONTRATADA. Endereço, telefone, site					
Cliente:	-		Sondagem:	SP-XX	
Obra:	-		Folha:	1/2	
Local:	-		Cota do Furo:	-	
Município:	-		Na:	- xx m	
Prof. (m)	Solo	Classificação	Prof. (m)	Solo	Classificação
01		Argila cinza-escuro mole	09		Argila cinza-escuro muito mole
02		Argila cinza-escuro muito mole	10		Argila cinza-escuro muito mole
03		Argila cinza-escuro muito mole	11		Argila cinza-escuro muito mole
04		Argila cinza-escuro muito mole	12		Areia argilosa cinza-escuro fofa
05		Argila cinza-escuro muito mole	13		Areia argilosa cinza-escuro fofa
06		Argila cinza-escuro muito mole	14		Areia argilosa cinza-escuro pouco compacta
07		Argila cinza-escuro muito mole	15		Areia argilosa cinza-escuro pouco compacta

SONDAGEM DE SIMPLES RECONHECIMENTO (SPT)					
CONTRATADA. Endereço, telefone, site					
Cliente:	-			Sondagem:	SP-XX
Obra:	-			Folha:	2/2
Local:	-			Cota do Furo:	-
Município:	-			Na:	- xx m
Prof. (m)	Solo	Classificação	Prof. (m)	Solo	Classificação
08		Argila cinza-escuro muito mole	16		Areia argilosa cinza-escuro pouco compacta
17		Areia argilosa cinza-escuro pouco compacta	22		Silte arenoso variegado (verde), medianamente compacto (solo residual de gnaisse)
18		Areia argilosa cinza-escuro pouco compacta	23		Silte arenoso variegado (verde), medianamente compacto (solo residual de gnaisse)
19		Areia argilosa cinza-escuro pouco compacta	24		Silte arenoso variegado (verde), medianamente compacto (solo residual de gnaisse)
20		Argila arenosa cinza-escuro média	25		Silte arenoso variegado (verde), medianamente compacto (solo residual de gnaisse)
21		Silte arenoso variegado (verde), medianamente compacto (solo residual de gnaisse)			

Fatores de conversão

Força

Para converter	A	Multiplicar por
1. Libras (peso)	gramas	453,59243
	quilogramas	0,45359243
	toneladas	$4,5359243 \times 10^{-4}$
2. Quilogramas	gramas	1.000
	libras	2,2046223
	toneladas	0,001
3. Toneladas	gramas	1×10^6
	quilogramas	1.000
	libras	2.204,6223

Tensões

Para converter	A	Multiplicar por
1. Libras/pé quadrado	quilogramas/centímetro quadrado	0,000488243
	toneladas/metro quadrado	0,004882
	atmosferas	$4,72541 \times 10^{-4}$
	quilonewtons/metro quadrado	0,04788
6. Quilogramas/centímetro quadrado	libras/pé quadrado	2.048,1614
	toneladas/metro quadrado	10
	atmosferas	0,96784
	quilonewtons/metro quadrado	98,067
7. Toneladas/metro quadrado	quilogramas/centímetro quadrado	0,10
	libras/pé quadrado	204,81614
	quilonewtons/metro quadrado	9,806650
8. Atmosferas	bars	1,0133
	centímetros de mercúrio a 0°C	76
	milímetros de mercúrio a 0°C	760
	quilogramas/centímetro quadrado	1,03323
	gramas/centímetro quadrado	1.033,23
	quilogramas/metro quadrado	10.332,3
	toneladas/metro quadrado	10,3323
	libras/pé quadrado	2.116,22

Peso específico

Para Converter	A	Multiplicar por
1. Gramas/centímetro cúbico	toneladas/metro cúbico	1,00
	quilogramas/metro cúbico	1.000
	libras/pé cúbico	62,427961
	quilonewtons/metro quadrado	9,8039
2. Toneladas/metro cúbico	gramas/centímetro cúbico	1,00
	quilogramas/metro cúbico	1.000
	libras/pé cúbico	62,427961
	quilonewtons/metro quadrado	9,8039
3. Quilogramas/metro cúbico	gramas/centímetro cúbico	0,001
	toneladas/centímetro cúbico	0,001
	libras/pé cúbico	0,062427961
	quilonewtons/metro cúbico	0,062427961
4. Quilonewtons/metro cúbico	gramas/centímetro cúbico	0,1020
	toneladas/centímetro cúbico	0,1020
	quilogramas/metro cúbico	101,98
	libras/pé cúbico	6,3654

Coeficiente de adensamento

Para Converter	A	Multiplicar por
1. Centímetros quadrados/segundo	centímetros quadrados/mês	$2,6280 \times 10^6$
	centímetros quadrados/ano	$3,1536 \times 10^7$
	metros quadrados/mês	$2,6280 \times 10^2$
	metros quadrados/ano	$3,1536 \times 10^3$

Referências bibliográficas

AAS, G. A study of the effect of vane shape and rate of strain on the measured values of in situ shear strength of clays. *Proceedings of the 6th Int. Conf. on Soil Mech. Found. Eng.*, v. 1, p. 141-145, 1965.

AAS, G. Vane tests for investigation of undrained shear strength of clays. *Proceedings of the Geotech. Conf.*, Oslo, v. 1, p. 3-8, 1967.

AAS, G.; LACASSE, S.; LUNNE, T.; MADSHUS, C. In-situ testing: new developments. Report 52155-33. Oslo: Norwegian Geotech. Institute, 1984.

AAS, G.; LACASSE, S.; LUNNE, T.; HOEG, K. Use of in situ tests for foundation design on clay. *Proceedings of the ASCE Specialty Conf. In Situ'86: Use of In Situ Tests in Geotech. Eng.*, Blacksburg, p. 1-30, 1986.

ABNT - ASSOCIAÇÃO BRASILEIRA DE NORMAS TÉCNICAS. NBR 7250: Identificação e descrição de amostras de solos obtidas em sondagens de simples reconhecimento dos solos. Rio de Janeiro: ABNT, 1982.

ABNT - ASSOCIAÇÃO BRASILEIRA DE NORMAS TÉCNICAS. NBR 6497: Levantamento geotécnico. Rio de Janeiro: ABNT, 1983a.

ABNT - ASSOCIAÇÃO BRASILEIRA DE NORMAS TÉCNICAS. NBR 8036: Programação de sondagens de simples reconhecimento dos solos para fundações de edifícios - Procedimento. Rio de Janeiro: ABNT, 1983b.

ABNT - ASSOCIAÇÃO BRASILEIRA DE NORMAS TÉCNICAS. MB 3122: Solo - Ensaios de palheta in situ - Método de Ensaio. Rio de Janeiro: ABNT, 1989.

ABNT - ASSOCIAÇÃO BRASILEIRA DE NORMAS TÉCNICAS. NBR 12069 (MB-3406): Solo - Ensaio de penetração de cone in situ (CPT) - Método de ensaio. Rio de Janeiro: ABNT, 1991.

ABNT - ASSOCIAÇÃO BRASILEIRA DE NORMAS TÉCNICAS. NBR 12722: Discriminação de serviços para construção de edifícios. Rio de Janeiro: ABNT, 1992.

ABNT - ASSOCIAÇÃO BRASILEIRA DE NORMAS TÉCNICAS. NBR 6484: Solo - Sondagens de simples reconhecimentos com SPT - Método de ensaio. Rio de Janeiro: ABNT, 2001.

ABNT - ASSOCIAÇÃO BRASILEIRA DE NORMAS TÉCNICAS. NBR 6122: Projeto e execução de fundações. Rio de Janeiro: ABNT, 2010.

ABRAMENTO, M.; SOUZA PINTO, C. Propriedades de solos residuais de gnaisse e migmatito determinadas por pressiômetro de auto-perfuração de Cambridge. *XI Cong. Bras. Mec. Solos Eng. Geotéc.*, Brasília, v. 2, p. 1037-1046, 1998.

AGUIAR, V. N. *Características de adensamento da argila do canal do Porto de Santos na região da Ilha Barnabé*. Dissertação (Mestrado) – Coppe/UFRJ, Rio de Janeiro, Brasil, 2008.

ALBUQUERQUE, P. J. R.; CARVALHO, D.; FONTAINE, F. B. Pile capacity for Omega piles in an unsaturated Brazilian soil using the CPT. *Proceedings of the 2nd Int. Symp. on Cone Penetration Testing*, Huntington Beach, California, 2010.

ALMEIDA, M. S. S. *Aterros sobre solos moles*: da concepção à avaliação de desempenho. Rio de Janeiro: Ed. UFRJ, 1996.

ALMEIDA, M. S. S.; MARQUES, M. E. S.; LIMA, B. T. Overview of Brazilian construction practice over soft soils. In: ALMEIDA, M. S. S. (Ed.). *New techniques on soft soils*. São Paulo: Oficina de Textos, 2010.

ALMEIDA, M. S. S.; MARQUES, M. E. S.; LACERDA, W. A.; FUTAI, M. M. Investigações de campo e de laboratório na argila de Sarapuí. *Solos e Rochas*, v. 28, p. 3-20, 2005.

ALMEIDA, M. S. S.; MARQUES, M. E. S.; BARONI, M. Geotechnical parameters of very soft clays from CPTU. *Proceedings of the 2nd Int. Symp. on Cone Penetration Testing*, Huntington Beach, California, 2010.

ALONSO, U. R. Correlação entre resultados de ensaios de penetração estática e dinâmica para a cidade de São Paulo. *Solos e Rochas*, ABMS, São Paulo, v. 17, n. 3, p. 19-25, 1980.

ANDRUS, R. D.; YOUD, T. L. *Subsurface investigation of liquefaction-induced lateral spread, Thousand Springs Valley, Idaho*. Miscellaneous Paper GL 87-88. Vicksburg: US Army Engineer Waterways Experiment Station, 1987.

AOKI, N.; CINTRA, J. C. A. The application of energy conservation Hamilton's principle to the determination of energy efficiency in SPT tests. *Proceedings of the 6th Int. Conf. on the Application of Stress-Wave Theory to Piles*, São Paulo, p. 457-460, 2000.

AOKI, N.; VELLOSO, D. A. An approximate method to estimate the bearing capacity of piles. In: PANAMERICAN CONF. SOIL MECH. FOUND. ENG., 5., Buenos Aires, 1975. Proceedings... Buenos Aires: Huella Estudio Grafico, 1975. v. 1, p. 367-376.

APITZ, S. E.; BORBRIDGE, L. M.; THERIAULT, G. A.; LIEBERMAN, S. H. Remote in-situ determination of fuel products in soils: field results and laboratory investigations. *Analusis*, v. 20, Elsevier, Paris, p. 461-474, 1992.

ÁRABE, L. C. G. *Aplicabilidade de ensaios in-situ para a determinação de propriedades geotécnicas de depósitos de argilosos e de solos residuais*. 330 f. Tese (Doutorado) – PUC, Rio de Janeiro, 1995a.

ÁRABE, L. C. G. Comportamento das propriedades de engenharia de solos de uma área experimental na Baixada Santista. *Cong. Bras. Mec. Solos e Eng. Fund.*, v. 7, n. 5, p. 25-47, 1995b.

ARAGÃO, C. J. G. *Propriedades geotécnicas de alguns depósitos de argilas moles na área do Grande Rio*. 154 f. Dissertação (Mestrado) – PUC, Rio de Janeiro, 1975.

ARULMOLI, K. Users' perspective - in situ sampling systems. Summary Report. *Workshop on Advancing Technologies for Cone Penetration Testing for Geotech. Geoenv. Site Characterization*, Eng. & Environ. Sciences Div., US Army Research Office, Research Triangle Park, June 1994.

ASTM - AMERICAN SOCIETY FOR TESTING AND MATERIALS. D1586-58: Standard method for penetration test and split barrel sampling of soils. USA: ASTM, 1958.

ASTM - AMERICAN SOCIETY FOR TESTING AND MATERIALS. D1586-67 (re-approved 1974): Standard method for penetration test and split barrel sampling of soils. USA: ASTM, 1967.

ASTM - AMERICAN SOCIETY FOR TESTING AND MATERIALS. D4633-86: Standard test method for stress wave energy measurement for dynamic penetrometer testing systems. USA: ASTM, 1986a.

ASTM - AMERICAN SOCIETY FOR TESTING AND MATERIALS. Sub-Committee D18.02.10. Suggested method for performing the flat dilatometer test. *Geotech. Testing J.*, v. 9, n. 2, p. 93-101, 1986b.

ASTM - AMERICAN SOCIETY FOR TESTING AND MATERIALS. *STP 1014*: Vane shear strength testing in soils - Field and laboratory studies. USA: ASTM, 1988.

ASTM - AMERICAN SOCIETY FOR TESTING AND MATERIALS. D1586-99: Standard test method for penetration test and split barrel sampling of soils. USA: ASTM, 1999.

AZZOUZ, A. S.; BALIGH, M. M.; LADD, C. C. Corrected field vane strength for embankment design. *J. Geotech. Eng. Div.*, ASCE, v. 109, n. 5, p. 730-734, 1983.

BAGUELIN, F. J.; JÉZÉQUEL, J.; LE MÉE, E.; LE MÉHAUTÉ, A. Expansion of cylindrical probes in cohesive soils. *J. Soil Mech. Found. Div.*, ASCE, v. 98, n. SM11, p. 129-142, 1972.

BAGUELIN, F. J.; JÉZÉQUEL, J.; SHIELDS, D. H. *The pressuremeter and foundation engineering*. Clausthal: Trans Tech Publ., 1978.

BALDI, G.; BELLOTTI, R.; GHIONNA, V. N.; JAMIOLKOWSKI, M.; PASQUALINI, E. Cone resistance of dry medium sand. *Proceedings of the 10th Int. Conf. Soil Mech. Found. Eng.*, Stockholm, v. 2, p. 427-432, 1981.

BALDI, G.; BELLOTTI, R.; GHIONNA, V. N.; JAMIOLKOWSKI, M.; PASQUALINI, E. Design parameters for sand from CPT. In: EUROPEAN SYMP. ON PENETRATION TESTING, ESOPT, 2., Amsterdam. Proceedings... Rotterdam: Balkema Publ., 1982. v. 2, p. 425-432.

BALDI, G.; BELLOTTI, R.; GHIONNA, V.; JAMIOLKOWSKI, M.; MARCHETTI, S.; PASQUALINI, E. Flat dilatometer tests in calibration chambers. *Use of In-situ Tests in Geotech. Eng.*, ASCE, Geotech. Special Publ., n. 6, p. 431-446, 1986a.

BALDI, G.; BELLOTTI, R.; GHIONNA, V. N.; JAMIOLKOWSKI, M.; PASQUALINI, E. Interpretation of CPTs and CPTUs: drained penetration of sands. *IV Int. Geotech. Seminar*, Singapore, p. 143-156, 1986b.

BALDI, G.; BELLOTTI, R.; GHIONNA, V. N.; JAMIOLKOWSKI, M. Stiffness of sands from CPT, SPT and DMT - A critical review. *Proceedings of the Geotech. Conf. on Penetration Testing in the UK*, Univ. of Birmingham, Paper n. 42, p. 299-305, 1988.

BALIGH, M. M. *Theory of deep site static cone penetration resistance*. Mass. Public. R75-56. Cambridge: MIT, 1975.

BALIGH, M. M. Strain path method. *J. Soil Mech. Found. Eng. Div.*, ASCE, v. 11, n. 7, p. 1108-1136, 1985.

BALIGH, M. M. Undrained deep penetration I: shear stresses. *Géotechnique*, v. 36, n. 4, p. 471-485, 1986.

BALIGH, M. M.; LEVADOUX, J. N. Consolidation after undrained piezocone penetration II: interpretation. *J. Soil Mech. Found. Eng. Div.*, ASCE, v. 11, n. 7, p. 727-745, 1986.

BAPTISTA, H. M.; SAYÃO, A. S. F. J. Características geotécnicas do depósito de argila mole da Enseada do Cabrito, Salvador, Bahia. *Proceedings XI Cong. Bras. Mec. Solos Eng. Geotéc.*, Brasília, v. 2, p. 911-916, 1998.

BARATA, F. E. *Propriedades da mecânica dos solos* – uma introdução ao projeto de fundações. Rio de Janeiro: LTC, 1984.

BARENTSEN, P. Short description of a field testing method with cone-shaped sounding apparatus. *Proceedings of the 1st Int. Soil Mech. and Found. Eng.*, Cambridge, v. 1, n. B/3, p. 6-10, 1936.

BARONI, M. *Investigação geotécnica em argilas orgânicas muito compressíveis em depósitos da Barra da Tijuca*. Dissertação (Mestrado) – COPPE/UFRJ, Rio de Janeiro, Brasil, 2010.

BARTON, M. E.; COOPER, M. R.; PALMER, S. N. Diagenetic alteration and micro-structural characteristics of sands: neglected factors in the interpretation of penetration tests. In: I. C. E. CONF. ON PENETRATION TESTING IN THE U.K. Proceedings... London: Thomas Telford, 1989. p. 7-10.

BATTAGLIO, M.; BRUZZI, D.; JAMIOLKOWSKI, M.,; LANCELLOTTA, R. Interpretation of CPTs and CPTUs. *Proceedings of the 4th Int. Geotech. Seminar*, Singapore, p. 129-143, 1986.

BAZARAA, A. R. S. S. *Use of the standard penetration test for estimating settlement of shallow foundations on sand*. Thesis (Ph.D.) – Univ. of Illinois, USA, 1967. Unpublished.

BEDIN, J.; SCHNAID, F.; COSTA FILHO, L. M. Drainage characterization of tailings from *in situ* test. *Proceedings of the 2nd Int. Symp. on Cone Penetration Testing*, Huntington Beach, California, 2010.

BEGEMANN, H. K. S. The friction jacket cone as an aid in determining the soil profile. *Proceedings of the 6th Int. Conf. Soil Mech. Found. Eng.*, Montreal, v. 1, p. 17-20, 1965.

BEGEMANN, H. K. S.; DE LEEW, E. H. Current practice of the sampling of sandy soils in the Netherlands. State-of-the art report. *Proceedings of the Int. Symp. of Soil Sampling*, Singapore, ISSMFE Sub-committee on Soil Sampling, Jap. Soc. SMFE, p. 55-56, 1979.

BELINCANTA, A. *Avaliação dos fatores intervenientes no índice de resistência à penetração do SPT*. Tese (Doutorado) – Universidade de São Paulo, São Carlos, 1998.

BELINCANTA, A.; ALVIN, F. M.; NAVAJA, S. S.; RAMIRES SOBRINHO, R. Métodos para medida de energia dinâmica no SPT. *Solos e Rochas*, v. 17, n. 2, p. 93-110, 1984.

BELINCANTA, A.; DIONISI, A.; MACHADO, J. R. A.; ALVIN, F. M.; RAMIRES SOBRINHO, R.; NAVAJA, S. S.; TACHIBANA, L. S. Medida de energia dinâmica do SPT: sistema IPT. *X Cong. Bras. Mec. Solos e Eng. Fund.*, v. 2, p. 507-514, 1994.

BELLO, L. A. L.; DE CAMPOS, T. M. P.; ARARUNA JR., J. T.; CKARKE, B. Developments of a full displacement pressuremeter for municipal solid waste site investigation in Brazil. In: INT. CONF. ON SITE CHARACTERIZATION, 2., Porto, Portugal.

Proceedings... Rotterdam: Millpress, 2004. v. 2, p. 1353-1360.
BELLO, M. I. M. C. Estudo de ruptura em aterro sobre solos moles - aterro do galpão localizado na BR-101 – PE. Dissertação (Mestrado) – Universidade Federal de Pernambuco, Brasil, 2004.
BELLOTTI, R.; BENOIT, J.; MORABITO, P. A self-boring electrical resistivity probe for sands. Proceedings of the 13th Int. Conf. Soil Mech. Found. Eng., New Delhi, 1994.
BELLOTTI, R.; GHIONNA, V. N.; JAMIOLKOWSKI, M.; LANCELLOTTA, R.; MANFREDINI, G. Deformation characteristics of cohesionless soils from in situ tests. Proceedings of the In-situ 86: Use of In-situ Tests Geotech. Eng., Blacksburg, p. 47-73, 1986.
BELLOTTI, R.; GHIONNA, V. N.; JAMIOLKOWSKI, M.; ROBERTSON, P. K.; PETERSON, R. W. Interpretation of moduli from self-boring pressuremeter tests in sand. Géotechnique, v. 39, n. 2, p. 269-292, 1989.
BERARDI, R.; BOVOLENTA, R. Stiffness values and deformation behavior of soil for the settlement analysis of foundations. In: INT. SYMP. ON DEFORMATION CHARACTERISTICS OF GEOMATERIALS, 3. Proceedings... Lisse: Swets & Zeitlinger, 2003. p. 849-855.
BEREZANTZEV, V. G.; KHRISTOFOROV, V.; GOLUBKOV, V. Load bearing capacity and deformation of piled foundation. Proceedings of the Int. Conf. Soil Mech. Found. Eng., v. 2, p. 11-15, 1961.
BERND, A. L. S. Investigação geoambiental de uma área contaminada por resíduos industriais. Dissertação (Mestrado) – PPGE/UFRGS, Porto Alegre, Brasil, 2005.
BERTUOL, F. Caracterização geotécnica da sensibilidade de um depósito sedimentar do Rio Grande do Sul com uso de ensaios de laboratório. 180 f. Dissertação (Mestrado) – Programa de pós-graduação em Engenharia Civil, UFRGS, 2009.
BISCONTIN, G.; PESTANA, J. M. Influence of peripheral velocity on vane shear strength of an artificial clay. Geotech. Test. J., v. 24, n. 4, p. 423-429, 2001.
BJERRUM, L. Problems of soil mechanics and construction on soft clays. Proceedings of the 8th Int. Conf. Soil Mech. Found. Eng., Moscow, v. 3, p. 111-159, 1973.
BJERRUM, L.; SIMONS, N. E. Comparison of shear strength characteristics of normally consolidated clays. Proceedings of the ASCE Research Conf. on Shear Strength of Cohesive Soils, Boulder, p. 711-726, 1960.
BOGOSSIAN, F.; MUXFELDT, A. S.; BOGOSSIAN, M. F. A utilização do dilatômetro para a determinação de propriedades geotécnicas de um depósito de argilas moles. Simp. Novos Conceitos de Ensaios de Campo e Laboratório em Geotecnia, Rio de Janeiro, v. 2, p. 483-491, 1988.
BOGOSSIAN, F.; MUXFELDT, A. S.; DUTRA, A. M. B. Some results of flat dilatometer test in Brazilian soils. Proceedings of the 12th Int. Conf. Soil Mech. Found. Eng., Rio de Janeiro, v. 1, p. 187-190, 1989.
BOLINELLI, H. L. Piezocone de resistividade: primeiros resultados de investigação geoambiental em solos tropicais. Dissertação (Mestrado) – Unesp, Bauru, Brasil, 2004.
BOLTON, M. D. The strength and dilatancy of sands. Géotechnique, v. 36, n. 1, p. 65-78, 1986.
BOONSTRA, G. C. Pile loading tests at Zwijndrecht, Holland. Proceedings of the Int. Conf. Soil Mech. Found. Eng., Cambridge, p. 185-194, 1936.
BOSCH, D. R. Interpretação do ensaio pressiométrico em solos coesivo-friccionais através de métodos analíticos. 150 f. Dissertação (Mestrado) – PPGEC/UFRGS, Porto Alegre, Brasil, 1996.
BOSCH, D. R.; MANTARAS, F. M.; SCHNAID, F. Previsão de parâmetros geotécnicos em solos coesivos friccionais através do ensaio pressiométrico. Solos e Rochas, v. 20, n. 1, p. 25-36, 1997.
BRANDT, J. R. T. Utilização de um novo pressiômetro para determinação das características elásticas de solos residuais gnáissicos e estratos do Terciário Paulista. Dissertação (Mestrado em Engenharia) – PUC, Rio de Janeiro, 1978.
BRATTON, W. L.; BRATTON, J. L.; SHINN, J. D. Direct penetration technology for geotechnical and environmental site characterization. Proceedings of the Geoenvironment 2000, ASCE, New Orleans, GSP, v. 1, n. 46, p. 105-122, 1995.
BRIAUD, J. L. Pressuremeter and foundation design. In: SPECIALTY CONF. ON USE OF IN-SITU TESTS IN GEOTECH. ENG., Blacksburg. Proceedings... New York: ASCE, 1986. p. 74-115.
BRIAUD, J. L. The pressuremeter. Rotterdam: Balkema Publ., 1992.
BRIAUD, J. L. Spread footings in sand: load-settlement curve approach. J. Geotech. Geoenv. Eng., v. 133, n. 8, p. 905-920, 2007.
BRINCH-HANSEN, J. The ultimate resistance of rigid piles against transversal forces. Danish Geotechnical Institute Bulletin, n. 12, p. 5-9, 1961.
BROMS, B. B. Methods of calculating the ultimate bearing capacity of piles: a summary. Sols-Soils, v. 5, p. 18-19, 21-32, 1965.
BROWN, D. N.; MAYNE, P. W. Stress history profiling of marine clays by piezocone. 4th Canadian Conf. Marine Geotech. Eng., Memorial University, Newfoundland, v. 1, p. 1305-1312, 1993.
BRUGGER, P. J. Análise de deformações em aterros sobre solos moles. Tese (Doutorado) – COPPE/UFRJ, Rio de Janeiro, 1996.
BRUGGER, P. J.; ALMEIDA, M. S. S.; SANDRONI, S. S.; BRANT, J. R.; LACERDA, W. A.; DANZIGER, F. A. B. Geotechnical parameters of the Sergipe soft clay. Proceedings of the 10th Brazilian Conf. Soil Mech. Found. Eng., v. 1, p. 539-546, 1994.
BRYLAWSKI, E. AP Van den Berg Inc, Milford, PA, 18337, 1994.
BURLAND, J. B.; BURBIDGE, M. C. Settlement of foundations on sand and gravel. Proceedings of the ICE, part 1, v. 78, p. 1325-1371, 1985.
BURLAND, J. B.; BROMS, B. B.; DE MELLO, V. F. B. Behaviour of foundations and structures. State-of-the-art review. Proceedings of the 9th Int. Conf. Soil Mech. Found. Eng., Tokyo, v. 3, p. 395-546, 1977.

BURNS, S. E.; MAYNE, P. W. Monotonic and dilatory pore-pressure decay during piezocone tests in clay. *Canadian Geotech. Journal*, v. 35, n. 6, p. 1063-1073, 1998.

BUSTAMANTE, M.; GIANESELLI, L. Pile bearing capacity prediction by means of static penetrometer CPT. In: EUROPEAN SYMP. GEOTECH. ENG. OF HARD SOILS - SOFT ROCKS, 2., Athens, Greece. *Proceedings...* Rotterdam: Balkema Publ., 1982. p. 405-416.

CADLING, L.; ODENSTAD, S. The vane borer. *Proceedings of the Royal Swedish Geotech. Institute*, n. 2, 1948.

CAMPANELLA, R. G. *A manual on interpretation of seismic piezocone test data for geotechnical design*. Geotech. Research Group, Department of Civil Engineering, University of British Columbia, 2005.

CAMPANELLA, R. G.; ROBERTSON, P. K. Flat dilatometer DMT: research at UBC. *Proceedings of the 1st Int. Conf. on the Flat Dilatometer*, Edmonton, 1983.

CAMPANELLA, R. G.; ROBERTSON, P. K. Use and interpretation of a research dilatometer. *Canadian Geotech. Journal*, v. 28, p. 113-126, 1991.

CAMPANELLA, R. G.; WEEMEES, I. Development and use of an electrical resistivity cone for groundwater contamination studies. *42th Canadian Geotech. Conf.*, Winnipeg, p. 1-11, 1990.

CAMPANELLA, R. G.; GILLESPIE, D.; ROBERTSON, P. K. Pore pressure during cone penetration testing. In: EUROPEAN SYMP. ON PENETRATION TESTING, ESOPT, 2., Amsterdam. *Proceedings...* Rotterdam: Balkema Publ., 1982. v. 1, p. 507-512.

CAMPANELLA, R. G.; ROBERTSON, P. K.; GILLESPIE, D. Seismic cone penetration test. *Proceedings of the ASCE Specialty Conf. In Situ'86: Use of In Situ Tests in Geotech. Eng.*, Blacksburg, p. 116-130, 1986.

CAMPANELLA, R. G.; ROBERTSON, P. K.; GILLESPIE, D.; GRIEG, J. Recent developments of in-situ testing of soils. *Proceedings of the 11th Int. Conf. Soil Mech. Found. Eng.*, v. 2, p. 849-854, 1985.

CAMPANELLA, R. G.; DAVIES, M. P.; KRISTIANSEN, H.; DANIEL, C. Site characterization of soil deposits using recent advances in piezocone technology. In: INT. CONF. ON SITE CHARACTERIZATION, 1., Atlanta. *Proceedings...* Rotterdam: Balkema Publ., 1998. p. 995-1000.

CAQUOT, A.; KÉRISEL, J. Sur le terme de surface dans le calcul de fondations en milieu puérulent. *Proceedings of the 3rd Int. Conf. on Soil Mech. Found. Eng.*, v. 1, 1953.

CARLSSON, L. Determination in-situ of the shear strength of undisturbed clay by means of a rotating auger. *Proceedings of the 2nd Int. Conf. Soil Mech. Found. Eng.*, v. 1, p. 265-270, 1948.

CARRABBA, M. M. *Phase I topical report*: field raman spectrograph for environmental analysis. DOE Contract DE-AC21-92MC29108, 1995.

CARTER, J. P.; BOOKER, J. R.; YEUNG, S. K. Cavity expansion in cohesive frictional soils. *Géotechnique*, v. 36, n. 3, p. 349-358, 1986.

CASTILHO, R. R.; POLIDO, U. F. Algumas características de adensamento das argilas marinhas de Vitória - ES. *Cong. Bras. Mec. Solos Eng. Fund.*, Porto Alegre, v. 1, p. 149-159, 1986.

CAVALCANTE, E. H. *Uma contribuição ao estudo do comportamento tensão-deformação de um depósito de argila mole da cidade de Recife, através da utilização do pressiômetro Ménard*. Dissertação (Mestrado) – UFP, Campina Grande, Paraíba, 1997.

CAVALCANTE, E. H. *Investigação teórico-experimental sobre o SPT*. Tese (Doutorado) – COPPE/UFRJ, Rio de Janeiro, 2002.

CAVALCANTE, E. H.; BEZERRA, R. L.; COUTINHO, R. Q. Avaliação da resistência não drenada de um depósito de argila mole saturada a partir do pressiômetro de Ménard. *XII Cobramseg*, São Paulo, Brasil, p. 785-791, 1998.

CAVALCANTE, E. H.; DANZIGER, A. A. B.; DANZIGER, B. R. Estimating the SPT penetration resistance from rod penetration based on instrumentation. In: INT. CONF. ON SITE CHARACTERIZATION, 2., Porto, Portugal. *Proceedings...* Rotterdam: Millpress, 2004. p. 293-298.

CAVALCANTE, E. H.; GIACHETI, H. L.; DANZIGUER, F. A. B.; COUTINHO, R. Q. Campos experimentais brasileiros. *XIII Cong. Bras. Mec. Solos Eng. Fund.*, Workshop Campos Experimentais de Fundações, Curitiba, p. 1-90, 2006.

CERATO, A. B.; LUTENEGGER, A. J. Disturbance effects of field vane tests in a varved clay. In: INT. CONF. ON SITE CHARACTERIZATION, 2., Porto, Portugal. *Proceedings...* Rotterdam: Millpress, 2004. v. 1, p. 861-867.

CHANDLER, R. J. The in-situ measurement of the undrained shear strength of clays using the field vane. In: RICHARDS, A. F. (Ed.). *Vane shear strength testing in soils*: field and laboratory studies. ASTM STP 1014. Philadelphia: ASTM, 1988. p. 13-44.

CHAPMAN, G. A.; DONALD, I. B. Interpretation of static penetration test in sand. In: INT. CONF. SOIL MECH. FOUND. ENG., 10., Stockholm. *Proceedings...* Rotterdam: Balkema Publ., 1981. v. 2, p. 455-458.

CHEN, B. S. Y.; MAYNE, P. W. *Profiling the overconsolidation ratio of clays by piezocone tests*. Report GIT-CEE/GEO-94-1. National Science Found., Georgia Institute of Technology, 1994.

CHEN, B. S. Y.; MAYNE, P. W. Statistical relationships between piezocone measurements and stress history of clays. *Canadian Geotech. Journal*, v. 33, n. 3, p. 488-498, 1996.

CHIN, C. T.; DUANN, S. W.; KAO, T. C. SPT-CPT correlation for granular soils. In: INT. SYMP. ON PENETRATION TESTING, ISOPT, 1., Orlando. *Proceedings...* Rotterdam: Balkema Publ., 1988. v. 1, p. 335-339.

CLARKE, B. G. *Pressuremeters in geotechnical design*. London: Blackie Academic & Professional, 1995.

CLARKE, B. G.; WROTH, C. P. Comparison between results from flat dilatometer and self-boring pressuremeter tests. In: GEOTECH. CONF. ON PENETRATION TESTING IN THE UK, Birmingham. *Proceedings...* London: Thomas Telford, 1988.

CLAYTON, C. R. I. Discussion on "The settlement of foundations on granular soils by Burland and Burbidge (1986)". *Proceedings of the ICE*, Part 1, v. 80, p. 1630-1633, 1986.

CLAYTON, C. R. I. The standard penetration test (SPT): methods and use. *CIRIA Report CP/7*, 1993.

CLAYTON, C. R. I.; DIKRAN, S. S. Porewater pressures generated during dynamic penetration testing. In: EUROPEAN SYMP. ON PENETRATION TESTING, ESOPT, 2., Amsterdam. *Proceedings...* Rotterdam: Balkema Publ., 1982. v. 2, p. 245-250.

CLAYTON, C. R. I.; HABABA, M. B.; SIMONS, N. E. Dynamic penetration resistance and the prediction of the compressibility of a fine sand - a laboratory study. *Géotechnique*, v. 35, n. 1, p. 19-31, 1985.

COLE, K. W.; STROUD, M. A. Rock socket piles at Coventry Point, Marketway. Coventry Symp. on Piles in Weak Rock. *Géotechnique*, v. 26, n. 1, p. 47-62, 1976.

CORREIA, M. H. C. *Compressibilidade unidimensional de argila cinza do Rio de Janeiro em Botafogo*. 159 f. Dissertação (Mestrado) – PUC/RJ, Rio de Janeiro, 1981.

COSTA FILHO, L. M.; ARAGÃO, C. J. G.; VELLOSO, P. P. C. Características geotécnicas de alguns depósitos de argilas moles na área do Grande Rio de Janeiro. *Solos e Rochas*, v. 8, n. 1, p. 3-13, 1985.

COSTA FILHO, L. M.; WERNECK, M. G. L.; COLLET, H. B. The undrained strength of a very soft clay. *Proceedings of the 9th Int. Conf. Soil Mech. Found. Eng.*, v. 1, p. 79-82, 1977.

COUTINHO, R. Q. *Aterro experimental instrumentado levado à ruptura sobre solos orgânicos de Juturnaíba*. 632 f. Tese (Doutorado) – COPPE/UFRJ, Rio de Janeiro, 1986.

COUTINHO, R. Q. Parâmetros tensão-deformação-resistência no estado natural das argilas - solos orgânicos de Juturnaíba. *Simpósio Novos Conceitos de Ensaios de Campo e Laboratório em Geotecnia*, v. 2, p. 709-726, 1988.

COUTINHO, R. Q.; BELLO, M. I. M. C. Analysis and control of the stability of embankments on soft soil: Juturnaíba and other experiences in Brazil. In: ALMEIDA, M. S. S. (Ed.). *New techniques on soft soils*. São Paulo: Oficina de Textos, 2010.

COUTINHO, R. Q.; FERREIRA, S. R. M. Argilas orgânicas do Recife, estudo de caracterização e de compressibilidade em seis depósitos. *Anais do Simpósio sobre Depósitos Quaternários das Baixadas Litorâneas Brasileiras*. Rio de Janeiro: ABMS/ABGE, 1988. p. 3.35-3.54.

COUTINHO, R. Q.; LACERDA, W. A. *Aterros sobre solos compressíveis*: características de adensamento com drenagem radial e vertical da argila cinza do Rio de Janeiro. Rio de Janeiro: Instituto de Pesquisa Rodoviária, 1976.

COUTINHO, R. Q.; LACERDA, W. A. Caracterização/consolidação da argila orgânica de Juturnaíba. *Solos e Rochas*, v. 17, n. 2, p. 145-154, 1994.

COUTINHO, R. Q.; OLIVEIRA, J. T. R. Geotechnical characterization of a Recife soft clay - laboratory and in situ tests. *Proceedings of the 14th Int. Conf. Soil Mech. Found. Eng.*, v. 1. p. 69-72, 1997.

COUTINHO, R. Q.; OLIVEIRA, J. T. R. Behaviour of Recife soft clays. *Workshop Foundation Engineering in Difficult Soft Soil Conditions*, TC 36 Meeting, May 24th, Mexico City, Mexico, v. 1, p. 49-77, 2002.

COUTINHO, R. Q.; SCHNAID, F. CPT regional report for South America. *Proceedings of the 2nd Int. Symp. on Cone Penetration Testing*, Huntington Beach, California, 2010.

COUTINHO, R. Q.; BELLO, M. I. M. C.; PEREIRA, A. C. Geotechnical investigation of the Recife soft clays by dilatometer tests. In: FAILMEZGER, R. A.; ANDERSON, J. B. (Ed.). *Proceedings of the 2nd Int. Flat Dilatometer Conference*. Washington, D.C., 2006.

COUTINHO, R. Q.; DOURADO, K. C. A.; SOUZA NETO, J. B. Evaluation of the collapsibility of a sand by Ménard pressuremeter. In: INT. CONF. ON SITE CHARACTERIZATION, 2., Porto, Portugal. *Proceedings...* Rotterdam: Millpress, 2004. v. 2, p. 1267-1273.

COUTINHO, R. Q.; OLIVEIRA, J. T. R.; DANZIGER, F. A. B. Caracterização geotécnica de uma argila mole do Recife. *Solos e Rochas*, v. 16, n. 4, p. 255-266, 1993.

COUTINHO, R. Q.; OLIVEIRA, J. T. R.; OLIVEIRA, A. T. J. Estudo quantitativo da qualidade de amostras de argilas moles brasileiras - Recife e Rio de Janeiro. *XI COBRAMSEG-2*, Brasília, 1998.

COUTINHO, R. Q.; OLIVEIRA, J. T. R.; OLIVEIRA, A. T. J. Geotechnical properties of Recife soft clays. *Solos e Rochas*, São Paulo, v. 23, n. 3, p. 177-204, 2000.

COUTINHO, R. Q.; OLIVEIRA, J. T. R.; FRANÇA, A. E.; DANZIGER, F. A. B. Ensaios de piezocone na argila mole de Ibura, Recife, PE. *Proceedings of the XI Cong. Bras. Mec. Solos Eng. Geotéc*, Brasília, v. 2, p. 957-966, 1998.

COUTINHO, R. Q.; OLIVEIRA, J. T. R.; PEREIRA, A. C.; OLIVEIRA, A. T. J. Geotechnical characterization of a Recife very soft organic clay - research site 2. *Proceedings of the XI Pan-American Conf. Soil Mech. Geotech. Eng.*, Foz do Iguaçu, Brazil, v. 1, p. 275-282, 1999.

COUTINHO, R. Q.; HOROWITZ, B.; SOARES, F. L.; BRAGA, J. M. Steel pile under lateral loading in a very soft clay deposit. Proceedings of the 15th. Int. Conf. Soil Mech. Found. Eng., Osaka, Japão, 2005.

CROOKS, J. H. A.; BEEN, K.; BECKER, D. E.; JEFFERIES, M. G. CPT interpretation in clays. In: INT. SYMP. ON PENETRATION TESTING, ISOPT, 1., Orlando. *Proceedings...* Rotterdam: Balkema Publ., 1988. v. 2, p. 715-722.

CRUZ, N.; DEVINCENZI, M. J.; VIANA DA FONSECA, A. DMT experience in Iberian transported soils. In: FAILMEZGER, R. A.; ANDERSON, J. B. (Ed.). *Proceedings of the 2nd Int. Flat Dilatometer Conference*. Washington, D.C., 2006.

CUNHA, R. P.; PEREIRA, J. H. F.; VECCHI, P. P. L. The use of the Ménard pressuremeter test to obtain geotechnical parameters in the unsaturated and tropical Brasília clay. *Int. Conf. on In Situ Measurement of Soil Properties and Case Histories*, Bali, v. 1, p. 599-605, 2001.

DANZIGER, B. R. *Estudo de correlação entre SPT e os resultados dos ensaios de penetração e suas aplicações ao projeto de fundações profundas*. Dissertação (Mestrado) – COPPE-UFRJ, Rio de Janeiro, 1982.

DANZIGER, B. R.; VELLOSO, D. A. Correlações entre SPT e resultados de ensaios de penetração contínua. In: COBRAMSEG, 8., Porto Alegre, 1986. Anais... Porto Alegre: ABMS, 1986. v. 6, p. 103-113.

DANZIGER, B. R.; VELLOSO, D. A. Correlation between the CPT and SPT for some Brazilian soils. *Proceedings of the Int. Symp. on Penetration Testing*, Linköping, Sweden, p. 155-172, 1995.

DANZIGER, F. A. B. *Desenvolvimento de equipamento para realização de ensaio de piezocone*: aplicação a argilas moles. 593 f. Tese (Doutorado) – COPPE/UFRJ, Rio de Janeiro, 1990.

DANZIGER, F. A. B.; LUNNE, T. Rate effects in cone penetration testing. *Géotechnique*, v. 47, n. 5, p. 901-914, 1997.

DANZIGER, F. A. B.; SCHNAID, F. Ensaios de piezocone: procedimentos, recomendações e interpretação. *Sefe IV, BIC*, v. 3, p. 1-51, 2000.

DANZIGER, F. A. B.; ALMEIDA, M. S. S.; SILLS, G. C. The significance of the strain path analysis in the interpretation of piezocone dissipation data. *Géotechnique*, v. 47, n. 5, p. 901-914, 1997.

DAVIDSON, J.; BOGHRAT, A. Flat dilatometer testing in Florida. *Int. Symp. Soil and Rock Invest. by In-Situ Testing*, Paris, v. 2, p. 251-255, 1983.

DE BEER, E. E. Experimental determination of the shape factors and the bearing capacity factors of sand. *Géotechnique*, v. 20, n. 4, p. 387-411, 1970.

DE BEER, E. E. *Pile subjected to static lateral loads*. Netherlands: Dutch National Institute of Groundmechanics, 1977a.

DE BEER, E. E. Static cone penetration testing in clay and loan. *Sondeer Symp.*, Utrecht, 1977b.

DE MELLO, V. F. B. The standard penetration test: state-of-the-art report. *4th Pan-American Conf. Soil Mech. Found. Eng.*, Puerto Rico, v. 1, p. 1-86, 1971.

DE MIO, G.; GIACHETI, H. L.; VIANA DA FONSECA, A.; FERREIRA, C. CPTU interpretation for stratigraphic logging: differences between sedimentary and residual soils. *Proceedings of the 2nd Int. Symp. on Cone Penetration Testing*, Huntington Beach, California, 2010.

DE PAULA, M. C.; MINETTE, E.; LOPES, G. S.; LIMA, D. C. Ensaios dilatométricos em um solo residual de gnaisse. *Anais do XI Cong. Bras. Mec. Solos Eng. Geotéc.*, Brasília, v. 2, p. 811-818, 1998.

DE RUITER, J. The static cone penetration test. State-of-the-art report. In: EUROPEAN SYMP. ON PENETRATION TESTING, ESOPT, 2., Amsterdam. *Proceedings...* Rotterdam: Balkema Publ., 1982. p. 389-405.

DE RUITER, J.; BERINGEN, F. L. Pile foundation for large North Sea structures. *Marine Geotechnology*, v. 3, n. 3, p. 267-314, 1979.

DÉCOURT, L. The standard penetration test. State-of-the-art report. *Proceedings of the XII ICSMFE*, Rio de Janeiro, v. 4, p. 2405-2416, 1989.

DÉCOURT, L. Previsão de deslocamentos horizontais de estacas carregadas transversalmente com base em ensaios pressiométricos. *Proceedings of the SEFE II*, São Paulo, v. 2, p. 340-362, 1991.

DÉCOURT, L.; QUARESMA, A. R. Capacidade de carga de estacas a partir de valores SPT. *Proceedings of the VI Cong. Brasileiro Mec. Solos Eng. Fund.*, Rio de Janeiro, p. 45-53, 1978.

DEMERS, D.; LEROUEIL, S. Evaluation of preconsolidation pressure and the overconsolidation ratio from piezocone tests of clay deposits in Quebec. *Canadian Geotech. Journal*, v. 39, n. 1, p. 174-192, 2002.

DIAS, C. R. D.; BASTOS, C. A. B. Propriedades geotécnicas da argila siltosa marinha de Rio Grande, RS: uma interpretação à luz da história geológica recente da região. *Proceedings of the X Cong. Bras. Mec. Solos Eng. Geotéc*, Foz do Iguaçu, v. 2, p. 555-562, 1994.

DIAS, R. D.; GEHLING, W. Y. Y. Resistência ao cisalhamento e compressibilidade da crosta de um depósito de argila da Grande Porto Alegre. *Proceedings of the XI Cong. Bras. Mec. Solos Eng. Geotéc.*, Porto Alegre, v. 1, p. 107-111, 1986.

DIKRAN, S. S. *Some factors affecting the dynamic penetration resistance of a saturated fine sand*. Thesis (Ph.D.) – University of Surrey, 1983.

DIN 4094, PART 2. *Dynamic and static penetrometers*: application and evaluation. Berlim, Alemanha, 1980.

DONALD, I. B.; JORDAN, D. O.; PARKER, R. J.; TOH, C. T. The vane test - a critical appraisal. *Proceedings of the 9th Int. Conf. Soil Mech. Found. Eng.*, v. 1, p. 81-88, 1977.

DOUGLAS, B. J.; OLSEN, R. S. Soil classification using electric cone penetrometer. Cone Penetration Testing and Experience. *ASCE National Convention*, St. Louis, p. 209-227, 1981.

DUARTE, A. E. R. *Características de compressão confinada da argila mole do Rio Sarapuí, no Km 7,5 da Rodovia Rio-Petrópolis*. 210 f. Tese (Mestrado) – PUC, Rio de Janeiro, 1977.

DUNCAN, J. M.; BUCHIGNANI, A. L. *An engineering manual for settlement studies*. Berkeley: Department of Civil Engineering, University of California, 1975.

DURGUNOGLU, H. T.; MITCHELL, J. K. Static penetration resistance of soils. *Proceedings of the 1st ASCE Specialty Conf. on In Situ Measurement of Soil Properties*, Raleigh, v. 1, p. 151-171, 1975.

EINAV, I.; RANDOLPH, M. F. Combining upper bound and strain path methods for evaluating penetration resistance. *Int. J. Numer. Methods Eng.*, v. 63, n. 14, p. 1991-2016, 2005.

ELIS, V. R.; MONDELLI, G.; GIACHETI, H. L.; PEIXOTO, A. S. P.; HAMADA, J. The use of electrical resistivity for detection of leacheate plumes in waste disposal sites. In: INT. CONF. ON SITE CHARACTERIZATION, 2., Porto, Portugal. *Proceedings...* Rotterdam: Millpress, 2004.

ELMGREN, K. Slot-type pore pressure CPTU filters. Swedish Geothecnical Society Report 3:95. *Proceedings of the CPT'95 Int. Symp. on Cone Penetration Testing*, October 4-5, Linköping, Sweden, v. 2, p. 9-12, 1995.

ELMGREN, K. Slot type pore pressure CPTu filters. Behaviour of different filling media. CPT 95, Linköping, 2004.

ESLAAMIZAAD, S.; ROBERTSON, P. K. Cone penetration test to evaluate bearing capacity of foundation in sands. *Proceedings of the 49th Canadian Geotechnical Conference*, September, St. John's, Newfoundland, p. 429-438, 1996.

ESLAMI, A.; GHOLAMI, M. Bearing capacity analysis of shallow foundations from CPT data. In: ICSMGE, 16., Osaka. *Proceedings*... Rotterdam: Millpress, 2005. v. 3, p. 1463-1466.

ESLAMI, A.; GHOLAMI, M. Analytical model for the ultimate bearing capacity of foundations from cone resistance. *Scientia Iranica*, Sharif Univ. Tech., v. 13, n. 3, p. 223-233, 2006.

EUROCODE 7. European Committee for Standardization: Geotechnical Design. Part 1: *Geotechnical Design General Rules*; Part 3: *Design assisted by field testing*; Section 9: *Flat dilatometer test (DMT)*, 1997.

FAHEY, M. Deformation and in-situ stress measurements. In: INT. CONF. ON SITE CHARACTERIZATION, 1., Atlanta. *Proceedings*... Rotterdam: Balkema Publ., 1998. v. 1, p. 49-68.

FAHEY, M.; RANDOLPH, M. F. Effect of disturbance on parameters derived from self-boring pressuremeter tests in sand. *Géotechnique*, v. 34, n. 1, p. 81-97, 1984.

FERREIRA, R.; ROBERTSON, P. K. Interpretation of undrained self-boring pressuremeter incorporating unloading. *Canadian Geotech. Journal*, v. 29, p. 918-928, 1992.

FERREIRA, S. R. M.; AMORIM, W. M.; COUTINHO, R. Q. Argila orgânica do Recife - contribuição ao banco de dados. VII *Congresso Bras. de Mecânica dos Solos e Engenharia de Fundações*, Cobramseg, ABMS, v. 1, p. 183-197, 1986.

FIVINO, R. J. Analytical interpretation of dilatometer penetration through saturated cohesive soils. *Géotechnique*, v. 43, n. 2, p. 241-254, 1993.

FLAATE, K. *Bearing capacity of friction pile in clay*: design of bearing capacity based on in situ load tests. Oslo: Road Laboratory, Research Grant, Norwegian Geotech. Society, 1968.

FLODIN, N.; BROMS, B. Historical development of Civil Engineering in soft clays. In: BRAND, E. W.; BRENNER, R. P. (Ed.). *Soft clay engineering*. Amsterdam: Elsevier, 1981. p. 27-133.

FRANCISCO, G. M. Ensaios de piezocone sísmico em solos. Dissertação (M.Sc.) – PUC, Rio de Janeiro, 1997.

FUTAI, M. M.; ALMEIDA, M. S. S.; LACERDA, W. A. propriedades geotécnicas das argilas do Rio de Janeiro. *Encontro Propriedades de Argilas Moles Brasileiras*, Coppe-UFRJ, Rio de Janeiro, p. 138-165, 2001.

GHIONNA, V. N. Performance of self-boring pressuremeter test in cohesive deposits. *Report FHWA/RD 81/173*. Boston: MIT, Department of Civil Engineering, 1981.

GHIONNA, V. N.; JAMIOLKOWSKI, M.; LANCELLOTTA, R. Characteristics of saturated clays as obtained from SBM tests. *2nd Symp. Pressuremeter and its Marine Applications*, ASTM, STP 950, p. 165-186, 1982.

GHIONNA, V. N.; JAMIOLKOWSKI, M.; PEDRONI, S.; PICCOLI, S. Cone penetrometer tests in Po River sand. *The Pressuremeter and its Marine Applications*, Gerard Ballivy Editor, 1995, p. 471-480.

GIACHETI, H. L.; MIO, G.; DOURADO, J. C.; MALAGUTTI, W. F. Comparação entre resultados de ensaios sísmicos *down-hole* e *cross-hole* no campo experimental da Unesp de Bauru. *XIII Congresso Brasileiro de Mecânica dos Solos e Engenharia Geotécnica*, Cobramseg, Curitiba, v. 2, p. 669-674, 2006a.

GIACHETI, H. L.; PEIXOTO, A. S. P.; DE MIO, G.; CARVALHO, D. Flat dilatometer testing in Brazilian tropical soils. In: FAILMEZGER, R. A.; ANDERSON, J. B. (Ed.). *Proceedings of the 2nd Int. Flat Dilatometer Conference*. Washington, D.C., 2006b.

GIBBS, H. J.; HOLTZ, W. G. Research on determining the density of sands by spoon penetration testing. *Proceedings of the 4th Int. Conf. Soil Mech. Found. Eng.*, London, v. 1, p. 35-39, 1957.

GIBSON, R. E.; ANDERSON, W. F. In situ measurement of soil properties with the pressuremeter. *Civil Eng. and Public Work Review*, v. 56, n. 658, p. 615-618, 1961.

HARDIN, B. O.; DRNEVICH, J. H. Shear modulus and damping in soils: design equations and curves. *J. Soil Mech. Found. Div.*, ASCE, v. 98, n. 7, p. 667-692, 1972.

HARTMAN, N. F. Optical sensing apparatus and method. U.S. Patent n. 4,940,3228. Washington, D.C., July 1990.

HARTMAN, N. F.; CAMPBELL, D. L.; GROSS, M. Waveguide interferometer configurations. *Proceedings of the Leos Annual Meeting Conference*, Santa Clara, November 1988.

HATANAKA, M.; UCHIDA, A. Empirical correlation between penetration resistance and effective friction of sandy soil. *Soils Found.*, v. 36, n. 4, p. 1-9, 1996.

HAWKINS, P. G.; MAIR, R. J.; MATHIESON, W. G.; MUIR WOOD, D. Pressuremeter measurement of total horizontal stress in stiff clays. *3rd Int. Symp. Pressuremeter*, Oxford, p. 321-330, 1990.

HAYES, J. A. Comparison of flat dilatometer test results with observed settlement of structures and earthwork. *39th Canadian Geotech. Conf. In-Situ Testing and Field Behaviour*, Ottawa, Ontario, p. 311-316, 1986.

HIGHT, D. W. *Soil characterisation*: the importance of structure and anisotropy. 38th Rankine Lecture. London, 1998.

HOLDEN, J. C. The calibration of electrical penetrometers in sand. *Final Report*. Norwegian Council for Scientific and Industrial Research (NTNF), 1976. (Reprinted in Norwegian Geotech. Institute, Internal Report 52108-2, Jan. 1977).

HOLUBEC, I.; D'APPOLONIA, E. Effect of particle shape on the engineering properties of granular soils. ASTM SPT 523, p. 304-318, 1973.

HORNSNELL, M. R. The use of cone penetration testing to obtain environmental data. In: GEOTECH. CONF. ON PENETRATION TESTING IN THE UK, Birmingham. *Proceedings*... London: Thomas Telford, 1988. p. 289-295.

HOULSBY, G. T. Advanced interpretation of field tests. In: INT. CONF. ON SITE CHARACTERIZATION, 1. *Proceedings*... Rotterdam: Balkema Publ., 1998. v. 1, p. 99-112.

HOULSBY, G. T.; CARTER, J. P. The effects of pressuremeter geometry on the results of tests in clay. *Géotechnique*, v. 43, n. 4, p. 567-576, 1993.

HOULSBY, G. T.; HITCHMAN, R. Calibration chamber tests of a cone penetrometer in sand. *Géotechnique*, v. 38, p. 575-587, 1988.

HOULSBY, G. T.; NUTT, N. R. F. Development of the cone pressuremeter. In: INT. SYMP. PRESSUREMETER, 3. Proceedings... Oxford: Thomas Telford, 1992. p. 254-271.

HOULSBY, G. T.; SCHNAID, F. Interpretation of shear moduli from cone penetration tests in sand. *Géotechnique*, v. 44, n. 1, p. 147-164, 1994.

HOULSBY, G. T.; TEH, C. I. Analysis of the piezocone in clay. In: INT. SYMP. ON PENETRATION TESTING, ISOPT, 1., Orlando. Proceedings... Rotterdam: Balkema, 1988. v. 2, p. 777-783.

HOULSBY, G. T.; WITHERS, N. J. Analysis of the cone pressuremeter test in clays. *Géotechnique*, v. 38, n. 4, p. 575-587, 1988.

HRYCIW, R. D.; RASCHKE, S. A. Development of computer vision technique for in-situ soil characterization. *Transportation Research Record*, National Research Council, Washington, D.C., n. 1526, p. 86-97, 1996.

HUGHES, J. M. O. Interpretation of pressiometer test for the determination of elastic shear modulus. *Proceedings of the Engineering Foundation Conference on Updating Subsurface Sampling of Soils and Rock and Their in Situ Testing*, Santa Barbara, ASCE, p. 279-289, 1982.

HUGHES, J. M. O.; ROBERTSON, P. K. Full-displacement pressuremeter testing in sand. *Canadian Geotech. Journal*, v. 22, p. 298-307, 1985.

HUGHES, J. M. O.; WROTH, C. P.; WINDLE, D. Pressuremeter tests in sands. *Géotechnique*, v. 27, n. 4, p. 455-477, 1977.

IRELAND, H. O.; MORETTO, O.; VARGAS, M. The dynamic penetration test: a standard that is not standardized. *Géotechnique*, v. 20, n. 2, p. 185-192, 1970.

IRTP/ISSMFE. Subcommittee on Standardization for Europe, report on the penetration test use in Europe. 9th Int. Conf. Soil Mech. Found. Eng., Tokyo, v. 3, p. 95-152, 1977.

IRTP/ISSMFE. International reference testing procedure for cone penetration tests (CPT). Report of the ISSMFE Technical Committee on Penetration Testing of Soils: TC-16, with reference to Test Procedures. Information 7. Linköping: Swedish Geotech. Inst., 1988a. p. 6-16.

IRTP/ISSMFE. Standard penetration test (SPT): international reference test procedure. *Proceedings of the 1st Int. Symp. on Penetration Testing*, ISOPT, v. 1, p. 3-16, 1988b.

JACKSON, A. B. *Undrained shear strength of a marine sediment*. Dissertação (Mestrado) – Monash University, 1969.

JACKY, J. The coefficient of Earth pressure at rest. *Journal of the Society of Hungarian Architects and Engineers*, p. 355-358, 1944.

JAMIOLKOWSKI, M.; LO PRESTI, D. C. F.; PALLARA, O. Role of in-situ testing in geotechnical earthquake engineering. State-of-the-art 7. 3rd Int. Conf. on Recent Advances in Geotech. Earthquake Eng. and Soil Dynamic, v. 3, p. 1523-1546, 1995.

JAMIOLKOWSKI, M.; LADD, C. C.; GERMAINE, J. T.; LANCELLOTTA, R. New developments in field and laboratory testing of soils. *Proceedings of the 11th Int. Conf. Soil Mech. Found. Eng.*, San Francisco, v. 1, p. 57-153, 1985.

JAMIOLKOWSKI, M.; GHIONNA, V. N.; LANCELLOTTA, R.; PASQUALINI, E. New correlations of penetration tests for design practice. In: INT. SYMP. ON PENETRATION TESTING, ISOPT, 1., Orlando. Proceedings... Rotterdam: Balkema Publ., 1988. v. 1, p. 263-296.

JANBU, N.; SENNESET, K. Effective stress interpretation of in situ static penetration test. *Proceedings of the 1st European Symp. on Penetration Testing*, ESOPT-1, Stockholm, v. 2, p. 181-193, 1974.

JANNUZZI, G. M. F. *Caracterização do depósito de solos moles de Sarapuí através de ensaios de campo*. Dissertação (Mestrado) – COPPE/UFRJ, Rio de Janeiro, Brasil, 2009.

JARDINE, R. J.; SYMES, M. J.; BURLAND, J. B. The measurement of soil stiffness in the triaxial apparatus. *Géotechnique*, v. 34, n. 3, p. 323-340, 1984.

JARDINE, R. J.; ZDRAVKOVIC, L.; POROVIC, E. Panel contribution: anisotropic consolidation including principal stress axis rotation: experiments, results and practical implications. 14th Int. Conf. Soil Mech. Found. Eng., Hamburg, v. 4, p. 2165-2168, 1997.

JEFFERIES, M.; BEEN, K. *Soil liquefaction*: a critical state approach. London: Taylor & Francis Group, 2006.

JEFFERIES, M. G. Determination of horizontal geostatic stress in clay with self-bored pressuremeter. *Canadian Geotech. Journal*, v. 22, p. 559-573, 1988.

JEFFERIES, M. G.; DAVIES, M. P. Use of the CPTu to estimate equivalent SPT N_{60}. *Geotech. Testing J.*, v. 16, n. 4, p. 458-468, 1993.

JÉZÉQUEL, J. F. The self-boring pressuremeter. 2nd Symp. on the Pressuremeter and its Marine Applications, ASTM, STP 950, p. 111-126, 1982.

KAMEI, T.; IWASAKI, K. Evaluation of undrained shear strength of cohesive soils using a flat dilatometer. *J. Soil Mech. Found. Eng.*, Japanese Society Soil Mech. Found. Eng., v. 35, n. 2, p. 111-116, 1995.

KASIM, A. G.; CHU, M. Y.; JENSEN, C. N. Field correlation of cone and standard penetration tests. *Journal of Geotechnical Engineering*, ASCE, v. 112, n. 3, p. 368-372, 1986.

KONRAD, J. M.; LAW, K. Preconsolidation pressure from piezocone tests in marine clays. *Géotechnique*, v. 37, n. 2, p. 177-190, 1987.

KORMANN, A. *Comportamento geomecânico da Formação Guabirotuba*: estudos de campo e laboratório. Tese (Doutorado) – Universidade de São Paulo, 2002.

KOVACS, W. D.; SALOMONE, L. A. SPT hammer energy measurement. *J. Geotech. Eng. Div.*, ASCE, v. 108, n. GT7, p. 974, 1982.

KOVACS, W. D.; SALOMONE, L. A. Field evaluation of SPT energy, equipment, and methods in Japan compared with the SPT in the United States. *Report NBSIR 84-2910*. US Department of Commerce, National Bureau of Standards, 1984.

KRATZ DE OLIVEIRA, L. A. *Uso de ensaio pressiométrico na previsão do potencial de colapso e dos parâmetros geotécnicos de solos não saturados*. 143 f. Dissertação (Mestrado) – PPGEC/UFRGS, Porto Alegre, Brasil, 1999.

KRATZ DE OLIVEIRA, L. A. *Evaluation of the collapsible soil using pressuremeter tests*. Tese (Doutorado) – PPGEC/UFRGS, Porto Alegre, Brasil, 2002.

KRATZ DE OLIVEIRA, L. A.; SCHNAID, F.; GEHLING, W. Y. Y. Uso do ensaio pressiométrico na previsão do potencial de colapso de solos. *Solos e Rochas*, v. 22, n. 3, p. 143-165, 1999.

KULHAWY, F. H.; MAYNE, P. W. *Manual on estimating soil properties for foundation design*. Ithaca: Geotech. Eng. Group, Cornell Univ., 1990.

KULHAWY, F. H.; JACKSON, C. S.; MAYNE, P. W. First-order estimation of ko in sands and clays. *Foundation Eng.: Current Principles and Practices (GSP 22)*, ASCE, NY, v. 1, p. 121-134, 1989.

LA ROCHELLE, P.; ROY, M.; TAVENAS, F. Field measurements of cohesion in Champlain clays. *Proceedings of the 8th Int. Conf. Soil Mech. Found. Eng.*, Moscow, v. 1, p. 229-236, 1973.

LACASSE, S.; LUNNE, T. Dilatometer tests in two soft marine clays. *NGI Publ.*, Oslo, n. 146, 1983.

LACASSE, S.; LUNNE, T. Calibration of dilatometer correlations. In: INT. SYMP. ON PENETRATION TESTING, ISOPT, 1., Orlando. *Proceedings*... Rotterdam: Balkema Publ., 1988. v. 1, p. 539-548.

LACASSE, S.; D'ORAZIO, T. B.; BANDIS, C. Interpretation of self-boring and push-in pressuremeter tests. *Pressuremeters*, Thomas Telford Limited, p. 273-285, 1990.

LACERDA, W. A.; ALMEIDA, M. S. S. Engineering properties of regional soils: residual soils and soft clays. *Proceedings of the X Pan. Conf. Soil Mech. Found. Eng.*, 1995.

LADANYI, B. In-situ determination of undrained stress-strain behaviour of sensitive clays with the pressuremeter. *Canadian Geotech. Journal*, v. 9, n. 3, p. 313-319, 1972.

LADD, C. C.; FOOTT, R.; ISHIHARA, K.; SCHLOSSER, F.; POULOS, H. G. Stress-deformation and strength characteristics. State-of-the-art report. *Proceedings of the 9th Int. Conf. Soil Mech. Found. Eng.*, Tokyo, v. 2, p. 421-494, 1977.

LAMBSON, M.; JACOBS, P. The use of laser induced fluorescence cone for environmental investigations. *Proceedings of the Int. Symp. on Cone Penetration Testing*, CPT'95, Linköping, Sweden, v. 2, p. 29-34, 1995.

LANCELLOTTA, R. In situ investigations. In: *Geotechnical Engineering*. Rotterdam: Balkema Publ., 1985. 436 p.

LANGONE, M. J. *Método UFRGS de previsão de capacidade de carga em estacas*: análise de provas de carga estáticas instrumentadas. 152 f. Dissertação (Mestrado em Engenharia Civil) – Programa de pós-graduação em Engenharia Civil, UFRGS, Porto Alegre, 2012.

LANGONE, M.; SCHNAID, F. A method for predicting pile bearing capacity from dynamic penetration tests. *Soils and Rocks*, 2012. (Em publicação).

LARSSON, R. Undrained shear strength in stability calculation of embankments and foundations on soft clays. *Canadian Geotech. Journal*, v. 17, n. 4, p. 591-602, 1980.

LARSSON, R. The use of a thin slot as filter in piezocone tests. *Int. Symp. on Cone Penetration Testing*, CPT'95, Sweden, v. 2, p. 35-40, 1995.

LARSSON, R.; MULABDIC, M. Piezocone test in clays. *Report 42*. Linköping: Swedish Geotechnical Institute, 1991.

LEACH, B. A.; THOMPSON, R. P. The design and performance of large diameter bored piles in weak mudstone rocks. *Proceedings of the 7th Eur. Conf. Soil Mech. Found. Eng.*, Brighton, v. 3, p. 101-108, 1979.

LEE, J.; SALGADO, R. Estimation of bearing capacity of circular footings on sands based on cone penetration tests. *J. Geotech. Geoenv. Eng.*, v. 131, n. 4, p. 442-452, 2005.

LEE, J.; SALGADO, R.; PAIK, K. Estimation of load capacity of pipe piles in sand based on cone penetration test results. *J. Geotech. Geoenv. Eng.*, v. 129, n. 6, p. 391-403, 2003.

LEROUEIL, S.; TAVENAS, F.; SAMSON, L.; MORIN, P. Preconsolidation pressure of Champlain clays - part II: laboratory determination. *Canadian Geotech. Journal*, v. 20, n. 4, p. 803-816, 1983.

LEROUEIL, S.; DEMERS, D.; LA ROCHELLE, P.; MARTEL, G.; VIRELY, D. Practical applications of the piezocone in Champlain sea clays. *Int. Symp. on Cone Penetration Testing*, CPT'95, Linköping, p. 515-522, 1995.

LIAO, S.; WHITMAN, R. V. Overburden correction factors for SPT in sand. *J. Geotech. Eng. Div.*, ASCE, v. 112, n. 3, p. 373-377, 1985.

LIEBERMAN, S. H.; THERIAULT, G. A.; COOPER, S. S.; MALONE, P. G.; OLSEN, R. S.; LURK, P. W. Rapid, subsurface, in-situ field screening of petroleum hydrocarbon contamination using laser induced fluorescence over optical fibers. *Proceedings of the 2nd Int. Symp. for Field Screening Methods for Hazardous Wastes and Toxic Chemicals*, Las Vegas, p. 57-63, 1991.

LIGHTNER, E. M.; PURDY, C. B. Cone penetrometer development and testing for environmental applications. *Proceedings of the Int. Symp. on Cone Penetration Testing*, Linköping, Sweden, v. 2, p. 41-48, 1995.

LINS, A. H. P. *Ensaios triaxiais de compressão e extensão na argila cinza do Rio de Janeiro em Botafogo*. 166 f. Dissertação (Mestrado) – PUC, Rio de Janeiro, 1980.

LOBO, B. O. *Método de previsão de capacidade de carga de estacas*: aplicação dos conceitos de energia do ensaio SPT. 121 f. Dissertação (Mestrado) – Programa de pós-graduação em Engenharia Civil, UFRGS, 2005.

LOBO, B. O.; SCHNAID, F.; ODEBRECHT, E.; ROCHA, M. M. Previsão de capacidade de carga de estacas através do conceito de transferência de energia no SPT. *Geotecnia*, v. 115, p. 5-20, 2009.

LUND, S. A.; SOARES, J. M. D.; SCHNAID, F. Ensaio de palheta e sua aplicação na determinação de propriedades de argilas moles. CE-51/95. *Caderno de Engenharia*, UFRGS, 1996.

LUNNE, T.; POWELL, J. J. M. Recent developments in in situ testing in offshore soil investigation. *SUT Conf.: Offshore Site Investigation Found. Behaviour*, Kluwer Dordrecht, p. 147-180, 1992.

LUNNE, T.; CHRISTOPHERSEN, H. P.; TJELTA, T. I. Engineering use of piezocone data in North Sea clays. *11th Int. Conf. Soil Mech. Found. Eng.*, San Francisco, v. 2, p. 907-912, 1985.

LUNNE, T.; LACASSE, S.; RAD, N. S. SPT, CPT, pressuremeter testing and recent developments on in situ testing of soils. General Report Session. *Proceedings of the 12th Int. Conf. Soil Mech. Found. Eng.*, p. 2339-2404, 1989.

LUNNE, T.; ROBERTSON, P. K.; POWELL, J. J. M. *Cone penetration testing in geotechnical practice*. Blackie Academic & Professional, 1997.

LUNNE, T.; EIDSMOEN, T.; POWEL, J. J. M.; QUARTERMANN, R. S. T. Piezocone in overconsolidated clays. In: CANADIAN GEOTECH. CONF., 39. *Proceedings...* Ottawa: Canadian Geotechnical Society, 1986. p. 206-218. (Preprint volume).

LUNNE, T; POWELL, J. J. M.; HAUGE, E.; UGLOW, I. M.; MOKKELBOST, K. H. Correlations of dilatometer readings with lateral stress in clays. *NGI Publ.*, Oslo, p. 183-193, 1990.

LUTENEGGER, A. J. Current status of the Marchetti dilatometer test. In: INT. SYMP. ON PENETRATION TESTING, ISOPT, 1., Orlando. *Proceedings...* Rotterdam: Balkema Publ., 1988. v. 1, p. 137-156.

LUTENEGGER, A. J.; TIMIAN, D. A. Flat-plate dilatometer tests in marine clays. *39th Canadian Geotech. Conf.*, Ottawa, p. 301-309, 1986.

MACCARINI, M.; TEIXEIRA, V. H.; SANTOS, G. T.; FERREIRA, R. S. Sedimentos quaternários do litoral de Santa Catarina. *Anais do Simpósio sobre Quaternários das Baixadas Litorâneas Brasileiras*. Rio de Janeiro: ABMS/ABGE, 1988. v. 1. p. 362-393.

MACHADO, O. V. B. Estudo experimental de um aterro fundado sobre estacas de brita. *Anais do Simpósio sobre Depósitos Quaternários das Baixadas Litorâneas Brasileiras*. Rio de Janeiro: ABMS/ABGE, 1988. v. 1. p. 4.37-4.61.

MAGNANI, H. *Comportamento de aterro reforçado sobre solos moles levado a ruptura*. Tese (Doutorado) – COPPE/UFRJ, Rio de Janeiro, 2006.

MAIR, R. J.; WOOD, D. M. Pressuremeter testing: methods and interpretation. *CIRIA ground engineering report*. London: Butterworths, 1987.

MALLARD, D. J. Testing for liquefaction potential. *Proceedings of the NATO Workshop on the Seismicity and Seismic Risk in the Offshore North Sea Area*, Utrecht, Reidel, Dordrecht, p. 289-302, 1983.

MALONE, P. G.; COMES, G. D.; CHRESTMAN, A. M.; COOPER, S. S.; FRANKLIN, A. G. Cone penetrometer surveys of soil contamination. In: USMEN, M.; ACAR, Y. (Eds.). *Environmental Technology*. Rotterdam: Balkema Publ., 1992. p. 251-257.

MANASSERO, M. Stress-strain relationships from drained self-boring pressuremeter tests in sands. *Géotechnique*, v. 39, n. 2, p. 293-307, 1989.

MANTARAS, F. M. *Análise numérica do ensaio pressiométrico aplicado à previsão do comportamento de fundações superficiais em solos não saturados*. Dissertação (Mestrado) – PPGEC/UFRGS, Porto Alegre, Brasil, 1995.

MANTARAS, F. M.; SCHNAID, F. Cavity expansion in dilatant cohesive-frictional soils. *Géotechnique*, v. 52, n. 5, p. 337-348, 2002.

MARCHETTI, S. A new in-situ test for the measurement of horizontal soil deformability. *Proceedings of the ASCE Spec. Conf. on In-situ Measurement of Soil Properties*, v. 2, p. 255-259, 1975.

MARCHETTI, S. In situ tests by flat dilatometer. *J. Geotech. Eng. Div.*, v. 106, n. GT3, p. 299-321, 1980.

MARCHETTI, S. The flat dilatometer - design applications. Keynote Lecture. *3rd Geotech. Eng. Conf.*, Cairo University, 1997.

MARCHETTI, S. *The flat dilatometer test (DMT) and its applications*. 2001. Disponível em: <http://www.geotech.se/Dilatometer(DMT)_guideline.html>. Acesso em: Feb. 17, 2001.

MARCHETTI, S.; CRAPPS, D. K. Flat dilatometer manual. *Int. Report Schmertmann & Crapps Inc.*, Gainesville, USA, 1981.

MARCUSSON, W. F.; BIEGANOUSKY, W. A. Laboratory standard penetration tests on fine sands. *J. Geotech. Eng. Div.*, ASCE, v. 103, n. GT, p. 565-580, 1977.

MARSLAND, A.; RANDOLPH, M. F. Comparisons of the results from pressuremeter tests and large in situ plate tests in London clay. *Géotechnique*, v. 27, n. 2, p. 217-243, 1977.

MARTON, R.; TAYLOR, L.; WILSON, K. Development of an in-situ subsurface radioactivity detection system - the radcone. *Proceedings of the Waste Management '88*, University of Arizona, Tucson, 1988.

MASSAD, F. *As argilas quaternárias da Baixada Santista: características e propriedades geotécnicas*. Tese (Livre Docência) – Escola Politécnica, USP, São Paulo, 1985.

MASSAD, F. História geológica e propriedades dos solos das baixadas - comparação entre diferentes locais da costa brasileira. *Anais do Simpósio sobre Depósitos Quaternários das Baixadas Litorâneas Brasileiras*. Rio de Janeiro: AMBS/ABGE, 1988. v. 3. p. 1-34.

MASSAD, F. Baixada Santista: implicações na história geológica no projeto de fundações. *Solos e Rochas*, v. 22, p. 3-49, 1999.

MASSAD, F. *Argilas marinhas da Baixada Santista: características e propriedades geotécnicas*. São Paulo: Oficina de Textos, 2009.

MASSAD, F. Nova proposta para a estimativa das pressões de pré-adensamento de argilas marinhas com base no CTPU. *Cobramseg*, Gramado, RS, 2010.

MAYNE, P. W. Determining preconsolidation pressures from DMT contact pressures. *Geotechnical Testing Journal*, v. 10, p. 146-150, 1987.

MAYNE, P. W. Determination of OCR in clays by piezocone tests using cavity expansion and critical state concepts. *Soil Found.*, v. 31, n. 1, p. 65-76, 1991.

MAYNE, P. W. Tentative method for estimating σ'_{ho} from q_c data in sands. In: INT. SYMP. ON CALIBRATION CHAMBER TESTING, Potsdam. New York, 1992. p. 249-256.

MAYNE, P. W. Interrelationships of DMT and CPT readings in soft clays. In: FAILMEZGER, R. A.; ANDERSON, J. B. (Eds.). *Proceedings of the 2nd Int. Flat Dilatometer Conference*. Washington, D.C., 2006a.

MAYNE, P. W. Undisturbed sand strength from seismic cone tests. The 2nd James K. Mitchell Lecture. *J. Geomech. & Geoeng.*, v. 1, n. 4, p. 239-258, 2006b.

MAYNE, P. W. *NCHRP synthesis 368*: cone penetration testing. Washington, D.C.: Transportation Research Board, 2007.

MAYNE, P. W. *Engineering design using the cone penetration test*. Geotechnical applications guide. Vancouver: ConeTec Investig., 2009.

MAYNE, P. W.; BACHUS, R. C. Profiling OCR in clays by piezocone soundings. In: INT. SYMP. ON PENETRATION TESTING, 1., Orlando. *Proceedings...* Rotterdam: Balkema Publ., 1988. v. 2, p. 857-864.

MAYNE, P. W.; HOLTZ, R. D. Profiling stress history from piezocone sounding. *Soil and Foundation*, v. 28, n. 1, p. 12-28, 1988.

MAYNE, P. W.; ILLINGWORTH, F. Direct CPT method for footing response in sands using a database approach. *Proceedings of the 2nd Int. Symp. on Cone Penetration Testing*, Huntington Beach, California, 2010.

MAYNE, P. W.; KULHAWY, F. H. Ko-OCR relationships in soil. *J. of Geotech. Eng. Div.*, v. 108, n. 6, p. 851-872, 1982.

MAYNE, P. W.; MITCHELL, J. K. Profiling of OCR in clays by field vane. *Canadian Geotech. Journal*, v. 25, n. 1, p. 150-157, 1988.

MAYNE, P. W.; POULOS, H. G. Approximate displacement influence factors for elastic shallow foundations. *J. Geotech. Geoenv. Eng.*, v. 125, n. 6, p. 453, 1999.

MAYNE, P. W.; RIX, G. J. Gmax-qc relationships for clays. *ASTM Geotech. Testing J.*, v. 16, n. 1, p. 54-60, 1993.

MAYNE, P. W.; KULHAWY, F. H.; KAY, J. N. Observations on the development of pore-water pressures during piezocone testing in clays. *Canadian Geotech. Journal*, v. 27, n. 4, p. 418-428, 1990.

MAYNE, P. W.; COOP, M. R.; SPRINGMAN, S.; HUANG, A. B.; ZORNBERG, J. Geomaterial behavior and testing. State-of-the-art paper (SOA-1). In: INT. CONF. SOIL MECH. GEOTECH. ENG., ICSMGE, 17., Alexandria, Egypt. *Proceedings...* Rotterdam: Millpress/IOS Press, 2009. v. 4, p. 2777-2872.

MCCLELLAND, B. Design and performance of deep foundation. *Proceedings of the Spec. ASCE Conf. on Perf. of Earth and Earth--Supp. Structs.*, v. 2, p. 111, 1974.

MEIGH, A. C. *Cone Penetration Testing*: methods and interpretation. Londres: Butterworths, 1987.

MENGE, P.; VAN IMPE, W. The application of acoustic emission testing with penetration testing. *Proceedings of the Int. Symp. on Cone Penetration Testing*, CPT'95, Linköping, Sweden, v. 2, p. 49-54, 1995.

MENZIES, B. K.; MERRIFIELD, C. M. Measurements of shear stress distribution on the edges of a shear vane blade. *Géotechnique*, v. 30, p. 314-318, 1980.

MESRI, G. Discussion on "New design procedure for stability of soft clays". *J. Geotech. Eng. Div.*, ASCE, v. 101, p. 409-412, 1975.

MEYERHOF, G. G. Penetration tests and bearing capacity of cohesionless soils. *J. Soil Mech. Found. Div.*, ASCE, v. 82, n. SM1, p. 1-19, 1956.

MEYERHOF, G. G. Discussion on research on determining the density of sands by spoon penetration. *Proceedings of the 4th Int. Conf. Soil Mech. Found. Eng.*, London, v. 3, p. 110, 1957.

MEYERHOF, G. G. State-of-the-art penetration testing in countries outside Europe. *Proceedings of the 1st European Symp. on Penetration Testing*, ESOPT-1, Stockholm, v. 2, n. 1, p. 40-48, 1974.

MILITITSKY, J.; CLAYTON, C. R. I.; TALBOT, J. C. S.; DIKRAN, S. Previsão de recalques em solos granulares utilizando resultados de SPT: revisão crítica. *Proceedings 7th Conf. Bras. Mec. Solos Eng. Fund.*, p. 133-150, 1982.

MILITITSKY, J.; CONSOLI, N.; SCHNAID, F. *Patologia das fundações*. São Paulo: Oficina de Textos, 2006.

MILITITSKY, J.; SCHNAID, F. Uso do SPT em fundações - possibilidades e limitações. Avaliação crítica. *XXVII Jornadas Sudamericanas de Ingeniería Estructural*, Tucumán, Argentina, v. 6, p. 125-138, 1995.

MIMURA, M.; SHRIVASTAVA, A. K.; SHIBATA, T.; NOBUYAMA, M. Performance of RI cone penetrometers in sand deposits. *Proceedings of the Int. Symp. on Cone Penetration Testing*, CPT'95, Linköping, Sweden, v. 2, p. 55-60, 1995.

MITCHELL, J. K. New developments in penetration tests and equipment. In: INT. SYMP. ON PENETRATION TESTING, ISOPT, 1., Orlando. Rotterdam: Balkema Publ., 1988. v. 1, p. 245-261.

MITCHELL, J. K.; GUZIKOWSKI, F.; VILLET, W. C. B. The measurement of soil properties *in situ* - present methods - their applicability and potential. *US Dept. of Energy Report*. Berkeley: Dept. of Civil Engineering, Univ. of California, 1978.

MONDELLI, G. *Investigação geoambiental em área de disposição de resíduos sólidos urbanos utilizando a tecnologia do piezocone*. Dissertação (Mestrado) – Unesp, Bauru, Brasil, 2004.

MONDELLI, G.; GIACHETI, H. L. Avaliação comparativa de métodos laboratoriais de medição de resistividade elétrica do solo: uma abordagem teórica. *Solos e Rochas*, v. 29, p. 383-387, 2006.

MORETO, O. Discusión de panel. *II CPASEF*, São Paulo, v. 2, p. 555, 1963.

MOTA, N. M. B. *Ensaios avançados de campo na argila porosa de Brasília*: interpretação e aplicação em projetos de fundação. Tese (Doutorado) – UnB, Brasília, Brasil, 2003.

MUROMACHI, T. Cone penetration testing in Japan. *Proceedings of the ASCE National Convection: Cone Penetration Testing and Experience*, St. Louis, p. 49-78, 1981.

NACCI, D.; SCHNAID, F.; GAMBIM, R. L. Perspectivas de aplicação do cone resistivo. V *Congresso Brasileiro de Geotecnia Ambiental*, REGEO, Porto Alegre, 2003.

NASCIMENTO, I. N. S. *Desenvolvimento e utilização de um equipamento de palheta elétrico in situ*. Dissertação (Mestrado) – Coppe/UFRJ, Rio de Janeiro, Brasil, 1998.

NAVAL COMMAND. Laser induced fluorometry/Cone penetrometer technology demonstration plan at the hydrocarbon national test site. *Report*. San Diego: Naval Command, Control and Ocean Surveillance Center, 1995.

NORMA FRANCESA. P94-110/89: Essai pressiometique Ménard. Paris, 1989. p. 94-110.

NÚÑEZ, W. P.; SCHNAID, F. *O pressiômetro Ménard*: interpretação e aplicação. Porto Alegre: CPGEC/UFRGS, 1994.

NÚÑEZ, W. P.; SOARES, J. M. D.; NAKAHARA, S. M.; SCHNAID, F. *O pressiômetro de Ménard*: manual de operação e experiência regional. Porto Alegre: CPGEC/UFRGS, 1994.

ODEBRECHT, E. *Medidas de energia no ensaio SPT*. 230 f. Tese (Doutorado) – Programa de pós-graduação em Engenharia Civil, UFRGS, 2003.

ODEBRECHT, E.; SCHNAID, F.; MANTARAS, F. M. 2012. (Em preparação).

ODEBRECHT, E.; ROCHA, M. M.; SCHNAID, F.; BERNARDES, G. P. Transferência de energia no ensaio SPT: efeito do comprimento de hastes e da magnitude de deslocamentos. *Solos e Rochas*, v. 27, n. 11, p. 69-82, 2004.

ODEBRECHT, E.; ROCHA, M. M.; SCHNAID, F.; BERNARDES, G. P. Energy efficiency for standard penetration tests. *ASCE*, v. 131, n. 10, p. 1252-1263, 2005.

OLIE, J. J.; VAN REE, C. C. D. F.; BREMMER, C. In-situ measurement by chemoprobe of groundwater from in-situ sanitation of versatic acid spill. *Géotechnique*, v. 42, n. 1, p. 13-21, 1992.

OLIVEIRA, A. T. J. *Uso de um equipamento elétrico de palheta em argilas do Recife*. Dissertação (Mestrado) – DEC/UFPE, 2000.

OLIVEIRA, A. T. J.; COUTINHO, R. Q. Utilização de um equipamento elétrico de palheta de campo em uma argila mole de Recife. *Seminário Brasileiro de Investigação de Campo*, BIC'2000, São Paulo, 2000.

OLIVEIRA, J. T. R. *A influência da qualidade da amostra no comportamento tensão-deformação-resistência de argilas moles*. Tese (Doutorado) – Coppe/UFRJ, Rio de Janeiro, 2002.

OLSON, R.; MITCHELL, J. K. CPT stress normalization and prediction of soil classification. In: INT. SYMP. ON CONE PENETRATION TESTING. *Proceedings...* Linköping: Swedish Geotech. Society, 1995. v. 2, p. 257-262.

ORTIGÃO, J. A. R. *Aterro experimental levado à ruptura sobre argila cinza do Rio de Janeiro*. Tese (Doutorado) – Coppe/UFRJ, 1980.

ORTIGÃO, J. A. R. Experiência com ensaios de palheta em terra e no mar. In: SIMP. SOBRE NOVOS CONCEITOS EM ENSAIOS DE CAMPO E LABORATÓRIO. Rio de Janeiro: UFRJ, 1988. v. 3, p. 157-180.

ORTIGÃO, J. A. R. Dilatômetro em argila porosa. *Proceedings 7th Cong. Bras. Geologia de Eng.*, v. 5, p. 309-320, 1993.

ORTIGÃO, J. A. R. *Introdução à mecânica dos solos dos estados críticos*. Rio de Janeiro: LTC, 1995.

ORTIGÃO, J. A. R.; ALMEIDA, M. S. S. Stability and deformation of embankments on soft clay. In: CHEREMINISOFF, P. N.; CHEREMINISOFF, N. P.; CHENG, S. L. *Handbook of civil engineering practice*. New Jersey: Technomics Publishing, 1988. p. 267-336.

ORTIGÃO, J. A. R.; COLLET, H. B. A eliminação de erros de atrito em ensaios de palheta. *Solos e Rochas*, v. 9, n. 2, p. 33-45, 1986.

ORTIGÃO, J. A. R.; COLLET, H. B. Errors caused by friction in field vane testing. *ASTM Symp. on Laboratory and Field Vane Shear Strength Testing*, STP 1014, Tampa, p. 104-116, 1987.

ORTIGÃO, J. A. R.; CUNHA, R. P.; ALVES, L. S. In situ tests in Brasília porous clay. *Canadian Geotech. Journal*, v. 33, n. 1, p. 189-198, 1996.

PACHECO, A. O. *Ensaios de cone resistivo em solo saturado*. Dissertação (Mestrado) – Coppe/UFRJ, Rio de Janeiro, Brasil, 2004.

PALMER, A. C. Undrained plane-strain expansion of a cylindrical cavity in clay: a simple interpretation of pressuremeter test. *Géotechnique*, v. 22, n. 3, p. 451-457, 1972.

PARKIN, A. K.; HOLDEN, K.; AAMOT, K.; LAST, N.; LUNNE, T. Laboratory investigation of CPT in sand. *Report 52108-9*. Oslo: Norwegian Geotech. Institute, 1980.

PECK, R. B. Advantages and limitations of the observational method in applied soil mechanics. 9th Rankine Lecture. *Géotechnique*, v. 19, n. 2, p. 171-187, 1969.

PECK, R. B.; HANSON, W. F.; THORNBURN, T. H. *Foundation engineering*. 2. ed. New York: John Wiley & Sons, 1974.

PEIXOTO, A. S. P.; PREGNOLATO, M. C.; SILVA, A. C. C. L.; YAMASAKI, M. T.; CONTE JUNIOR, F. Development of an electrical resistivity measure for geotechnical and geoenvironmental characterization. *Proceedings of the 2nd Int. Symp. on Cone Penetration Testing*, Huntington Beach, California, 2010.

PEREIRA, A. C. *Ensaios dilatométricos em um depósito de argila mole do bairro de Ibura, Recife, PE*. 226 f. Tese (Mestrado) – UFPE, 1997.

PEREIRA, A. C.; COUTINHO, R. Q. Ensaios dilatométricos em um depósito de argila mole do bairro Ibura, Recife, PE. *XI Cong. Bras. Mec. Solos Eng. Geotéc.*, Brasília, v. 2, p. 937-946, 1998.

PLUIMGRAAF, D.; HILHORST, M.; BRATTON, W. L. CPT sensors for bio-characterization of contaminated sites. *Proceedings of the Int. Symp. on Cone Penetration Testing*, Linköping, Sweden, v. 2, p. 569-575, 1995.

POPOV, E. P. *Mechanics of materials*. Englewood Cliffs: Prentice-Hall, 1976.

POULOS, H. G. Pile behaviour - theory and aplication. 29th Rankine Lecture. *Géotechnique*, v. 39, n. 3, p. 363-416, 1989.
POULOS, H. G.; DAVIS, E. H. *Elastic solutions for soil and rock mechanics*. New York: John Wiley & Sons, 1974a.
POULOS, H. G.; DAVIS, E. H. *Pile foundation analysis and design*. New York: John Wiley & Sons, 1974b.
POWELL, J. J. M. A comparison of four different pressuremeters and their methods of interpretation in a stiff, heavily over-consolidation clays. In: INT. SYMP. PRESSUREMETER, 3. Oxford: Thomas Telford, 1990. p. 287-298.
POWELL, J. J. M.; BUTCHER, A. P. Small strain stiffness assessments from *in situ* tests. In: INT. CONF. ON SITE CHARACTE-RIZATION, 2., Porto, Portugal. Rotterdam: Millpress, 2004. v. 2, p. 1717-1729.
POWELL, J. J. M.; QUARTERMAN, R. S. T. The interpretation of cone penetration tests in clays, with particular reference to rate effects. In: INT. SYMP. ON PENETRATION TESTING, ISOPT, 1., Orlando. *Proceedings...* Rotterdam: Balkema Publ., 1988. v. 2, p. 903-910.
POWELL, J. J. M.; SHIELDS, C. H. Field studies of the full displacement pressuremeter in clays. *Proceedings of the Conf. Pressuremeter and its New Avenues*, Sherbrooke, Canada, p. 239-248, 1995.
POWELL, J. J. M.; SHIELDS, C. H. The cone-pressuremeter - a study of its interpretation in Holmen sand. *14th Int. Conf. Soil Mech. Found. Eng.*, Hamburg, 1997.
POWELL, J. J. M.; UGLOW, I. M. Marchetti dilatometer tests in UK. In: INT. SYMP. ON PENETRATION TESTING, ISOPT, 1., Orlando. *Proceedings...* Rotterdam: Balkema Publ., 1988. v. 1, p. 555-562.
QUARESMA, A. R.; DÉCOURT, L.; QUARESMA FILHO, A. R.; ALMEIDA, M. S. S.; DANZIGER, F. A. B. Investigações geotécnicas. Cap. 3. In: HACHICH, W. et al. *Fundações: teoria e prática*. Editora Pine, 1996. p. 119-162.
RAMASWAMY, S. D.; DAULAH, I. U.; HASAN, Z. Pressuremeter correlations with standard penetration and cone penetration tests. In: EUROPEAN SYMP. ON PENETRATION TESTING, ESOPT, 2., Amsterdam. *Proceedings...* Rotterdam: Balkema Publ., 1982. v. 1, p. 277-279.
RANDOLPH, M. F. Characterization of soft sediments for offshore application. In: INT. CONF. ON SITE CHARACTERIZA-TION, 2., Porto, Portugal. *Proceedings...* Rotterdam: Millpress, 2004. v. 1, p. 209-232.
RANDOLPH, M. F.; HOPE, S. Effect of cone velocity on cone resistance and excess pore pressures. *Proceedings of the Int. Symp. on Engineering Practice and Performance of Soft Deposits*, Osaka, 2004.
RANZINI, S. M. T. SPTF. *Solos e Rochas*, v. 11, p. 29-30, 1988.
RASCHKE, S. A.; HRYCIW, R. D. Vision cone penetrometer (VisCPT) for direct subsurface soil observation. *J. Geotech. Geoenv. Eng.*, v. 123, n. 11, 1997.
RIBEIRO, L. S. T. *Ensaios de laboratório para a determinação das características geotécnicas das argilas moles de Sergipe*. 160 f. Dissertação (Mestrado) – PUC, Rio de Janeiro, 1992.
RICHARDSON, A. M.; WHITMAN, R. V. Effect of strain-rate upon undrained shear resistance of a saturated remoulded fat clay. *Géotechnique*, v. 13, n. 4, p. 310-324, 1963.
RIX, G. J.; STROKE, K. H. Correlation of initial tangent modulus and cone resistance. In: INT. SYMP. ON CALIBRATION CHAMBER TEST, Potsdam. *Proceedings...* New York: Elsevier, 1992. p. 351-362.
ROBERTSON, P. K. Soil classification using the cone penetration test. *Canadian Geotech. Journal*, v. 27, n. 1, p. 151-158, 1990.
ROBERTSON, P. K. Evaluating soil liquefaction and post-earthquake deformations using the CPT. In: INT. CONF. ON SITE CHARACTERIZATION, 2., Porto, Portugal. *Proceedings...* Rotterdam: Millpress, 2004. v. 1, p. 233-249.
ROBERTSON, P. K.; CABAL, K. L. *Guide to cone penetration testing*. 2. ed. Signal Hill: Gregg Drilling & Testing, 2007.
ROBERTSON, P. K.; CAMPANELLA, R. G. Estimating liquefaction potential of sands using the flat dilatometer. *Geotech. Testing J.*, v. 9, n. 1, p. 38-40, 1983a.
ROBERTSON, P. K.; CAMPANELLA, R. G. Interpretation of cone penetration tests. *Canadian Geotech. Journal*, v. 20, n. 4, p. 734-745, 1983b.
ROBERTSON, P. K.; CAMPANELLA, R. G. *Guidelines for geotechnical design using CPT and CPTU*. Soil mech. series 120. Vancouver: Department of Civil Engineering, University of British Columbia, 1988.
ROBERTSON, P. K.; CAMPANELLA, R. G. *Design manual for use of CPT and CPTU*. Vancouver: University of British Columbia, 1989.
ROBERTSON, P. K.; HUGHES, J. M. O. Determination of properties of sands from self-boring pressuremeter tests. *2nd Symp. Pressuremeter and its Marine Applications*, ASTM, STP 950, p. 283-302, 1986.
ROBERTSON, P. K.; WRIDE, C. E. Evaluating cyclic liquefaction potential using the cone penetration test. *Canadian Geotech. Journal*, Ottawa, v. 35, n. 3, p. 442-459, 1998.
ROBERTSON, P. K.; CAMPANELLA, R. G.; WIGHTMAN, A. SPT-CPT correlations. *J. Geotech. Eng. Div.*, ASCE, v. 109, n. 11, p. 1449-1459, 1983.
ROBERTSON, P. K.; CAMPANELLA, R. G.; GILLESPIE, D. G.; GREIG, J. Use of piezocone data. *ASCE Spec. Conf. In Situ '86: Use of In Situ Tests in Geotechnical Eng.*, Blacksburg, p. 1263-1280, 1986.
ROBERTSON, P. K.; CAMPANELLA, R. G.; GILLESPIE, D.; BY, T. Excess pore pressure and the flat dilatometer test. In: INT. SYMP. ON PENETRATION TESTING, ISOPT, 1., Orlando. *Proceedings...* Rotterdam: Balkema Publ., 1988. v. 1, p. 567-576.
ROBERTSON, P. K.; SULLY, J. P.; WOELLER, D. J.; LUNNE, T.; POWELL, J. J. M.; GILLESPIE, D. G. Estimating coefficient of consolidation from piezocone tests. *Canadian Geotech. Journal*, v. 29, n. 4, p. 539-550, Aug. 1992.
ROBERTSON, P. K.; SASITHARAN, S.; CUNNING, J. C.; SEGS, D. C. Shear wave velocity to evaluate flow liquefaction. *J. Geotech. Eng.*, ASCE, v. 121, n. 3, p. 262-273, 1995.

ROCHA FILHO, P. Determination of the undrained shear strength of two soft clay deposits using piezocone tests. *Int. Symp. Geotech. Eng. Soft Soils*, Mexico, v. 1, 1987.

ROCHA FILHO, P. Ensaios de piezocone em depósitos argilosos moles do Rio de Janeiro. *Anais do Simpósio sobre Depósitos Quaternários das Baixadas Litorâneas Brasileiras: origem, caracterização geotécnica e experiências de obras*. Rio de Janeiro: ABMS/ABGE, 1989. p. 371-395.

ROCHA FILHO, P.; ALENCAR, J. A. Piezocone tests in the Rio de Janeiro soft clay deposit. *Proceedings of the 12th Int. Conf. Soil Mech. Found. Eng.*, San Francisco, v. 2, p. 859-862, 1985.

ROCHA FILHO, P.; SALES, M. M. Ensaios de mini piezocone em laboratório para avaliação da resistência não drenada de solos coesivos. *Solos e Rochas*, Rio de Janeiro, v. 18, n. 3, p. 149-158, 1995.

ROCHA FILHO, P.; SCHNAID, F. Cone penetration testing in Brazil. In: SWEDISH GEOTECHNICAL SOCIETY (Org.). *Cone penetration testing*. 1. ed. Stockholm: Swedish Geotechnical Society, 1997. v. 1, p. 29-42.

RODIN, S.; CORBETT, B. O.; SHERWOOD, D. E.; THORNBURN, S. Penetration testing in United Kingdom. *Proceedings of the 1st European Symp. on Penetration Testing*, ESOPT-1, Stockholm, v. 1, p. 139-146, 1974.

ROWE, P. W. The stress dilatancy relation for static equilibrium of an assembly of particles in contact. *Proceedings of the Royal Society*, v. A269, p. 500-527, 1962.

RUVER, C. A. *Determinação do comportamento carga-recalque de sapatas em solos residuais a partir de ensaios SPT*. 179 f. Dissertação (Mestrado) – UFRGS, Porto Alegre, 2005.

RUVER, C. A.; CONSOLI, N. C. Estimativa do módulo de elasticidade em solos residuais através de resultados de sondagens SPT. In: CONGR. BRASILEIRO MEC. DOS SOLOS E ENG. GEOTÉCNICA, 13., 2006, Curitiba. Anais... São Paulo: ABMS, 2006. p. 601-606.

SALGADO, R.; MITCHELL, J. K.; JAMIOLKOWSKI, M. Cavity expansion and penetration resistance in sand. *J. Geotech. Geoenv. Eng.*, v. 123, n. 4, p. 344-354, 1997.

SAMARA, V.; BARROS, J. M. C.; MARCO, L. A. A.; BELICANTA, A.; WOLLE, C. M. Some properties of marine clays from Santos plains. *Proceedings VII Cong. Bras. Mec. Solos Eng. Geotéc.*, Recife, v. 4, p. 301-318, 1982.

SANDRONI, S. S. Young metamorphic residual soils. General report. *Proceedings of the 9th Panamerican CSMFE*, Viña del Mar, Chile, v. 4, p. 1771-1778, 1991.

SANDRONI, S. S. Sobre o uso dos ensaios de palheta no projeto de aterros sobre argilas moles. *Solos e Rochas*, v. 16, n. 3, p. 207-213, 1993.

SANDRONI, S. S.; BRANDT, J. R. Ensaios pressiométricos em solos residuais gnáissicos jovens. *Solos e Rochas*, São Paulo, v. 6, n. 1, p. 3-18, 1983.

SANDRONI, S. S.; BRUGGER, P. J.; ALMEIDA, M. S. S.; LACERDA, W. A. Geotechnical properties of Sergipe clay. *Proceedings of the Int. Symp. Recent Develop. Soil Pav. Mech.*, Rio de Janeiro, p. 271-277, 1997.

SANDVEN, R. *Strength and deformation properties of fine grained soils obtained from piezocone tests*. Thesis (Ph.D.) – Norwegian Institute of Technology, Trondheim, Norway, 1990.

SANDVEN, R. Influence of test equipment and procedures on obtained accuracy in CPTU. *Proceedings of the 2nd Int. Symp. on Cone Penetration Testing*, Huntington Beach, California, 2010.

SANDVEN, R.; SENNESET, K.; JANBU, N. Interpretation of piezocone tests in cohesive soils. In: INT. SYMP. ON PENETRATION TESTING, ISOPT, 1., Orlando. Proceedings... Rotterdam: Balkema Publ., 1988. v. 2, p. 939-953.

SANGLERAD, G. *The penetrometer and soil exploration*. Amsterdam: Elsevier, 1972.

SASAKI, Y.; KOGA, Y. Vibratory cone penetrometer to assess the liquefaction potential of the ground. *Proceedings of the 14th Panel on US-Japan Panel on Wind and Seismic Effects*, Washington, D.C., 1982.

SASAKI, Y.; KOGA, Y.; ITOH, Y.; SHIMAZU, T.; KONDO, M. In situ tests for assessing liquefaction potential using vibratory cone penetrometer. *Proceedings of the 17th Joint Meeting US-Japan Panel on Wind and Seismic Effects*, Tsukuba, Japan, 1985.

SAYÃO, A. S. F. J. *Ensaios de laboratório na argila mole da escavação experimental de Sarapuí*. Dissertação (Mestrado) – PUC, Rio de Janeiro, 1980.

SCHEFFER, L. *Desenvolvimento e aplicação de cone sísmico*. Dissertação (Mestrado) – PPGE/UFRGS, Porto Alegre, Brasil, 2005.

SCHMERTMANN, J. H. Static cone to compute static settlement over sand. *J. Soil Mech. Found. Div.*, v. 96, n. SM3, p. 1011-1043, 1970.

SCHMERTMANN, J. H. *Guidelines for cone penetration test, performance and design*. Report FHW-TS-78-209. Washington, D.C.: US Federal Highway Administration, 1978.

SCHMERTMANN, J. H. A new method for determining the friction angle in sands from the flat dilatometer test. In: EUROPEAN SYMP. ON PENETRATION TESTING, ESOPT, 2., Amsterdam. Proceedings... Rotterdam: Balkema Publ., 1982. v. 2, p. 853-861.

SCHMERTMANN, J. H. Past, present and future of the flat dilatometer test. *Proceedings of the 1st Int. Conf. on the Flat Dilatometer*, Edmonton, 1983.

SCHMERTMANN, J. H. Suggested method for performing the flat dilatometer test. *Geotech. Testing J.*, v. 9, n. 2, p. 93-101, 1986.

SCHMERTMANN, J. H.; PALACIOS, A. Energy dynamics of SPT. *J. Geotech. Eng. Div.*, ASCE, v. 105, p. 909-926, 1979.

SCHNAID, F. Considerações sobre o uso do ensaio SPT na engenharia de fundações. *Jornadas Sudamericanas de Ingeniería Estructural*, Montevideo, v. 4, p. 111-124, 1993.

SCHNAID, F. Geo-characterization and properties of natural soils by in situ tests. *Proceedings of the Int. Conf. on Soil Mech. and Geotech. Eng.*, Osaka, v. 1, p. 3-47, 2005.

SCHNAID, F. In situ *testing in geomechanics*. 1. ed. Oxon: Taylor & Francis, 2009. v. 1.
SCHNAID, F.; COUTINHO, R. Q. Pressuremeter tests in Brazil. National report. *Proceedings of the Int. Symp. 50 Years of Pressuremeters*, ISP5, Pressio 2005, v. 2, p. 305-318, 2005.
SCHNAID, F.; HOULSBY, G. T. An assessment of chamber size effects in the calibration of *in situ* tests in sand. *Géotechnique*, v. 41, n. 4, p. 437-445, 1991.
SCHNAID, F.; HOULSBY, G. T. Measurement of the properties of sand in a calibration chamber by cone pressuremeter test. *Géotechnique*, v. 42, n. 4, p. 578-601, 1992.
SCHNAID, F.; HOULSBY, G. T. Interpretation of shear moduli from cone-pressuremeter tests in sand. *Géotechnique*, v. 44, n. 1, p. 147-164, 1994a.
SCHNAID, F.; HOULSBY, G. T. Measurement of the properties of sand in a calibration chamber by the cone pressuremeter test. Discussion paper. *Géotechnique*, v. 42, n. 4, p. 587-601, 1994b.
SCHNAID, F.; MANTARAS, F. M. Cavity expansion in cemented materials: structure degradation effects. *Géotechnique*, v. 53, n. 9, p. 797-807, 2003.
SCHNAID, F.; MANTARAS, F. M. Interpretation of pressuremeter tests in a gneiss residual soil from São Paulo, Brazil. In: INT. CONF. ON SITE CHARACTERIZATION, 2., Porto, Portugal. *Proceedings...* Rotterdam: Millpress, 2004. v. 2, p. 1353-1360.
SCHNAID, F.; ROCHA FILHO, P. Experiência de aplicação do ensaio pressiométrico em solos estruturados parcialmente saturados. In: CONGR. BRASILEIRO MEC. SOLOS ENG. FUND., 10., Foz do Iguaçu. *Anais...* Rio de Janeiro: ABMS, 1994. v. 2, p. 475-482.
SCHNAID, F.; ROCHA FILHO, P. Cone penetration testing in Brazil. National Report. In: INT. SYMP. ON CONE PENETRATION TESTING, CPT'95. *Proceedings...* Linköping: *Swedish Geotechnical Society*, 1995. v. 1, p. 29-42.
SCHNAID, F.; CONSOLI, N. C.; MANTARAS, F. M. O uso do ensaio pressiométrico na determinação de parâmetros de solos não saturados. *Solos e Rochas*, v. 18, n. 3, p. 129-137, 1996.
SCHNAID, F.; LEHANE, B.; FAHEY, M. In situ test characterisation of unusual geomaterials. Keynote lecture. In: INT. CONF. ON SITE CHARACTERIZATION, 2., 2004, Porto, Portugal. *Proceedings...* Rotterdam: Millpress, 2004. v. 1, p. 49-74.
SCHNAID, F.; NACCI, D.; MILITITSKY, J. *Aeroporto Internacional Salgado Filho*: infraestrutura civil e geotécnica. Porto Alegre: Editora Sagras, 2001.
SCHNAID, F.; WOOD, W. D.; SMITH, A. K. C.; JUBB, P. An investigation of bearing capacity and settlements of soft clay deposits at Shellhaven. In: WROTH MEMORIAL SYMP. Oxford: Thomas Telford, 1992. p. 609-627.
SCHNAID, F.; SILLS, G. C.; SOARES, J. M.; NYIRENDA, Z. Predictions of the coefficient of consolidation from piezocone tests. *Canadian Geotech. Journal*, v. 34, n. 2, p. 143-159, 1997.
SCHNAID, F.; ORTIGÃO, J. R.; MANTARAS, F. M. B.; CUNHA, R. P.; MACGREGOR, I. Analysis of self-boring pressuremeter (SBPM) and Marchetti dilatometer (DMT) tests in granite saprolites. *Canadian Geotech. Journal*, v. 37, n. 4, p. 796-810, 2000.
SCHNAID, F.; ODEBRECHT, E.; ROCHA, M. M.; BERNARDES, G. P. Prediction of soil properties from the concepts of energy transfer in dynamic penetration tests. *J. Geotech. Geoenv. Eng.*, ASCE, v. 135, n. 8, p. 1092-1100, 2009.
SCHNEIDER, J. A.; LEHANE, B. M.; SCHNAID, F. Evaluation of piezocone pore pressure response in normally consolidated and overconsolidated clay. *Int. J. of Physical Modeling in Geotech.*, 2008.
SCHOFIELD, A.; WROTH, P. *Critical state soil mechanics*. London: McGraw-Hill, 1968.
SCHULTZE, E.; MENZENBACK, E. Stand penetration test and compressibility of soils. *Proceedings of the 5th Int. Conf. Soil Mech. Found. Eng.*, Paris, v. 1, p. 527-532, 1961.
SCHULTZE, E.; SHERIF, G. Prediction of settlements from evaluated settlement observations for sand. *Proceedings of the 8th Int. Conf. Soil Mech. Found. Eng.*, Moscow, v. 1, n. 3, p. 225-230, 1973.
SEED, H. B. Soil liquefaction and cyclic mobility evaluation for level ground during earthquakes. *J. Geotech. Eng. Div.*, v. 105, n. 2, p. 201-255, 1979.
SEED, H. B.; IDRISS, I. M.; ARANGO, I. Evaluation of liquefaction potential using field performance data. *J. Geotech. Eng. Div.*, v. 105, n. 3, p. 458-482, 1983.
SEED, H. B.; TOKIMATSU, K.; HARDER, L. F.; CHUNG, R. M. Influence of SPT procedures in soil liquefaction resistance evaluations. *J. Geotech. Eng.*, ASCE, p. 1425-1445, 1985.
SEED, H. B.; WONG, R. I.; IDRISS, I. M.; TOKIMATSU, K. J. Moduli and damping factors for dynamic analyses of cohesionless soils. *J. Geotech. Eng. Div.*, v. 112, p. 1016-1032, 1986.
SENNESET, K.; JANBU, N. Shear strength parameters obtained from static penetration tests. ASTM special technical pub., STP 883. *Symp. Shear Strength of Marine Sediments*, San Diego, p. 41-54, 1985.
SENNESET, K.; JANBU, N.; SVANO, G. Strength and deformation parameters from cone penetrometer tests. In: EUROPEAN SYMP. ON PENETRATION TESTING, ESOPT, 2., Amsterdam. *Proceedings...* Rotterdam: Balkema Publ., 1982. v. 2, p. 863-870.
SENNESET, K.; SANDVEN, R.; LUNNE, T.; BY, T.; AMUNDSEN, T. *Piezocone testing in silty soil*. Penetration testing 88. Balkema Publ., 1988. p. 955-966.
SEROTA, S.; LOWTHER, G. SPT practice meets critical review. *Ground Engineering*, v. 6, n. 1, p. 20-23, 1973.
SHEAHAN, T. C.; LADD, C. C.; GERMAINE, J. T. Rate dependent undrained behavior of saturated clay. *J. Geotech. Eng. Div.*, ASCE, v. 122, n. 2, p. 99-108, 1996.

SILVA, C. H. C. *Uso do valor NSPT na estimativa da capacidade de carga de estacas pré-moldadas de concreto*. 150 f. Dissertação (Mestrado) – CPGEC/UFRGS, Porto Alegre, 1989.

SILVA, G. F. *Interpretação do ensaio pressiométrico no efeito de inundação em solo não-saturado*. 101 f. Dissertação (Mestrado) – PPGEC/UFRGS, Porto Alegre, 1997.

SIMONINI, P.; COLA, S. Use of piezocone to predict maximum stiffness of Venetian soils. *J. Geotech. Geoenv. Eng.*, ASCE, v. 126, n. 4, p. 378-381, 2000.

SIMONS, N. E.; MENZIES, B. K. *A short course in foundation engineering*. Londres: Newnes-Butterworths, 1977.

SKEMPTON, A. W. Vane tests in the alluvial plain of the River Forth near Grangemouth. *Géotechnique*, v. 1, n. 2, p. 111-124, 1948.

SKEMPTON, A. W. The bearing capacity of clays. *Proceedings of the Building Research Congress*, v. 1, p. 180-189, 1951.

SKEMPTON, A. W. Standard penetration test procedures and the effects in sands of overburden pressure, relative density, particle size, ageing and overconsolidation. *Géotechnique*, v. 36, n. 3, p. 425-447, 1986.

SKEMPTON, A. W.; NORTHEY, R. D. The sensitivity of clays. *Géotechnique*, v. 3, n. 1, p. 72-78, 1952.

SMITH, M. G. *A laboratory study of the Marchetti dilatometer*. 180 f. Tese (Doutorado) – University of Oxford, United Kingdom, 1993.

SOARES, J. M. D. *Caracterização do depósito de argilas moles da região metropolitana de Porto Alegre*. 330 f. Tese de Doutoramento (Ph.D.) – CPGEC/UFRGS, Porto Alegre, 1997.

SOARES, J. M. D.; SCHNAID, F.; BICA, A. V. D. Determination of the characteristics of a soft clay deposit in Southern Brazil. In: INT. SYMP. RECENT DEVELOP. SOIL PAV. MECH. *Proceedings...* Amsterdam. Rotterdam: Balkema Publ., 1997. p. 297-302.

SOARES, M. M. Interpretation of dissipation tests in Oslo clay. *Report 40019-5*. Oslo: Norwegian Geotech. Institute, 1986.

SOARES, M. M.; LUNNE, T.; ALMEIDA, M. S. S.; DANZIGER, F. A. B. Ensaios com piezocones Coppe e Fugro em argila mole. In: CONGR. BRAS. MEC. SOLOS ENG. FUND., 8. *Anais...* Porto Alegre: ABMS, 1986a. v. 2, p. 75-87.

SOARES, M. M.; LUNNE, T.; ALMEIDA, M. S. S.; DANZIGER, F. A. B. Ensaios de dilatômetro em argila mole. In: CONG. BRAS. MEC. SOLOS ENG. FUND., 8. *Anais...* Porto Alegre: ABMS, 1986b. v. 2, p. 89-98.

SOUZA COUTINHO, A. G. F. Radial expansion of cylindrical cavities in sandy soils - application to pressuremeter tests. *Canadian Geotech. Journal*, v. 27, n. 6, p. 737-748, 1990.

SOUZA PINTO, C. Primeira Conferência Pacheco Silva: tópicos da contribuição de Pacheco Silva e considerações sobre a resistência não-drenada de argilas. *Solos e Rochas*, v. 15, n. 2, p. 49-87, 1992.

SOUZA PINTO, C.; ABRAMENTO, M. Características das argilas rijas e duras, cinza-esverdeadas de São Paulo determinadas por pressiômetro de auto-furação. *XI Cong. Brasileiro Mec. Solos Eng. Geotéc.*, Brasília, v. 2, p. 871-788, 1998.

SOUZA PINTO, C.; MASSAD, F. Coeficiente de adensamento em solos da Baixada Santista. *Cong. Bras. Mec. Solos Eng. Fund.*, Rio de Janeiro, v. 4, p. 358-389, 1978.

STIENSTRA, P.; VAN DEEN, J. K. Field data collection techniques - unconventional sounding and sampling methods. In: 20-YEAR JUBILEE SYMP. OF THE INGEOKRING, 1994, Delft. *Proceedings...* Rotterdam: Balkema Publ., 1994. p. 41-56.

STROUD, M. A. The standard penetration testing in insensitive clays and soft rocks. *Proceedings of the 1st European Symp. on Penetration Testing*, ESOPT-1, Stockholm, v. 2, p. 367-375, 1974.

STROUD, M. A. The standard penetration test - its application and interpretation. In: GEOTECH. CONF. ON PENETRATION TESTING IN THE UK, Birmingham. *Proceedings...* London: Thomas Telford, 1989.

STROUD, M. A.; BUTLER, F. G. The standard penetration test and the engineering properties of glacial materials. In: SYMP. ON ENGINEERING PROPERTIES OF GLACIAL MATERIALS, Birmingham. *Proceedings...* Birmingham: Midland Geotech. Society, 1975. p. 117-128.

SU, S. F.; LIAO, H. J. Influence of strength anisotropy on piezocone resistance in clay. *J. Geotech. Geoenv. Eng.*, ASCE, v. 128, n. 2, p. 166-173, 2002.

SULLY, J. P. *Measurement of in situ lateral stress during full-displacement penetration tests*. 470 f. Thesis (Ph.D.) – Department of Civil Engineering, University of British Columbia, 1991.

SULLY, J. P.; CAMPANELLA, R. G.; ROBERTSON, P. K. Overconsolidation ratio of clays from penetration pore pressure. *J. Geotech. Eng.*, ASCE, v. 114, n. 2, p. 209-216, 1988.

SUTHERLAND, H. B. The use of *in situ* tests to estimate the allowable bearing pressure of cohesionless soils. *The Structural Engineer*, v. 41, n. 3, p. 85-92, 1963.

TANAKA, H.; TANAKA, M.; IGUCHI, H. Shear modulus of soft clay measured by various kinds of tests. *Proceedings of the Symp. on Pre-Failure Deformation of Geomaterials*, Sapporo, v. 1, p. 235-240, 1994.

TAND, K. E.; FUNEGARD, E. G.; BRIAUD, J. L. Bearing capacity of footings on clay: CPT method. GSP n. 6. *Use of In Situ Tests in Geotechnical Engineering*, ASCE, Reston, p. 1017-1033, 1986.

TAND, K. E.; FUNEGARD, E. G.; WARDEN, P. E. Predicted/measured bearing capacity of shallow foundations. *Proceedings of the Int. Symp. on Cone Penetration Testing*, CPT'95, Linköping, p. 589-594, 1995.

TATSUOKA, F.; SHIBUYA, S. Deformation characteristics of soils and rocks from field and laboratory tests. Keynote Lecture. *Proceedings of the 9th Asian Regional Conf. on Soil Mech. and Found. Eng.*, Bangkok, v. 2, p. 101-170, 1991.

TATSUOKA, F.; JARDINE, R. J.; LO PRESTI, D.; DI BENEDETTO, H.; KODAKA, T. Theme lecture: characterising the pre-failure deformation properties of geomaterials. *14th Int. Conf. Soil Mech. Found. Eng.*, Hamburg, v. 4, p. 2129-2164, 1997.

TAVARES, A. X. Bearing capacity of footings on Guabirotuba clay based on SPT N-values. In: INT. SYMP. ON PENETRATION TESTING, ISOPT, 1., Orlando. *Proceedings...* Rotterdam: Balkema Publ., 1988.

TAVENAS, F.; LEROUEIL, S. Effects of stress and time on yielding of clays. *Proceedings of the 9th Int. Conf. Soil Mech. Found. Eng.*, Tokyo, v. 1, p. 319-326, 1977.

TAVENAS, F.; LEROUEIL, S. Clay behaviour and the selection of design parameters. *Proceedings of the 7th European Conf. Soil Mech. Found. Eng.*, Brighton, v. 1, p. 281-291, 1979.

TAVENAS, F.; LEROUEIL, S. State-of-the-art on "Laboratory and in situ stress-strain-time behavior of soft clays". *Proceedings of the Int. Symp. on Geotech. Eng. of Soft Soils*, Mexico City, v. 2, p. 1-46, 1987.

TEH, C. I.; HOULSBY, G. T. An analytical study of the cone penetration test in clay. *Géotechnique*, v. 41, n. 1, p. 17-34, 1991.

TEIXEIRA, A. H. Capacidade de carga de estacas pré-moldadas em concreto nos sedimentos quaternários da Baixada Santista. *Anais do Simpósio sobre Depósitos Quaternários das Baixadas Litorâneas Brasileiras*. Rio de Janeiro: ABMS/ABGE, 1988. v. 2. p. 5.1-5.25.

TEIXEIRA, A. H. Projeto e execução de fundações. *Seminário de Engenharia de Fundações Especiais e Geotecnia*, SEFE, São Paulo, v. 1, p. 33-50, 1996.

TEIXEIRA, A. H.; GODOY, N. S. *Fundações: teoria e prática*. São Paulo: Pini, 1996. p. 227-264.

TEIXEIRA, C. F. *Análise dos recalques de um aterro sobre solos moles da Barra da Tijuca-RJ*. Tese (Doutorado) – PUC, Rio de Janeiro, 2012. p. 322.

TEIXEIRA, C. F.; SAYÃO, A. S. F. J.; SANDRONI, S. S. Avaliação da qualidade de corpos de prova de solos muito moles da Barra da Tijuca, Rio de Janeiro. *XVI Cong. Bras. Mec. Solos Eng. Fund.*, Porto de Galinhas, Pernambuco, 2012. (A ser publicado).

TELFORD, W. M.; GELDART, L. P.; SHERIFF, R. E.; KEYS, D. A. *Applied geophysics*. Cambridge: Cambridge University Press, 1976. p. 442-457.

TERZAGHI, K. *Theoretical soil mechanics*. New York: John Wiley & Sons, 1943.

TERZAGHI, K.; PECK, R. B. *Soil mechanics in engineering practice*. 2. ed. New York: John Wiley & Sons, 1967.

THE CANADIAN GEOTECHNICAL SOCIETY. *Canadian foundation engineering manual*. 3. ed. Vancouver: Bi-Tech Publishers, 1992.

THERIAULT, G. A.; NEWBERY, R.; ANDREWS, J. M.; APITZ, S. E.; LIEBERMAN, S. H. Fiber optic fluorometer based on a dual wavelength laser excitation source. *Proceedings of the OE/Fibers '92*, Boston, Sept. 1992.

THOMAS, S. D. Various techniques for the evaluation in the coefficient of consolidation from a piezocone dissipation test. Report SM064/86. Oxford: Oxford University, 1986.

TIMOSHENKO, S. P.; GOODIER, J. N. *Theory of elasticity*. New York: McGraw-Hill, 1934.

TOMLINSON, M. J. *Foundation design and construction*. 2.ed. London: Pitman, 1969. 785 p.

TORSTENSSON, B. A. Time-dependent effects in the field vane test. *Int. Symp. Soft Clay*, Bangkok, p. 387-397, 1977.

TRINGALE, P. T.; MITCHELL, J. K. An acoustic cone for site investigations. In: EUROPEAN SYMP. ON PENETRATION TESTING, ESOPT, 2., Amsterdam. *Proceedings...* Rotterdam: Balkema Publ., 1982. p. 909-914.

TUMAY, M. T.; ABU-FARSAKH, M. Y.; ZHANG, Z. From theory to implementation of a CPT-based probabilistic and fuzzy soil classification. In: LAIER, J.; CRAPPS, D.; HUSSEIN, M. (Eds.). *From research to practice in geotechnical engineering*. GSP n. 180. Reston: Geo-Institute, ASCE, 2008. p. 259-276.

US ARMY CORPS OF ENGINEERS. *Engineering design: geotechnical investigations*. Manual 1110-1-1804. 2001.

VAID, Y. P.; ROBERTSON, P. K.; CAMPANELLA, R. G. Strain rate behavior of Saint-Jean-Vianney clay. *Canadian Geotech. Journal*, v. 16, n. 1, p. 34-42, 1979.

VARGAS, M. *Introdução à Mecânica dos Solos*. São Paulo: McGraw-Hill, 1977. p. 509.

VELLOSO, D. A. Palestra. *Simpósio de Prática de Engenharia Geotécnica da Região Sul*, Geosul'98, 1998.

VELLOSO, D. A.; LOPES, F. R. *Fundações*. Rio de Janeiro: Coppe/UFRJ, 1996.

VELLOSO, D. A.; AOKI, N.; SALAMONI, J. A. Fundações para o silo vertical de 100.000 t no porto de Paranaguá. In: COBRAM-SEF, 6., 1978, Rio de Janeiro. *Anais...* Rio de Janeiro: ABMS, 1978. v. 3, p. 125-151.

VELLOSO, D. A.; AOKI, N.; LOPES, F. R.; SALAMONI, J. A. Instrumentação simples para provas de carga em tubulões e estacas escavadas. In: SIMPÓSIO SOBRE INSTRUMENTAÇÃO DE CAMPO EM ENGENHARIA COPPE-UFRJ, 1975, Rio de Janeiro. *Anais...* Rio de Janeiro: Coppe-UFRJ, 1975. v. 1, p. 269-279.

VÉSIC, A. S. Expansion of cavities in infinite soil mass. *J. Soil Mech. Found. Div.*, ASCE, v. 98, n. SM3, p. 265-290, 1972.

VÉSIC, A. S. *Principles of pile foundation design*. Soil mech. series, n. 38. Durham, 1975.

VIANA DA FONSECA, A.; COUTINHO, R. Q. Characterization of residual soils. Keynote Lecture. In: HUANG, A. B.; MAYNE, P. (Eds.). *Geotechnical and geophysical site characterization*. Taylor & Francis, 2008. p. 195-248.

VILLET, W. C. B.; MITCHELL, J. K. Cone resistance, relative resistance and friction angle. Cone penetration test and experience. *Proceedings of the ASCE National Convention*, St. Louis, p. 178-208, 1981.

VILLET, W. C. B.; MITCHELL, J. K.; TRINGALE, P. T. Acoustic emission generated during the quasi-static cone penetration of soils. In: DRNEVICH, V. P.; GRAY, R. E. (Eds.). *Acoustic emission in geotechnical engineering practice*. ASTM STP 750. ASTM, 1981. p. 174-193.

VILWOCK, J. A. *Geology of the coastal province of Rio Grande do Sul, Southern Brazil*: a synthesis. Porto Alegre: Centro de Estudos Costeiros, UFRGS, 1984. p. 5-49.

WALKER, R. F. Vane shear strength testing. In: IN-SITU TESTING FOR GEOTECHNICAL INVESTIGATION, Sydney. *Proceedings...* Rotterdam: Balkema Publ., 1983. p. 65-72.

WATABE, Y.; TANAKA, M.; TAKEMURA, J. Evaluation of in situ K_0 for Ariake, Bangkok and Hai-Phong clays. In: INT. CONF. ON SITE CHARACTERIZATION, 2., Porto, Portugal. *Proceedings...* Rotterdam: Millpress, 2004. p. 167-175.

WELTMAN, A. J.; HEAD, J. M. Site investigation manual. *CIRIA Special Publication 25*, 1983. (PSA Civil Eng. Tech. Guide, v. 35).

WHITTLE, A. J.; AUBENY, C. P. The effects of installation disturbance on interpretation of *in situ* tests in clays. In: *Predictive soil mechanics*. London: Thomas Telford, 1993. p. 742-767.

WITHERS, N. J.; SCHAAP, L. H. J.; DALTON, C. P. The development of a full displacement pressuremeter. ASTM special tech. pub., STP 950. *2nd Int. Symp. on the Pressuremeter and its Marine Applications*, College Station, Texas, p. 38-56, 1986.

WITHERS, N. J.; HOWIE, J.; HUGHES, J. M. O.; ROBERTSON, P. K. Performance and analysis of cone pressuremeter tests in sands. *Géotechnique*, v. 39, n. 3, p. 433-454, 1989.

WOELLER, D. J; WEEMEES, I.; KOHAN, M.; JOLLY, G.; ROBERTSON, P. K. Penetration testing for ground water contaminants. *Geotech. Eng. Conf.*, ASCE, Boulder, Colorado, v. 1, p. 76-83, 1991.

WRIGHT, S. G. *A study of slope stability and the undrained shear strength of clay shales*. Ph. D. Thesis, University of California, Berkeley, 1969.

WROTH, C. P. British experience with the self-boring pressuremeter. *Proceedings of the Int. Symp. Pressuremeter and its Marine Appl.*, Paris, p. 143-164, 1982.

WROTH, C. P. The interpretation of in situ soil tests. 24th Rankine Lecture. *Géotechnique*, v. 34, n. 4, p. 449-489, 1984.

YU, H. S. In situ testing for geomechanics. James K. Mitchell Lecture. In: INT. CONF. ON SITE CHARACTERIZATION, 2., Porto, Portugal. *Proceedings...* Rotterdam: Millpress, 2004. p. 3-38.

YU, H. S.; HOULSBY, G. T. Finite expansion cavity in dilatant soils: loading analysis. *Géotechnique*, v. 41, n. 2, p. 173-183, 1991.

YU, H. S.; HOULSBY, G. T. A large strain analytical solution for cavity contraction in dilatant soils. *Int. Journal Num. Anal. Methods Geomech.*, v. 19, p. 793-811, 1995.

YU, H. S.; HERMANN, L. R.; BOULANGER, R. W. Analysis of steady cone penetration in clay. *Int. J. Numerical and Analytical Methods in Geomech.*, v. 126, n. 7, p. 594-609, 2000.

YU, H. S.; SCHNAID, F.; COLLINS, I. F. Analysis of cone pressuremeter tests in sands. *J. Geotech. Eng. Div.*, v. 122, n. 8, p. 623-632, 1996.

ZHANG, Z.; TUMAY, M. T. Statistical to fuzzy approach toward CPT soil classification. *J. Geotech. Geoenv. Eng.*, v. 125, n. 3, p. 179-186, 1999.

ZOLKOV, E.; WISEMAN, G. Engineering properties of dune and beach sands and the influence of stress history. *Proceedings of the 6th Int. Conf. Soil Mech. Found. Eng.*, Montreal, v. 1, p. 134-138, 1965.

ZUIDBERG, H. M.; POST, M. L. The cone pressuremeter: an efficient way of pressuremeter testing. In: CONFERENCE ON PRESSUREMETER AND ITS NEW AVENUES, Sherbrooke, Canada. *Proceedings...* Balkema Publ., 1995. p. 387-394.

Índice remissivo

A

aceleração da gravidade 32, 72
acelerômetros 32, 72, 73, 77, 106
amostrador 9, 10, 24, 25, 28, 29, 30, 31, 32, 33, 34, 37, 39, 42, 43, 46, 59, 60, 61, 108
ângulo
    de atrito 41, 42, 43, 44, 50, 57, 60, 97, 103, 104, 105, 115, 148, 154, 158, 169, 170, 173, 174, 186, 193
    de atrito interno 16, 37, 41, 42, 57, 60, 97, 103, 115, 148, 154, 158, 161, 170, 173, 174, 180, 182, 188
    de dilatância 10, 148, 154
areia 36, 37, 38, 39, 40, 43, 44, 45, 46, 54, 55, 58, 65, 68, 74, 76, 77, 81, 84, 85, 87, 88, 102, 104, 105, 106, 109, 111, 113, 114, 118, 122, 148, 150, 151, 154, 158, 166, 167, 180, 188, 196, 197, 200, 201
    normalmente adensada 37, 38, 44
    pré-adensada 37, 44
argila 31, 74, 76, 84, 87, 88, 91, 95, 102, 109, 111, 114, 124, 125, 129, 131, 132, 147, 150, 169, 171, 176, 181, 182, 183, 184, 185, 186, 187, 188, 190
    normalmente adensada 47, 48, 91, 95, 98, 130, 180, 188, 190
    orgânica 88, 92, 94, 171
    pré-adensada 45, 47, 48, 49, 130
ASTM 24, 25, 26, 28, 115, 118, 158
    D1586 24, 25
    D5778 69
atrito 9, 10, 16, 29, 31, 34, 37, 41, 42, 43, 44, 50, 57, 59, 60, 61, 64, 65, 69, 70, 79, 82, 83, 84, 89, 97, 103, 104, 105, 112, 113, 115, 118, 119, 120, 122, 148, 154, 158, 161, 169, 170, 173, 174, 180, 182, 186, 188, 191, 192, 193, 194, 195, 197
    luva de 65, 84
    redutores de 79

C

cabeça de bater 24, 25, 26, 28, 32, 34, 35, 196
calibração 10, 76, 79, 80, 81, 83, 102, 104, 110, 141, 142, 161, 162, 190, 196, 197
    e manutenção 79
capacidade de carga 10, 18, 34, 40, 42, 43, 44, 46, 50, 51, 57, 58, 59, 60, 61, 63, 64, 90, 104, 109, 110, 111, 112, 113, 115, 155, 179, 191, 192, 193, 195, 196, 197
    fator de 9, 42, 43, 44, 46, 90
    previsão de 109, 115, 179, 191, 192
cavidade subterrânea 15
célula de carga 69, 122
cimentação 31, 56, 68, 102, 103, 107, 167, 169
coeficiente
    de adensamento 9, 89, 99, 102, 107, 115, 161, 180, 184, 186, 189, 202
    de consolidação 16
    de empuxo no repouso 9, 16, 96, 97, 158, 167, 168
    de permeabilidade 161
compressibilidade 48, 51, 53, 105, 141, 146, 179, 185, 188
    volumétrica 49
condução
    dielétrica 76, 77, 78
    eletrolítica 76
    eletrônica 76, 77

condutividade 9, 75, 76, 77
    elétrica 75, 76
cone
    elétrico 64
    híbrido 77
    mecânico 64, 111
    ponta do 9, 57, 87, 90, 108, 111, 112, 170
    -pressiômetro 16, 74, 140
    resistivo 75, 76
    sísmico 9, 71, 72, 73, 165
correção
    de Bjerrum 10
    de energia 9, 41, 43, 44
    do nível de tensão 9, 36, 38, 39, 44, 45, 46, 50, 51, 56
CPMT (pressiômetro cravado) 140, 152, 153
CPT (*cone penetration test*) 9, 11, 16, 19, 63, 64, 75, 79, 80, 83, 84, 85, 88, 89, 107, 108, 109, 111, 112, 159, 169, 190, 196
CPTU (*piezocone penetration test*) 9, 11, 16, 63, 80, 88, 89, 95, 98, 183, 186, 188, 189, 196, 197

D

dados
    transmissão de 70
densidade 9, 16, 23, 36, 37, 39, 41, 61, 81, 103, 104, 111, 115, 148, 167, 169
    relativa 9, 16, 36, 37, 39, 41, 103, 104, 115, 169
depósitos normalmente adensados 97, 170
dilatância 10, 74, 148, 154
dilatômetro 5, 9, 10, 16, 47, 157, 158, 159, 160, 161, 162, 163, 164, 166, 167, 168, 169, 175
DIN 4094 31
dissipação 9, 31, 48, 99, 100, 101, 131, 135, 148, 153, 166, 184, 185, 187, 189
DMT (dilatômetro de Marchetti) 9, 16, 157, 173, 176

E

elemento filtrante 68, 70, 80, 81, 82, 83
energia 5, 9, 10, 11, 24, 25, 26, 30, 31, 32, 33, 34, 35, 36, 37, 40, 41, 42, 44, 47, 48, 51, 56, 59, 60, 61, 108, 188, 192, 193, 196, 197
    do sistema 10
    gravitacional do martelo e da haste 10, 32
    no SPT 5, 11, 32
    potencial gravitacional do sistema 10, 33
    princípio da conservação 32
ensaio de dissipação 100, 101, 184, 189
envelhecimento 102, 103, 105, 169, 188
equipamento
    de cravação 65, 73, 82
    de cravação em terra 65, 66
estaca
    escavada 59, 60, 61, 113, 193, 194
    metálica 59, 60, 113, 192, 193
    pré-moldada 58, 60, 193
estado
    crítico 7, 10, 95, 132, 148, 154, 197
    de tensões 60, 74, 88, 89, 96, 105, 107, 144, 148, 152, 155
estratigrafia 15, 17, 65, 75, 76, 78, 84, 115
Eurocode 14, 19, 64, 113, 115, 158, 163

expansão de cavidade 11, 42, 88, 94, 100, 144, 145, 146, 147, 148, 149, 191, 197

F

fator
    de segurança 9, 20, 21, 44, 50, 58, 111, 137
    tempo 9, 100
fluido de saturação 81, 82
fonte sísmica 72, 73, 74, 165
fundação 9, 19, 40, 52, 53, 54, 55, 56, 57, 109, 110, 111, 137, 186, 191
    direta 109, 111
    profunda 19

G

gás 138, 157, 158, 159, 162, 163
geofones 72, 73, 106, 160, 164, 165
glicerina 81, 82

H

haste 10, 25, 26, 28, 29, 32, 37, 47, 60, 65, 71, 73, 79, 118, 119, 120, 121, 122, 159, 163, 164
hélice contínua 58, 59, 60, 192, 193, 194, 195
hollow auger 27, 28, 29

I

idade 31, 167
índice
    de plasticidade 9, 90, 91, 95, 99, 130, 133, 180, 182
    de resistência à penetração 35
    de rigidez 9, 42, 60, 90, 100
    de vazios 31, 99, 186
intercepto coesivo 9, 89
investigação
    complementar 20
    de verificação 20
    geotécnica 7, 11, 13, 14, 15, 23, 90, 100, 137, 175, 196
    planejamento da 15
    preliminar 20

K

K_o 9, 161

L

lâmina 67, 131, 157, 158, 159, 160, 162, 163, 164, 165, 166, 173
limites de Atterberg 97, 134
liquefação 77, 89, 176

M

manutenção 79, 80, 115, 197
martelo 10, 24, 25, 26, 27, 28, 29, 30, 31, 32, 34, 35, 37, 47, 60, 73, 74
    automático 27
massa
    da haste 32, 37, 47
    do martelo 30, 32, 47
mesa de torque 120, 121
método
    de Aoki e Velloso 57, 191
    de Décourt e Quaresma 58
    direto 11, 17, 18, 40, 51, 109, 110, 155
    Europeu (De Ruiter e Beringen) 113, 114
    indireto 40, 109
    LCPC (Bustamante e Giasenelli) 112
    UFRGS 59
módulo
    cisalhante 9, 16, 43, 71, 72, 74, 99, 102, 104, 121, 143, 144, 146, 149
    de deformabilidade 16, 89, 98, 99, 104, 107, 143, 149, 151, 167, 175
    de elasticidade 44, 50, 55, 110, 158, 166
    de variação volumétrica 16
    de Young 9, 49, 50, 59, 98, 104, 105, 149, 165, 166, 175
    dilatométrico 9, 161, 166, 176
    oedométrico 9, 89, 99, 161, 174, 175
    pressiométrico 74, 77, 140, 149
MPM (pressiômetro de Ménard) 138, 152, 153

N

NBR 19, 21, 24, 25, 26, 28, 31, 33, 34, 40, 43, 50, 58, 59, 64, 69, 118, 120, 128
NBR 6122 21, 50, 58, 59
NBR 6484 21, 24, 25, 26, 28, 31, 33, 34, 43
NBR 6497 21
NBR 7250 40
NBR 8036 19, 21
NBR 10905 118, 120, 128
N_{kt} 46, 90, 91, 92, 188, 190

O

óleo de silicone 81
onda
    cisalhante 10, 77
    de compressão 10, 34

P

palheta 5, 9, 11, 16, 18, 47, 90, 95, 106, 117, 118, 119, 120, 121, 122, 123, 124, 125, 126, 127, 128, 130, 131, 132, 133, 134, 135, 182, 184, 186, 187, 188, 190, 197
pedra porosa 80, 81, 197
penetrômetro 16
perfuração 23, 24, 25, 26, 27, 28, 30, 34, 72, 119, 120, 138
permeabilidade 31, 81, 102, 106, 130, 135, 161
peso específico 10, 38, 42, 44, 46, 48, 72, 109, 181
piezocone 5, 9, 16, 46, 47, 56, 63, 64, 65, 70, 80, 81, 83, 85, 86, 89, 91, 92, 99, 100, 106, 114, 131, 135, 182, 184, 186, 191
    saturação do 80
ponte de Witston 69
ponteiras, tipos de 68
poropressão, parâmetro de 9, 86
porosidade 32, 76
pré-adensamento 9, 10, 16, 38, 43, 48, 91, 93, 94, 95, 97, 117, 134, 158, 167, 169, 170, 186, 188, 197
    pressão de 48, 91, 94, 134
    razão de 16, 43, 93, 117, 158, 167, 170
    tensão de 10, 91, 186, 197
pressão neutra 31

pressiômetro 5, 16, 47, 74, 137, 138, 139, 140, 141, 142, 143, 144, 148, 151, 155, 182, 197
    autoperfurante 139
    cravado 140
    em pré-furo 138
programa de investigação 14, 19, 20, 21, 83, 90, 100, 186, 190
projeto
    anteprojeto 19, 20, 47, 49, 52, 99, 180, 189
    básico 18
    conceitual 18, 19
    executivo 18, 19
    geotécnico 17, 18, 21, 179

R

recalques 18, 51, 52, 53, 54, 55, 56, 109, 110, 115, 137, 181, 184, 186, 189
resistência
    característica 21
    não drenada 16, 31, 32, 45, 46, 47, 89, 90, 115, 117, 118, 122, **124**, 125, 126, 127, 129, 130, 131, 153, 160, 161, 180, 186, **188**, 190, 197
resistividade elétrica 75, 76, 77
ruptura hidráulica 16

S

saturação 5, 70, 76, 80, 81, 82, 197
SBPM (pressiômetro autoperfurante) 139, 150, 152, 153
SDMT (dilatômetro sísmico) 9, 12, 157, 164, 165, 176, 177, 178
sensibilidade 31, 52, 85, 93, 124, 131, 171
sensor 71, 72, 73
silte 40, 55, 84, 87, 88, 109, 111, 113, 122, 130, 135, 176
sismicidade 15
sistema
    de aquisição de dados 74, 197
    de cravação 79, 80, 82, 158
    de perfuração 26, 28
solo
    adesão do 46
    classificação 108
    coesivo 23, 31, 48, 52, 97
    colapsível 15, 112
    expansivo 15
    granular 16, 23, 31, 36, 39, 41, 42, 52, 103, 162, 188
    normalmente adensado 36, 44
    residual 50, 52, 56, 58, 68, 77, 106, 107, 114, 138, 151, 196, 197
sondagem
    número de 19, 20
    torre de 24
SPT (Standard Penetration Test) 5, 9, 11, 15, 16, 17, 19, 23, 24, 25, 28, 29, 30, 31, 32, 35, 39, 40, 42, 44, 46, 47, 48, 49, 50, 51, 52, 53, 54, 56, 57, 58, 59, 60, 61, 88, 99, 104, 107, 108, 109, 111, 112, 114, 158, 179, 186, 187, 188, 191, 196, 200, 201
SPT-T 9, 29, 58
strain gauges 69, 143

T

tensão
    admissível 10, 39, 50, 51, 52
    cisalhante 10, 125, 126, 130, 153
    história de 11, 37, 39, 48, 56, 61, 89, 91, 93, 98, 99, 104, 105, 115, 117, 131, 170, 180
    horizontal 9, 10, 16, 143, 144, 152, 153, 161, 165, 167, 168
    nível de 9, 34, 36, 37, 38, 40, 41, 44, 60, 61, 86, 151
teoria do estado crítico 95
torquímetro 29
transdutor de pressão 65, 70, 80, 165, 197
trigger 72, 74, 165
tripé 24, 119

V

vane 9, 117, 121, 122, 133
    anisotropia 90, 102, 126, 127, 128, 130, 131
    efeito do tempo 131
    velocidade de carregamento 48, 128, 131
velocidade da onda cisalhante 77